生物柴油生产及应用技术

王　九　吴　江　方建华　编著

中国石化出版社

内 容 提 要

本书内容主要涉及生物柴油基础知识、产品标准发展概况、质量指标含义、国内外最新生产技术及工艺以及生物柴油应用技术。在应用技术方面，本书主要阐述生物柴油用作车用柴油的应用、抗氧化性能及抗氧剂、低温流动性及降凝剂、生物柴油对内燃机油的影响、生物柴油的其他应用性能以及生物柴油和甘油的化工应用技术。

本书可作为从事油品科研与应用的工程技术人员，生物柴油生产、管理和销售人员的参考资料，也可作为高等院校油品专业师生的参考教材。

图书在版编目（CIP）数据

生物柴油生产及应用技术/王九，吴江，方建华编著．—北京：中国石化出版社，2013.5

ISBN 978-7-5114-2139-5

Ⅰ.①生… Ⅱ.①王… ②吴… ③方… Ⅲ.①生物燃料—柴油—基本知识 Ⅳ.①TE626.24

中国版本图书馆 CIP 数据核字（2013）第 103282 号

中国石化出版社出版发行

地址:北京市东城区安定门外大街 58 号

邮编:100011　电话:(010)84271850

读者服务部电话:(010)84289974

http://www.sinopec-press.com

E-mail:press@sinopec.com

北京科信印刷有限公司印刷

全国各地新华书店经销

*

787×1092 毫米 16 开本 17 印张 432 千字

2013 年 6 月第 1 版　2013 年 6 月第 1 次印刷

定价:56.00 元

前　言

随着经济的不断发展，以煤和石油等矿物能源为主的传统能源消耗形式，正面临枯竭的危险。能源短缺问题今后将长期困扰人类社会的发展。研究和开发新型能源尤其是可再生的生物能源得到各国政府的大力支持。

生物柴油是由动物或植物油脂通过中度裂解、生物质热解或醇解转化而得到的一种优良的柴油替代品，是一种可再生的、对环境污染少或无污染的清洁能源。因而，生物柴油产业以其突出的环保性和可再生性，引起了世界发达国家，尤其是资源贫乏国家的高度重视，在全球范围内得到了迅速发展。

生物柴油的生产及应用技术在欧美等发达国家已比较成熟。然而，由于我国对这方面的研究起步较晚，加之原材料比较短缺、缺乏政府财政支持、标准不完善等因素的影响，生物柴油的生产尤其是应用技术仍然很不全面、系统。因此，本书编写的主要目的在于收集和整理大量国内外相关生物柴油生产技术和工艺、生物柴油应用技术以及生物柴油下游产品开发技术等方面的资料，期望能够抛砖引玉，为开发出低成本、高效率的生物柴油产品和科学、合理地使用生物柴油提供有益参考。

本书由后勤工程学院王九副教授、吴江讲师、方建华副教授、陈波水教授以及北京军区油训大队孙玉秋博士编写。王九负责第一章、第二章以及第四章部分章节的编写，方建华负责第三章的编写，吴江负责第四章第四节、第五节的编写，孙玉秋负责第四章第三节的编写。

本书内容是在参考国内外学者丰硕研究成果的基础上，结合后勤工程学院陈波水教授领导的科研团队大量的第一手生物柴油研究成果，进行初步总结编写而成。此外，重庆天润能源开发有限公司包代勇同志参与了生物柴油生产设备方面的编写工作，编写过程中得到了熊云教授的大力支持和帮助，在此谨向大家尤其是本书引用内容的作者表示诚挚的谢意。由于作者水平有限，书中不足之处恳请读者不吝指正。

编　者

目 录

第一章　生物柴油概况

第一节　生物柴油定义

生物柴油（biodiesel）是由植物或动物油脂通过中度裂解、生物质热解或醇解转化而得到的一种优良的柴油替代品，是一种可再生、对环境污染少或无污染的清洁能源。因而，生物柴油产业以其突出的环保性和可再生性，引起了世界发达国家，尤其是资源贫乏国家的高度重视，在全球范围内得到了迅速发展。

目前生物柴油主要是由植物油或动物脂肪经过酯化反应制成的改性脂肪酸单酯，包括脂肪酸甲酯、脂肪酸乙酯和脂肪酸丙酯等。其中一般又采用与甲醇进行酯化反应，所以生物柴油又称脂肪酸甲酯（fatty acid ester）。

生物柴油是由植物油或动物油脂的脂肪酸烷基单酯组成的一种可替代柴油燃料。由于制取生物柴油的主要原料来源于植物油和动物脂肪，且具有与从石油中炼制的石化柴油相似的燃料特性，故被称为生物柴油，而从石油中炼制的柴油则被称为石化（矿物）柴油。

生物柴油既可独立作为柴油机的燃料使用，也可以一定比例与石化柴油掺混后作为柴油机的燃料使用。目前，生物柴油多以与石化柴油掺混的形式用作柴油机燃料。生物柴油和石化柴油的混合物的产品用字母“B”来标记，标记后面的数字为生物柴油在其中的体积百分比。例如 20% 的生物柴油与 80% 的石化柴油掺混形成的混合柴油被标为 B20，纯生物柴油被标为 B100。

作为一种替代燃料，生物柴油具有许多优点：

（1）优良的环保特性。主要表现在由于生物柴油中含有 10% 左右的含氧量，燃烧更充分；硫含量低，使得二氧化硫和硫化物的排放低；生物柴油中不含对环境会造成污染的芳香族烷烃，因而废气对人体损害低于柴油。检测表明，与普通柴油相比，使用生物柴油可降低 90% 的空气毒性，降低 94% 的患癌率；由于生物柴油含氧量高，使其燃烧时排烟少，一氧化碳的排放也低；生物柴油的生物降解性高。与石化柴油燃烧相比，燃烧菜籽油生物柴油的尾气排放降低量见表 1－1。

表 1-1　生物柴油燃烧后有毒排放物的成分与减少量（与石化柴油相比）

排放物	B100	B20	排放物	B100	B20
一氧化碳	-48%	-12%	碳氢化合物	-67%	-20%
颗粒物质	-48%	-12%	硫酸盐	-97%	-20%
臭氧破坏物质	-50%	-20%	多芳香族烃	-80%	-13%

（2）较好的发动机启动性能。

（3）较好的润滑性能。使喷油泵、发动机缸体和连杆的磨损率低，使用寿命长。

（4）较好的安全性能。由于闪点高，生物柴油不属于危险品。因此，在运输、储存、使用方面的安全性是显而易见的。

（5）良好的燃料性能。十六烷值高，使其燃烧性好于柴油，燃烧残留物呈微酸性，使催化剂和发动机机油的使用寿命加长。

（6）可再生性能。作为可再生能源，与石油储量不同，其通过农业和生物科学家的努力，可供应量不会枯竭。

（7）无须改动柴油机，可直接添加使用，同时无须另添设加油设备、储存设备及人员的特殊技术训练。

（8）生物柴油以一定比例与石化柴油调合使用，可以降低油耗、提高动力性，并降低尾气污染。

（9）生物柴油完全可以由本国生产，可减少对进口石油的依赖。

（10）生物柴油工业的发展可以增强本国经济，尤其是农业经济。

生物柴油的优良性能使得采用生物柴油的发动机废气排放指标不仅满足目前的欧洲Ⅱ号标准，甚至满足在欧洲颁布实施的更加严格的欧洲Ⅲ号排放标准。而且由于生物柴油燃烧时排放的二氧化碳远低于该植物生长过程中所吸收的二氧化碳，从而可以改善由于二氧化碳的排放导致的全球变暖这一有害于人类的重大环境问题。因而生物柴油是一种真正的绿色柴油。

第二节　生物柴油基础知识

一、制备生物柴油的化学反应

生物柴油常用的生产方法是采用酯交换反应，所谓酯交换反应是指油脂与醇反应生成脂肪酸单酯（也称生物柴油）和甘油的一个催化化学反应。甘油三酯作为油脂的主要组分，是由三个长链脂肪酸与一个甘油羟基经酯化形成的。

在酯交换反应或醇解反应中，1mol 甘油三酯与 3mol 醇反应生成 1mol 甘油和 3mol 相应的脂肪酸烷基酯。该过程是由三个可逆的反应组成，在这个过程中，甘油三酯一步步被转化成甘油二酯、甘油一酯和甘油。在每一步反应中，每消耗 1mol 醇则生成 1mol 烷基酯。图 1-1 描述了甘油三酯与甲醇反应发生酯交换反应的方程式。为使平衡向右移动，工业生物柴油生产厂都使用超过化学计量的甲醇量。与使用更高碳数的醇进行酯交换反应相比，使用甲醇的一个优势是两种主要产品——甘油和脂肪酸甲酯（FAME）几乎不相溶，并因此形成分离相——上部为酯相，下部为甘油相。在此过程中将甘油从反应混合液中除去，可保证高的转化率。通过两到三步进行酯交换反应，同时降低了甲醇的用量，脂肪酸甲酯的产量甚至可能会增加。在这个过程中，每一步只要加入所需总醇量的一部分，而且每步产出的甘油相都要被分离出来。最后，不管采用什么类型的醇，必须使用某些类型的催化剂，以便在温和反应条件下实现高的产酯率。

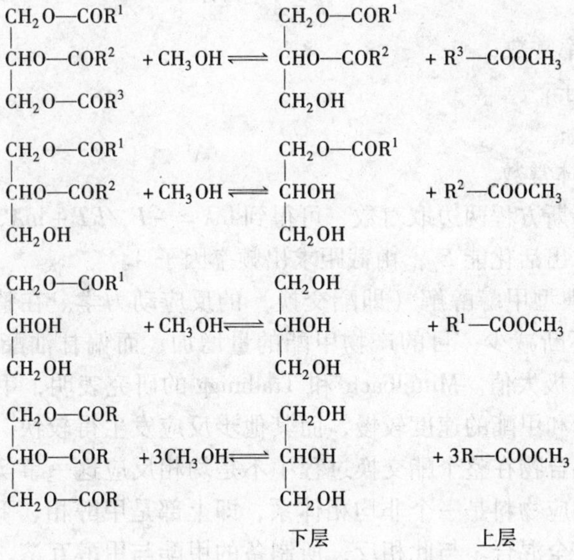

$$\begin{array}{l} CH_2O{-}COR^1 \\ | \\ CHO{-}COR^2 \\ | \\ CH_2O{-}COR^3 \end{array} + CH_3OH \rightleftharpoons \begin{array}{l} CH_2O{-}COR^1 \\ | \\ CHO{-}COR^2 \\ | \\ CH_2OH \end{array} + R^3{-}COOCH_3$$

$$\begin{array}{l} CH_2O{-}COR^1 \\ | \\ CHO{-}COR^2 \\ | \\ CH_2OH \end{array} + CH_3OH \rightleftharpoons \begin{array}{l} CH_2O{-}COR^1 \\ | \\ CHOH \\ | \\ CH_2OH \end{array} + R^2{-}COOCH_3$$

$$\begin{array}{l} CH_2O{-}COR^1 \\ | \\ CHOH \\ | \\ CH_2OH \end{array} + CH_3OH \rightleftharpoons \begin{array}{l} CH_2OH \\ | \\ CHOH \\ | \\ CH_2OH \end{array} + R^1{-}COOCH_3$$

$$\begin{array}{l} CH_2O{-}COR \\ | \\ CHO{-}COR \\ | \\ CH_2O{-}COR \end{array} + 3CH_3OH \rightleftharpoons \underset{\text{下层}}{\begin{array}{l} CH_2OH \\ | \\ CHOH \\ | \\ CH_2OH \end{array}} + \underset{\text{上层}}{3R{-}COOCH_3}$$

图 1-1 甘油三酯与甲醇酯交换反应方程式

国外在脂肪酸甘油三酯和醇进行酯交换反应动力学方面的研究工作报道较多，有菜籽油、大豆油等植物油在甲醇超临界条件下的非催化酯交换反应动力学的研究以及棕榈油、蓖麻油、大豆油等植物油在碱催化条件下酯交换动力学的研究。国内几乎未见有关脂肪酸甘油三酯制备生物柴油过程中酯交换动力学方面的系统研究。生物柴油制备过程中的酯交换反应动力学主要包括两方面，一是反应速度方程的计算，二是反应活化能的计算。

对于反应速度方程可用下式来表示

$$r_A = kc_A^{\alpha}c_B^{\beta}$$

式中 r_A——油脂反应速率，mol/(L · min)；

k——反应速率常数，$(L/mol)^{1/2}/min$；

c_A——油脂的浓度，mol/L；

c_B——醇的浓度，mol/L；

α、β——油脂和醇的反应级数。

由于反应中醇的量大大过量，所以 kc_B^{β} 为常数，则上述方程可转化为

$$r_A = k_1c_A^{\alpha}$$

式中，$k_1 = kc_B^{\beta}$。

定义油脂在生物柴油制备过程中酯交换反应的转化率为 x，油脂在反应体系中的初始浓度为 c_A^0，在任一时刻反应体系中油脂浓度为 c_A，则有关系式 $c_A = c_A^0\ (1-x)$

因此 $r_A = -d_{c_A}dt = -d\ [c_A^0\ (1-x)]\ /dt = c_A^0dx/dt = k_1c_A^0$

综合上面公式得

$$dx/dt = k_1c_A^0\ [c_A^0\ (1-x)]^{\alpha} = k_2\ [c_A^0\ (1-x)]^{\alpha}\text{，其中 } k_2 = k_1/c_A^0\text{。}$$

对上式两边取对数得

$$\ln\ (dx/dt) = \alpha\ln\left[c_A^0\ (1-x)\right] + \ln k_2$$

即 $\ln\ (dx/dt)$ 与 $\ln\left[c_A^0\ (1-x)\right]$ 成直线关系。

对于活化能方程，可用阿伦尼乌斯方程来表示

$$k = Ae^{-E_a/RT}$$

式中 k——反应速率常数；

A——频率因子；

E_a——活化能；

R——通用气体常数。

将上面阿伦尼乌斯方程两边取对数，可得到 $\ln k = -E_a/RT + \ln A$，以 $\ln k$ 对 $1/T$ 作图得一直线，由直线斜率求出活化能 E_a，由截距求出频率因子 A。

图 1-2 介绍了典型甲醇醇解（即酯交换）的反应动力学。在整个反应中，作为反应物的甘油三酯的含量不断减少，目的产物甲酯的量增加，而偏甘油酯（即甘油一酯和甘油二酯）的含量达到短时极大值。Mittelbach 和 Trathnigg 的研究表明，甲醇和甘油三酯在第一步反应中生成甘油二酯和甲酯的速度较慢，而其他步反应发生得较快。在研究反应级数的过程中，需考虑到反应混合物在整个酯交换过程中不是均相反应这一事实。甲醇在油脂中的溶解性很差，因此起始反应物料是一个非均相体系，即上部是甲醇相、下部为油相。为了使反应进行，必须使它们完全混合。与此相反，所制备的甲酯与甲醇互溶。此外，偏甘油酯及皂化物可能会为反应物充当乳化剂，因此反应混合物经过一个短暂的诱导阶段后变得十分均一。当然，一旦有大量的甘油生成，则再一次建立了两相体系，这时的状态为上部酯相、下部甘油相。

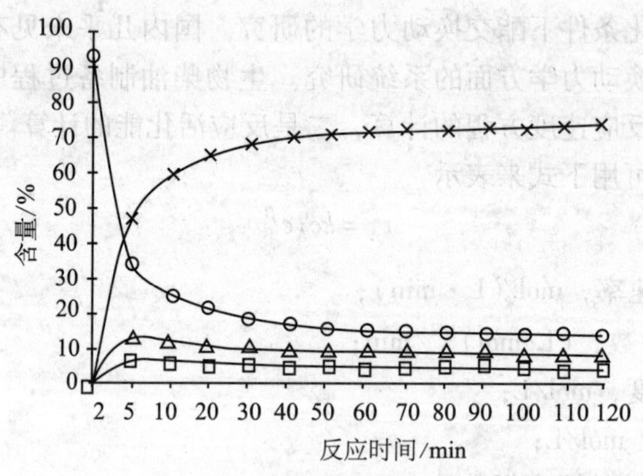

图 1-2　甲醇酯交换反应过程示意图

—○— 甘油三酯　—△— 甘油二酯　—□— 甘油单酯　—×— 脂肪酸甲酯

反应条件：葵花油：甲醇 = 3:1（mol/mol）；0.5% KOH；T = 25℃。

对 Mittelbach 和 Trathnigg 研究的上述反应，考虑到把甲醇与油脂混合需要一定的时间，因此仅在约 2min 后油脂才开始大量转化为甲酯。随后反应进行得非常快，按二级动力学进行反应（即反应速率级数为 2 级），直到大约 10min 后，酯交换反应速度急剧下降，该现象可以解释为是由于甘油从反应混合物中分离出来，同时从反应区带走了大量的催化剂和甲醇。除了上述动力学研究外，有研究者也曾经对棕榈油、棉籽油和菜籽油的酯交换反应进行过类似

的研究，相关研究结果见图 1－3～图 1－5。

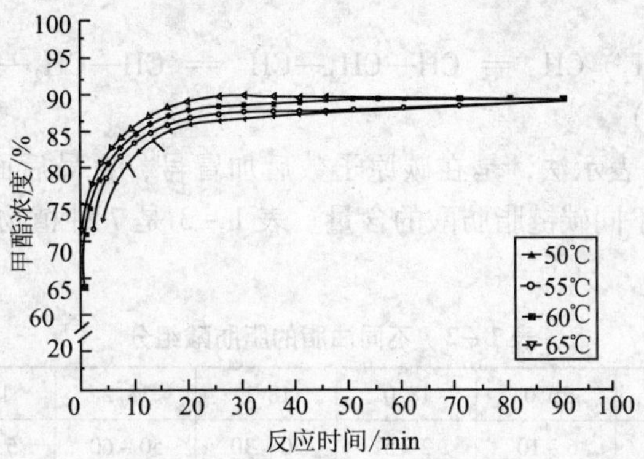

图 1－3　棕榈油碱催化条件下酯交换反应动力学曲线

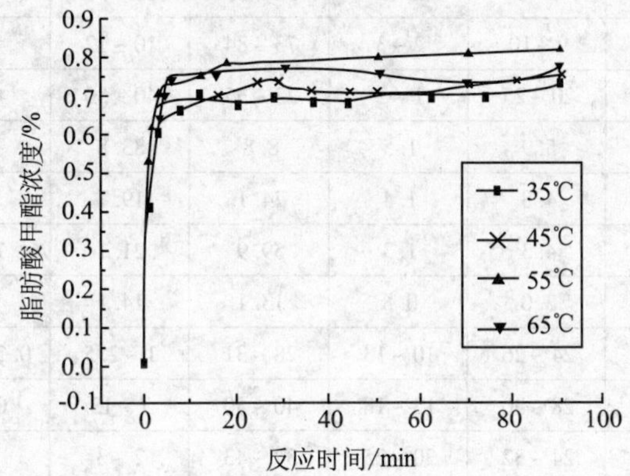

图 1－4　棉籽油碱催化条件下酯交换反应动力学曲线

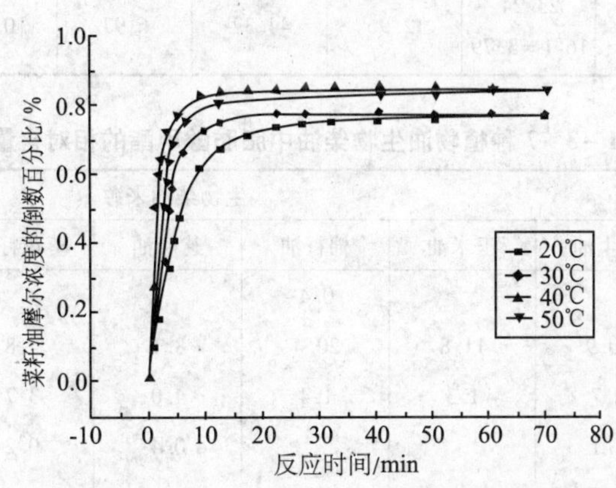

图 1－5　菜籽油碱催化条件下酯交换反应动力学曲线

在图 1－1 甘油三酯与甲醇酯交换反应方程式中，R^1、R^2、R^3 是碳氢长链，有时也被称为脂肪酸链。在大豆油和动物脂中，常见的有五种类型的链（其他的量很少）：

棕榈酸：R =—（CH_2）$_{14}$—CH_3　16 个碳（包括 R 上附着的一个）（16:0）

硬脂酸：R =—（CH_2）$_{16}$—CH_3　18 个碳，0 个双键（18:0）

油酸：R =—（CH_2）$_7$CH ═ CH—（CH_2）$_7$—CH_3　18 个碳，1 个双键（18:1）

亚油酸：R =—（CH_2）$_7$CH ═ CH—CH_2—CH ═ CH_2—（CH_2）$_4$—CH_3　18 个碳，2 个双键（18∶2）

亚麻酸：R =—（CH_2）$_7$CH ═ CH—CH_2—CH ═ CH—CH_2—CH = CH—CH_2—CH_3 18 个碳，3 个双键（18∶3）

此处采用脂肪酸速记表示法，是在碳原子数后加冒号，冒号后面的数字为不饱和键数。表 1－2 是不同的油脂中不同碳链脂肪酸的含量。表 1－3 是 7 种植物油生物柴油中脂肪酸甲酯的相对含量。

表 1－2　不同油脂的脂肪酸组分　　%

油脂	14∶0	16∶0	18∶0	18∶1	18∶2	18∶3	20∶0	22∶1
大豆油		6～10	2～5	20～30	50～60	5～11		
玉米油	1～2	8～12	2～5	19～49	34～62	痕量		
花生油		8～9	2～3	50～65	20～30			
橄榄油		9～10	2～3	73～84	10～12	痕量		
棉籽油	0～2	20～25	1～2	23～35	40～50	痕量		
高亚油酸红花油		5.9	1.5	8.8	83.8			
高油酸红花油		4.8	1.4	74.1	19.7			
高亚油酸菜籽油		4.3	1.3	59.9	21.1	13.2		
高油酸菜籽油		3.0	0.8	13.1	14.1	9.7	7.4	50.7
黄油	7～10	24～26	10～13	28～31	1～2.5	0.2～0.5		
猪油	1～2	28～30	12～18	40～50	7～13	0～1		
牛油	3～6	24～32	20～25	37～43	2～3			
亚麻籽油		4～7	2～4	25～40	35～40	25～60		
废弃油	2.43	23.24 16∶1 = 3.79	12.96	44.32	6.97	0.67		

表 1－3　7 种植物油生物柴油中脂肪酸甲酯的相对含量

脂肪酸甲酯	生物柴油来源						
	花生油	玉米油	棉籽油	芝麻油	葵花籽油	大豆油	菜籽油
肉豆蔻酸（14∶0）			0.4				
棕榈酸（16∶0）	10.9	11.8	20.4	8.1	5.8	10.5	3.1
硬脂酸（18∶0）	2.7	1.3	1.4	4.0	3.7	3.6	1.0
花生酸（20∶0）	1.1			0.4	0.2	0.3	0.5
山药酸（22∶0）	1.7				0.4	0.2	0.3
二十四碳烷酸（24∶0）	0.6						0.5
十六碳烯酸（16∶1）			0.3				
油酸（18∶1）	46.5	30.9	15.1	40.4	23.8	23.5	32.3
二十碳烯酸（20∶1）	0.7			0.2	0.2	0.2	6.8
芥酸（22∶1）	0.3				0.2		32.8
亚油酸（18∶2）	35.4	55.2	62.4	42.7	65.5	54.7	14.5

续表

脂肪酸甲酯	生物柴油来源						
	花生油	玉米油	棉籽油	芝麻油	葵花籽油	大豆油	菜籽油
二十碳二烯酸（20:2）							0.3
亚麻酸（18:3）	0.1	0.8		0.2	0.3	7.1	7.7
饱和脂肪酸	17.0	13.1	22.2	12.5	10.0	14.5	5.4
不饱和脂肪酸	83.0	86.9	77.8	87.5	90.0	85.5	94.6

酯交换催化剂包括碱性催化剂、酸性催化剂、生物酶催化剂等。其中，碱性催化剂包括易溶于醇的催化剂（如 NaOH、KOH、$NaOCH_3$、有机碱等）和各种固体碱催化剂；酸性催化剂包括易溶于醇的催化剂（如硫酸、磺酸等）和各种固体酸催化剂。

在碱性催化剂催化的酯交换反应中，真正起活性作用的是甲氧阴离子，如图 1-6 所示。甲氧阴离子攻击甘油三酯的羰基碳原子，形成一个四面体结构的中间体，然后这个中间体分解成一个脂肪酸甲酯和一个甘油二酯阴离子，这个阴离子与甲醇反应生成一个甲氧阴离子和一个甘油二酯分子，后者会进一步转化成甘油单酯，然后转化成甘油。所生成的甲氧阴离子又循环进行下一个催化反应。

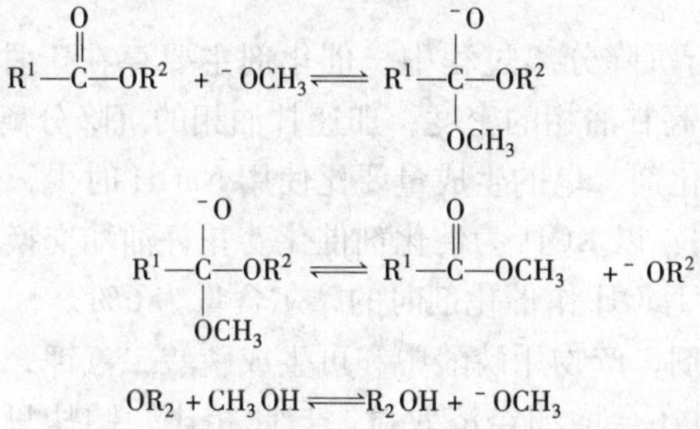

$$R^1-\overset{O}{\overset{\|}{C}}-OR^2 + {}^-OCH_3 \rightleftharpoons R^1-\overset{{}^-O}{\overset{|}{\underset{OCH_3}{\underset{|}{C}}}}-OR^2$$

$$R^1-\overset{{}^-O}{\overset{|}{\underset{OCH_3}{\underset{|}{C}}}}-OR^2 \rightleftharpoons R^1-\overset{O}{\overset{\|}{C}}-OCH_3 + {}^-OR^2$$

$$OR_2 + CH_3OH \rightleftharpoons R_2OH + {}^-OCH_3$$

（R^1——脂肪酸；R^2——甘油）

图 1-6 碱催化制备生物柴油的反应机理

应用甲醇钠作制备生物柴油酯交换催化剂时的反应机理，目前存在两种观点。第一个观点是 Weiss 等提出的。他们认为催化剂和甘油酯通过反应产生中间体烯酮离子，分子间或分子内部酯交换的诱导作用是由于产生了烯酮离子而引起的。这里甲醇钠的甲氧基负离子（OCH_3^-）起到了关键作用，该基团自羰基靠近 α 碳原子后夺走一个质子而产生烯酮式的阴离子，此烯酮离子与另一酯的羰基碳作用并连接，而后一个酯的氧又和前一个酯的羰基连接，随后分别在第一酯的羰基和与之相连的 α 碳原子两端断裂而完成酯交换。第二种观点是由 Coenen 提出的，他认为催化剂的烷氧基激化甘油三酸酯的羰基，通过反应生成中间体甘油二酸酯钠。甘油二酸酯钠又与别的甘油三酯反应，一边夺取脂肪酸一边又生成新的甘油二酸酯钠，由此可知促进酯交换的真正的催化剂是甘油二酸酯钠，高度活化的甲醇钠实际上是真正催化剂的前驱物质。

碱性催化剂是目前酯交换反应使用最广泛的催化剂。使用碱催化剂的优点是反应条件温和、反应速度快。有学者估计，使用碱催化剂的酯交换反应速度是使用同当量酸催化剂的 4000 倍。碱催化剂的酯交换反应甲醇用量远比酸催化剂的低，因此工业反应器可以大大缩小。另外，碱性催化剂的腐蚀性比酸性催化剂弱很多，在工业上可以用价廉的碳钢反应器。

除了上述优点外，使用碱性催化剂还有以下缺点：碱性催化剂对游离脂肪酸比较敏感，因此对油脂原料的酸值要求比较高。对于高酸值的原料，比如一些废弃油脂，需要经过脱酸或预酯化后才能进行碱催化的酯交换反应。

已经工业化的碱性催化剂主要有两类：易溶于甲醇的 NaOH、KOH、$NaOCH_3$ 等催化的液相反应，以及固体碱催化的多相反应。

目前绝大多数的生物柴油工业生产装置都采用液相催化剂，用量为油重的 0.5% ~2%。甲醇钠与氢氧化钠（或钾）用作酯交换催化剂时还有所不同。当使用甲醇钠为催化剂时，原料必须经过严格精制，少量的游离水或脂肪酸均会影响甲醇钠的催化活性，国外工艺中要求两者的含量都不超过0.1%。但其产物中皂的含量很少，有利于甘油的沉降分离及提高生物柴油收率。而氢氧化钠（或钾）为催化剂对原料的要求相对不严格，原料中可含少量的水和游离脂肪酸，但这会导致生成较多的脂肪皂，影响甘油的沉降分离速度，同时会导致甘油相中溶解较多的甲酯，从而降低生物柴油的收率。一般，以氢氧化钠（或钾）作催化剂时，油脂原料的酸值不要超过 2mgKOH/g，催化剂的用量为油脂重量的 0.5% ~2.0%。即使油脂原料的酸值较高，超过 2mgKOH/g，理论上还可以使用氢氧化钠（或钾）催化剂，但需要加入过量的催化剂以中和游离脂肪酸。这种条件下皂的生成量高，甘油沉降分离困难，且甘油相中溶解的甲酯量高，因此不宜采取。对于氢氧化钠或氢氧化钾，当用作酯交换催化剂时也有所不同。

（1）在对粗产物进行沉降分离过程中，催化剂主要存在于甘油相中。由于 KOH 的分子量大于 NaOH，因此会提高甘油相的密度，加速甘油相的沉降分离。

（2）使用 KOH 为催化剂，皂的生成量要比使用 NaOH 时少，这会减少甲酯在甘油相中的溶解。国外一项研究表明：以 KOH 为催化剂催化葵花籽油酯交换，分离后的甘油相中，甲酯的摩尔含量为3%，而以 NaOH 作催化剂时的摩尔含量为6%。

（3）以 KOH 为催化剂，产物用磷酸中和可生成磷酸二氢钾，这是一种优质肥料，不仅可以减少废物的排放，同时还会增加经济效益。与此相比，钠盐只能作为废物处理。NaOH 为催化剂的优点在于其价格便宜。除此之外，国内外还在开发有机碱催化剂，比如胺类等。当以有机胺作催化剂时，在常压低温下经过 6 ~10h 的反应，可以达到比较高的转化率，但产物中甘油单酯和二酯的含量很高，而甘油的量很低，难以工业应用；当提高反应压力和温度时，反应过程中又有可能生成酰胺，降低产品质量。因此，以有机碱做酯交换催化剂还需要做大量的基础研究工作。

固体碱催化剂最近几年正在工业化。与液体碱催化剂相比，使用固体催化剂可以大大提高甘油相的纯度，降低甘油精制的成本，“三废”排放少，产物不含皂，提高生物柴油收率；但反应速度慢，需要较高的温度和压力，较高的醇油比，且对游离脂肪酸和水比较敏感，原料需严格精制。

酸催化酯交换的反应机理如图 1 -7 所示。质子先与甘油三酯的羰基结合，形成碳阳离子中间体。亲质子的甲醇与碳阳离子结合并形成四面体结构的中间体，然后这个中间体分解成甲酯和甘油二酯，并产生质子催化下一轮反应。甘油二酯及甘油单酯也按这个过程反应。

与碱催化相比，酸性催化剂可加工高酸值原料，因为在酸性催化剂存在下，游离脂肪酸会与甲醇发生酯化反应生成甲酯。因此酸性催化剂非常适合加工高酸值的油脂。另外，对于长链或含有支链的脂肪醇与油脂的酯交换，一般也用酸性催化剂。但是，酸催化酯交换的反应速度非常慢，且需要比较高的反应温度和醇油比。在酸催化反应中，如反应温度较高，可

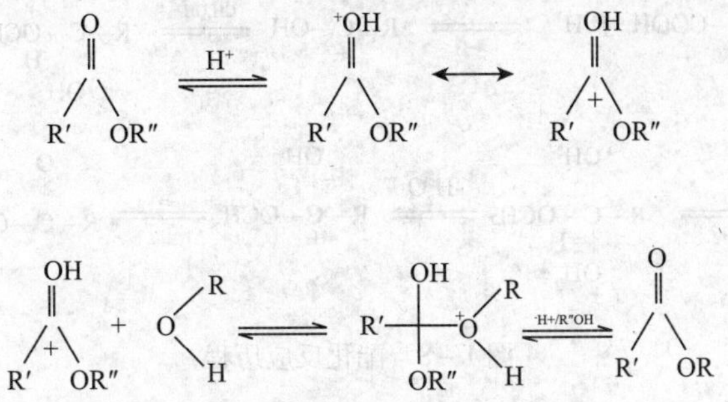

图 1－7　酸催化制备生物柴油的反应机理

能发生副反应，生成副产物如二甲醚、甘油醚等。另外，在酸催化中，水对催化剂活性的影响非常大。据报道，硫酸催化大豆油与甲醇酯交换的反应中，若大豆油中加入 0.5% 的水，则酯交换转化率由 95% 降到 90%。如果加入 5% 的水，则转化率仅为 5.6%。在酯交换过程中生成的碳阳离子容易与水反应生成碳酸，从而降低生物柴油收率。当油脂中游离脂肪酸含量高时应注意这一问题，因为酸性催化剂会催化游离脂肪酸与甲醇酯化，从而产生一定量的水，影响反应进程，一步酯交换反应难以达到满意的转化率。以高酸值的油脂如废弃油脂为原料时，为了避免产生的水的影响，工业上常常采用边反应边脱水的办法，或采用间歇操作，把水分出去后再补充甲醇继续反应。

在工业应用中，最常用的酸性催化剂是浓硫酸和磺酸或其混合物。两者相比，硫酸价格便宜，吸水性强，有利于脱除酯化反应生成的水，缺点是腐蚀性强，且容易与碳碳双键反应，导致产物的颜色较深。磺酸催化剂的催化活性比硫酸弱，但在生产过程中的问题少，且不易攻击碳碳双键。

强酸型阳离子交换树脂和磷酸盐是两种典型的酯交换酸性固体酸催化剂，但它们都需要比较高的反应温度和较长的反应时间，且酯交换的转化率比较低，使用寿命短，因此限制了它们的工业应用。其他固体酸催化剂如硫酸锆、硫酸锡、氧化锆及钨酸锆等也有人在研究。

目前，在国外生物柴油生产装置中，很少用酸催化的酯交换工艺。酸性催化剂主要被用来对酸值较高的油脂进行预酯化，然后再进行碱催化的酯交换。我国现有的生物柴油厂主要以高酸值的废弃油脂为原料，规模小，使用的催化剂大多是液体酸，很少使用固体酸催化剂。使用固体酸催化剂对高酸值的植物油进行预酯化，然后再用碱催化酯交换制备生物柴油，是一条较好的工艺路线。

在生物柴油生产过程中还存在酯化反应。所谓酯化反应是指醇跟羧酸或含氧无机酸反应生成酯和水的化学反应。酯化反应是可逆的，它的逆反应就是水解反应。在通常状况下，该可逆反应需要很长时间才能达到平衡。为了缩短平衡时间，常用浓硫酸等无机酸作催化剂，工业上也有用阳离子交换树脂做酯化反应的催化剂。在酯化反应中，通常由羧酸提供羟基（羧酸跟有些叔醇酯化时，羟基由叔醇提供）。首先是羧酸的羰基质子化，使羰基碳原子带有更多的正电荷，醇就容易发生亲核加成，然后质子转移，消除水，再消除质子，就形成酯。广义的酯化反应还包括醇跟酰氯或酸酐、卤代物跟羧酸钠盐以及酯交换反应等。酯化反应的反应历程如图 1－8 所示。

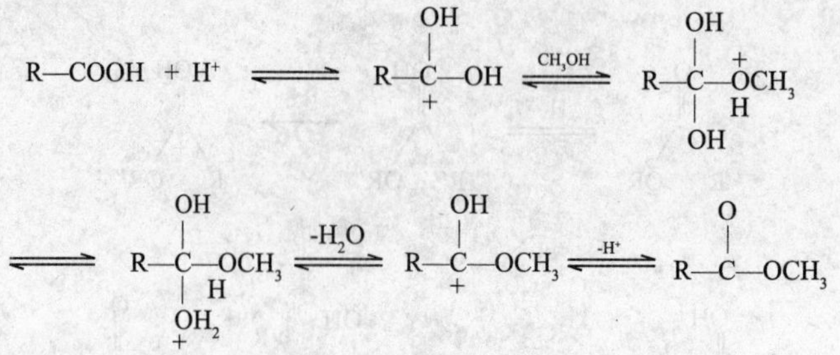

$$R\text{—}COOH + H^{+} \rightleftharpoons R\text{—}\overset{+}{C}(OH)\text{—}OH \xrightleftharpoons{CH_3OH} R\text{—}C(OH)_2\text{—}\overset{+}{O}(H)CH_3$$

$$\rightleftharpoons R\text{—}C(OH)(\overset{+}{O}H_2)\text{—}O(H)CH_3 \xrightleftharpoons{-H_2O} R\text{—}\overset{+}{C}(OH)\text{—}OCH_3 \xrightleftharpoons{-H^{+}} R\text{—}C(=O)\text{—}OCH_3$$

图 1－8　酯化反应历程

上述反应可用下列动力学方程描述：

$$r = [H^{+}]\{[RCOOH][CH_3OH] - [RCOOCH_3][H_2O]/K\}/k$$

式中，r 为酯化速度；k 为速度常数；K 为平衡常数，

$$K = [RCOOCH_3][H_2O]/[RCOOH][CH_3OH]$$

酯化反应的一般通式可描述为

$$R\text{—}COOH + R'OH \xrightleftharpoons{H^{+}} R\text{—}COOR' + H_2O$$

R＝脂肪酸的碳链；R′＝醇的烷基

从酯化反应的通式来看，1mol 脂肪酸与 1mol 醇反应生成 1mol 脂肪酸酯和 1mol 水。由于羧酸与醇反应中生成了副产物水，在反应体系中，稀释了反应物醇的浓度，因此，要保持反应速度，醇浓度是非常重要的。醇浓度降低会使生成物酯的产量大大降低，并使反应速度急剧降低，从而大大延长了反应时间。在制取生物柴油的过程中，为了加快反应速度，除了要使用一定量的催化剂外，还要保持较高的醇浓度，这就需要不断地把副产物水除去，使得酯化反应朝着正反应方向进行，从而提高生物柴油的产量。

近年来提出了一种超临界甲醇和甘油三酯进行酯交换反应制备生物柴油的新方法，其反应机理如图 1－9 所示。

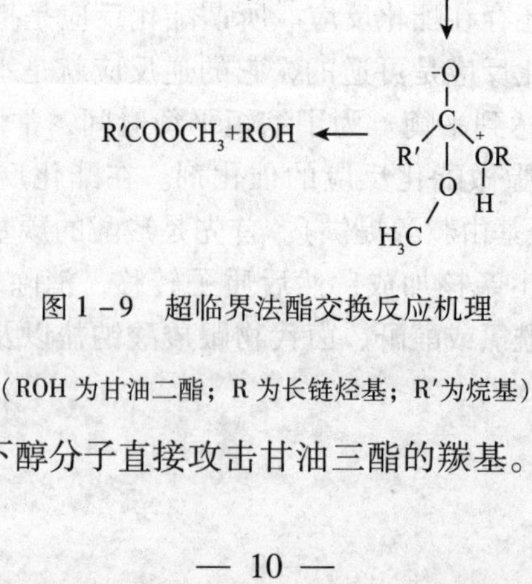

$$R'COOR \longrightarrow R'\text{—}\overset{+}{C}(\text{—}O^{-})(OR) \leftarrow \ddot{O}(CH_3)H\cdots\ddot{O}(H)CH_3 \longrightarrow R'\text{—}C(\text{—}O^{-})(\ddot{O}R) \leftarrow \overset{+}{O}(CH_3)H\cdots\ddot{O}(H)CH_3$$

$$\downarrow$$

$$R'COOCH_3 + ROH \longleftarrow R'\text{—}C(\text{—}O^{-})(\overset{+}{O}(H)R)(OCH_3)$$

图 1－9　超临界法酯交换反应机理

（ROH 为甘油二酯；R 为长链烃基；R′为烷基）

此反应机理假设在高压下醇分子直接攻击甘油三酯的羰基。并且在超临界状态下，由于

高温高压，氢键被显著削弱，这使得甲醇可以作为自由单体而存在。最终，酯交换反应通过甲醇盐的转移来完成。通过相似的途径，甘油二酯转化生成脂肪酸甲酯和甘油一酸酯，甘油一酸酯进一步反应生成脂肪酸甲酯和甘油。Madras 等计算了在超临界甲醇中制备生物柴油的活化能大约为 3kJ/mol。Kusdiana 等认为，此类酯交换反应属于亲核反应。首先，甘油三酯由于电子分布不均匀而发生振动，使得羰基上 C 原子显示正价，而 O 原子显示负价，同时甲醇上的氧原子攻击带有正电的 C 原子，形成反应中间体，然后中间体醇类物质的 H 原子向甘油三酯的烷基中的 O 原子转移形成第二种反应中间体，进而得酯交换产物。

朱海峰等人对花生油在超临界甲醇中的酯交换反应过程的化学反应动力学规律进行了研究。实验结果表明，超临界甲醇中的酯交换反应的表观反应级数为 1.5，反应活化能 E_a = 28.85kJ/mol。实验求得 250℃、265℃、280℃和 310℃的花生油酯交换反应的速率常数和反应级数见表 1－4。

表 1－4　花生油超临界甲醇酯交换反应速率常数和反应级数

反应温度/℃	反应速率常数 k_1	反应级数 n	反应温度/℃	反应速率常数 k_1	反应级数 n
250	0.01374	1.6822	265	0.02366	1.8248
280	0.02585	1.4750	310	0.02939	1.1628

二、生物柴油安全数据表（MSDS）

（1）合成物/成分信息：该产品不含有害物质。

（2）风险鉴定：

吸入：可以忽略，除非产品被加热到蒸发。蒸汽和薄雾刺激黏膜，导致发炎、头晕和恶心。用新鲜空气去除。

眼睛接触：可能导致发炎。发炎的眼睛需要水洗 15～20min，如果症状持续，需要看医生。

皮肤接触：持续和重复接触不会导致明显的皮肤发炎。接触材料有时会温度升高。热燃是可能的。

摄取：从偶然摄取到工业暴露均没有有害预测。

（3）紧急帮助措施：

眼睛：发炎的眼睛要用大水流洗 15～20min。

皮肤：用肥皂和水洗涤身体暴露部位。

吸入：喝一两杯水。如果肠胃症状持续，要看医生（失去意识的人不要吃任何东西）。

（4）灭火措施：

闪点：最低 130.0℃（ASTM 93）

易燃性限制：未知

灭火介质：化学干粉、泡沫、二氧化碳、喷水（雾状），水流需要覆盖燃烧液体和火焰。

特别灭火程序：用水喷洒，冷却暴露在火焰里的储存罐。

不寻常火灾和爆炸危害：油浸泡的抹布如果处理不当会导致自燃。在丢掉抹布之前，要用水和肥皂清洗抹布然后要在通风处晾干。消防人员要配备自带呼吸设备，以避免爆炸产生的烟和蒸汽。

（5）事故避免措施，溢出清理步骤：如果可能制止泄漏，移开燃烧源，将溢出区域尽量缩小。如果是小溢出，用吸水材料清理，如卫生纸、沙子和泥土。

（6）处理和储存：

封闭储存于 10～48℃；

隔绝氧化剂、过热和燃烧源；

在通风的地方储存和使用，不要在有热源、火星、火焰的地方储存和使用，不要在阳光下储存；

不要刺穿、拖拽或滑动储存罐。储存罐不是压力容器，不要用压力清空。

（7）爆炸控制及个人防护：

呼吸防护：如果蒸汽和雾已经产生，马上戴上经过权威机构认证的有机蒸汽/雾呼吸器。

防护服：安全的玻璃、护目镜、脸罩可以保护眼睛免受滴溅，PVC 手套可以保护皮肤。

其他防护措施：雇员需要有良好的卫生习惯，每天要清洗几遍暴露的皮肤，衣服要清洗后再穿。

（8）物理和化学性质：

沸点（5.7Pa）：＞200℃；

相对密度（$H_2O=1$）：0.88；

水溶性：不溶解；

蒸汽压：＜266.6Pa（2mmHg）；

外观和气味：暗黄色液体，气味轻微。

（9）稳定性和化学反应：

这种产品是稳定的，没有有害聚合物产生。

不兼容材料和避免的条件：强氧化剂、有害分解物。燃烧时产生一氧化碳和二氧化碳，并伴随浓烟。

第三节　生物柴油发展历程

把植物油作为柴油发动机燃料这一想法早在一百多年前就产生了。柴油机是 1892 年德国人狄塞尔发明的压缩点火式内燃机，也称狄塞尔内燃机，初期曾用煤油、花生油等作为燃料。随后，一款新型使用花生油驱动的引擎样机于 1900 年在巴黎世界展览中心展出。由于它运转非常平稳，以至于极少有参观者意识到真相（指发动机使用花生油作为燃料）。这个试验得到法国政府的支持，当时法国政府正在其所属的非洲殖民地寻找民用燃料生产方式。此后欧洲其他几个国家也采纳了这个想法。比利时、法国、意大利、英国和德国的研究人员对从热带植物油生产柴油燃料撰写了大量文章。

后来石油炼制工业发展以后，石化燃料数量大且价格便宜，人们就普遍采用石化柴油，所以我国就把这种内燃机称为柴油机。尽管石化柴油比植物油更便宜、更丰富，但它比较轻、黏性低，汽车制造商不得不相应地调整发动机设计，植物油被“扫地出门”长达数十年。到了 1973 年，阿拉伯的石油禁运致使原油的价格居高不下。由于汽油和柴油价格较之前暴涨了四倍，人们又重新对生物燃料产生了兴趣。但存在一个难题：纯植物油太稠，不适合现代柴油发动机；它堵塞喷油系统，无法将柴油均匀地喷射入压缩汽缸。解决的办法除了回到老式的发动机设计，还有两种选择：通过携带加热系统使其减少黏性（这一方式目前被 Greasercars 所采用，它使用直接的煎制油），或者炼制更小分子的柴油。

后一种选择将人们引向了生物柴油。多数厂家选择一种称为酯基转移的生产方法，南非在第二次世界大战前通过这种方法用植物油制造燃料。使用这种工艺，炼油厂通常以氢氧化钠为催化剂将酒精和油混合。酒精与脂肪酸作用，生成生物柴油和甘油副产品。他们使用的酒精通常是甲醇，生产的生物柴油含脂肪酸甲酯。

美国是最早研究生物柴油的国家。1983 年美国一个学者首先将亚麻油和棉籽油酸甲酯用于柴油机，并将经过酯交换得到的脂肪酸单酯定义为生物柴油，可以单独使用，也可以与传统柴油混合使用。早期的耐久性试验表明，使用含有植物油的混合燃料时，发动机会过早损坏。但是，植物油通过与醇进行过酯交换反应后的产物，在发动机中燃烧却没有这种问题，甚至其性能还要比石油产品更好。现在所谓的生物柴油的构词来自早期的试验。

近年来，世界各国出于加强能源安全、减少温室气体排放和促进农业发展等多方面的考虑，积极促进和扶持生物液体燃料发展。据统计，世界生物燃料乙醇与生物柴油的产量分别从 2000 年的 1.7×10^{10}L 和 9×10^{8}L，上升到 2007 年的 4.95×10^{10}L 和 9.8×10^{9}L。

随着世界第一代生物液体燃料（主要以玉米、大豆等传统作物为原料）发展规模的迅速扩大，其发展对农业生产、农产品价格、粮食安全、农民收入以及环境等方面的影响开始逐步显现，引起了各国政府和学术界的广泛关注，并展开了大量的实证研究，但目前尚未取得一致公认的研究结论。国际上，对于是否应该发展生物液体燃料及发展规模与方式的争论也日趋激烈。生物柴油是生物液体燃料的重要组成部分，虽然目前所占份额较小，但发展速度十分迅速，大大超过了燃料乙醇的增长速度，其发展可能产生的经济与环境等方面的影响也逐渐凸显。

一、世界生物柴油发展状况

图 1－10 为世界生物柴油产量增长趋势。从图 1－10 可以看出，在 2004 年之前，世界生物柴油年均绝对增长速度相对较慢；世界金融危机前，由于国际石油价格持续攀升，各国纷纷出台各种鼓励生物柴油发展的政策措施，加之生物柴油生产技术不断提高，生物柴油产业发展步伐明显加快。生物柴油产量从 2004 的 2.196×10^{9}L 猛增到 2007 年的 9.841×10^{9}L，年均增长量达 2.548×10^{9}L。

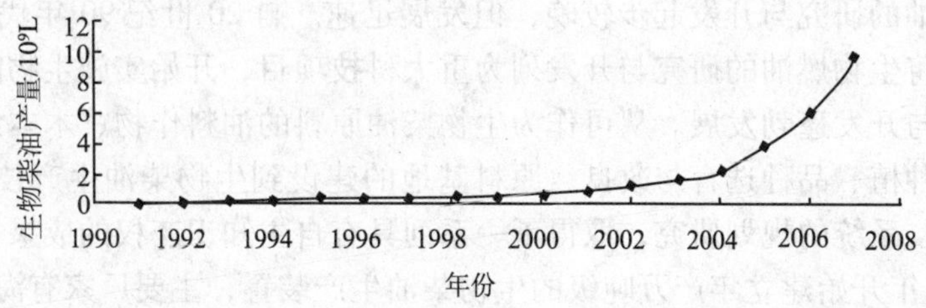

图 1－10　世界生物柴油产量增长趋势

从地区分布来看，欧盟是生物柴油生产最为集中的地区。2005 年欧盟生物柴油产量约占世界总量的 85%，其中，德国、法国和意大利分别占世界总量的 50%、14% 和 6%，美国占 8%，巴西和澳大利亚约各占 2%，其他国家合计仅占 3%。值得注意的是，近年来印度、马来西亚、印度尼西亚和中国等许多发展中国家，均已制订了生物柴油发展规划，并出台了相应的扶持政策，预计未来几年中，这些国家的发展规模将会迅速扩大。

德国是欧洲最大的生物柴油生产国。德国政府积极鼓励生产和应用生物柴油，在生物柴油的价格上给予一定的补贴。据报道，从 1999 年开始，生物柴油就已经在加油站中出售。德国生物柴油的原料主要是菜籽油，因此，德国生物柴油标准是参考菜籽油经甲酯化后所获得的生物柴油的质量而制定的。其标准比美国等国的标准都严格一些。目前在德国，生物柴油已替代普通柴油作为公交车、出租车以及建筑和农业机械等使用的燃料。

法国 2003 年生物柴油的生产量只有 400kt。为了执行京都协议，降低二氧化碳的排放和减少对进口燃料的依赖，法国政府提出的目标是要在 2010 年燃料中达到 5. 75% 的生物柴油。因此法国近几年生物柴油发展势头非常快，大有超过德国之势。原因可能在于法国政府以较低的税收鼓励生产生物柴油，另外一个原因在于法国汽车发动机的设计以柴油发动机为主。有资料统计，法国 63% 以上的私人汽车用的是柴油，只有不到 37% 用的是汽油。

美国由于能源消费量巨大，每年都要进口大量石油，为缓解能源消费国际市场带来的压力和环境因素，美国积极寻找各种替代能源。20 世纪 70 年代末和 80 年代初，美国为了寻找传统矿物燃料的替代品和添加剂，对利用油脂转化成为脂肪酸甲酯生产生物柴油的研究在理论上进行了探讨，特别是 1990 年“空气清洁法”和 1992 年“能源政策法”颁布以来，美国加强了对降低空气污染、保护环境和减少对外能源依赖性等问题的研究，生物柴油商品化的问题又重新提到议事日程上来。美国能源部委托可再生能源国家实验室对生物柴油的生产、燃料特性、行车试验、法律法规、商业化情况以及经济性与环境因素等进行广泛而深入的调查，并开始以大豆油和生产大豆油后的副产品脂肪酸转化为生物柴油的技术和市场调查研究。目前，生物柴油已作为一种替代燃料被美国能源发展委员会（DOP）、美国环保局（EPA）和美国材料试验协会（ASTM）三大机构认可。

据 2004 年美国国家生物柴油委员会统计，美国当年已投产或正在建设中的商业化生物柴油厂 22 家，生产生物柴油 600kt，较 2002 年增长了一倍。美国能源署计划，到 2010 年将国内生物柴油产量提高到 1. 2Mt。预计到 2016 年将达到 3. 3Mt。

美国生物柴油主要采用大豆油或脂肪酸为原料，酸或碱催化，进行酯交换工艺生产生物柴油。在美国，生物柴油主要用于拥有加油站的巴士公司和卡车运输公司，联邦政府是生物柴油的最大用户，以 B20 调合燃料为主。此外，美国为生物柴油原料的生产开辟新途径，成功研制出了高油含量的“工程微藻”，以此作为制备生物柴油原料的后备补充。

我国生物柴油的研究与开发起步较晚，但发展迅速。自 20 世纪 90 年代“八五”计划开始，国家科技部将生物燃油的研究与开发列为重大科技项目，开始实施生物能源的重大工程，生物能源的研究与开发蓬勃发展。从可作为生物柴油原料的油料作物、木本油料植物的选择、分布区域、栽培种植、品种选育与改良、原料基地的建设到生物柴油生产技术及成套设备的研制等开始全面、系统的规划研究，取得了一系列具有自主知识产权的成果。

我国在 2001 年开始建立年产万吨级的生物柴油生产装置，主要厂家有海南正和生物能源有限公司、四川古杉油脂化工公司、福建卓越新能源发展有限公司。海南正和生物能源有限公司于 2001 年 9 月在河北邯郸建成年产 10kt 左右的生物柴油试验工厂，油品经石油化工科学研究院以及环境科学研究院测试，主要指标达到美国生物柴油标准，它成为我国生物柴油产业化的标志。2002 年 8 月，四川古杉油脂化工公司成功开发出生物柴油，该公司以植物油下脚料为原料生产生物柴油，产品的使用性能与 0 号柴油相当，燃烧后废物排放较普通柴油下降 70%，经鉴定，主要性能指标达到德国 DIN 51606 标准。到 2005 年，全国生物柴油厂家开始快速发展，主要是一些中小型民营企业及个体企业，最多时总量估计超过 1000 家。在此期间，比如 2006 年 12 月 8 日，全球第一套生物酶法新工艺生产生物柴油的工业化装置(20kt/a)在湖南益阳海纳百川生物有限公司正式投运。重庆华正能源开发有限公司（现更名为重庆天润能源开发有限公司）也于 2006 年正式投产运行。一些生物柴油生产状况见表 1-5。由于我国国情在于地少人多，动植物油脂很难大规模用于生产生物柴油，因此导致原材料严重不足，很多企业生产技术不过关，生物柴油产品很难达到国家标准要求，因此，这股投资生物柴油的热潮逐渐冷却下来，许多企业倒闭，一些企业开始转行，从事精炼废弃油脂等生产。

表 1-5　部分生物柴油企业生产状况　kt

企业名称	龙岩卓越新能源公司	四川古杉油脂化工公司	海南正和生物能源公司	湖南海纳百川生物公司	重庆天润能源公司	河南宏昌公司
投产时间	2001 年	2000 年	2001 年	2006 年	2006 年	2006 年
生产能力	20	30	30	10	20	30
实际生产规模	20	5	30		15	
原料	废油地沟油	废油	木本油料	废油	废油酸化油	木本油料废油
工艺	固体酸催化	化学碱催化	化学碱催化	生物酶法	化学酸催化	生物酶法

当前，我国生物柴油发展中还有一些问题亟待解决，如原料供应、质量标准、市场等问题。

1）原料制约

原料始终是制约我国生物柴油发展的瓶颈。目前，我国生物柴油年生产能力超过 3Mt，由于原料供应不足，实际产量只有 300kt 左右。生物柴油生产企业的开工率普遍较低。我国生物柴油原料较为单一，主要集中在地沟油与酸化油等原料上，谁掌握了地沟油资源，谁就能生存。正是由于生物柴油的兴起，地沟油的需求也不断增大，某些地区甚至出现了争抢和囤积地沟油的现象，价格因此水涨船高。同时，由于部门管理混乱，缺乏有效的组织体系，所以地沟油、泔水油、牛羊杂油等各种废弃油资源真正得到利用的只是很少一部分。虽然有些地区种植了一定数量黄连木、油桐、棉籽等油料植物，但分布分散且数量小，尚不足以支撑生物柴油规模化生产。值得注意的是，现在有些发达国家利用我国的土地资源种植油料作物，生产生物柴油出口。

2）设备落后

为了适应成分复杂的原料，我国生物柴油技术形成了原料适应性较强的工艺路线。目前，形成了以废弃油脂和野生树木种子为原料，以常规酸碱和改性酸碱，固体分子筛为催化剂的实用工业技术以及脂酶为催化剂和超临界无催化剂的技术储备体系。我国生物柴油生产技术相对成熟，但生产设备比较落后，生物柴油厂的生产设计和运行没有技术规范，存在安全隐患。技术标准、产品检测和认证等体系不完善，没有形成支撑生物柴油产业发展的技术服务体系。

3）市场混乱

在《可再生能源法》实施后，由于生物柴油标准迟迟没有出来，生物柴油市场混乱，以次充好、以假乱真的现象非常多，对产业发展造成不良影响。有的把地沟油和甲醇简单勾兑起来，有的把植物油直接混入柴油，使柴油机积炭严重。目前，我国基本上还没有形成固定的生物柴油市场，没有建立起统一的产业规范（包括产品质量标准、应用体系等）。生物柴油企业都有自己的生产标准，但多数达不到《柴油机燃料调合用生物柴油（BD100）国家标准》的要求。

4）没有进入加油站主渠道

虽然《可再生能源法》确定了生物柴油的合法地位，但至今生物柴油仍然没有进入加油站主渠道。因为国家对成品油的监管非常严格，而目前生物柴油的质量参差不齐，如果在加油站销售，质量无法保证。另外，产量太小也是制约生物柴油走进正规加油站的重要原因。

5）各种相关政策尚待制定

目前我国尚未制定促进生物柴油生产、销售、使用等相关政策，更没有正规的生物柴油销售渠道，对于原料收集处理的相关政策还没有形成一个完整的体系，严重制约生物柴油产业发展。正和、古杉、卓越等几个民营企业的产品没有通过官方系统销售到中石油、中石化的销售网络中。

二、主要国家生物柴油发展的激励政策

当前，各国及地区纷纷通过税收减免、直接补贴、强制性混合配比等措施，鼓励生物柴油产业发展。

1）欧盟

欧盟是目前最主要的生物柴油生产基地，2006 年产量达 5.5×10^9L，约占世界产量的 85%。欧盟对生物能源原料种植、生产加工、市场销售与使用等各个环节给予了一系列的政策支持与优惠。根据 Directive EC 2003/96 文件规定，欧盟委员会允许成员国对生物柴油生产实行税收减免政策。

为了减少因税收减免对政府财政收入的影响，最近许多国家开始实施在石化交通能源中强制性添加生物液体燃料的规定，对于达到规定者给予相应的税收优惠，否则不给予优惠。同时，欧盟对以休耕地种植能源作物给予 45 €/hm^2 补贴，但补贴总面积不超过 $2.0\times10^6hm^2$。

2）美国

美国是世界上最大的燃料乙醇生产国，生物柴油规模相对较小。近年来，美国开始重视生物柴油发展。1999 年，美国政府颁布了开发生物质能源的法令，生物柴油是其中的重点发展领域之一。为鼓励生物柴油发展，自 2004 年开始，美国政府对生物柴油产业也给予了玉米乙醇产业所享受的同等优惠政策。优惠规定，通过在石化柴油中掺混生物柴油，生物柴油可以享受 1 美元/加仑的补贴，即相当于 1896 元/吨。虽然这项补贴政策在 2009 年失效，但在 2010 年美国总统奥巴马签署了包括生物柴油补贴在内的一系列税收减免法案，生产每加仑生物柴油享受 1 美元的税收抵免政策于 2011 年再度恢复。

3）印度

印度是世界上能源需求增长速度最快和最主要的石油进口国之一。2003 年，印度政府制订了“国家生物液体燃料发展计划”（National mission on biofuel），重点推行“麻疯树生物柴油计划”，并出台了一系列激励政策与措施。主要包括：

（1）由政府建立示范项目。由政府建立 $4.0\times10^5hm^2$ 集中连片的麻疯树示范基地，并计划投入 149.6 亿卢比（约 3.4 亿美元）对麻疯树种植、生物柴油加工、销售以及技术研发等

各个环节提供资助。

（2）实行生物柴油收购政策。

（3）向麻疯树种植农户提供为期4年的优惠贷款，并由国家或企业与农户签订合同，以每千克不低于5卢比价格回收麻疯树种籽。

（4）对能源实行分类制度，并对可再生类能源实施税收优惠政策。

4）中国

中国是世界第三大生物液体燃料生产国，目前以玉米燃料乙醇为主。2007年中国政府出于粮食安全的考虑，紧急出台政策限制玉米燃料乙醇生产，林业生物柴油成了未来生物液体燃料发展的重点方向之一。据报道，《全国林业生物质能源发展规划（2011～2012年）》即将出台，规划明确了未来十年林业生物质能源的发展目标。到2015年，林业生物质能源占全国可再生能源的比例达1.52%；到2020年，林业生物质能源占全国可再生能源的比例达2%。规划明确了具体发展目标，到2015年，全国建设能源林962.63万公顷，林业剩余物能源化利用率达15%以上。林业生物质能源可替代700万吨标煤的石化能源，占可再生能源的比例达1.52%，其中，生物质热利用贡献率为90%，生物柴油贡献率为10%。到2020年，能源林建设达到1899.03万公顷，林业生物质能源可替代2025万吨标煤的石化能源，占可再生能源的比例达2%，其中，生物质热利贡献率为70%，生物柴油贡献率为25%，燃料乙醇贡献率为5%。

为了促进生物柴油产业发展，中国政府专门制定了生物柴油产业发展优惠政策。2006年政府颁布了《关于发展生物质能源和生物化工财税扶持政策的实施意见》，明确规定对生物能源与生物化工行业实施建立风险基金制度、实施弹性亏损补贴；原料基地补助；对具有重大意义的技术产业化企业的示范补助；及税收扶持4大财税优惠政策。2007年9月《生物能源和生物化工农业原料基地补助资金管理暂行办法》正式出台，规定对林业原料基地给予3000元/hm^2补助。

虽然早在2004年，国家税务总局出台了生物柴油免征消费税政策，由于与当时国家成品油市场管理办法相关条文冲突，对生物柴油免征消费税直到2010年才终于确定，但由于国内生物柴油在燃料市场销售额相对较小，大部分生物柴油销售面向调合柴油市场，消费税的减免对生物柴油发展利好十分有限。

之后分别在2007年与2011年出台的《柴油机燃料调合用生物柴油（BD100）》与《生物柴油调合燃料（B5）国家标准》，虽然为生物柴油提供了合法的产品身份以及与石化柴油混掺标准，但国内生物柴油发展不够成熟，产品质量参差不齐，石油巨头对生物燃料发展并不热心，空有政策，却实难推行。

2011年，国家相继出台了《关于组织申报生物能源和生物化工原料基地补助资金的通知》与《关于调整完善资源综合利用产品及劳务增值税政策的通知》，分别对生物柴油提供生产资金补贴与销售退税补贴。但由于申请资金补贴与销售退税补贴门槛非常高，国内能享受该项政策利好的单位屈指可数。

第四节 生物柴油生产原料

虽然生产生物柴油的原料来源比较多样，但各种原料是非常有限的，就算把它们加起来也难以满足人类对燃油的需求。拿产量最大的油料作物来说，虽然我国现有油料作物年产油脂在10Mt以上，但尚不足以满足国内食用油消费市场需求，近几年油脂进口量逐年递增，2004年超过7Mt，成为全球最大食用油进口国。与此同时，我国的交通运输，每年需要大约64Mt燃油，而且还在以每年30%的速度递增。

一般来说，原料油脂的价格占成本的70%～85%，油脂性质和组成决定加工流程与产品方案，油料亩产量影响生产装置规模（每年几千吨到200kt），而油料收集、运输、物流半径和油品市场影响厂址选择。有学者认为，在建设一个生物柴油厂前，应进行四个步骤的可行性研究：

（1）对原料供应市场进行深入分析；

（2）调查柴油市场，分析潜在用户；

（3）投资者应分析现有法规和研究如何去获得政府政策支持；

（4）最后根据上述结果，选择最合适的生物柴油生产工艺。

奥地利燃料协会认为，影响成本的最根本因素为原料，比投资、操作费用、能耗、甲醇都重要。在我国原油价格达到60＄/bbl，仅相当于3300元/t左右，炼制的柴油价格按高价为4000元/t，而植物油价格一般为3000～5000元/t。如果植物油价格按低价3000元/t且占总成本的70%～80%来计算，则生物柴油成本价为3750～4285元/t，比石化柴油的价格略高。由此可见，如何降低生物柴油原料油的价格最为关键。

欧盟对生产100%生物柴油（称为B100柴油）的原料有严格要求：

（1）少于2%饱和脂肪酸（不含碳碳双键），使生物柴油具有优良的低温性能，冬季能够使用；

（2）小于2%亚麻酸（含三个碳碳双键），以改善氧化、储存、热安定性；

（3）大于85%的油酸（含一个碳碳双键）。

国内外只有低硫甙、低芥酸菜籽油能符合上述要求，其他植物油如棉籽油、大豆油以及木本植物油等绝大多数达不到。

原料对生物柴油的生产的影响还有：

（1）与石油、天然气、煤炭等相比，它属于低密度能源，要大面积种植才能提供一定量原料，从而限制其规模只能从几千吨至100～200kt/a，不能与石化柴油加氢装置的规模（1～2Mt/a）相比。但也有其优点，比如投资少，建设速度快。

（2）工厂的厂址还要考虑原料的收集、运输，5～100kt/a的工厂要靠近沿海、沿江港口或铁路运输方便的地方。原料供应有限的生物柴油厂（每年几千吨至10kt），只能在工厂附近地区收集原料，后者采用移动式生物柴油生产装置。

（3）油料作物和木本油料的供应还有季节性，需要采用多种原料油来保障全年的生产。

原料对生物柴油的质量也有一定影响。油脂中所含的脂肪酸的碳链长短、不饱和键的多少直接影响生物柴油的闪点、十六烷值、凝点等性质。不同产地、不同品种的油脂化学成分有较大的差别。植物油一般含有大量的不饱和脂肪酸，如有4个共轭烯键的芥酸、有3个共轭烯键的亚麻酸等，这些不饱和脂肪酸容易被空气氧化，会给生物柴油的氧化安定性带来影响。动物油脂则具有较高饱和脂肪酸含量，当作为生物柴油原料时，饱和脂肪酸又会对生物柴油的黏度、凝点等指标产生影响。

生物柴油的生产原料大致可分为以下几类：

① 含油植物的种子：油料作物，如油菜、棉花、大豆、芝麻、花生等；木本油料，如乌柏树、蓖麻、棕榈树、椰子树、油桐树、亚麻、野苏树、桉树、油茶、麻风树、光皮树等含油质植物。

② 动物油脂：如猪、牛、羊等加工的各种油脂。

③ 微生物油脂与工程微藻。

④ 一些废弃物的回收：如餐馆的地沟油，各种油脂加工厂的下脚料、酸化油。特别应指出的是，随着城市餐饮业的发展，各种废弃的动植物油数量巨大，而这些废油给生态环境造成了污染。据中国食用油信息网介绍，我国 2000 年食用油的消费总量约为 12Mt，如果按消费总量 10% 计算，则产生 1.2Mt 的废油脂。大量的餐饮业废油及油脂加工厂的下脚料，目前成为我国生物柴油原料的一个重要组成部分。

近年来，世界各国为加快生物液体燃料发展，纷纷制定或重新修订了液体生物燃料发展目标(表 1-6)，并出台了相应的鼓励政策。从原料选择来看，目前以油菜籽、大豆以及餐饮废油为主。

表 1-6 世界主要国家生物柴油发展目标及主要原料

国家或地区	生物柴油发展目标	主要原料
欧盟	2010 年占交通所用能源的 5.75%	油菜籽
	2020 年占 10%（其中 80% 为生物柴油）	
其中：德国	2010 年 5.75%	油菜籽
法国	2010 年 7%	油菜籽
意大利	2010 年 5%	油菜籽
美国	2009 年 1.9×10^{9}L；2016 年 3.8×10^{9}L	大豆、动物油
巴西	2008 年占交通柴油用油量的 2%；2013 年达到 5%	大豆、蓖麻油
印度	2012 年达到 12%	麻疯树油
中国	2010 年 2.5×10^{8}L；2020 年 2.5×10^{9}L	麻疯树油、餐饮废油
马来西亚	2008 年占交通柴油用油量的 5%	棕榈油

世界上 12 种主要油料作物的含油量及其在我国适宜的种植区见表 1-7 和表 1-8。

表 1-7 世界 12 种主要油料作物的含油量

序 号	油料作物	含油量/%	序 号	油料作物	含油量/%
1	椰子干	65~68	7	油菜籽	40~45
2	巴巴苏仁	60~65	8	葵花籽	35~45
3	芝麻	50~55	9	红花籽	30~35
4	棕榈果	45~50	10	油橄榄	25~30
5	棕榈仁	45~50	11	棉籽	14~25
6	花生仁	45~50	12	大豆	18~20

表 1-8 燃料油植物的区域划分

地 区	能源植物种类
东 北	耐寒的植物，如文冠果、蓖麻等
西 北	旱生灌木及草本，如欧李、沙棘等
华 北	黄连木等
西 南	亚热带植物，如麻疯树等
东 南	光皮树、油桐、乌桕、棕榈、油楠等

生物柴油发展导致对有限耕地资源的挤占，推动农产品的价格上涨并对一些国家的粮食安全构成威胁，是社会各界普遍关注和担心的问题。据估计，目前用于生物柴油原料的油料作物约占世界油料作物总产量的8%。2005年欧盟有58%的油菜籽被用于生物柴油生产，用于能源作物种植的耕地面积约为$2.7\times10^6hm^2$，占欧盟25个成员国耕地总量的3%。如果到2010年将生物燃料使用比例提高到5.75%，在不依靠进口的情况下，能源作物种植面积将达到$1.6\times10^7hm^2$。

在世界耕地资源十分短缺的情况下，分析不同原料单位面积生物柴油产出效率，对于未来生物柴油发展适宜原料品种的选择具有重要的参考意义。通过综合分析已有相关文献对在目前技术水平条件下，主要原料的单位面积产量、加工转换效率和单位土地面积生物柴油产出水平进行对比分析。就单位土地面积生物柴油产出效率来说，油棕榈和麻疯树等木本油料植物比传统的油菜籽和大豆等传统油料作物要高，更具发展前景，分析数据见表1－9。当然，在现实中进行原料选择时，还需要对其经济成本及可能的环境影响等因素进行综合分析后，才能做出适宜性评价。

表1－9　不同原料转换效率与单位面积生物柴油产出效率

原　料	单位土地面积原料产量/(t/hm^2)	每t生物柴油所需原料投入量/t	单位土地面积生物柴油产量/(t/hm^2)
油菜籽	3.0	2.76	1.1
大豆	2.7	5.56	0.5
麻疯树种籽	4.5	3.40	1.3
油棕果（鲜）	19.0	6.56	2.9

另外，据研究报道，美国可再生资源国家实验室通过现代生物技术制成“工程海藻”，在实验室条件下可以使其油脂含量达到40%～60%，单位面积生物柴油产量可达16000～40000 L/hm^2，可以为未来生物柴油发展开辟一条新途径。

一、油料作物

燃料油植物主要包括油脂植物和具有制成较高还原形式烃的能力、接近石油成分且能代替石油使用的植物。燃料油植物的开发利用价值早已被有识之士所认识，但到1973年石油危机以后，各国才普遍重视燃料油植物的利用。特别是1981年在肯尼亚首都内罗毕召开的国际新能源和可再生能源会议以后，国际上出现了开发利用植物燃料油的热潮。

我国幅员辽阔，纵跨热带、亚热带、暖温带、温带和寒温带五大气候带。气候、土壤的多样性，孕育着十分丰富的燃料油植物资源。据《中国油脂植物》记载，我国有108科、397属、814种油脂植物，我国油脂植物种类之多在世界上是屈指可数的。我国有富油大科6科，富油中、小科14科以上。美国科学院推荐的适于世界不同气候带栽培的60多种优良能源树种中，几乎有一半原产于我国，或我国已有引种。从这些丰富的油脂植物中可以筛选出大批有发展前途的燃料油植物。

1. 菜籽油

油菜是世界四大主要油料作物之一，油菜籽总产量达38Mt。我国是主产国，油菜籽产量约为12Mt，占世界产量的1/3左右。产量仅次于大豆、棉籽，占油料种子产量的第三位。菜籽经加工可得到35%～40%的菜籽油和65%左右的饼粕。因此，菜籽油产量达4～5Mt。

油菜有甘蓝型油菜、芥菜型油菜、白菜型油菜三个栽培品种，按照生长期可分为冬油菜和春油菜，中国是以冬油菜生产为主，主要种植甘蓝型油菜。分布以长江流域为中心，包括华北长城以南及黄河中下游地区、长江中下游地区、云贵高原、华南沿海诸省、陕西省关中平原和渭北高原、甘肃省东南以及新疆南部地区，其面积约占全国油菜面积的85%，产量占全国油菜籽总产量的90%；春油菜区主要分布在西北高原、青藏高原、华北长城一带及东北地区，栽培面积约占全国的15%，产量占10%。

菜籽油是理想的生物柴油原料。欧盟是世界上油菜种植面积最大的地区，油菜籽产量位居世界第一。为充分利用当地植物油资源，保护农民利益和种植油菜的积极性，欧盟国家对使用菜籽油生产生物柴油的企业除了给与税费减免外，还给予一定的财政补贴。对菜籽油生产生物柴油的财政补贴政策使得菜籽油成为欧盟国家生产生物柴油的主要原料。目前，欧盟用于生产生物柴油的菜籽油数量已超过其总产量的70%，而欧盟国家菜籽油生产生物柴油产量占生物柴油总产量的比重也达到了80%以上。

图1－11是油菜、棉花及大豆的图片。

图1－11　油菜、棉花及大豆图片

2. 棉籽油

我国是世界上最大的棉花生产国，同时也是世界最大的棉籽生产国。种植面积为$5.67\times10^6hm^2$，棉籽年产量约8.5Mt，仅次于大豆的产量。棉花是产业链较长的经济作物，中国棉花生产是全国200多个基地县财政及产区1亿多棉农收入的主要来源，在国民经济中具有举足轻重的战略地位。

中国棉花种植历史悠久，适宜棉花种植的区域广泛。根据棉花生产的生态条件，结合生产布局状况、社会经济条件和植棉历史，中国棉花种植区域目前仅集中于长江流域、黄河流域和西北内陆三大棉区。

棉籽是一种很好的油料资源，而且是一种有待开发利用的重要蛋白资源。其蛋白数量约占世界食用资源的6%左右，棉籽含油约为14%～25%。棉籽油所含脂肪酸主要是C_{15}～C_{18}脂肪酸，与大豆油类似。其主要的脂肪酸组成是：软脂酸21.6%～24.6%，硬脂酸1.9%～2.4%，油酸18%～30.4%，亚油酸44.9%～55%。目前我国由于棉籽榨油技术水平差致使出油率低，脱除棉籽毛油中棉酚等有害物质时会生成大量油脚，再加上还有大量棉籽没有榨油利用，这就为生物柴油提供了一条重要的原料来源。此外，棉籽油品质不如菜籽油和大豆油，作为食用油消费的比例不断下降，将富裕更多的棉籽油，因此，将棉籽油作为生物柴油生产原料是合适的。我国3个主要产棉区（西北棉区、华北和长江中下游棉区）均有棉花收购站，在收购棉花的同时收购棉籽，因此虽然棉籽产区分布比较分散，但收集并不困难，可以集中榨油后建立小于10万吨/年生物柴油生产装置。棉籽油中亚油酸含量高，生产的生物柴油氧化安定性差，因此要与石化柴油调配使用或加抗氧化添加剂。

3. 大豆油

大豆属蝶形花科，大豆属，别名黄豆。中国古称菽，是一种种子含有丰富蛋白质的豆科植物。大豆呈椭圆形、球形，颜色有黄色、淡绿色、黑色等，故又有黄豆、青豆、黑豆之称。大豆是最主要的油料作物之一，又是中国重要的粮食作物，兼有食用、油料和工业原料等多种用途。大豆、豆油和豆饼粕在世界油籽、油和油饼粕贸易中都居首位。

我国大豆常年种植面积最大，占粮食耕地面积的 8% ~10%，位于水稻、小麦、玉米之后。在油料作物中，大豆种植面积占全国油料作物总面积的 60%。根据中国大豆气候区划，除了热量不足的高海拔、高纬度地区和年降水量在 250mm 以下，又无灌溉条件的地区以外，一般均有大豆种植。我国大豆的集中产区在东北平原、黄淮平原、长江三角洲和江汉平原。东北大豆产区为我国最大的大豆产区，种植面积和总产量占全国 45% ~50%。根据大豆品种特性和耕作制度的不同，我国大豆生产分为五个主要产区：东北三省为主的春大豆区；黄淮流域的夏大豆区；长江流域的春、夏大豆区；江南各省南部的秋作大豆区；两广、云南南部的大豆多熟区。表 1 –10 列出了大豆在我国的种植情况。

表 1 –10　大豆在我国的种植情况

产区名称	地理位置	生长季	生长季≥0℃积温/℃	栽培制度
东北春播大豆区	黑龙江、吉林、辽宁、内蒙古东北部	140d 左右	2700 ~2850	一年一熟，春播秋收
黄淮海夏播大豆区	天津、北京、石家庄一线以南，山东、河南大部分地区，江苏、安徽的北部，山西西南部、陕西的关中和甘肃南部	90 ~100d	2600 ~2800	一年两熟

虽然社会已经进入了工业时代，但大豆依然是世界上经济强国的主要农业产业，大豆产业是国民经济的重要组成部分，它的兴衰直接影响到食品、机械和轻工等相关产业，关系到老百姓的生活质量，发展大豆产业也成了一些国家走向强国的途径之一。美国人称大豆为“金豆子”，1973 年大豆即已成为美国农业收入的最大来源，大豆生产及出口给美国带来巨大的财富。

美国于 1765 年首次种植大豆，1915 年华盛顿州的一家榨油厂因了解到中国榨油方法，才首次加工了美国种植的大豆。此后，加工商同生产者签订了大豆生产合同，促使美国大豆种植面积扩大。第二次世界大战期间及战后，世界市场对烹饪油、沙拉油及肉类的需求持续增长，促使美国大豆生产迅速扩大。20 世纪 50 年代初大豆面积尚不足 $5.6 \times 10^6 hm^2$，到 1971 ~1972 年已增至 $1.7 \times 10^7 hm^2$，1979 ~1980 年达到创纪录的 $2.85 \times 10^7 hm^2$，至此，美国已成为世界最大的大豆生产、消费和出口国。1992 年美国大豆总产 59Mt，占世界大豆总产的 52%。每年出口约 20Mt，占世界大豆贸易总量的 66%；单产 $2530kg/hm^2$，比世界平均单产高 23%。现在，美国大豆年产量达到 70Mt，居世界首位。

无独有偶，巴西也因大豆稳定了国内农业经济使其工业迅速发展，从而走上了强国之路。1967 年巴西南部地区遭受霜冻，许多咖啡等经济作物被冻死。当时，华裔企业家林训明建议农民在重新栽种的咖啡幼林中间种大豆，并同农户签订收购合同。许多农户发现种大豆的效益好于种咖啡，从此大豆面积迅速扩大。60 年代末到 70 年代初，世界市场大豆紧缺，价格上扬；再加上政府采取了一些优惠政策（如低息贷款），从而促进了巴西大豆生产的发展。

1965年巴西大豆面积仅为43.2hm^2，总产仅占世界大豆总产的1.8%。1980年增至$8.77\times10^6hm^2$，大豆出口量也由520kt增至15.2Mt（包括豆粕和豆油）。1992年巴西大豆面积为$1.08\times10^7hm^2$，总产21.3Mt，占世界总产的18.5%；单产1970kg/hm^2，略低于世界平均单产水平。目前巴西已成为世界第二大豆生产国和出口国。

二、木本油料

目前，我国的油料主要来自草本油料，大部分都用来生产食用油，而我国同时还需要大量进口食用油来满足国民的需求，所以我国生产生物柴油的原料应该向木本油料转变。木本油料具有以下特点：适应性广；种植一次，收获多年；保持水土，涵养水源，改善环境；不与农作物争地；可提供一些优质木材及某些特种化工原料。木本油料具有巨大的开发潜力和广阔的发展前景，对于未来燃料油产业的发展具有不可替代的作用。

据国家林业部造林司统计，目前我国尚有宜林荒山荒地$8\times10^7hm^2$，十分可观的土地资源及丰富的燃料油植物资源，为我国发展人工燃料油植物林提供了雄厚的物质基础。可以预测，绿色植物在给人类作出众多贡献的同时，必将给人类提供新的能源。下面介绍几种极具潜力的木本油料植物。

1. 麻疯树

麻疯树，又名小桐子、膏桐、小油桐、老胖果、油芦子等，为大戟科麻疯树属落叶灌木或小乔木，树高一般2~5m。原产于巴西，广泛分布于热带、亚热带地区。麻疯树喜光、喜暖热气候，耐干旱瘠薄，在石砾质土、粗骨土、石灰岩裸露地均能生长，可用于荒山造林。

以麻疯树为代表的林业生物柴油，因具有“不与粮争地、不与人争粮”的优点，开始受到政府与企业的广泛重视。国家林业局明确提出，要从国家能源安全战略高度，加强林业生物质能源发展，并相继编制了《全国能源林建设规划》和《林业生物质能源发展战略报告》，准备大规模发展林业生物柴油产业。在众多林业生物柴油原料树种中，麻疯树是目前研究最多、被认为最具发展潜力的原料树种。印度和非洲等许多国家已经制订了较大规模的麻疯树生物柴油发展规划，中国也将其列为生物柴油重点发展对象。

麻疯树种子含油量为35%~40%，种仁的含油量高达50%~60%。每亩地平均可产麻疯树籽650kg，可提取加工出油180kg。虽然它的种子含油量多，但是它的种子有毒，一般忌食。由于其种子含油率高，且流动性好，它与柴油、汽油、酒精的掺合性很好，相互掺合后，在长时间内不分离。麻疯树及其种子见图1-12。

图1-12 麻疯树及其种子

在中国，麻疯树主要分布于西南地区，尤其以云南、四川与贵州三省最为集中，在政府和企业的推动下，麻疯树生物柴油产业呈现出较快发展的态势。自2006年开始，上述三省相继制订了麻疯树生物柴油发展规划，计划在未来的10～15年内利用荒山荒地人工种植麻疯树$1.667\times10^6hm^2$，其中云南$6.67\times10^5hm^2$，四川$6.0\times10^5hm^2$，贵州$4.0\times10^5hm^2$。据国家林业局统计，到2008年底三省合计种植麻疯树超过$1.5\times10^5hm^2$，占中国人工种植麻疯树面积的95%以上。与此同时，2008年6月，国家发改委正式批准了中国石油、中国石化和中国海洋石油总公司以麻疯树为原料的林业生物柴油产业化示范项目，合计生产能力约为200kt/a。

近几年，我国四川、云南、贵州一些科研院校相继开展了小桐子资源培育和开发利用研究工作。四川林科院"七五"期间在全国率先开展生物能源栽培与开发研究，对攀西地区小桐子的适生条件及发展评价、栽培技术与千亩示范林营造、生物柴油提取与生物柴油混合燃料应用实验进行了较系统研究。近几年，四川长江造林局、四川大学与四川林科院联合研究选育出高油1号和高毒1号两个小桐子优良品种，建立了小桐子新品种繁育和栽培示范基地，初步总结制定了一套"小桐子种植技术方法"，研究出采用两步酯交换法和微乳化法生产生物柴油技术，并且建成了年产200t小桐子生物柴油混合燃料的中试车间，生产出的B15混合柴油已经15000km柴油机行车试验。采用微乳化复合添加剂合成的B20型小桐子生物柴油，在成都公共交通公司的柴油公交汽车上使用运行，柴油机工作平稳、运行可靠，主要零件磨损正常，达到0号柴油的标准。

云南省林科院、中国林科院资昆所、西南林学院等科研机构相继开展了小桐子种籽资源调查、优良品种选育、丰产栽培和制备生物柴油的研究。云南省林科院在红河流域已搜集到优良种源86个，建成良种繁育示范基地1600亩。中国林科院从云南、四川和贵州收集小桐子种籽150多份，在元谋县建立种籽资源圃，进行了播种试验，小桐子种植已有几年时间了。

贵州大学利用小桐子种子提炼的生物柴油通过德国有关汽车公司测试表明，可以在普通柴油中添加5%～10%小桐子生物柴油混合使用。

国内外有关能源企业也在关注我国小桐子发展潜力，纷纷投入小桐子培育开发之中。中国石油天然气股份有限公司将与四川省签订合作开发小桐子生物柴油的协议，拟在南充炼油厂建设10kt生物柴油中试项目，与云南省开发生物质能源的合作也在拟制协议框架。中国海洋石油总公司拟在海南、四川投资开发小桐子生物柴油。美国BECOO公司在攀枝花市投资建设小桐子基地。英国阳光科技集团与云南省红河州林业局合作发展小桐子基地。贵州省的小桐子研究也引起了生物柴油利用最广泛的国家——德国的关注。贵州省发改委、贵州金桐福生物柴油产业有限公司与德国鲁奇化工股份公司签订了贵州小油桐生物柴油示范项目合作协议。

尽管麻疯树生物柴油在中国已经呈现出了快速发展的态势，但是作为一个新兴产业，其发展仍然面临着众多的不确定性。林业生物柴油产业涉及原料生产、生物柴油加工、产品销售与使用等多个环节。其中，原料成本约占生物柴油总成本的70%～80%，是决定产业发展的关键环节，也是目前所面临的不确定性最大的环节。

就原料生产环节而言，其最主要的不确定性表现为适宜麻疯树种植土地潜力与单产潜力。具体而言，虽然政府已经制定了宏伟的麻疯树生物柴油发展目标，但是到底有多少土地（荒山荒地）可用于麻疯树种植、其生产潜力有多大等问题，目前尚未经过科学的评估与测算。与此同时，由于缺乏人工种植经验，目前尚未培育出优良品种、也没有相应的丰产栽培技术，人工种植的经济产量较低。比如四川攀西地区前期种植的麻疯树亩产很难达到100kg。而要达到盈亏平衡并可能盈利的话，干果年亩产必须稳定在350kg以上。由于亩产较低，国内外有关能源公司已逐渐退出。

2. 光皮树

光皮树是山茱萸科落叶灌木或乔木，分布广泛，在湖南、湖北、江西、贵州、四川、广东、广西等省常分布于1000 m以下的疏林中。光皮树是阳性树种（幼苗较喜阴），根系深广发达，对土壤要求不严；最适宜在土层深厚、质地疏松、肥沃湿润、排水良好、pH值在5.5～7.5之间的土壤中生长。

光皮树是一个很好的木本油料树种。果核、果肉均含油脂，干全果含油率33%～36%，出油率25%～30%。它适应性强，生长迅速。即使用实生苗栽植，6～8年便可结实，12年左右便可进入盛果期。立地条件好的单株产量可达52kg以上，在一般条件下每株产量可达5～10kg。若以每亩60株计，亩产鲜果300～600kg，折油42～84kg。

光皮树是我国新发掘的油脂资源树，其油的食用历史才100多年，对它的研究很少，认识还很肤浅。

光皮树、文冠树和黄连木的果实如图1－13所示。

图1－13 光皮树、文冠树和黄连木的果实

3. 文冠果

文冠果，又名文冠树、文官果、木瓜等，无患子科文冠果属落叶乔木，是我国特有的木本油料树种，作为生物柴油原料的发展潜力极大。

文冠果在我国秦岭淮河以北、内蒙古呼伦贝尔以南均有分布，西北、东北、内蒙等地有人工栽培，现有资源以陕西延安，山西临汾、运城和忻州，河北张家口和辽宁朝阳为多。文冠果大多生长在海拔400～1400m的山地和丘陵地带。

文冠果为温带树种，喜光，适应性较强，比较耐干旱瘠薄，抗寒性强，耐盐碱，在黄土高原、山坡、丘陵、沟壑边缘和土石山区都能生长。中性至微碱性的沙壤、壤土，年均气温6～13℃，年降水量500～800mm的环境有利于文冠果的生长发育和结实。文冠果深根性，根系发达，保水力强，但不耐水涝，低湿地不能生长。

文冠果实生苗3年、蘖生苗2年可结实，7年进入盛果期，寿命长达100年；种子含油率30%～36%，种仁含油率50%～70%。文冠果大小年明显，一般在大年之后，有一二个小年，如肥水管理好，可减缓大小年产量间的差距，还可提高产量，小片丰产林每公顷年产1500～2000kg果实。

文冠果全身是宝。其木材坚硬质密，色泽棕褐，纹理美观，抗腐性强，可制作家具。其果壳、叶子及木材的提取物有抗炎、改善记忆、防治心血管疾病、抗病毒、抗癌等功效，可制作医药。其叶子经加工可作一种健康的茶叶。但用途最大的部位应该是种子。文冠果种子含油率高，籽油以不饱和脂肪酸为主，可作高级食用油，在工业上还可以生产润滑剂、油漆、肥皂以及发蜡。据东北师范大学等单位的研究，用文冠果籽油制取的生物柴油符合现行的优质生物柴油指标。文冠果种子作为能源利用有很多优势，文冠果是我国北方唯一的木本油料树种，分布广，可栽培的面积大，果实采收容易，而且具有荒山绿化、水土保持、防风固沙和观赏等诸多生态功能。

早在1200年前，我国就有利用文冠果资源的记载。文冠果作为经济林营造，始于20世纪50年代中期，60年代发展较快，内蒙古翁牛特旗首先建立了文冠果林场，河北、山西、陕西等省相继扩大造林，积累了一定的造林和管护经验。

近几年，利用文冠果籽油制取生物柴油越来越受关注。中国工程院院士王涛瞄准文冠果的潜力，带领研究人员对我国11个省（区）的文冠果分布进行了调查，并在主要分布区进行优良类型选择。王涛说，虽然目前只有内蒙古有2万多亩野生林集中分布区，但是因其工厂化育苗技术已经过关，规模发展文冠果能源林没问题。

东北师范大学、吉林省林业科学院和长春市亿高生态工程研究所联合开展了文冠果生物柴油的研究工作。据他们的初步分析，由文冠果籽油制备的生物柴油相关烃脂类成分含量高，内含C_{18}的烃类占93.4%，而且无硫、无氮等污染环境因子，符合理想生物柴油指标。

现有文冠果资源以半野生状态为多，人工栽培大都为零星栽植和小片地造林。据统计，目前山西、内蒙、辽宁和陕西有相对集中文冠果约8万亩。20世纪60年代，内蒙古、黑龙江、甘肃、陕西都有栽培文冠果成功的经验。近几年，文冠果试验性栽培在陕西延安、山东莱芜等地开展，出现了结果较好的品种。

我国文冠果长期采用实生繁殖，少数地方挖取根蘖苗造林。华北地区一般在4月中旬播种，东北在5月上旬播种。播种量为每公顷15kg；床面开沟点播；播种前灌足底水；播种时种脐平放，覆土2~3cm，轻度填压。文冠果幼苗怕水涝，苗木出齐后，要少浇水、勤松土。一年生播种苗能形成花芽，留圃培养到次年就能开花结果。

目前，文冠果林仍处于半野生状态，生长慢，产量低，经济效益不高。今后要进一步摸清文冠果的种籽资源，培育优良种苗，提高栽培技术，使用水肥措施、促花促果措施促进文冠果速生丰产。同时，加强对文冠果生物柴油生产相关技术的研发，推动文冠果资源培育－开发利用一体化发展。

4. 黄连木

黄连木是漆树科落叶木本油料及用材树种，高达25m。黄连木在中国分布很广，北起河北、山东，南至广东、广西，东至台湾，西至云南、四川、甘肃，其中河北、河南、山西、陕西等省分布最多。黄连木喜光，不耐严寒；在酸性、中性和微碱性土壤上均能生长；对二氧化硫和烟的抗性较强，抗烟力属Ⅱ级，抗病力也强。

黄连木每亩用种量10kg左右，当年生苗高60cm左右，亩产苗20000~25000株。寿命长，能活300年以上。幼树生长较慢，以后生长加快，4年后即可开花结实，胸径15cm时，每株年产果50~75 kg；胸径30cm时，年产果100~150kg。

黄连木种子含油率42.5%，出油率20%~30%。脂肪酸组成和菜籽油非常相似，可作食用油，也是优良的生物柴油原料。研究表明，黄连木油脂生产的生物柴油碳链长度集中在C_{17}~C_{20}之间，与普通柴油主要成分的碳链长度极为接近，黄连木油脂非常适合用来生产生物柴油。海南正和生物能源公司已建成（$6.6\times10^6m^2$）黄连木种植基地，用于为其生产生物柴油提供原料。河北武安正和生物能源公司利用黄连木初油作原料生产的生物柴油达到美国生物柴油和国内轻柴油标准。

黄连木木材质地坚硬，纹理细致，可供建筑、农具、家具和雕刻等用材。黄连木嫩叶可制茶，树皮、茎可入药。另外，黄连木树冠开阔，叶繁茂而秀丽，入秋变鲜艳的深红色或橙黄色，亦可作观赏绿化树种。黄连木全株利用潜力大、用途广泛，但至今没有产业化开发。培育黄连木能源林，利用其果实提炼生物柴油是黄连木产业发展发展方向之一。

5. 棕榈油

棕榈油是一种植物油，又名棕榈油棕油。提取自油棕子，是继大豆沙拉油之后的第二大食用油。棕榈油是世界油脂市场的一个重要组成部分，目前，它在世界油脂总产量中的比例超过30%。除此之外，棕榈油也被作为生物柴油使用。马来西亚和印度尼西亚是世界上最主要的棕榈油生产国。

棕榈油是从油棕树上的棕果中榨取出来的，果肉压榨出的油称为棕榈油（Palm Oil），而果仁压榨出的油称为棕榈仁油（Palm Kernel Oil），两种油的成分大不相同。棕榈油主要含有棕榈酸（C_{16}）和油酸（C_{18}）两种最普通的脂肪酸，棕榈油的饱和程度约为50%；棕榈仁油主要含有月桂酸（C_{12}），饱和程度达80%以上。传统上所说的棕榈油仅指棕榈果肉压榨出的毛油（Crude Palm Oil，CPO）和精炼油（Refined Palm Oil，RPO），不包含棕榈仁油。国际市场上通常将游离脂肪酸含量较低的棕榈油叫作“软油”，把游离脂肪酸含量较高的棕榈油叫作“硬油”。

棕榈仁油是从棕榈果仁中制取的，它的组分与棕榈油有很大的差别。它的组分和特性与椰子油非常相似。未经精炼的毛油呈微黄色的，可以简单地通过精炼获得亮色的棕榈仁油，既适合应用于食品方面也适合应用于非食品方面。棕榈仁油的脂肪酸组分熔点范围在25.9～28.0℃之间，碘值为16.2～19.2$gI_2/100g$。脂肪酸组成范围是$C_6\sim C_{20}$。脂肪酸类型以月桂酸为主，大约占总组分的46%～51%。甘油三酯的组分主要的甘油三酯是C_{36}和C_{38}，其他低于10%。环境温度在28℃以下，棕榈仁油呈半固体状态。在较低的温度下，固体含量较高，但温度提高到30℃时，固体含量会迅速下降，这使得棕榈仁油非常适合应用于糖果业。

据考证，棕榈油作为一种食用油已有5000年的历史。1917年马来西亚开始进行商业化种植。种植后，32个月左右便开始开花结果，从开花到果实成熟约需6个月，成熟的果实是红黄色的，一般是间隔7～10d收割。油棕树的寿命可超过100a，树干高达20～30m，但经济寿命为20～30a。因为树龄太大，产量将会下降，树越高，收割就越困难。故一般20～30a就砍掉重新翻种。每棵油棕树每年可采摘10～12个果实，每个果实有1000～3000个棕榈油籽。以果实计，含油20%～25%。每年每公顷土地可产棕榈油3.2t，棕榈仁油400多千克。因此，油棕种植业之所以如此迅速地发展是在于其强大的竞争力。每公顷土地棕榈油的产量是大豆油的8.5倍，同时棕榈仁油的产量是椰子油的1.2倍。

表1－11是主要棕榈油生产国或地区的产量统计数据。表1－12则是两个最大的棕榈油生产国马来西亚和印度尼西亚的油棕种植面积与棕榈油产量统计。

表 1-11　主要棕榈油生产国或地区的产量　kt

年份	象牙海岸	尼日利亚	其他非洲国家	哥伦比亚	其他中南美洲	印度尼西亚	马来西亚	泰国	巴布亚新几内亚	其他国家	全世界
1980	182	433	188	741	64	691	2576	19	35	275	4549
1990	270	580	294	226	264	2413	6092	226	145	430	10953
1995	650	342	387	352	4040	7814	354	223	586	15010	
1996	300	665	352	390	388	4484	8395	370	230	616	16412
1997	305	675	360	418	400	5066	8828	418	244	646	17375
2000	366	758	387	441	450	7009	9430	478	275	731	20339
2005	449	824	428	494	554	10354	11073	590	324	856	25963
2010	545	897	463	564	659	12607	12025	682	373	956	29791
2015	647	972	500	634	777	13614	12666	781	414	1056	32081
2020	742	1050	535	718	906	15103	14129	843	480	1156	35687

表 1-12　马来西亚和印度尼西亚的油棕种植面积与棕榈油产量

年份	马来西亚		印度尼西亚	
	种植面积/$10^6 hm^2$	产量/Mt	种植面积/$10^6 hm^2$	产量/Mt
1971	0. 34	0. 589	0. 139	0. 316
1980	1. 018	2. 576	0. 295	0. 691
1990	2. 029	6. 029	1. 144	2. 413
1995	2. 516	7. 811	1. 923	4. 040
1996	2. 637	8. 386	2. 288	4. 484
2000	2. 883	9. 430	2. 848	7. 009
2005	3. 201	11. 073	3. 685	10. 354
2010	3. 528	12. 025	4. 279	12. 607
2015	3. 879	12. 666	4. 631	13. 614
2020	4. 260	14. 129	4. 819	15. 103

棕榈油也被称为饱和油脂，因为它含有 50% 的饱和脂肪。油脂是饱和脂肪、单不饱和脂肪、多不饱和脂肪三种成分混合构成的，其主要脂肪酸为：豆蔻酸 0.7%，棕榈酸 37.94%，硬脂酸 4. 51%，油酸 39. 56%，亚油酸 17. 26%。现在广泛认为饱和油脂中的饱和脂肪酸因其对人体健康不利，被视为非健康物质。故棕油虽是植物油的一种，饱和脂肪酸含量不亚于动物脂肪，不适于长期食用。但因其产量巨大，而且制造的食品保存期十分长（约为花生油的 3 倍），在食品工业中被广泛运用。它被当作食用油、松脆脂油和人造奶油来使用。像其他食用油一样，棕榈油容易被消化、吸收以及促进健康。棕榈油是脂肪里的一种重要成分，属性温和，是制造食品的好材料。从棕榈油的组合成分看来，它的高固体性质甘油含量让食品避免氢化而保持平稳，并有效地抗拒氧化，它也适合炎热的气候成为糕点和面包厂产品的良好佐料。由于棕榈油具有的几种特性，它深受食品制造业所喜爱。棕榈油的理化常数见表1-13。

表 1-13 棕榈油的理化常数

项目	指标	项目	指标
相对密度（$d_4 20$）	0.9170~0.9440	折光率（20℃）	1.4560~1.4590
凝固点/℃	27~30	碘值/（gI_2/100g）	52~58
皂化值/（mgKOH/g）	196~210	总脂肪酸含量/%	94.2~98.7
不皂化物含量/%	0.3 左右		

由于棕榈油单产较高、种植成本低以及其饱和脂肪酸含量较高、容易凝固等特点，棕榈油一直是全球最廉价的食用植物油。棕榈油是植物油的一种，能部分替代其他油脂，可替代的有大豆油、花生油、向日葵油、椰子油、猪油和牛油等。由于棕榈油与各种油脂的相互关系，棕榈油的价格也是随着世界一般油脂价格的游走而浮动。因此，棕榈油价格的波动幅度也很大。

使用棕榈油生产生物柴油的成本一般都大大低于其他植物油，因此，日益受到生物柴油生产企业的欢迎。印度尼西亚和马来西亚作为两个全球最大的棕榈油生产国，使用棕榈油生产生物柴油具有得天独厚的优势，在两国政府的有力支持下，两国生物柴油产业发展迅速。2005 年，马来西亚生产生物柴油产量不足 100kt，2006 年，该国生物柴油产量超过 500kt，2007 年更达到 1.5Mt。

由于欧盟国家菜籽油供应紧张，价格持续大幅上涨，欧盟国家的许多生物柴油加工厂开始大量使用进口棕榈油生产生物柴油，这导致 2006 年下半年以来欧盟国家棕榈油进口量大量增加。目前我国生物柴油由于豆油和菜籽油价格较高，国内尤其是沿海生物柴油生产企业也开始将原料采购重点转向棕榈油，导致我国进口棕榈油数量持续增加。

由于棕榈油在生物柴油企业和其他日用化学品企业的需求量越来越大，导致了严重的生态问题。比如联合利华由于生产中大量使用棕榈油，正在导致印度尼西亚的原始森林被破坏。1990 年以来，印度尼西亚有 $3\times10^7 hm^2$ 以上的雨林遭到破坏。如今在印度尼西亚原始森林里，你会看到深绿色的泥炭森林像被刀整齐地切断了一样，大片大片的区域里，只有被烧焦的树根和刚栽种上的棕榈油幼苗。当棕榈油公司火烧森林时，泥炭地也随之释放大量的二氧化碳。所谓泥碳地，就是成千上万年来沉积的有机质，它们在特殊的气候条件下形成黑色土壤，富含大量的碳。由此可知，在种植棕榈油的整个过程中，砍伐森林、火灾和泥炭地被氧化，都加剧了二氧化碳的排放，使全球变暖现象更加恶化。实际上，因棕榈油的种植而导致的雨林泥炭地被毁，已经将印度尼西亚推为世界第三大温室气体排放国，全球温室气体中有 4% 都是从这里排放出来。与此同时，棕榈油的种植还夺走了无数珍稀动物的栖息地，过去在印度尼西亚原始森林里常见的红猩猩和苏门答腊虎已经不见踪影。

联合利华是世界上最大的棕榈油购买者和使用者之一，旗下知名品牌如多芬（Dove）、家乐（Knorr）、和路雪及梦龙（Mugnum）、旁氏（Pond's）、力士（Lux）等食品和日化产品中都含有棕榈油成分。印度尼西亚生产的每 20L 棕榈油中，就有 1L 卖给了联合利华。近年来，绿色和平在欧洲举行多次抗议活动，并发起广大消费者参加网上请愿行动，终于使联合利华承诺：在 2015 年，实现其使用的棕榈油全部经过认证。绿色和平监督联合利华购买"绿色的"棕榈油。

图 1-14 是棕榈树及棕榈果图片。

图 1－14　棕榈树及棕榈果

6. 油茶

油茶，茶科茶属常绿小乔木。别名茶子树、茶油树，在我国栽培历史悠久。油茶分布区的北界在淮河—秦岭一线；南界大致在北回归线附近；东界为东南海岸和台湾地区；西界是云南的怒江流域和青藏高原的东缘。垂直分布在东部地区一般在海拔 800m 以下，西部地区可达海拔 2000m。因其种子可榨油（茶油）供食用，故名油茶。

油茶树高达 4～6m，一般 2～3m。树皮淡褐色，光滑。单叶互生，革质，椭圆形或卵状椭圆形，边缘有细锯齿，长 3～10cm，宽 1.5～4.5cm。花顶生或腋生，两性花，白色，直径 6～9cm，花瓣倒卵形，顶端常二裂。蒴果球形、扁圆形、橄榄形，直径 3～4cm，果瓣厚而木质化，内含种子。种子茶褐色或黑色，三角状，有光泽。

油茶喜温暖，怕寒冷，要求年平均气温 16～18℃，花期平均气温为 12～13℃。突然的低温或晚霜会造成落花、落果。要求有较充足的阳光，否则只长枝叶，结果少，含油率低。要求水分充足，年降水量一般在 1000mm 以上，但如果花期连续降雨，影响授粉。要求在坡度和缓、侵蚀作用弱的地方栽植，对土壤要求不甚严格，一般适宜土层深厚的酸性土，而不适于石块多和土质坚硬的地方。

油茶以种子、插条或嫁接繁殖。为保持亲本的优良性状，多采用插条或嫁接育苗，然后进行栽植造林，最适造林季节是立春到惊蛰，也有在 10 月进行的。直播造林以冬季最好。

油茶籽是油茶树的种子，主要由茶籽壳（占 30%～34%）和茶籽仁（占 66%～70%）构成，其中茶籽仁含油近 45%，而油茶果则是油茶树的果实，除了油茶籽外，还有重量约占整个茶果 60% 以上的油茶果蒲，它与茶籽壳都是茶果的主要组成组分之一，重量约占整个茶果的 2/3 以上，其组成成分复杂，含有大量的半纤维素、纤维素、木质素等，是制取多种化工产品如糠醛、木糖醇、活性炭等的原料。油茶果各部分组成见表 1－14。

表 1－14　油茶果各部分组成　%

成分	油茶果		油茶籽	
	茶果蒲	油茶籽	茶籽壳	茶籽仁
百分比/%	60.0～61.3	38.7～40.0	30.6～34.0	66.0～69.4

油茶籽含油率 40% 以上，茶籽油脂肪酸组成和橄榄油非常相似，具有独特清香，是优良的食用油。脂肪酸的组成大致如下：油酸 74%～87%，亚油酸 7%～14%，饱和酸 7%～11%，碘值 83～89，皂化值 193～196，脂肪酸的凝固点约为 22℃。茶油最大的特点是单不饱和脂肪酸——油酸含量是所有植物油中最高的。一般茶油的脂肪酸组成比例为：饱和脂肪

酸：单不饱和脂肪酸：多不饱和脂肪酸＝8：83：9，而市场上有些高品质的茶油的脂肪酸比例更是高达4.5：91：4.5，世界卫生组织（WHO）公布的橄榄油脂肪酸组成比例为：饱和脂肪酸：单不饱和脂肪酸：多不饱和脂肪酸＝15：75：10。茶油与橄榄油一样，都是单不饱和脂肪酸含量很高的油脂，多不饱和脂肪酸含量比较适中，脂肪酸组成结构非常符合人体需要，很容易被人体吸收。

因此，茶油被称为“东方橄榄油”。根据资料记载，中国是油茶的特产地，其中被称为“东方橄榄油”的江西宜春设立了中国油茶局，拥有丰富的油茶资源，在市场上备受推宠的润心“野油茶油”就创办于此。据其研发人员介绍，油茶油之所以被誉为“东方橄榄油”，与橄榄油相媲美，主要是因为这两种油脂的脂肪酸组成、油脂特性及营养成分相似。此外，还都含有一种生理活性成分角鲨烯，有很好的富氧能力，可抗缺氧和抗疲劳，并具有提高人体免疫力及增进胃肠道的功能。调查发现，长期食用油茶油、橄榄油的人群，其乳腺癌、结肠癌、直肠癌等癌症的发病率明显低于食用其他油脂的人群。

油茶油中的不饱和脂肪酸超过橄榄油。橄榄油含不饱和脂肪酸达75%～90%，油茶油中的不饱和脂肪酸高达85%～97%，为各种食用油之冠。国际粮农组织已将其列为重点推广的健康型食用油，在欧美、东南亚地区成为抢手货。

油茶油中含有橄榄油所没有的特定生理活性物质茶多酚和山茶甙。经美国国家医药中心实验证实，油茶油中的茶多酚和山茶甙对降低胆固醇和抗癌有明显的功效，抗氧化，耐储存。所以国外用进口茶油勾兑或代替橄榄油的事件层出不穷。

油茶油的分子结构比橄榄油还要细，所以使用时不用担心副作用、有油腻。多年前，德国的《妇女》双周刊曾以《茶树油的秘密》为题刊登了澳大利亚人用茶油防治感冒、支气管炎、嗓子痛、扭伤、割伤、毒虫叮咬引起的疮或疮疹等诸多病症，把油茶油说成了“灵丹妙药”。虽然同为食用油市场上的高端油种，但与橄榄油比较，油茶油价格上的优势就更明显。

图1－15是油茶树及其果实的图片。

图1－15　油茶树及其果实

油茶与油棕、油橄榄和椰子并称为世界四大木本食用油料植物。茶油的不饱和脂肪酸含量远远高于菜油、花生油和豆油，与橄榄油比维生素E含量高一倍，并含有山茶甙等特定生理活性物质，具有极高的营养价值。油茶具有很高的综合利用价值，茶籽粕中含有茶皂素、茶籽多糖、茶籽蛋白等，它们都是化工、轻工、食品、饲料工业产品等的原料，茶籽壳还可制成糠醛、活性炭等，茶壳还是一种良好的食用菌培养基。研究表明，油茶皂素还有抑菌和抗氧化作用。此外，油茶还是优良的冬季蜜粉源植物，花期正值少花季节，10月上旬至12月，蜜粉极其丰富。在生物质能源中油茶也有很高的应用价值。同时，油茶又是一个抗污染能力极强的树种，对二氧化硫抗性强，抗氟和吸氯能力也很强。因此科学经营油茶林具有保持水土、涵养水源、调节气候的生态效益。

目前全球开发利用的主要能源植物见表1-15。

表1-15 目前全球开发利用的主要能源植物

名称	形态	原产地	产量	成分	使用
苦配巴	乔木	亚马孙河流域	50bbl/hm^2	柴油	不经加工提炼
香槐	乔木	欧洲、美国	50bbl/hm^2	汽油	稍经处理
海桐花	小乔木	菲律宾	50g/kg	汽油	加工
木棉	乔木	澳大利亚	0.1 kg/kg	重油	干木加工
麻疯树	乔木	中国	1.5~3t/hm^2	柴油	稍经处理
黄鼠草	草本	美国	1~6t/hm^2	石油	加工
桉树	乔木	澳大利亚	5bbl/t	汽油	水蒸气蒸馏
棕榈	乔木	热带雨林	10t/hm^2	可燃油	提炼

我国已经开始进行能源植物的开发和应用研究，但与西方发达国家相比，这些研究目前主要集中在引进、栽培与开发阶段，还没有真正意义上的应用。还存在许多问题：

首先，能源植物资源不清。目前，我国能源植物资源分布情况还未进行过全面调查，不同种类含油率差异大，如麻疯树含油率达40%以上，绿玉树含油率只有17%，光皮树和山桐子的含油率在30%左右，黄连木种籽含油率40%（25.6%~52.6%）。黄连木果实含油率13.3%~37.8%（脂肪酸组成：油酸37.8%~51.6%，亚油酸23.2%~43.7%，棕榈酸12.1%~23.3%，少量硬脂酸0.8%~2.3%和十六碳烯酸1%~1.9%及亚麻酸），2.5t黄连木种籽可生产1t燃油；清香木果实含油率11.8%（脂肪酸组成：棕榈酸44.0%，硬脂酸4.6%，油酸22.8%和亚油酸28.6%）。因此，需要进行资源的清查与评价研究，建立一套合适的选择指标体系（如资源分布、产量、含油率，推广应用范围等），制订生物能源的中长期发展计划，确定主要石油植物适生区划和发展栽培区划，从而保证我国生物能源产业的高速发展。

其次，品种良莠不齐，缺乏高品位生物能源植物优良品种。全球绿色植物每年将（4.0~6.2）$\times10^{10}$t碳和（7.7~16.6）$\times10^{9}$t氢化物合成类似石油的烷烃物质，能作为人类绿色能源的植物资源相当丰富。但是，目前可利用的能源植物种类、品种不多，人工栽培面积小且分布零散，很多优良的能源植物品种尚处于野生状态，未被驯化栽培。因此，在加大开发现有的能源植物资源的同时，可适当引进新的高品位、高效能源植物，充分利用各种常规育种手段和现代生物技术手段培育和筛选一些优良的能源植物，进行遗传改良和人工栽培，改变它们原来野生低产的状态，提高产油量。同时，针对不同树种（品种），研究开发出配套丰产栽培技术。从而缩短生产周期，降低生产成本。

第三，我国生物能源的开发利用还处于发展初期，缺乏大面积栽培，尚未进行产业化规模发展，更谈不上“石油林场”建设技术研究。因此，要从总体上降低生物能源生产成本，使其在我国能源结构转变中发挥更大的作用，只有向基地化和规模化方向发展，建立“石油林场”，实行集约经营，形成产业化，才能走符合中国国情的生物石油发展之路。

第四，我国生物能源的生产和开发利用，刚刚起步，与发达国家尚有较大的差距，对一些生物能源的提取、加工正处于初试阶段。生物能源的提炼大多简单、粗糙，工艺流程较落后，油脂的水分、杂质含量偏多，造成生物能源产率不高，限制了生物柴油的应用范围。其次，由于生物燃料油的低挥发性，在发动机内不易雾化，与空气的混合效果差，造成燃烧不完全，形成燃烧积炭，以致易使油脂黏在喷射器头或蓄积在引擎气缸内而影响其运转效率，易产生冷车不易起动，以及点火迟延等问题。目前，主要集中在城市公车、空调设备、柴油引擎、柴油发电厂、农林业设施以及一些休闲处游艇的引擎以清洁空气、保护环境，应用范围较为有限。另外，生物燃料油的使用成本问题是限制生物柴油使用的最主要问题，只有降低成本，才能有广阔的商业化应用前景。

三、动物油脂

动物油脂主要指牛脂、羊脂、猪脂、黄油，其产量占油脂总量的30%左右。作为工业用的油脂，约占动物油量的1/3。动物油脂是另一个重要的生物柴油原料，主要从动物的屠宰废料、动物皮毛处理及食用肉类残油中得到（包括餐饮废油），全国每年就有上千万吨。动物油脂的特点是C_{16} ~ C_{18}脂肪酸的比例高。在脂肪酸组成上，饱和脂肪酸远高于不饱和脂肪酸。而且它们所含的不饱和脂肪酸几乎都是油酸和亚油酸。例如一些牛脂中，C_{17}烷酸的含量可高达2%，已被作为检测动物油脂存在的一种手段，由于大部分牛脂不太适合食用，所以是重要的工业原料，其价格比植物油要低一些。

低质量的混合油脂很难作为其他化学品生产原料，是生产生物柴油的经济原料。然而，动物油脂的饱和脂肪酸含量高，熔点和黏度较高，与甲醇的互溶性较差，因此，采用动物油脂生产生物柴油时，需要采用强力的搅拌来保持反应体系的良好混合和传质性质。表1-16是猪脂、牛脂、羊脂的规格及脂肪酸组成。

表1-16　猪脂、牛脂、羊脂的规格和脂肪酸组成

项　目	猪　脂	牛　脂	羊　脂
熔点/℃	33 ~ 46	40 ~ 48	40 ~ 48
碘值/（gI_2/100g）	53 ~ 57	40 ~ 48	40 ~ 48
皂化值/（mgKOH/g）	190 ~ 200	196 ~ 199	196 ~ 199
不皂化物/%	<1	<1	<1
脂肪酸凝固点/℃	32 ~ 43	39 ~ 43	39 ~ 43
脂肪酸组成/%			
12:0（月桂酸）	0.1	0 ~ 1	
14:0（肉豆蔻酸）	1	2 ~ 6	1 ~ 4
14:1	0.3	0 ~ 1	
15:0	0.5	0 ~ 1	0.5
16:0（棕榈酸）	26 ~ 32	20 ~ 33	20 ~ 28
16:1	2 ~ 5	2 ~ 4	
18:0（硬脂酸）	12 ~ 16	14 ~ 29	25 ~ 32
18:1（油酸）	41 ~ 51	35 ~ 50	36 ~ 47
18:2（亚油酸）	3 ~ 14	2 ~ 5	3 ~ 5
18:3（亚麻酸）	0 ~ 1	0 ~ 1.5	
20:0（花生酸）		0.4 ~ 1.5	
20:4（花生四烯酸）	0 ~ 1	0 ~ 0.5	

1. 牛羊油

牛羊油的主要成分是棕榈酸、硬脂酸和油酸的甘油酯。由于牛脂、羊脂的脂肪酸组成相近，性能相似，加工时常掺和在一起，故称为牛羊油。其国际标准相应指标见表1-17。

表1-17　牛油的国际标准

项　目	气　味	色　泽	水分及杂质	相对密度(40℃)	折射率(40℃)	凝点/℃	酸值/mgKOH/g	皂化值/(mgKOH/g)	碘值/(gI_2/100g)	不皂化物/%
工业级	有特征气味，无臭及异味	奶白色－淡黄色	—	0.893~0.898	1.448~1.460	45.2~47	<2	190~200	32~47	<1
食用动物油	有特征气味，无臭及异味	白色－淡黄色	—	0.893~0.904	1.448~1.460	40~49	<2.5	190~202	32~50	<1.2

中国的牛羊油主要产于内蒙古、新疆、陕西、山东、青海等地。目前其产量还不能满足制皂工业及脂肪酸工业的需要，大部分仍从澳大利亚、新西兰、美国、加拿大等国进口。

2. 猪油

中国猪油资源比较丰富，工业规格的猪油色泽较差，酸值较高，常混有较多水分、杂质，如蛋白质等。猪油脂肪酸成分主要是肉豆蔻酸3%，棕榈酸24%，硬脂酸18%，油酸42%，亚油酸9%，十六烯酸3%。猪油的国际标准指标见表1-18。

表1-18　猪油国际标准

项　目	气　味	色泽	水分杂质	相对密度(40/20℃)	折射率(40℃)	凝点/℃	酸值/(mgKOH/g)	皂化值/(mgKOH/g)	碘值/(gI_2/100g)	不皂化物/%
猪　油	有特征气味，无臭及异味	白色	—	0.896~0.904	1.448~1.460	32~45	<1.3	92~203	45~70	<1
浸出猪油	有特征气味，无臭及异味	白色	—	0.894~0.906	1.448~1.461	32~45	<2.5	92~203	45~70	<1.2

3. 水产油脂

水产油脂一般具有如下特征：

(1) 碳数分布在C_{14}~C_{22}，特别是C_{20}以上的长链脂肪酸含量高。

(2) 长链脂肪酸中以双键数多于两个的多元不饱和脂肪酸为主。重要的商品水产油脂见表1-19。

表1-19　常见商品水产油脂组成及性质

海洋动物油	鲱鱼油	步鱼油	鲲鱼油	鲸鱼油	海豹鱼油
组成（酸值0.15%~10.63%）					
C14:0	3~8	7~8	6~8	4~8	
C16:0	8~13	17~29	16~19	7~12	
C16:1	6~9	7~10	8~12	7~18	

续表

海洋动物油	鲱鱼油	步鱼油	鲲鱼油	鲸鱼油	海豹鱼油
C18:0	1~3	3~4	2~4	1~3	
C18:1	17~22	13~16	10~16	28~32	
C18:2	1~4	0~1	1~3	1~2	
C18:3	0~1	0~1	0~2		不皂化物 0.3~0.8
C18:4		2~4	2~3		n_D^{20} 1.4772
C20:1	9~15	1~2	2~8	12~20	d_4^{20} 0.9232~0.924
C20:4		1~2	1~3		
C20:5	6~9	10~13	10~24	1~4	
C22:1	11~16	0~2	1~8	4~18	
C22:5	1~4	2~3	2~4	1~-4	4.96
C22:6	6~8	9~14	4~14	1~5	9.94
性质					
碘值	115~160	150~195	160~190	110~130	141~166
皂化值	180~192	189~193	139~193	183~198	193~195
凝固点/℃	23~27	31~33	28~34	22~24	0.3~0.8 不皂化物

四、废弃油脂

为了降低生产成本，目前国内外一些企业利用油脂工业下脚料、餐饮业废油脂、废弃动物脂肪等生产生物柴油。餐饮废油中含有大量对人体有害的物质，已不能再食用。目前，在我国部分餐饮废油脂被回收加工成脂肪酸等工业原料，而大部分被不法分子再利用重新流入市场，严重危害消费者的人身健康，或餐饮业主直接将其排入下水道，不仅造成资源的浪费，而且严重污染环境。对餐饮废油进行预处理后用于制备高附加值的生物柴油，为餐饮废油的再利用开辟了一条新的途径，有利于防止餐饮废油对生态环境造成的不利影响，可降低生物柴油的生产成本，为生物柴油的工业化提供有效的依据。

据专家计算，这些废弃食用油脂的量占食用油消费总量的20%~30%。以我国年均消费食用油量2.1×10^7t计，则每年产生废油4~8Mt。能够收集起来作为资源的废弃油脂的量在4Mt左右。废弃油脂中含大量有机物，具有污染环境和回收利用的双重性。这是一笔很重要的替代石油资源。废弃食用油脂的脂肪酸组成见表1-20。

表1-20　废弃食用油脂的脂肪酸组成

原　料	脂肪酸组成/%								
	$\leqslant C_{12}$	C14:0	C16:0	C16:1	C18:0	C18:1	C18:2	C18:3	$\geqslant C_{20}$
废弃油脂	0	1	23	1	10	50	15	0	0
菜籽油	0	0	4	0	1	10	15	10	60
豆油	0	0	12	0	4	23	55	7	1
牛油	0	2	27	2	25	40	2	0	2
猪油	0	1	25	2	14	46	10	0	3

1. 废弃食用油脂的分类

废弃食用油脂据其来源与组成可分为以下 3 类。

(1) 餐饮过程中产生的废油，也称餐饮废油。餐饮废油是指人类在食用天然植物油和动物脂肪过程中产生的一系列失去食用价值的油脂废弃物，俗称地沟油、潲水油、泔水油等。地沟油实际上是一个泛指的概念，是人们在生活中对于各类劣质油的通称。通俗地讲，地沟油可分为以下几类：

一是狭义的地沟油，即将下水道中的油腻漂浮物或者将宾馆、酒楼的剩饭、剩菜（通称泔水）经过简单加工、提炼出的油；

二是劣质猪肉、猪内脏、猪皮加工以及提炼后产出的油；

三是用于油炸食品的油使用次数超过规定要求后，再被重复使用或往其中添加一些新油后重新使用的油。

餐饮废油与新鲜食用油脂的脂肪酸组成基本一致，主要都含有油酸（C18：1）及亚油酸（C18：2），但脂肪酸类物质的比例发生了较大变化。Kock 等认为废弃煎炸油比新鲜食用油脂多了约 30% 的极性化合物。游离脂肪酸含量等性质的变化与总的极性化合物含量呈线性关系，这些变化使得皂化值与酸价都变大，碘值变小。

各国废植物油的脂肪酸组成基本类似，而动物脂、潲水油和菜酸油的游离脂肪酸含量（约 14%）及饱和脂肪酸含量（26% ~50%）非常高。废食用油脂的游离脂肪酸含量远高于食用油标准，这是由于食用油脂在煎炸过程中，因氧化作用相对饱和度提高（主要发生在 $n-3$双键位），而甘油三酯则通过水解作用裂解成游离脂肪酸、甘油一酯和甘油二酯。另外，脂肪酸含量受油脂储存时间和储存温度的影响，在 20℃、45℃和 60℃条件下，牛油脂的游离脂肪酸含量随储存时间增长量分别为 0.002%/d，0.017%/d 和 0.083%/d。60℃时牛油脂 60d 内的游离脂肪酸含量可从 3% 增至 8%。

(2) 食品加工过程中产生的含油皂脚（Soap stock）。在植物油脂的生产过程中，除了获得油脂产品外，还得到了各种各样的副产品如大豆油脚、皂脚等。它是精炼各种植物油脂时产生的一种副产品，产生量为油脂生产总量的 2% ~3%，其组成和性质由原料中的脂肪酸决定。同餐饮废油相比，皂脚也主要含有油酸和亚油酸，但同时还含有少量的棕榈酸（C16：1）、亚麻酸（C18：3）以及其他脂肪酸。此外，皂脚中还含有大量的碳水化合物，如棉籽油皂脚中脂肪酸以及碳水化合物的含量约占其干重的 60%。

目前，对油脚和皂脚的利用大多是直接返田作肥料，甚至废弃，很少进行深度加工利用。其中油脚和皂脚占毛油质量的 5% ~10%，油脚中含有 35% ~50% 的水，20% ~35% 的磷脂，25% ~30% 的中性油；而皂脚中含有 30% ~40% 的中性油，25% ~30% 的肥皂，30% ~45% 的水分。

榨油精炼后的沉淀物称为油脚。油脚通常作为制皂业的原料，油脂（脚）经皂化反应后，反应釜的上层是纯净的皂基，可用来制造肥皂、香皂等，下层是皂脚，皂脚色泽较深，杂质较多，但可以在碱析时回用。

油脚和皂脚经酸化水解得到酸化油。酸化油是指对油脂精炼厂所生产的副产品皂脚进行酸化处理所得到的油，目前还没有统一的规范，一般看酸值的高低，酸化油的酸值基本上在 110 ~140。主要用来作脂肪酸，其次用来作生物柴油。

油脂酸化的目的主要体现在以下几个方面：将杂质中的油分出，即杂油分离；提高油脂的酸值；打破“水包油”现象；将皂转化成脂肪酸；分离油中的悬浮物。

酸化油品种很多，有棉籽酸化油、大豆酸化油、菜籽酸化油等，其颜色似墨水很黑，而且伴有刺激性酸臭味。传统方法有利用酸化油生产脂肪酸，需经水洗、加压水解、真空蒸馏等系列工序，生产成本较高，工艺复杂。操作温度 110～120℃，反应时间 4～6h，静止时间 8h。所加物料硫酸和水，比例为油的 2%～4%。硫酸不能加多，否则易焦化。下面介绍一下常见的生产大豆酸化油相关知识。

大豆酸化油的酸值因酸化油来源不同而异。一般酸值为 80～120mgKOH/g。大豆酸化油中游离脂肪酸及脂肪酸甘油酯含量几乎各占一半，目前通常采取分别酯化和转酯化“两步法”的工艺进行生产，生成粗脂肪酸甲酯，再经分离与提纯等工艺过程，得到符合燃料标准的生物柴油。“两步法”工艺生产过程冗长、生产用能增加、生产成本加大。

大豆油脂肪酸的原料根据生产脂肪酸的工艺不同，也会发生变化。早期生产企业采用皂化酸解工艺，以油脚为原料进行加工，随着工艺的改进和生产规模的扩大，油脚消耗量加大，在无法满足生产的情况下，就需长距离运输油脚，而油脚脂肪酸含量一般在 50% 左右，油脚的运输成本会提高很多，已难以适应市场的需要，多数厂家已不直接用油脚进行加工，而采用酸化油作为原料进行生产。酸化油的生产地多建在规模较大的油厂附近，他们将收集的大豆油油脚采用直接明火或蒸汽加热，在 90℃左右时，加入浓硫酸，对油脚进行酸化，酸化结束后，进行沉淀，排掉下层的水和部分渣滓后而制得酸化油（含水量一般应低于15%，碘值大于 110）。采用酸化油对生产厂家而言降低了原料的运输成本。

精制商品大豆油脂肪酸一般有如下要求：碘值大于 110gI_2/100g，酸值在 195～210mgKOH/g，色泽小于 4 号（铁钴比色法），水分小于 0.5%。一般而言，色泽是商品质量好坏的重要指标，也是工艺设备水平高低的反映，较好的工艺和设备，脂肪酸的色泽可以达到 1 号左右。

粗脂肪酸的制备方法有：利用油脚皂化酸解法，利用酸化油常压催化水解法和分批压热釜水解法。

大豆油脂肪酸较原始的方法是利用油脚进行皂化、酸解获得脂肪酸，然后进行蒸馏获得精制脂肪酸。在皂化锅内，油脚在蒸汽翻煮下，加入碱液，进行皂化，皂化结束后，静置，排除下层废水并进行水洗，然后再加入硫酸进行酸化，酸化结束后排放下层酸水并进行水洗，从而获得粗脂肪酸。采用该工艺获得的粗脂肪酸在皂化、酸解工序中除去了大量色素和杂质，质量相对较好，经蒸馏获得的精脂肪酸质量比较稳定，颜色也较浅。但该工艺需要大量地消耗酸碱，对设备的腐蚀也非常大，而且排放大量的废水，对环境污染很大，生产成本比较高，已很少采用。

另一种方法是先将油脚酸化处理，获得酸化油，酸化油在酸性条件下加入催化剂进行常压水解获得粗脂肪酸。该工艺在生产中，由于酸化油中仍含有大量磷脂和胶质，极易发生乳化，而且由于酸化油中含有较多的杂质，催化剂用量较多，采用该工艺生产的粗脂肪酸，油脂水解率较低，一般酸值不高于 175mgKOH/g。该工艺虽然减少了酸、碱的用量，但是增加了催化剂消耗，有大量的污水排放，同时水解率也不高。此法获得的粗脂肪酸，由于其极易发生乳化，粗脂肪酸的水洗不彻底，其中含有较多的硫酸盐，在蒸馏釜内进行最后残渣蒸馏时，极易发生锅脚老化，无法排出蒸馏釜现象，其正常生产的锅脚也含有大量颗粒，黏度较大，影响锅脚质量。

自 20 世纪 90 年代中期，许多厂家采用分批压热釜水解工艺水解酸化油获得成功，采用该工艺获得粗脂肪酸，不仅污水量大大降低而且脂肪酸的回收率也有较大提高，一般情况获得粗脂肪酸的酸值在185mgKOH/g以上。

分批压热釜法水解工艺不同厂家也略有不同，主要体现在水解压力、水解次数和水解时间上，但水解压力一般要高于1.0MPa，水解压力越高，越有利于油脂水解。低于1.0MPa进行生产是十分不经济的。在水解次数上，有许多厂家仍采用油脂常规的3次水解工艺。但对于一般物料采用一次水解，油水比控制在1:(0.3~0.5)，水解压力12MPa同样能达到非常好的效果。因为油脚经过酸化处理后，获得的酸化油的酸值一般不低于120mgKOH/g，此时仍选用3次水解，在成本上是不经济的。水解时间一般控制在16h以上。大豆油酸化油的水解，由于其碘值较高，一般不适合在高温高压下水解。

另外，无论采用何种工艺，产生的废水中的甘油在国内生产厂家是不回收的，均与污水一起排放。

(3) 各种含油废水，如橄榄油污水等，含有糖、氮化合物、有机酸、残留的橄榄油及有毒物质。

2. 废弃食用油脂的危害

废弃食用油脂中，危害最大的是餐饮业废油。餐饮业废油被一些不法商贩收购后经过提炼、脱色、脱臭、脱酸等处理后再次作为食用油脂销售，而一些餐饮单位或小摊贩使用这些油脂，进行低价恶性竞争，以牟取暴利。

食用油脂经高温加热，营养价值会降低，原因是高温加热会使油脂中的维生素A、胡萝卜素、维生素E等营养成分被破坏。经高温加热的油脂，其供热量只有未经高温加热油脂的1/3左右，不仅不易被机体吸收，而且还妨碍对同时进食的其他食物的吸收。餐饮业废油的形成和精炼过程经长时间反复多次高温加热，不饱和脂肪酸和饱和脂肪酸等营养成分被破坏殆尽，但酚类、酮类和短碳链的游离脂肪酸、脂肪酸聚合物、黄曲霉毒素等多种有毒有害成分却大大增加，其中多环芳烃等致癌物质也开始形成。人们食用掺兑餐饮业废油的食用油时，最初会出现头晕、恶心、呕吐、腹泻等中毒症状。如长期食用，轻者会使人体营养缺乏，重者内脏严重受损甚至致癌。瑞士科学家发现，炸土豆条中含有较高的致癌物质——聚丙烯酰胺。动物实验结果表明，废油可缩短果蝇30%以上的寿命，还增加果蝇的不育率。餐饮废油如直接用于养猪业，会导致泔水猪问题，易引起间接人畜感染；如直接将其排入下水道，不仅会造成资源浪费，而且还严重污染环境。

以动植物油脂为原料制造生物柴油的成本偏高，而将餐饮废油回收制造生物柴油则是一个很好的解决方案。制备生物柴油是废弃食用油脂回收利用研究最集中的一个领域。

3. 废弃油脂（地沟油）的鉴别和检测

我国地沟油的原料充足，每年生产至少5Mt，其工艺简单，几个简单的设备就可以加工。由于执法取证困难及违法成本低，在利益的驱动下，一些不法投机者将地沟油用于食品，对社会和食品安全造成非常大的危害。

要减少不法投机者的不法行为，除提高违法者的违法成本和建立市场准入制度外，还需要建立一套快速鉴别地沟油的检测系统，为执法者执法时提供技术支持。现对当前地沟油的检测方法作简单介绍。

1）感官检验

一般通过看、闻、尝、听、问五个方面即可鉴别。

一看：看透明度，看色泽。颜色发暗，比较混浊，且有沉淀物，低温易凝固的可能是地沟油。检测窍门一是给冰棍上倒上一点油，油很快凝固并附着在冰棍上，则很可能是地沟油做成的。窍门二是玻璃上倒上一点油，如果油流得很慢，则可能有问题。

二闻：每种油都有各自独特的气味。可以在手掌上滴一两滴油，双手合拢摩擦，发热时仔细闻其气味。有臭味的，呈淡淡哈喇味的很可能就是地沟油。

三尝：用筷子取一滴油，仔细品尝其味道。有异味的可能是地沟油，含地沟油的油炒菜不香，残油渣呈黑炭状。

四听：取油层底部的油一两滴，涂在易燃的纸片上，点燃并听其响声。燃烧不正常且发出“吱吱”声音的，水分超标，是不合格产品；燃烧时发出“噼叭”爆炸声，表明油的含水量严重超标，而且有可能是掺假产品，绝对不能购买。

五问：问商家的进货渠道，必要时索要进货发票或查看当地食品卫生监督部门的抽样检查报告。

2）理化检验

鉴别地沟油也可进行理化检测，可分别检验诸如水分含量、相对密度、折光率、皂化值、酸值、羰基值、过氧化值、碘值、重金属、脂肪酸相对不饱和度、胆固醇、残留检测、氧化产物等指标。

（1）水分含量　水分可作为鉴别潲水油的特征指标之一，但不能作为煎炸老油的鉴别指标。地沟油一般水分含量高于1%，食用油≤0.2%。

（2）相对密度　油脂的相对密度与油脂的分子量和黏度成正比，与油脂的温度成反比。油脂的分子量越小或不饱和程度越高，则相对密度越大。不同油脂的相对密度范围在0.915～0.945，根据油脂相对密度可以初步鉴别油脂品质。

（3）折光率　由于光在两种不同介质中的光程差，光线从一种介质进入另一种介质当它的传播方向与两种介质的界面不垂直时，在界面处的传播方向会发生改变而发生光的折射现象，折光率就是光的折射现象的度量。作为液体物质纯度的标准，它比沸点更为可靠。脂肪酸的折光率随分子量和不饱和度的增加而增大，因此，一些短链饱和脂肪酸酯，折光率就低，而亚麻油等不饱和酸含量多的油，折光率就高。

（4）皂化值　皂化值是指皂化1g油脂所需要的氢氧化钾的毫克数。油脂中脂肪酸分子量大的，其皂化值小；油脂中脂肪酸分子量小的，其皂化值就大。依据皂化值可以计算出油脂的平均分子量，一般油脂的皂化值在180～200。

（5）酸价　油脂的酸价是指中和1g油脂中游离脂肪酸所需氢氧化钾的质量（mg）。游离脂肪酸是油脂腐败和氧化变质的产物，潘剑宇等人研究发现：潲水油和煎炸老油的酸价与国家指标相差较大，可把它作为鉴别废油脂的重要特征指标之一。

（6）羰基值　油脂酸败所产生的臭味主要出自羰基化合物。从酸败的油脂中可检出许多低分子的醛和酮，故若能测出羰基化合物的量，便能够判断油脂酸败的程度，目前正在研究一些有效快捷的测定方法。羰基值与官能团试验结果非常一致。只是测定方法不如测定过氧化值简单，因而在日常管理中多使用过氧化值。

（7）过氧化值　油脂氧化值与油脂的新鲜度和酸败程度有关，测定过氧化值可鉴别废油脂。在品质管理中，测定过氧化值是最普通的管理特性测定方法。随着油脂的不断氧化，过氧化值逐渐上升。市场上油脂食品中油脂的过氧化值在10以下可视为新鲜。超过此值便对健康不利。另外需注意的一点是油脂的过氧化值容易遇热分解，因此加热后油脂的过氧化值会比加热前低。

(8) 碘值　碘值是在规定条件下1g油脂发生加成反应所需碘的质量（g），反映油脂的不饱和程度。煎炸老油在煎炸过程中不饱和脂肪酸分解和氧化，不饱和脂肪酸含量大大减少，碘值明显降低。张璇等研究证实测定碘值可鉴别煎炸老油，但不能鉴别潲水油。

(9) 重金属　酸价、过氧化值可以通过加入碱和还原剂来降低，色泽等感官可以通过一些过滤、吸附措施除去，但其中含有的重金属和毒素是无法除掉的。地沟油的主要问题在于油脂的重金属超标，在废油脂加工过程中普遍使用硫酸等物质进行油水分离，这些物质具有强腐蚀性，接触金属器皿后会引入重金属，有可能成为废油脂的特征化学成分。分析结果表明，潲水油含有锰（Mn）、锌（Zn）、铜（Cu）、镍（Ni）、六价铬（Cr）和铅（Pb）等重金属。

(10) 脂肪酸相对不饱和度　地沟油油脂发生的结构变化也是无法改变的。这是由于废油脂中部分不饱和脂肪酸发生氧化和酸败，生成醛类或酮类化合物以及饱和脂肪酸和小分子酸，使得不饱和脂肪酸所占的比例减小。脂肪酸相对不饱和度 U/R 值和脂肪酸的质量分数分布可以鉴别废油脂。尹平河等研究发现废油脂中脂肪酸相对不饱和度 U/R 明显小于同种类食用油中脂肪酸相对不饱和度；废油脂中脂肪酸质量分数分布也很大不同于同种类的食用油；绝大部分废油脂受到矿物油的污染。利用以上三方面完全能把废油脂和食用油区分开来。

(11) 胆固醇　动植物组织中都含有甾醇，动物油脂的特征性甾醇是胆固醇，而植物油中一般不含或含有极少量的胆固醇。张蕊等通过检测定量出胆固醇的含量，判定植物油中是否含有动物油脂，从而推断该植物油是否混有地沟油。

(12) 残留检测　用食用植物油卫生标准进行检测无法判定油脂样品是劣质油还是废弃油脂。毛新武等先把卫生学指标如酸价、羰基价作为初筛指标，结合氯化钠、谷氨酸钠残留检测等多个指标综合评价可以有效鉴别普通劣质油脂与各类废弃食用油脂。

(13) 氧化产物检测　地沟油中含有食用植物油里不含的醛、酮类物质。尹平河等研究发现这类物质在薄层色谱中表现为明显的拖尾斑，其 R_f 值和斑点形状与食用植物油有很大区别。因此，薄层色谱法是鉴别食用植物油与潲水油，煎炸老油的简单、快捷和准确的方法之一。

(14) 快速检测方法　以上介绍的方法可以鉴别地沟油，但检测过程耗时较长，而且实验步骤复杂，涉及设备昂贵，不易进行现场操作，探索一种快速检测地沟油的方法势在必行。科研部门正在研制一种试纸，蘸点油通过试纸颜色的变化就可以判断出是否是地沟油做成的食用油。

武汉工业学院刘志金等发明了一种快速、准确检测潲水油的方法，只需30 min就能准确检测出潲水油。他发现潲水油中的金属离子，与正常的食用油相比有很大差别。根据这一特点，他们利用金属离子浓度与电导率之间的关系，通过检测油的电导率，发现潲水油电导率是一级食用油的“地沟油”比例进行准确分析的仪器，该仪器利用不同油脂在冷冻状态下的不同结晶形状，结合实践中总结的审伪量化标准，综合运用色谱、光度等先进分析手段，能够在1h内准确检测出食用油中“地沟油”的含量。美籍华裔硕士张志毅发明了一种油脂固体分离捕获机，利用物理原理可将废水中的油脂、残渣分离出来，回收的废油脂经无害化处理，加工成硬脂酸、甘油等用途广泛、市场畅销的工业材料，残渣则经过酶化处理制成有机肥，形成良性循环的经济产业链，从源头上堵住废油脂回收流通的“黑”路子。

对于利用废餐饮油制备生物柴油的研究，处于世界领先地位的是日本的染谷商店集团有限公司和 LONFORD 有限公司，拥有专利“以废食用油为原料生产柴油、甘油和锅炉用燃料的精制方法”、“用废食用油生产柴油燃料的制造装置”和“用废食用油制造柴油燃料的制造方法”等。染谷商店集团有限公司于 1998 年成功研制了世界上第 1 台全自动连续式废食用油燃料化装置 VDF。该装置能将 100L 废食用油转化为 82L 生物柴油，每天（8h）生产生物柴油约 340L。目前，生物柴油运用最多的是欧洲。而废食用油脂在欧盟各国通常供为饲料用油，现在也正转向发展生物柴油。在奥地利，每年 135 个餐馆收集的废食用油脂可生产生物柴油至少 1000t，其生物柴油的主要市场在于农业及林业设施以及湖泊与河川的休闲游艇之用，以利于清洁空气。美国的废油脂产生量大约为 1Mt/a，有人做了调查，美国华盛顿州每人每年产生的废弃油有 2kg。现在已经有大型的油脂公司，例如作为北美洲最大的提炼公司之一的格里芬工业公司，能把废食用油或动物脂肪转变为质量很好的生物柴油。加拿大学者设计了非常完整的工业生产方案：在连续化碱式催化过程中，以废弃食用油为原料生产生物柴油，需要在每一个原工艺基础上加入预处理工段，包括自由脂肪酸的酯化、甘油的洗涤和甲醇的再生。总之，国外竞相发展利用废油脂制造生物柴油。

我国对于利用废餐饮油制备生物柴油的研究起步不久。据文献报道，2001 年台湾清华大学化工系吴文腾教授研发了“利用废食用油以碱催化法生产出生物柴油”的技术。在广州仲恺农业技术学院黄晓琳采用固态碱催化法从废餐饮油中提炼的生物柴油，不仅设备成本低，原料转化率达 96%，而且能耗低，不产生工业污水；最重要的突破是新方法可以实现流水式连续生产。在我国香港，九龙巴士公司在 1999 年与香港大学等合作，由香港大学教授研究从餐饮业收集烧猪时滴出的废油脂，提炼成生物柴油作燃料添加剂供九龙巴士公司测试。海南正和生物能源公司、四川古杉油脂化工公司和福建卓越新能源发展公司等都建成了 10～20kt/a 的生产装置，目前餐饮业废油是价格最低的生物柴油原料，主要以餐饮业废油和皂化油下脚料为原料，还生产一些高附加值的产品来增加利润。

4. 废油脂的预处理

由于回收的潲水油成分比较复杂，含有机械杂质及蛋白质、磷脂等混溶性杂质及少量的水分，若不进行预处理，势必使酯化及酯交换反应难以进行，同时使设备的利用率降低，所以必须对废油脂进行预处理。通常情况下采取沉淀除杂、酸化脱胶、水蒸气蒸煮脱臭、真空脱水等预处理后所得的原料油，完全能满足制备反应的需要，反应的转化率和收率都很高。一定程度上，酯化及酯交换反应能否顺利进行及进行的程度取决于原料预处理的好坏。

1）过滤除杂

废餐饮油是高酸值油，含有蛋白聚合物、分解物、泥砂等杂质，这些对于制取生物柴油会产生十分不利的影响，必须进行前处理。如果废油脂为常温固态，先用水热法将其融化，将废油中的杂质经过滤去掉，以免杂质发生反应或滞留在生物柴油中。可以采用三步过滤法，滤网一级比一级小来进行处理。

2）脱胶

在动植物油中都含有磷脂体、黏胶液和蛋白质等杂质，这些杂质的存在是动植物油变质的重要原因之一，同时磷脂体、黏胶液和蛋白脂等杂质的存在也影响酯交换反应的转化率，所以必须对油酯进行脱胶处理，磷脂含量和黏度可以通过脱胶（水化湿法脱胶或硫酸法脱胶）或者膜滤降低；通常的脱胶方法有两种，即水法脱胶和硫酸法脱胶。

（1）水法脱胶　水法脱胶主要有三种方法，即低温法、中温法和高温法。高温法最为快速经济，具体操作如下：将原料油脂投至脱胶釜内，在搅拌条件下升温至80℃，然后滴加油脂量5%～10%的温盐水，升温至100℃，继续搅拌30min，静止1～2h分去水层。若第一次的水层很脏可重复上述过程（动物脂肪有时需要加入硫酸铝）。

（2）硫酸法脱胶　硫酸脱胶法通常有两种，一种是稀硫酸法；另一种是浓硫酸法，浓硫酸法优于稀硫酸法。具体操作如下：将原料油脂投至脱胶釜内，在搅拌条件下，将油脂升温至80℃，滴加油脂量0.5%～1.5%的浓硫酸，加完酸后继续搅拌30min，静止2～3h后分离下层硫酸，然后洗涤油层达到中性为止。

3）脱色

餐饮业废油脂来源比较复杂，回收和经过简单提炼的废油脂颜色仍然比较深，并有浓烈的特殊臭味，各种杂质的含量也比较大。废油脂中的色素影响废油脂的稳定性和工业利用，有碍于废油脂生产生物柴油。为了保证废油脂的质量满足生产生物柴油的色泽要求，必须对其进行脱色等预处理，才能生产出色泽浅的生物柴油产品。废油脂的脱色，并非理论性地脱尽所有色素，而在于通过去除色素、微量金属、皂粒、胶质获得废油脂色泽的改善，为生物柴油的生产提供合格的原料。

吸附方法是脱除溶解于油中的色素或是以胶态粒子分散于油中色素的有效方法。吸附是一种表面吸附现象，它取决于溶质与吸附剂之间的特殊亲合力。

（1）吸附剂的选择　脱色分为吸附脱色和化学脱色，油脂预处理一般采用吸附脱色。脱色效果的好坏直接影响到产品质量和成本，因此选择适宜的吸附剂极其重要。常用的吸附剂有活性炭和白土。活性炭能够选择性地吸附色素和臭味物质，但活性炭吸附剂价格昂贵、吸油率高。白土又称漂土，经酸化处理后其表面积大大增加，吸附性能大大提高，这种白土称为活性白土（或称酸性白土）。白土是油脂精炼常用的脱色剂。活性白土较天然白土的 k 值大，故常采用活性白土作为脱色剂，对废油脂进行脱色。

（2）废油脂色泽的测定方法　目前国际上有两种通用的方法评定油脂色泽或测试脱色工艺效果的标准。对于浅色粗油、脱酸油，多以罗维朋色度计标准油槽测得的黄色和红色色度来表示；对于深色油脂，由于罗维朋色度计不能满足比色的要求，则多以分光光度计测得的油脂透光曲线或在固定波长下测得的油脂透光率来表示。餐饮业废油脂外观呈黄褐色，属于深色油品，所以选择分光光度计比色测定脱色效果。

（3）活性白土的活化和脱水　市售的活性白土虽然是已经处理好的成品，但在装载、运输等过程中仍然不可避免地会吸收空气中的水分，使活性白土的脱色力有所降低。为此，需要在脱色进行前对活性白土加热脱去水分，提高活性白土的脱色能力。活化时间短，水分去除不完全；活化时间过长，活性白土容易变性而失活。综合考虑，确定最佳活化时间一般为2h。

（4）废油脂脱色的工艺　为获得较好的脱色效果，常采用常压脱色。油脂在脱色的同时，还可脱去臭味、部分金属离子、皂粒、胶质等杂质，满足酯化及酯交换反应对废油脂的质量要求。综合脱色、脱臭的效果、性价比以及脱色剂的再生难易等因素，最好选择活性白土为废油脂的脱色脱臭剂。

将占废油质量5%～6%的活性白土加入到废油脂中，边搅拌边加热。脱色率的测定采用分光光度法。

$$脱色率（\%）=[（A_0-A）/A_0]\times100\%$$

式中 A_0——脱色前油脂的吸光度；

A——脱色后油脂的吸光度。

温度对脱色效果的影响见图1－16。从图1－16可知，当温度在80℃以下时，由于温度低，油的黏度又较高，导致白土对色素的吸附较差，脱色效果不理想，臭味在反应过程中也没有去除。当温度上升到80℃以后，脱色率开始随着温度的升高而迅速增大，在120℃时脱色率达到97%。随后温度增加，脱色率开始下降。当温度超过120℃时油脂的颜色反而会加深，臭味在120℃时也明显地扩散到空气中。因此最佳的脱色温度：最低初始脱色温度控制在80℃以上，最高终点脱色温度控制在120℃以下。

脱色时间对脱色效果的影响见图1－17。从图1－17可知，在10～25min范围内脱色效果是随时间的延长而提高，在25min时吸附剂的吸附脱色达到平衡，脱色率最大。超过25min后，脱色率开始缓慢降低。再延长脱色时间，废油脂氧化速度加快，导致废油脂的色素增加，脱色率反而会下降。由此确定最佳脱色时间为25min。

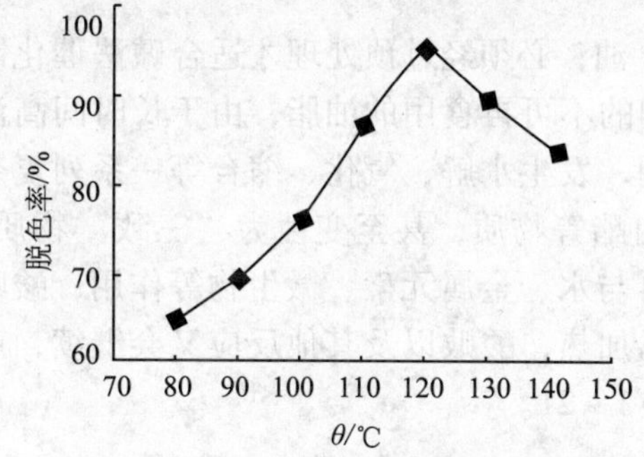

图1－16 脱色温度对脱色率的影响

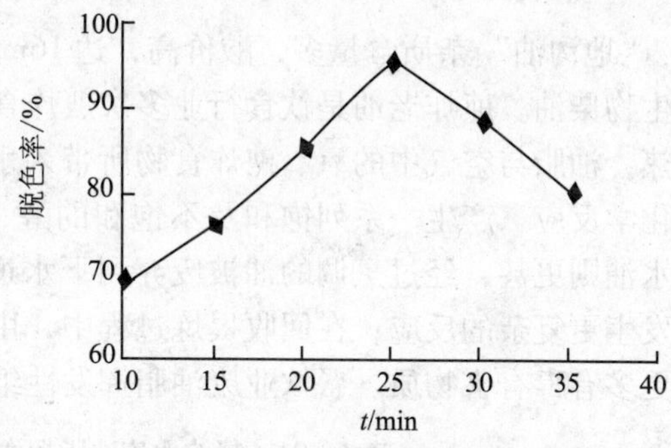

图1－17 脱色时间对脱色率的影响

活性白土对废油脂脱色效果不仅受脱色温度、脱色时间的影响，还与活性白土的投加量、搅拌速度有关。在常压脱色操作中，搅拌速度以达到吸附剂在油中呈均匀悬浮态即可，不要过于强烈，以减少搅拌引入空气而使油脂氧化，色泽加深。活性白土的投加量为油脂量的5%～6%时较为合适。

用活性白土对废油脂脱色的较优工艺条件是：活性白土用量5%，脱色温度控制在80～120℃，脱色时间25min。该工艺条件下可以有效地去除废油脂中的色素、气味物质及部分杂质。

4）脱酸

对于用于酯交换反应的油脂，要想达到90%以上的转化率，其油脂的酸价必须小于0.3，而废油脂是变质油脂，具有相当高的酸价，所以在酯交换反应前必须进行脱酸来处理油脂。

（1）碱炼 对于废油脂酸价低于15mgKOH/g时，从工业化生产装置的经济评估可以得出，采用碱炼脱酸处理比预酯化处理更具有经济性。将一定质量数的脱胶油脂升到该种油脂的初温，取样化验该种油脂的酸价，根据化验结果计算出相应的加碱量和碱液浓度，配好液碱，将搅拌速度调至75～80r/min，在10min内将碱加完，并计时，这时不必升温，继续反应30～40min时，碱滴和游离脂肪酸反应生成的皂粒逐渐变大，油和皂粒开始分离，这时应以

1℃/min 的速度升温，当升至该种油脂的终温时停止升温，保持终温温度继续反应 20 ~ 30min，终温的温度一般为 60℃左右，停止搅拌，静止 4 ~4.5h，分离油和皂脚。

（2）预酯化　当废油脂酸价高于 15mgKOH/g 时，采用预酯化处理比碱炼更具有经济性。预酯化是在原料油脂中加入过量甲醇，在酸性催化剂存在下，进行预甲酯化，使游离脂肪酸转变成甲酯。为了避免催化剂的污染，酯化后需要中和、分离等后处理步骤。一般预酯化的反应条件为温度 80 ~85℃，时间 2h，酯化后，酸值降到 3mgKOH/g 以下。在此条件下预酯化的酯化率可达到 97%。

5）水洗

将碱炼或预酯化后的油脂加到反应釜中，在搅拌条件下每次加油脂重的 5% ~10% 温盐水洗涤 3 ~4 次，直至中性为止。

6）脱水

水分可以通过静置、离心或薄膜蒸发的方法除去。常用的方法是将水洗后的油脂加到干燥釜内，温度在 95℃以上，在真空下脱水 1h，直至油面无水汽为止，降温至 60 ~70℃破空，取样化验其酸价应小于 0.3mgKOH/g。

7）脱臭

“地沟油”杂质含量多，酸价高，达 16mgKOH/g 油，必须经过预处理才适合碱法催化制备生物柴油。煎炸老油是饮食行业多次煎炸食品残剩的不可再食用的油脂，由于长时间高温加热，油脂与空气中的氧、煎炸食物所带入水分作用，发生水解、氧化、缩合等一系列复杂的化学反应，产生一系列饱和及不饱和的醛、酮、内酯等物质，甚至变性为“三致”物质。潲水油则更甚，经过烹调的油被废弃到下水道中，再与水、金属元素、微生物等作用，酸败并发生更复杂的反应；在回收提炼过程中，由于高温加热，酸败以及其他反应又会继续，产生更多有毒有害物质。餐饮业废油脂挥发性组分见表 1 –21。

表 1 –21　餐饮业废油脂挥发性组分 GC –MS 定性分析结果

油样馏分	检出有机物
100℃馏分	丙酸、丁酸、戊酸、己酸、庚酸
100 ~200℃馏分	烯醇、1，2，3，5 –四甲苯、1 –乙基 –4 –乙烯基苯、正十二烷、正十三烷、正十四烷、正十五烷、正十六烷、正十七烷、十四酸、十六酸、9，12 –十八二烯酸、9 –十八烯酸、十八酸

废油脂中部分不饱和脂肪酸发生氧化和酸败，生成醛类或酮类化合物以及饱和脂肪酸和小分子酸，使得不饱和脂肪酸所占的比例减小。

脱臭在废油脂预处理中是非常重要的环节，脱臭塔是油脂脱臭工艺中的关键设备，目前国内常用的连续脱臭系统的脱臭塔结构主要有板式和填料式两种，优选的脱臭设备为组合式脱臭塔。组合式脱臭塔将填料塔和板式塔组合在一起，既保持了填料塔的物理脱酸效果，又具有高效脱臭和热脱色功能，而且填料部分和板式部分能够分开单独使用，操作灵活，节约使用费用，特别适用于品种更换频繁和油品来源复杂、品质差、色泽深的油品。

（1）组合式脱臭塔的工作原理　组合式脱臭塔的上部为填料段，下部为板式段。油从组合式脱臭塔顶部进入，通过分油盘均匀地分布在填料上形成油膜自上而下流动，与逆流的汽提过热蒸汽在填料上汽液逆相接触，首先在填料段蒸馏出脂肪酸和一部分臭味组分，通过真空抽走，油再通过管道流入板式段。板式段中的直接蒸汽从油中呈鼓泡状喷出，再次与油进行接触汽提，油在板式段中通过高真空降低臭味物质的沸点，并通过过热蒸汽的蒸馏，从而达到脱臭的目的，并滞留进行热脱色，脱臭油从脱臭塔底部排出。组合式脱臭塔的填料段和板式段是两个单独的塔体，通过阀门控制的管道连通。填料段的主要功能是脱酸，板式段的主要功能是脱臭和热脱色。加工低酸值油品时，脱色油不需通过填料段脱酸，而由进油管直接进入板式段汽提脱臭。

（2）组合式脱臭塔的结构设计　组合式脱臭塔由填料段和板式段两个部分构成，见图1－18。现以100t/d的组合式脱臭塔为例，对其结构进行说明。

填料段的直径为0.7m，高约9m，塔顶抽真空。当待脱臭油进入组合式脱臭塔的填料段以后，脂肪酸被瞬时蒸馏，产生大量气体，体积迅速增大，为了防止产生液泛，把塔的头部直径增大到1.1m，使脂肪酸有一个较大的闪蒸空间，闪蒸段的高度约为1.6m，内装结构填料，为了便于观察和清洗填料，上面装有视镜。

闪蒸段与填料段主体通过凹凸法兰连接，闪蒸段下面为进油口和分油盘，脱色油从进油口进入填料段，通过分油盘均匀地分布在填料上。填料段内装满结构填料，下部设有直接蒸汽入口和蒸汽喷嘴，出油管有两根，通过阀门控制流入板式段或直接排出塔体。板式段直径为1.8m，高为5m，通过凹凸法兰与填料段连接。有3层塔板，每层8格，每隔一格安装一组导热油加热盘管，塔板外高内低，油通过溢流管流入下一层，最后通过塔底的出油管排出。每一层塔板下都设有直接蒸汽入口，每一格板均设有蒸汽喷嘴，蒸汽通过塔板上的喷嘴以鼓泡的方式喷入油中。

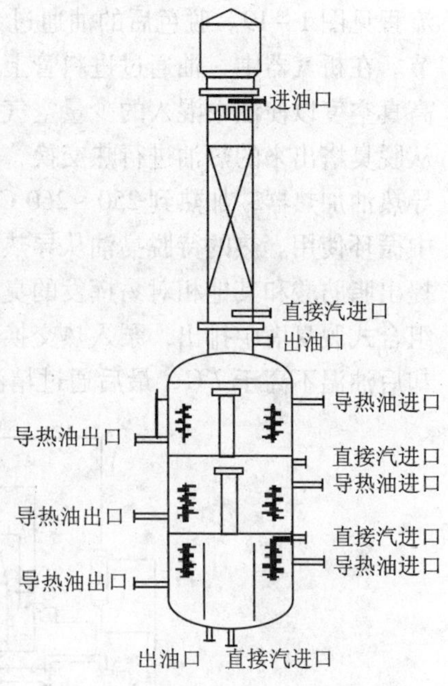

图1－18　组合式脱臭塔结构示意图

为了便于观察和检修，板式段上每层塔板均设有视镜和检修入口。组合式脱臭塔的结构填料是冲压成波纹板形状的薄不锈钢板，均布有小孔，根据脱臭塔的直径裁剪成合适的大小放入塔体。它的优点是汽液分散性好，避免了沟流短路现象。

（3）组合式脱臭塔的特点：

① 耗汽省　由于大部分脂肪酸和易挥发的臭味物质都在填料段中脱除，板式段的蒸馏负荷轻，油在板式段中滞留的时间大大缩短，约30min左右，因此组合式脱臭塔的蒸汽消耗量非常低，只相当于普通板式塔的30%，和普通填料塔差不多，约为油重的0.5%～1%。

② 成品油色泽好　脱色油在组合式脱臭塔的板式段内滞留，其中不能用吸附方法脱除的某些热敏性色素，在高温高真空状态下分解，达到了热脱色的效果，由于滞留时间不长，较普通板式塔不易导致过氧化值升高及新色素的产生。因此，通过组合式脱臭塔的成品油色泽较普通填料塔和板式塔浅。

③ 脱酸效果好，炼耗低　组合式脱臭塔应用的是物理脱酸的原理，脱色油进入组合式脱臭塔填料段后，在2～5min内迅速脱除大部分脂肪酸，无须在前处理工序进行碱炼，避免了在碱炼环节的损失，降低了炼耗，在用于米糠油、茶籽油、工业用潲水油等高酸值油加工时，效果尤为明显。油品在板式段滞留的时间短，能够避免因新的游离脂肪酸产生而导致脱臭油

酸值升高的现象。

④ 操作灵活，使用和维护费用低　填料段和板式段完全分开，操作工人在操作中可以根据油品质量分别调节最合适的温度、蒸汽量大小和滞留时间，有效地避免了浪费。由于填料段对油的胶质含量要求比较高，要求脱色油进入填料段之前必须进行脱胶，将含磷量控制在5～10mg/kg，这样会增加一部分炼耗，因此在加工低酸值或对成品油酸值要求不高的油时，可不通过填料段直接进入板式段，这样既节约了脱胶的成本，又避免了填料结焦，也提高了单位体积的产量。

（4）组合式脱臭塔系统工艺　组合式脱臭塔主要用于连续或半连续精炼生产线，其工艺流程见图1－19。脱色后的油通过泵以恒定的流量泵入析气器中，油的流量通过流量计来调节。在析气器中，油通过进料管上的多个喷嘴喷出，析气器中维持大约400Pa 的绝对压力的高真空度以使油中混入的少量空气被释放。油从析气器中出来，被泵入油－油热交换器，与从脱臭塔出来的热油进行热交换，加热到至少170～180℃。从油－油热交换器出来，油流入导热油加热器，加热到250～260℃，导热油在导热油炉中被加热到290～310℃并在整个过程中循环使用。热的待脱臭油从导热油加热器进入到组合式脱臭塔中，在填料段中用直接汽汽提出脂肪酸和其他相对易挥发的臭味组分，再进入板式段脱臭和热脱色。脱酸脱臭后的油从组合式脱臭塔中排出，泵入热交换器与待脱臭油进行热交换，再进入冷却器，被水冷却，冷却后油温不高于7℃，最后通过精滤器，再存入成品油储罐。

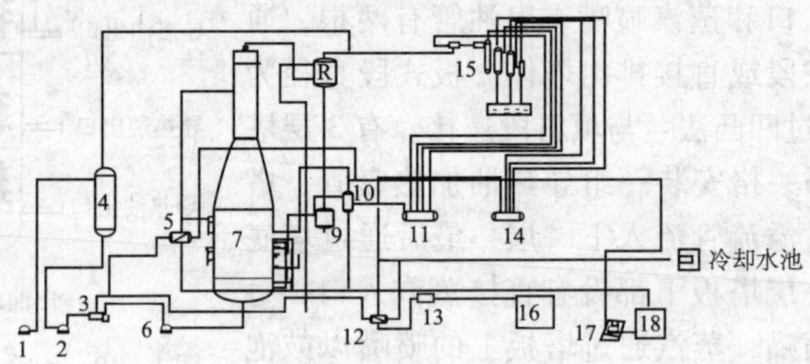

图1－19　组合式脱臭塔系统工艺流程图

1—脱色油泵；2—析气器；3—热交换器；4—析气器；5—加热器；
6—脱臭油抽出泵；7—组合式脱臭塔；8—脂肪酸捕集器；9—脂肪酸接收罐；
10—蒸汽加热器；11—蒸汽分配器；12—冷却器；13—过滤器；14—水分配器
15—四级蒸汽喷射泵；16—成品油罐；17—导热油循环泵；18—导热油炉机组

（5）工艺和维护要求　在整个油脂精炼工艺中，脱臭脱酸工艺并不是完全独立的工序，它有赖于其他工序的相互协调以达到最终的工艺目标。在前期预处理脱色工艺中，要求待脱色油在脱色塔中的温度达到110℃，过滤时温度应在100～105℃。如果需要使用填料段，则要求脱色油中不含白土，只有极微量胶质，否则会在脱臭塔中引发不良的糊化反应，致使填料结焦，不仅影响油的品质和风味，也会缩短填料的使用寿命。在较长时间停车时，脱臭塔中的油要全部排净，并通入直接蒸汽清洗，以避免残留的油膜黏附在填料表面，堵塞油路。短期停车时要保持塔内充满油脂，避免结膜。为保持脱臭脱酸的效果，操作工人应经常检查并清除塔底的残留物，每隔6个月到1年应取出填料进行清洗。

组合式脱臭塔是一种新型的油脂脱臭脱酸设备，它将填料塔脱酸和板式塔脱臭、热脱色的功能有机地结合在一起，具有成品油色泽浅、酸值低、炼耗少、蒸汽省等优点，比单一填料塔和板式塔使用更灵活，使用费用更低，效果更好，适应于经常变换加工品种，油源复杂、品种多的实际情况，在加工高酸值、色泽深的潲水油等品质差的油品上具有优势。

五、微藻

某些微藻（microalgae）因含油量高、易于培养、单位面积产量大等优点，被视为新一代的、甚至是唯一能实现完全替代石化柴油的生物柴油原料。微藻也称单细胞藻类，是指那些在显微镜下才能辨别其形态的微小藻类，见图 1－20。相对于高等植物，它们能更有效地利用太阳能，将水和 CO_2 等无机物质合成为有机物质。

微藻能提供不同种类的生物燃料（biofuel），如甲烷、生物柴油、氢甚至生物乙醇等。早在20世纪70年代，美国对利用微藻生产生物柴油就产生了浓厚的兴趣，并在80年代初由国家可再生能源实验室（NREL）牵头并联合多个单位进行了可用于生产生物柴油的微藻资源调查与筛选等基础研究。美国从1976年起就启动了微藻能源研究，研究以化石燃料产生的废气生产高含脂微藻。这一计划由于研究经费精减、藻类制油成本过高，在1996年中止。但是，美国的科学家已经培育出富油的工程小环藻，这种藻类在实验室条件下脂质含量可达到60%以上（比自然状态下微藻的脂质含量提高3～12倍），户外生产也可增加到40%以上。这为未来研究提供了坚实基础。

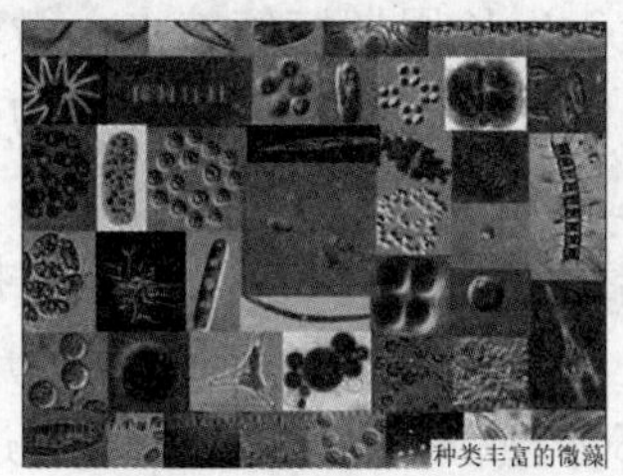

图1－20　种类丰富的微藻

图1－21　美国绿色燃料公司微藻生物反应器

2006年11月，美国绿色能源科技公司和亚利桑那公众服务公司在亚利桑那州建立了可与1040MW电厂烟道气相连接的商业化系统，成功地利用烟道气的二氧化碳，大规模光合成培养微藻，并将微藻转化为生物“原油”，其产率可达到每年每英亩（1acre＝4046.86m^2）提供5000～10000gal生物柴油和相当量生物乙醇的水平。

2007年，由美国能源部圣地亚国家实验室牵头，美国国内十几家实验室和上百位科学家组成的联盟宣布了由国家能源局支持的“微型曼哈顿计划”，计划在2010年实现微藻制备生物柴油的工业化。美国能源局计划在各项技术全面进展的前提下，将微藻产油的成本于2015年降至2～3 \$/gal（1gal＝3.8L）。

2007年3月，以色列一家公司对外展示了利用海藻吸收二氧化碳，转化太阳能为生物质能的技术，在离电厂烟囱几百米处的跑道池中规模培养海藻，并将其转化为燃料，每5kg藻可产1L燃料。

据中国海洋大学教授潘克厚等海洋专家介绍，在微藻产乙醇方面，美国也已开发出利用微藻替代糖来发酵生产乙醇的专利，目前还没有工业应用；英国碳基金公司（Carbon Trust）于2008年10月启动了目前世界上最大的藻类生物燃料项目，投资2600万英镑来发展生物柴油相关技术、基础设施和设备等，预计到2020年实现商业化。

鉴于微藻的重要能源价值以及世界各国能源微藻研究的进展，有专家建议，我国应立即启动微藻产乙醇、产油技术的研究，对微藻产氢也要注意跟踪动态，作好长远计划。

我国在能源微藻基础研究方面有很强的力量：南北众多高校和科研院所承担了多项国家及省部级微藻分类、育种和保存技术研究，拥有一大批淡水和海水微藻种质资源；另外，大连化物所等单位在产氢微藻，中国海洋大学、清华大学等单位在产油微藻方面具有一定工作基础；我国在微藻大规模养殖方面走在世界前列，养殖的微藻种类包括螺旋藻、小球藻、盐藻、栅藻、雨生红球藻等。

从事这一研究的专家建议，利用微藻制取生物柴油，具有重要的政治、经济、科学意义，国家对此应加大科技支持力度，使之上升为国家项目。微藻制油需要国家立项支持，科技部、发改委、财政部、能源局等部委在科技立项时，要向微藻制油倾斜。

其次，动员感兴趣的企业研究微藻制油的自动化设备，对愿意利用微藻生产柴油的企业，出台鼓励政策，尽快促成微藻制油的产业化。

上述研究及采取的措施无疑对微藻生产生物柴油的开发和利用提供了坚实的基础，可以预计在未来的几年，该领域将会有突破性的进展并达到实际应用的水平。

作为新一代生物柴油原料，微藻拥有很多优势，例如：

(1) 种类繁多，广泛分布于淡水和海水中。全球已经鉴定的微藻大约有 40000 种，其数量还在不断增加。

(2) 相对于传统的油料作物，微藻具有生物量大、生长周期短等特点。微藻的生长速率远远高于陆生作物，一般微藻在 24h 内其生物量就可以加倍，在指数生长期的生物量倍增时间一般为 3. 5h。

(3) 微藻油的成分与植物油相似，是植物油的替代品，可直接运用现有技术生产生物柴油。

(4) 一般微藻的含油量都可达 20% ~50%，部分微藻的含油量可以超过其干质量的 80%。如油质绿藻在正常和外界条件胁迫下的平均总油脂含量为 25. 5% 和 45. 7%；油质硅藻平均总油脂含量分别为 22. 7% 和 44. 6%。不同微藻类的含油量见表 1 –22。

表 1 –22　不同种类微藻的含油量

微　藻	含油质量分数（干重）/%	微　藻	含油质量分数（干重）/%
布氏丛粒藻	25 ~75	小球藻	22. 1 ±0. 2
Choricystis minor	24. 4 ±0. 2	金藻	16 ~37
单肠藻	25 ~33	菱形藻	>20
Neochloris sp.	13. 8 ±0. 8	三角褐指藻	20 ~30

(5) 微藻能用海水培养，能耐受沙漠、干旱地、半干旱地等极端环境，不占用耕地，因此不会对粮食作物的生产构成威胁。

(6) 微藻能吸收并利用工农业生产中排放出的大量 CO_2 和氮化物或从废水中取得氮、磷等，有利于改善环境。

(7) 微藻尽管是在液体培养基中培养，但与传统的油料作物相比，只需要较少的灌溉用水。

(8) 微藻的生物化学成分可以通过环境条件的改变加以调节，从而提高含油量。

(9) 能生产出有高附加值的副产品，如生物高聚物、蛋白质、色素、动物饲料、酒精、氢气等。

高昂的生产成本是利用微藻生产生物柴油所面临的第一个瓶颈问题。假设采用含油量为 30%

（细胞干重）的微藻来生产生物柴油，那么从培养、收集、提炼到成品，成本约为19.1元/L。而我国2008年0号柴油的价格只有6.1元/L，此价格还包含了税收、利润、运输等费用。

高等植物种子中的油脂大都属于中性脂，易于通过压榨的方式提取，因此提取后的油脂基本上不存在极性脂及色素。而微藻细胞小，难以采取常规的压榨方式以获取油脂。微藻脂质的提取方法主要有氯仿－甲醇法、酸水解法、索氏提取法。氯仿－甲醇法提取油脂有剧毒性和难回收性等缺点，但对高水分样品的测定更为有效；酸水解法水解时易造成大量水分损失，使酸浓度升高；测定的样品若无充分磨细，则结合性脂肪不能完全游离，致使结果偏低，同时用有机溶剂提取时也往往易乳化；索氏提取法是经典方法，对大多数样品结果比较可靠，但费时间，溶剂量大，且需专门的索氏抽提器。不论哪种方法，实验发现脂肪的提取主要受溶剂配比、温度、提取时间三个因子的影响。缪晓玲等利用正己烷从异养生长的小球藻［脂类化合物含量高达细胞干重的55%，是一般自养藻细胞（14%）的4倍］细胞中提取获得了大量油脂。这些异养微藻油脂在30℃、醇油物质的量比为56：1，4h可形成高质量的生物柴油。

结合用微藻生产生物柴油的优缺点，不难发现，要想使其工业化生产，降低生产成本非常关键。对微藻生产生物柴油的深入研究，可以有效地提高微藻的产油能力、优化产油条件、革新培养技术以及产物分离等下游工程，最终降低生产成本，提高生物柴油的产量与质量。

在微藻生物柴油的制备过程中，除了生物柴油，还有其他很多副产品，如甘油、蛋白质、糖类、纤维素等。除此之外，我们还可以充分利用最后的残渣用于厌氧发酵产甲烷气，产生的电力和二氧化碳用于微藻生产，多余的电可以并入电网以降低生产微藻的成本（见图1－22）。

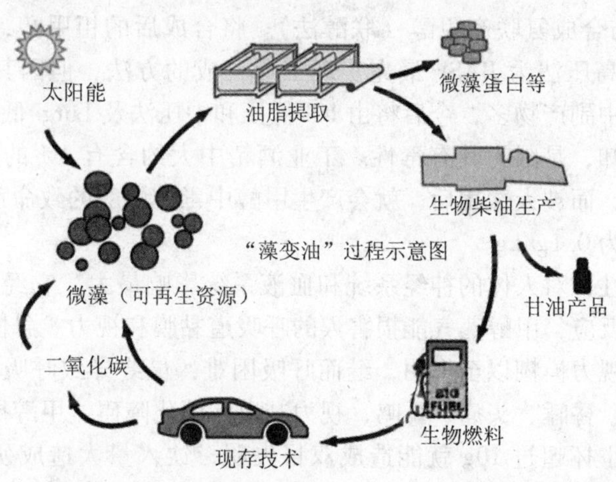

图1－22　微藻生物柴油生产过程的系统化

在美国，一些发电厂在厂区培养微藻，微藻在生长过程中吸收工厂排出的二氧化碳和氮氧化物，然后转化成燃料原料以制造微藻生物柴油等，这样既保护了环境，又产生了能量，一举两得，成为真正意义上的绿色工业。

总之，采用可再生能源替代化石能源的趋势是必然的。生物柴油是一种非常优良的新型可再生能源，通过微藻生产生物柴油在技术上说是可行的，并且它是实现生物柴油完全替代石化柴油的最佳途径，而能否实现其工业化取决于其制造成本。为了降低成本并且提高微藻生物柴油的性能和质量，可以从优良藻种的获取、产油培养条件的优化、微藻培养技术和策略的改良、生物柴油提炼方法的改进和系统化等几个方面进行深入的研究。另外，国家也应在政策方面对微藻生物柴油技术的研究与发展给予有力的支持与倾斜。

六、低碳醇

从生物柴油产品的干点和冷滤点等综合因素考虑，用于生产生物柴油的醇碳数最好低于8个，而且是支链醇。但是，从性价比来看，甲醇是首选原料，其次是乙醇。其他的醇反应活性比较低，且价格高，应用受到限制。但为了进一步改善生物柴油的某些性能，如低温流动性能等，或当将生物柴油用于高附加值产品，如润滑油、润滑脂、高档化妆品时，也可采用其他低碳醇以提高性能。

1. 甲醇

甲醇是结构最为简单的饱和一元醇，化学式 CH_3OH。又称“木醇”或“木精”。是无色有酒精气味易挥发的液体。有毒，误饮 5～10mL 能双目失明，大量饮用会导致死亡。

甲醇的生产，主要是合成法，尚有少量从木材干馏作为副产物回收。合成的化学反应式为：

$$2H_2 + CO \longrightarrow CH_3OH$$

合成甲醇可以固体（如煤、焦炭）、液体（如原油、重油、轻油）或气体（如天然气及其他可燃性气体）为原料，经造气净化（脱硫）变换，除去二氧化碳，配制成一定的合成气（一氧化碳和氢）。在不同的催化剂存在下，选用不同的工艺条件。单产甲醇（分高压法、中压法和低压法），或与合成氨联产甲醇（联醇法）。将合成后的粗甲醇，经预精馏脱除甲醚，精馏而得成品甲醇。高压法为 BASF 最先实现工业合成的方法，但因其能耗大，加工复杂，材质要求苛刻，产品中副产物多，今后将由 ICI 低压和中压法及 Lurgi 低压和中压法取代。

甲醇被大众所熟知，是因为其有毒性。工业酒精中大约含有 4% 的甲醇，被不法分子当作食用酒精制作假酒，而被人饮用后，就会产生甲醇中毒。甲醇的致命剂量大约是 70mL，酒中人饮用的最高限量为 0.1g/kg。

甲醇有较强的毒性，对人体的神经系统和血液系统影响最大，它经消化道、呼吸道或皮肤摄入都会产生毒性反应，甲醇蒸气能损害人的呼吸道黏膜和视力。急性中毒症状有：头疼、恶心、胃痛、疲倦、视力模糊以至失明，继而呼吸困难，最终导致呼吸中枢麻痹而死亡。慢性中毒反应为：眩晕、昏睡、头痛、耳鸣、视力减退、消化障碍。甲醇摄入量超过 4g 就会出现中毒反应，误服一小杯超过 10g 就能造成双目失明，饮入量大造成死亡。致死量为 30mL 以上，甲醇在体内不易排出，会发生蓄积，在体内氧化生成甲醛和甲酸也都有毒性。在甲醇生产工厂，我国有关部门规定，空气中允许甲醇浓度为 $50mg/m^3$，在有甲醇气的现场工作须戴防毒面具，废水要处理后才能排放，允许含量小于 200mg/L。

当甲醇泄漏时，应迅速撤离泄漏污染区人员至安全区，并进行隔离，严格限制出入；切断火源；建议应急处理人员戴自给正压式呼吸器，穿防静电工作服；不要直接接触泄漏物；尽可能切断泄漏源；防止流入下水道、排洪沟等限制性空间。小量泄漏时，用砂土或其他不燃材料吸附或吸收，也可以用大量水冲洗，洗水稀释后放入废水系统。大量泄漏时，构筑围堤或挖坑收容；用泡沫覆盖，降低蒸气灾害；用防爆泵转移至槽车或专用收集器内，回收或运至废物处理场所处置。

甲醇用途广泛，是基础的有机化工原料和优质燃料。主要应用于精细化工、塑料等领域，用来制造甲醛、醋酸、氯甲烷、甲氨、硫酸二甲酯等多种有机产品，也是农药、医药的重要原料之一。甲醇在深加工后可作为一种新型清洁燃料，也可加入汽油掺烧。

目前国内甲醇装置规模普遍较小，且多采用煤头路线，以煤为原料的约占到78%；单位产能投资高，约为国外大型甲醇装置投资的2倍，导致财务费用和折旧费用高。这些都影响成本。据了解，我国有近200家甲醇生产企业，但其中100kt/a以上的装置却只占20%，最大的甲醇生产装置产能也就是600kt/a，其余80%都是100kt/a以下的装置。主要的生产企业有榆林天然气化工公司、四川维尼纶厂、上海焦化有限公司、蓝天集团光山化工公司、大庆油田化工公司和内蒙古苏里格化工公司等，生产规模一般在180～400kt/a。中海油海南600kt/a装置和日本三菱瓦斯在重庆建设的850kt/a装置是我国目前在建的最大甲醇装置。根据这样的装置格局，业内普遍估计，一旦出现市场供过于求的局面，国内甲醇价格有可能要下跌到约2000元/t，甚至更低。这对产能规模小、单位产能投资较高的国内大部分甲醇生产企业来讲会压力剧增。

而以中东和中南美洲为代表的国外甲醇装置普遍规模较大。目前国际上最大规模的甲醇装置产能已达到1.7Mt/a。2008年4月底，沙特甲醇公司1.7Mt/a的巨型甲醇装置在阿尔朱拜勒投产，使得该公司5套大型甲醇装置的总产能达到4.8Mt/a。国外企业装置规模大，公用设施分摊投资就少，且采用天然气路线，单位产能投资大幅下降，成本竞争力大为增强。据中国石油和化工规划院分析，目前国外天然气产地在建的大型甲醇生产装置成本只有60～80 $/t。不仅如此，国外大型甲醇装置多以天然气为原料，采用天然气两段转化或自热转化技术，包括德国鲁奇公司、丹麦托普索公司、英国卜内门化工公司和日本三菱公司等企业的技术。相对煤基甲醇技术，天然气转化技术成熟可靠，转化规模受甲醇规模影响较小，装置紧凑，占地面积小。尽管近年来国际市场天然气价格也在上涨，但国外甲醇生产企业依靠长期供应协议将价格影响因素降至最低。而我国大部分甲醇生产以煤为原料，气化装置规模有限和占地面积大的先天缺陷制约着甲醇生产装置向大型化发展。同时近年来煤炭价格的大幅度上涨对本来还具有一定成本优势的煤基甲醇产生较大影响，再加上煤基甲醇大多建在西部地区，运输费用较高。种种因素进一步削弱了煤基甲醇的价格竞争力。

另外，由于我国甲醇生产大多采用煤基路线，酸性气体和灰渣排放量较大，需投入较多资金建设环保处理设施。而国外以天然气为原料的大型甲醇装置，基本属于清洁生产，对环境影响较小，环保投入也相应较小。

2. 乙醇

乙醇的结构简式为CH_3CH_2OH，俗称酒精，它在常温、常压下是一种易燃、易挥发的无色透明液体，它的水溶液具有特殊的、令人愉快的香味，并略带刺激性。乙醇的用途很广，可被用来制造醋酸、饮料、香精、染料、燃料等。医疗上也常用体积分数为70%～75%的乙醇作消毒剂等。

乙醇是一种很好的溶剂，既能溶解许多无机物，又能溶解许多有机物，所以常用乙醇来溶解植物色素或其中的药用成分，也常用乙醇作为反应的溶剂，使参加反应的有机物和无机物均能溶解，增大接触面积，提高反应速率。例如，在油脂的皂化反应中，加入乙醇既能溶解NaOH，又能溶解油脂，让它们在均相（同一溶剂的溶液）中充分接触，加快反应速率，提高反应限度。

乙醇的物理性质主要与其低碳直链醇的性质相关。分子中的羟基可以形成氢键，因此乙醇黏度很大，也不及相近相对分子质量的有机化合物极性大。室温下，乙醇是无色易燃，且有特殊香味的挥发性液体。

作为溶剂，乙醇易挥发，且可以与水、乙酸、丙酮、苯、四氯化碳、氯仿、乙醚、乙二醇、甘油、硝基甲烷、吡啶和甲苯等溶剂混溶。此外，低碳的脂肪族烃类如戊烷和己烷，氯代脂肪烃如1，1，1－三氯乙烷和四氯乙烯也可与乙醇混溶。随着碳数的增长，高碳醇在水中的溶解度明显下降。

由于存在氢键，乙醇具有潮解性，可以很快从空气中吸收水分。羟基的极性也使得很多离子化合物可溶于乙醇中，如氢氧化钠、氢氧化钾、氯化镁、氯化钙、氯化铵、溴化铵和溴化钠等。氯化钠和氯化钾则微溶于乙醇。此外，其非极性的烃基使得乙醇也可溶解一些非极性的物质，例如大多数香精油和很多增味剂、增色剂和医药试剂。

目前乙醇的分类方法有：

（1）按生产使用的原料可分为淀粉质原料发酵酒精（一般有薯类、谷类和野生植物等含淀粉质的原料，在微生物作用下将淀粉水解为葡萄糖，再进一步由酵母发酵生成酒精）；糖蜜原料发酵酒精（直接利用糖蜜中的糖分，经过稀释杀菌并添加部分营养盐，借酵母的作用发酵生成酒精）；亚硫酸盐纸浆废液发酵生产酒精（利用造纸废液中含有的六碳糖，在酵母作用下发酵成酒精，主要产品为工业用酒精。也有用木屑稀酸水解制作的酒精）。

（2）按生产的方法来分，可分为发酵法酒精和合成法酒精两大类。

（3）按产品质量或性质来分，又分为高纯度酒精、无水酒精、普通酒精和变性酒精。

（4）按产品系列分为优级、一级、二级、三级和四级。其中一、二级相当于高纯度酒精及普通精馏酒精。三级相当于医药酒精，四级相当于工业酒精。新增二级标准是为了满足不同用户和生产的需要，减少生产与使用上的浪费，促进提高产品质量而制订的。

乙醇的用途很广，主要有：

（1）不同浓度的消毒剂：① 95%的酒精用于擦拭紫外线灯。这种酒精在医院常用，而在家庭中则只会将其用于相机镜头的清洁；② 70%～75%的酒精用于消毒。这是因为，过高浓度的酒精会在细菌表面形成一层保护膜，阻止其进入细菌体内，难以将细菌彻底杀死。若酒精浓度过低，虽可进入细菌，但不能将其体内的蛋白质凝固，同样也不能将细菌彻底杀死。其中70%的酒精消毒效果最好；③ 40%～50%的酒精可预防褥疮。长期卧床患者的背、腰、臀部因长期受压可引发褥疮，如按摩时将少许40%～50%的酒精倒入手中，均匀地按摩患者受压部位，就能达到促进局部血液循环，防止褥疮形成的目的；④ 25%～50%的酒精可用于物理退热。高烧患者可用其擦身，达到降温的目的。因为用酒精擦拭皮肤，能使患者的皮肤血管扩张，增加皮肤的散热能力，其挥发性还能吸收并带走大量的热量，使症状缓解。但酒精浓度不可过高，否则可能会刺激皮肤，并吸收表皮大量的水分。

（2）饮料　乙醇是酒主要成分（含量和酒的种类有关系）如白酒为56度的酒。注意：我们喝的酒内的乙醇不是把乙醇加进去，而是发酵出来的乙醇，当然根据使用的发酵酶不同还会有乙酸或糖等有关物质。

（3）基本有机化工原料　乙醇可用来制取乙醛、乙醚、乙酸乙酯、乙胺等化工原料，也是制取染料、涂料、洗涤剂等产品的原料。

（4）汽车燃料　乙醇可以调入汽油，作为车用燃料，我国雅津甜高粱乙醇在汽油中占10%。美国销售乙醇汽油已有20年历史。

此外乙醇还用作稀释剂、有机溶剂、涂料溶剂、消毒剂等，其中用量最大的是消毒剂。

工业上一般用淀粉发酵法或乙烯直接水化法制取乙醇。

（1）发酵法　发酵法制乙醇是在酿酒的基础上发展起来的，在相当长的历史时期内，曾是生产乙醇的唯一工业方法。发酵法的原料可以是含淀粉的农产品，如谷类、薯类或野生植物果实等；也可用制糖厂的废糖蜜；或者用含纤维素的木屑、植物茎秆等。这些物质经一定的预处理后，经水解（用废蜜糖作原料不需这一步）、发酵，即可制得乙醇。

发酵液中的乙醇质量分数约为6%～10%，并含有其他一些有机杂质，经精馏可得95%的工业乙醇。

（2）乙烯水化法　乙烯直接水化法，就是在加热、加压和有催化剂存在的条件下，乙烯与水直接反应，生产乙醇。此法中的原料——乙烯可大量取自石油裂解气，成本低，产量大，这样能节约大量粮食，因此发展很快。

乙醇为中枢神经系统抑制剂。首先引起兴奋，随后抑制。摄入量大后会引起急性中毒，急性中毒多发生于口服。一般可分为兴奋、催眠、麻醉、窒息四阶段。患者进入第三或第四阶段，出现意识丧失、瞳孔扩大、呼吸不规律、休克、心力循环衰竭及呼吸停止。慢性影响：在生产中长期接触高浓度本品可引起鼻、眼、黏膜刺激症状，以及头痛、头晕、疲乏、易激动、震颤、恶心等。长期酗酒可引起多发性神经病、慢性胃炎、脂肪肝、肝硬化、心肌损害及器质性精神病等。皮肤长期接触可引起干燥、脱屑、皲裂和皮炎。乙醇具有成瘾性及致癌性，但乙醇并不是直接导致癌症的物质，而是致癌物质普遍溶于乙醇。在中国传统医药观点上，乙醇有促进人体吸收药物的功能，并能促进血液循环，治疗虚冷症状。药酒便是依照此原理制备出来的。

乙醇易燃，其蒸气与空气可形成爆炸性混合物，遇明火、高温能引起燃烧爆炸。与氧化剂接触发生化学反应或引起燃烧。在火场中，受热的容器有爆炸危险。其蒸气比空气重，能在较低处扩散到相当远的地方，遇火源会着火回燃。

防护措施有：工程控制方面，密闭操作，加强通风；呼吸系统防护方面，空气中浓度较高时，应该佩戴自吸过滤式防尘口罩。必要时，建议佩戴自给式呼吸器；眼睛防护方面，戴化学安全防护眼镜。

乙醇的包装方法为：两层塑料袋或一层塑料袋外麻袋、塑料编织袋、乳胶布袋；塑料袋外复合塑料编织袋（聚丙烯三合一袋、聚乙烯三合一袋、聚丙烯二合一袋、聚乙烯二合一袋）；螺纹口玻璃瓶、铁盖压口玻璃瓶、塑料瓶或金属桶（罐）外普通木箱；螺纹口玻璃瓶、塑料瓶或镀锡薄钢板桶（罐）外满底板花格箱、纤维板箱或胶合板箱。小开口钢桶；小开口铝桶；螺纹口玻璃瓶、铁盖压口玻璃瓶、塑料瓶或金属桶（罐）外木板箱。

储运注意事项包括：铁路运输时应严格按照铁道部《危险货物运输规则》中的危险货物配装表进行配装。运输时单独装运，运输过程中要确保容器不泄漏、不倒塌、不坠落、不损坏。运输时运输车辆应配备相应品种和数量的消防器材。严禁与酸类、易燃物、有机物、还原剂、自燃物品、遇湿易燃物品等并车混运。运输时车速不宜过快，不得强行超车。运输车辆装卸前后，均应彻底清扫、洗净，严禁混入有机物。储存于阴凉、通风的库房。远离火种、热源。库温不超过30℃，相对湿度不超过80%。包装要求密封，不可与空气接触。应与还原剂、活性金属粉末、酸类、食用化学品分开存放，切忌混储。储区应备有合适的材料收容泄漏物。

储存于阴凉、通风仓库内。远离火种、热源。仓库内温度不宜超过30℃。防止阳光直射。保持容器密封。应与氧化剂分开存放。储存间内的照明、通风等设施应采用防爆型，开关设在仓库外。配备相应品种和数量的消防器材。桶装堆垛不可过大，应留墙距、顶距、柱距及必要的防火检查走道。储罐时要有防火防爆技术措施。露天储罐夏季要有降温措施。禁止使用易产生火花的机械设备和工具。灌装时应注意流速（不超过3m/s），且有接地装置，防止静电积聚。

泄漏处置方法为：隔离泄漏污染区，限制出入。建议应急处理人员戴防尘面具（全面罩），穿防毒服。勿使泄漏物与还原剂、有机物、易燃物或金属粉末接触。不要直接接触泄漏物。小量泄漏：用洁净的铲子收集于干燥、洁净、有盖的容器中。大量泄漏就收集回收或运至废物处理场所处置。

与甲醇相比，用乙醇生产生物柴油的最大问题是价格高出甲醇一倍以上。要解决这个问题，靠以淀粉和甘蔗为原料来生产乙醇是不行的，必须拓展乙醇生产原料的供应品种，更多采用产量高、价格低廉的非食用原料，如甜高粱和木薯等，更重要的是发展纤维素制乙醇。

木质纤维素是地球上最丰富的可再生资源，也是当前利用率最低的资源，是各国新资源战略的重点。中国可利用的木质纤维素每年在700Mt左右，这些丰富而廉价的自然资源主要来源于农林业废弃物、工业废弃物和城市废弃物。所以，纤维素乙醇是未来发展的必然方向。

木质纤维素是由纤维素、半纤维素、木质素和少量的可溶性固形物组成。纤维素大分子是由葡萄糖脱水，通过β-1，4-葡萄糖苷键连接而成的直链聚合体。在常温下不发生水解，高温下水解也很缓慢。只有在催化剂的作用下，纤维素的水解反应才显著进行。常用的催化剂是无机酸或纤维素酶，由此分别形成了酸水解和酶水解工艺。半纤维素是由不同的多聚糖构成的混合物，这些多聚糖由不同单糖聚合而成，有直链也有支链，上面连接有不同数量的乙酰基和甲基。半纤维素的水解产物主要有己糖、葡萄糖、半乳糖、甘露糖、戊糖和阿拉伯糖等几种不同的糖。半纤维素的聚合度较低，相对比较容易降解成单糖。

随着现代工业的迅速发展，大规模开发利用作为清洁能源的可再生资源显得日益重要。许多国家都制订了相应的开发研究计划，例如：美国的“能源农场”、巴西的“酒精能源计划”、印度的“绿色能源工程”和日本的“阳光计划”等发展规划。其他诸如丹麦、荷兰、德国等国，多年来一直在进行各自的研究与开发，并形成了各具特色的生物质能源研究与开发体系，拥有各自的技术优势。

自1973年世界石油危机后，巴西就实施了“国家乙醇生产计划”，主要依靠本国丰富的甘蔗资源，积极发展燃料乙醇产业，目前已经发展320多家燃料乙醇生产企业，14Mt/a的乙醇生产规模。大部分企业实行燃料乙醇和糖联产。美国在燃料乙醇的生产上仍然是世界乙醇生产的领头羊，在将纤维素转化为燃料酒精的研究、生产和应用方面也走在世界的前列。美国加州大学Berkeley分校采用的流程是纤维素水解与发酵同步进行，该工艺以粉碎的玉米芯为原料，再用稀酸水解，将半纤维素水解成木糖等产物。该流程的酸水解是连续进行的，反应器中的纤维原料含量为5%，玉米芯水解率达40%，水解液中糖为2.6%，然后采用多效蒸发器浓缩至糖浓度为11%再进行发酵。美国维吉尼亚州立大学利用80%的浓磷酸循环使用进行木质纤维素“溶解性分离”的研究，然后经纤维素酶水解，得到较纯的葡萄糖，其收率达到35%。瑞典隆德大学Karin Ohgren等研究了将蒸汽爆破预处理后的玉米秸秆进行同步糖化与发酵的工艺，试验结果表明，发酵结束后乙醇达到25g/L。

近年，随着纤维乙醇技术的快速发展，一些大公司开始计划建造较大规模的试验性工厂。美国的Gulfoil Chemical公司建成了可处理1t/d纤维废料的中试车间，年产纯乙醇2×10^8L，乙醇产率为27.7%。加拿大的Iogen生物技术公司，在渥太华开设了以麦秸为原料的3.2×10^4gal/a纤维素乙醇厂，采用稀酸结合蒸汽气爆预处理半纤维素，随后用纤维素酶水解，分离后的液体进行木糖和葡萄糖联合发酵。经评估，其生产成本比谷物乙醇高出30%～50%。

我国在纤维素乙醇技术开发上也取得了一些重要进展。浙江大学主持的“利用农业纤维废弃物代替粮食生产酒精”的项目已在河北完成中试生产，以玉米芯为原料，乙醇产率为22.2%。南京林业大学建立了玉米秸秆间歇蒸汽爆破预处理、纤维素酶水解和戊糖己糖同步发酵技术制取纤维乙醇的中试装置，水解得率为71.3%，还原糖利用率为87.17%。华东理工大学于2005年已建成了纤维乙醇600t/a的示范性工厂，以废木屑为原料，以稀盐酸水解和氯化亚铁为催化剂的水解工艺以及葡萄糖与木糖的发酵，转化率达到了70%。河南农业大学利用黄胞原毛平革菌和杂色云芝的复合预处理，对选择性降解木质素的能力和规律进行了试验研究，生物降解后原料水解率达到了36.67%。山东大学微生物技术国家重点实验室主要开展“纤维素原料转化乙醇关键技术”研究。对纤维素酶高产菌的筛选和诱变育种、用基因手段提高产酶量或改进酶系组成、纤维素酶生产技术等研究。吉林轻工业设计研究院“玉米秸秆湿氧化预处理生产乙醇”在实验室规模为10L发酵罐条件下，经湿氧化预处理和酶水解后酶解率86.4%，糖转化为乙醇产率48.2%。

近年来，以河南天冠集团和中粮集团为代表的几家大型燃料乙醇生产企业，与高校联合进行纤维素乙醇的工业化技术的探索性研发。目前，河南天冠集团将建成300t/a的乙醇中试生产线，原料转化率超过了16%。中粮集团于2006年在黑龙江肇东启动建设500t/a纤维素乙醇实验装置。吉林九新实业集团建立了3000t/a的玉米秸秆生产纤维乙醇示范性工厂。

迄今为止，全世界已经建有几十套纤维质原料经纤维素酶水解成单糖的中试生产线或小试生产线。纤维燃料乙醇在国内外研究正步入一个新的时代，在一些关键技术上取得了重要的进展，并建立了多个示范性工厂。但整体上，由于在纤维素酶生产技术、戊糖己糖发酵菌株构建等方面还没有取得根本性的突破，所以距离纤维素乙醇的产业化还有一定的距离。

工艺路线已经打通，但当前要想实现工业化生产，在原料收集、预处理、糖化、发酵和精馏各工艺过程中还存在着制约纤维素乙醇生产的问题，主要表现为以下四个方面：

（1）木质纤维素原料分散，季节性强，尤其是农作物秸秆。

（2）木质纤维素预处理技术有待进一步优化和提高。由于天然纤维素原料的结构复杂的特性，使得其纤维素、半纤维素和木质素三者不能有效分离；另外伴随产生一些中间副产物，实验表明：这些物质抑制酵母的生长和代谢，最终影响乙醇产率。

（3）缺乏高效的纤维酶菌株，现有的纤维素酶制剂效果较低，使得酶解糖化经济成本较高，当前生产1t纤维乙醇需要酶制剂成本在2200～2600元。

（4）缺乏能够同时高效利用戊糖和己糖的发酵菌株。在木质纤维水解中，其中有相当比重的木糖（葡萄糖/木糖约为2）。因此，戊糖的利用是影响纤维乙醇综合成本的关键一项。

3. 其他低碳醇

制备生物柴油的其他低碳醇原料主要有：正丙醇、异丙醇、正丁醇和异丁醇等。

正丙醇是一种类似乙醇气味的无色透明液体，常用作溶剂，在很多情况下可代替沸点较低的乙醇。也常用作燃料油的杀菌剂和农药及医药的原料、香料原料等。

异丙醇为无色透明挥发性液体，有似乙醇和丙酮混合物的气味。溶于水、醇、醚、苯、氯仿等多数有机溶剂。它是重要的化工产品和原料。主要用于制药、化妆品、塑料、香料、涂料及电子工业上用作脱水剂及清洗剂。用于制取丙酮、二异丙醚、乙酸异丙酯和麝香草酚等。在许多情况下可代替乙醇使用。可用于防冻剂、快干油等，更可作树脂、香精油等溶剂用。也可用于涂料，松香水，混合脂等方面。测定钡、钙、镁、镍、钾、钠和锶等的试剂。色谱分析参比物质。

在许多工业和消费产品中，异丙醇用作低成本溶剂，也用作萃取剂。欧洲溶剂工业集团（ESIG）称，2001年欧洲中间体需求占到异丙醇消费量的32%，有14%的异丙醇用作防冰剂，13%用于油漆和树脂，9%用于药物，4%用于食品和3%用于油墨和黏合剂。异丙醇还用作油品和胶体的溶剂，以及用于鱼粉饲料浓缩物的制造中。低品质的异丙醇用在汽车燃料中。异丙醇作为丙酮生产原料的用量在下降。有几种化合物是用异丙醇合成的，如甲基异丁基酮和许多酯。可根据最终用途供应不同品质的异丙醇。无水异丙醇的常规质量为99%以上，而专用级异丙醇含量在99.8%以上（用于香精和药物）。

正丁醇是一种无色、有酒气味的液体，沸点117.7℃，稍溶于水。主要用于制造邻苯二甲酸、脂肪族二元酸及磷酸的正丁酯类增塑剂，它们广泛用于各种塑料和橡胶制品中，也是有机合成中制丁醛、丁酸、丁胺和乳酸丁酯等的原料。还是油脂、药物（如抗生素、激素和维生素）和香料的萃取剂，醇酸树脂涂料的添加剂等，又可用作有机染料和印刷油墨的溶剂、脱蜡剂。

正丁醇最早由法国人C. A. 孚兹于1852年从发酵过程制酒精所得的杂醇油中发现。1913年，英国斯特兰奇－格拉哈姆公司首先以玉米为原料经发酵过程生产丙酮，正丁醇则作为主要副产物。以后，由于正丁醇需求量增加，发酵法工厂改以生产正丁醇为主，丙酮、乙醇作为副产物。第二次世界大战期间，德国鲁尔化学公司用丙烯羰基合成法生产正丁醇。50年代石油化工兴起，合成法制正丁醇发展迅速，主要有发酵法、羰基合成法、醇醛缩合法三种方法，尤以丙烯羰基合成法最快。

异丁醇为无色透明液体，有特殊气味，沸点107℃，凝固点37.7℃，自燃点426.6℃，易溶于水、乙醇和乙醚。

异丁醇也用于工业上合成异丁酯类，例如邻苯二甲酸二异丁酯（DIBP）被用作橡胶、塑料等的增塑剂。异丁醇的其他应用包括作为油漆、墨水等的溶剂和清漆的清理剂。添加少量异丁醇到油漆中可降低油漆的黏度，提高刷流量，并阻碍石油残余物在被漆件表面的生成。异丁醇的部分小用途还包括了作为火花点火发动机的汽油添加剂，这有助于防止化油器结冰。异丁醇还可用作有机化合物的化学萃取剂，在薄层色谱中可做流动相。在未来，异丁醇可能替代汽油而成为内燃机的燃料。现时Gevo等公司正在积极地研究这一用途。

在美国，异丁醇主要用于生产润滑油添加剂，占总消费量的35%，其余用于表面涂料、黏合剂等复合溶剂和丙烯酸酯、甲基丙烯酸酯等；由于欧洲国家对邻苯二甲酸酯类增塑剂的限制，羰基醇生产逐年下降，德国是最大的异丁醇出口国，异丁醇主要用于生产乙酸异丁酯。随着亚洲经济的稳步增长，羰基醇需求量将呈现增长趋势。供需矛盾日益凸现，未来仍需依赖进口，原料瓶颈制约新增产能速度缓慢，随着下游市场需求的快速增长及羰基醇新建装置的增多，我国异丁醇生产能力有了一定的增长，2006年为81.5kt/a，产量60kt左右。

工业上，异丁醇是正丁醇生产的联产物，丙烯羰基合成可同时得到正丁醇及异丁醇。近年来，也用来与尿素反应制成缓释肥料。

这四种低碳醇与油脂酯交换时，若采用 KOH、NaOH 等碱催化剂，生物柴油的收率都很低或根本无生物柴油生成，必须采用酸催化或者酶催化。例如在正丁醇的沸点下，采用油脂质量 2% 的 KOH 作催化剂时，醇油摩尔比为 6:1，反应 2h，酯交换程度只有 15.4%，而相同温度下，采用油脂质量 1.5% 的硫酸作为催化剂醇油摩尔比为 9:1，反应 3h，酯交换的程度可达 97.5%。上述四种低碳醇与油脂酯交换制备生物柴油时，采用少量硫酸作催化剂，在低醇油摩尔比［一般为（6~15）:1］、低反应温度（一般在醇的沸点左右）、短反应时间（一般为 3~5h）的条件下，生物柴油的收率都很高。

含支链的低碳醇与油脂的酯交换反应速率明显低于直链低碳醇。叔丁醇虽然也是低碳醇，但由于含支链较多，无论采用何种催化剂，醇油比有多高，都无法与油脂进行酯交换。

另外，采用两种或多种低碳醇的混合物为原料，与油脂酯交换制备生物柴油也是可行的。低碳醇的混合物可以通过发酵的方法得到。采用丙酮－丁醇发酵，可以制得质量比为 3: 6: 1 的丙酮、正丁醇和乙醇，蒸出丙酮后的混合醇可以用作酯交换的原料。

采用上述四种低碳醇制得的生物柴油与采用甲醇、乙醇制备的生物柴油相比，有着低温流动性好、浊点低、凝点低等优点，但也给工业生产带来一系列问题。如采用低碳醇为原料制备生物柴油必须采用酸催化或酶催化，增加了设备成本和催化剂成本；采用硫酸催化时反应温度高、能耗大；此外，上述低碳醇价格高，增加了原料成本。用这些低碳醇制备的脂肪酸酯类化合物用作生物柴油燃料可能不是很经济，但可用于制备其他化学品的原料，例如可用来生产润滑油、润滑脂、高档化妆品等高附加值产品。

第五节 生物柴油研发意义

全球生物液体燃料的迅速发展，使得农业生产与能源部门的联系变得更加紧密。生物液体燃料发展将对农业生产结构、农产品价格、粮食安全、农民收入以及环境等方面产生深刻的影响。已有的相关研究主要集中于农产品价格和环境两个主要方面，虽然目前专门就生物柴油发展的影响研究比较少，但由于用于生物柴油和燃料乙醇生产原料具有共同的特征，即均为大宗粮食或油料作物，其发展对农产品价格与环境等方面的影响具有共同的趋势与作用。

一、发展生物柴油对农产品价格的影响

从理论上来讲，生物液体燃料发展为农产品开辟了新的市场，从而改变传统农产品市场的供求关系，因此对农产品价格产生显著影响。从需求方面来说，生物液体燃料产业的迅速发展，导致对玉米、大豆等大宗粮食和油料作物的需求迅速增加，从而推动了全球范围内粮食和其他农产品价格整体上涨；从供给方面来看，在耕地资源既定的条件下，由于能源作物原料需求增加和价格上涨，诱使更多的土地种植能源作物，减少其他粮食作物的种植与供给，进一步推动其他粮食（如水稻和小麦等非能源作物）价格的上涨。

目前多数实证分析结果支持了上述理论推断。据国际货币基金组织（IMF）测算，2007 年世界食品价格同比上涨 21.6%，其中，大豆、玉米和小麦分别上涨 42.6%、34.4% 和 33.3%。欧盟的一项研究表明，如果将生物液体燃料的发展目标从 5.75% 提高到 10%，那么主要能源作

物油菜籽、葵花籽和小麦的价格将分别上涨 18%、14% 和 5%。美国食物与农业政策研究所的模型分析结果表明，如果到 2025 年美国生物燃料产量达到 3.255×10^{11} L（8.6×10^{10} gal），即使考虑生物燃料生产技术进步的情况下，也将导致玉米、小麦和大豆的价格分别上涨 13%、6% 和 30%。国际食物与政策研究所 Msangi 等人的研究结果表明，如果世界各国按照预定的生物液体燃料发展目标，在采用第一代生物燃料技术的情况下，将会导致世界农产品价格上升约 30% 左右。

二、发展生物柴油对环境的影响

生物液体燃料发展的环境影响，是目前学术界研究的热点，也是争议最多的问题之一。研究重点主要集中于生物柴油整个生命周期（从原料生产、加工到生物柴油使用）的能源效率和温室气体排放两个方面。支持者认为，生物液体燃料生产的能源净产出为正或者石化能效比大于 1，而且能有效降低温室气体的排放。如 Sheehan 等对油菜籽生物柴油生命周期环境影响进行了评价，结果表明，油菜籽生物柴油的石化能效为 3.2，即每单位的石化能源投入将产生 3.2 单位的生物能源；CO_2 和 CO 排放分别减少 78.45% 和 46%，硫化物的排放为零。

由于生物柴油与普通柴油组成成分不同，使用生物柴油作为柴油机燃料时，其尾气污染物排放情况与使用普通柴油时有一定差异。国内外对生物柴油的污染物排放特征已进行了大量研究。研究成果见如下综述。

1. 生物柴油污染物的排放特征

柴油机排放尾气成分复杂，包含气态和颗粒态的多种成分，其中 NO_x、气态碳氢化合物（HC）、CO 和颗粒物是环保法规所限制的常规污染物，而 NO_x 和颗粒物是柴油机排放的主要污染物，也是柴油机污染排放控制技术关注的要点和难点。由于生物柴油主要以与普通柴油掺混的方式使用，因此对生物柴油的污染物排放特征的研究，都以普通柴油为基准，对比使用生物柴油带来的污染物排放的变化。

1）气态污染物

Lapuerta 等综述了生物柴油对柴油机排放 NO_x、颗粒物、HC 和 CO 的影响趋势，并探讨了产生变化的原因。文章重点介绍了美国环保局（EPA）于 2002 年公布的一份关于使用生物柴油对柴油机排放影响的技术分析报告。该报告指出，与普通柴油相比，随生物柴油掺混比例的增加，柴油机排放的颗粒物、CO 和 HC 逐步减少，其中 HC 的减少幅度最明显，而 NO_x 则随生物柴油掺混比例的增加略有增加。当使用大豆油为原料的生物柴油时，与普通柴油相比，混合柴油 B20 排放的颗粒物、HC 和 CO 分别减少了 10.1%、21.1% 和 11.0%，而 NO_x 增加了 2.0%。

NO_x 是柴油机排放的两大污染物之一，目前对生物柴油增加 NO_x 排放这一现象的原因还未完全清楚，但可以肯定是由于生物柴油和普通柴油在燃料性质上的差异引起的。Szybist 等研究表明，降低原料油中不饱和脂肪酸的比例，以及添加提高燃料十六烷值的添加剂，可消除生物柴油增加 NO_x 排放量的负影响。Mccormick 等的研究数据表明，生物柴油的沸点高于普通柴油，是导致 NO_x 排放增加的原因。Tsolakis 在配备了废气再循环（EGR）系统的发动机台架上测试了大豆油生物柴油的 NO_x 排放量，结果表明，EGR 技术与生物柴油的使用降低了柴油机的 NO_x 和颗粒物排放量。

2）颗粒物

使用生物柴油可以降低柴油机的颗粒物排放量。Lapuerta 等探讨了生物柴油降低颗粒物排放量的原因。总的来说，生物柴油约 10% 的含氧量是降低颗粒物排放量的最主要原因。目前，生物柴油降低颗粒物排放量的机理还不完全清楚，但对含氧柴油的研究显示，一般情况下柴油机颗粒物排放量降低的幅度随柴油含氧量的增加而增大。柴油机颗粒物成分复杂，大部分为碳质组分，主要为有机碳（OC）和元素碳（EC）。柴油机颗粒物是城市大气中 EC 的主要来源，而 OC 中则包含了多环芳烃（PAHs）等对人体危害极大的物质。目前环保法规对柴油机颗粒物排放只进行质量控制，由于柴油机排放的颗粒物对大气环境和人类健康有重要影响，研究者在关注降低柴油机颗粒物排放质量的同时，越来越意识到，颗粒物的一些理化性质，包括颗粒物的数量、粒径分布和化学组成等远比颗粒物排放质量更为重要。

柴油机排放的颗粒物主要为粒径小于 2.5μm 的细微颗粒物，其中包含大量的超细微颗粒物（粒径小于 0.1μm）。典型的柴油机排放颗粒物中，粒径在 0.1～0.3μm 的聚积态颗粒物占颗粒物质量的绝大部分；而粒径在 0.005～0.050μm 的成核态颗粒物虽仅占颗粒物质量的 1%～20%，却占颗粒物数量的 90% 以上。细微颗粒物比大颗粒物更难沉降，其比表面积大，容易吸附有害物质，也容易沉积于人的肺泡上，同时细微颗粒物也是影响大气能见度和全球气候的重要因素，因此细微颗粒物比大颗粒物对环境和人类的危害性大。目前关于生物柴油对颗粒物排放的颗粒物数量、粒径分布影响的研究较少。有研究者发现生物柴油增加了柴油机排放颗粒物中的细微颗粒物数量。

Tsolakis 通过静电低压撞击器（ELPI）发现菜籽油生物柴油与超低硫柴油相比，提高了空气动力学直径在 0.091μm 以下的颗粒物浓度。Krahl 等发现大豆油生物柴油与普通柴油相比，增加了粒径在 10～40nm 的颗粒物数量，减少了粒径大于 40nm 的颗粒物数量。还有研究者通过扫描电迁移率颗粒物粒径谱仪（SNIPS）发现与普通柴油相比，生物柴油排放颗粒物的平均粒径减小。

柴油机排放颗粒物分为可溶性有机成分（SOF）、炭黑和硫酸盐 3 部分。生物柴油排放颗粒物中，SOF 的比例普遍高于普通柴油排放的颗粒物。柴油机催化氧化系统是使用最早和最广泛的柴油机后处理装置，不但可氧化去除柴油机排放尾气中的 CO、HC，还可去除柴油机排放颗粒物中大部分的 SOF。由于生物柴油排放颗粒物中 SOF 比例增加，在氧化催化剂存在的条件下，对颗粒物排放量的削减大于普通柴油为燃料时的情况。

柴油机排放颗粒物过滤器（DPF）是主要的颗粒物净化手段。Jung 等发现大豆油生物柴油排放颗粒物的氧化动力性高于普通柴油，有利于 DPF 的再生。Williams 等考察了分别以超低硫柴油、大豆油生物柴油 B100 及它们的混合柴油 B20 为燃料时，DPF 的主要工作参数。研究表明，B20 的平衡点温度比超低硫柴油低 45℃，B100 的平衡点温度比超低硫柴油低 112℃，有利于 DPF 在较低的温度下再生，明显提高了 DPF 的再生速率；瞬时排放测定结果表明，同样经过 DPF，混合柴油 B20 的颗粒物排放质量比超低硫柴油低 67%。Boehman 等发现生物柴油排放的颗粒物与普通柴油排放的颗粒物相比，氧化反应活性更高且具有更多的不定形纳米结构，混合柴油 B20 降低了 DPF 再生的起燃温度，主要原因归于生物柴油增加了 NO_x 排放量，颗粒物中 SOF 比例增加和颗粒物中不定形纳米结构增加提高了颗粒物的氧化速率。

3）生物柴油化学组成与排放的关系

生物柴油的原料来源具有地域性的特点，在欧洲以菜籽油为主，而北美则以大豆油为主。生物柴油的价格受原料价格控制，随着生物柴油生产规模的扩大和需求的增加，原料油价格上涨。近年来，开发利用棕榈油、麻疯果油、微藻油等作为生物柴油的原料在一些食用油短缺的国家备受关注。

有研究者也在积极开发使用餐饮废油等为原料生产生物柴油的技术。各种不同的生物柴油原料，其化学组成会有一定差异，如大豆油和菜籽油，主要成分为油酸和亚油酸，但大豆油中亚油酸比油酸含量约高 2 倍，而菜籽油中油酸比亚油酸含量约高 3 倍。Mccormick 等研究了原料和化学组成对纯生物柴油及混合柴油 B20 污染物排放特征的影响，分析了燃料密度、十六烷值和代表不饱和脂肪酸含量的碘值对 NO_x 和颗粒物排放量的影响规律。研究表明，生物柴油的碘值与 NO_x 排放有较好的正相关，在十六烷值大于 45、燃料密度低于 $0.89g/cm^3$ 的条件下，颗粒物排放量的降低幅度与燃料含氧量高低成正比。

4）非常规污染物

柴油机排放污染物成分复杂，包含了一些对大气环境和人类健康影响较大的非常规污染物，如多环芳烃（PAHs）、含氧碳氢化合物等。研究发现，菜籽油、大豆油等作为原料的生物柴油降低了柴油机的 PAHs 排放量。Sharp 等考察了纯大豆油生物柴油 B100、混合柴油 B20 和普通柴油排放尾气中的醛、酮、醇及颗粒物态和半挥发态的 PAHs 和硝基多环芳烃（*nitro* - PAHs）的排放情况，发现生物柴油减少了 $C_1 \sim C_{12}$ 的 CH、醛、酮、PAHs 和 *nitro* - PAHs 的排放量，消除了某些 *nitro* - PAHs 组分，混合柴油 B20 也降低了这类排放，但是降低幅度小于纯生物柴油，并随发动机类型的不同而有所差别。

Correa 等分析了蓖麻油生物柴油在不同掺混比例下尾气中单环芳烃（MAHs）和 PAHs 的排放量，发现生物柴油掺混均降低了 MAHs 和 PAHs 排放量，降低幅度随掺混比例上升而增加。Lin 等分析了棕榈油生物柴油的 PAHs 排放量，发现生物柴油明显降低了 PAHs 排放量。Yang 等分析了以餐饮废油为原料的生物柴油的 PAHs 排放情况，发现混合柴油 B20 使总 PAHs 排放量（包括气态中的和颗粒物中的）降低了 46.4%；在发动机的稳定性测试中，混合柴油 B20 的总 PAHs 排放因子也低于普通柴油。

柴油机尾气中的含氧 CH 中，最受关注的是醛酮类羰基化合物，而其中以甲醛、乙醛、丙酮所占比例最大。这些组分是光化学过程中形成臭氧的前驱体，对大气光化学过程有重要影响。一般认为，由于生物柴油是含氧燃料，因此有可能增加尾气中含氧 CH 的排放量。Turrio 等研究发现以菜籽油为原料的混合柴油 B20 的总羰基化合物排放量比普通柴油高 19%。Correa 等发现蓖麻油生物柴油在一系列掺混比例下，尾气中的总羰基化合物排放量均高于普通柴油，除苯甲醛之外，其他羰基化合物排放量均呈上升趋势。但也有研究者发现，生物柴油降低了醛类物质的排放量。Peng 等考察了以餐饮废油为原料的生物柴油对柴油机醛类物质排放量的影响，发现混合柴油 B20 降低了总醛排放量，使甲醛排放量明显降低。影响生物柴油含氧 CH 排放量的因素很多，生物柴油对醛类排放量的影响还可能与生物柴油的品质有关。在生物柴油生产过程中，由于甲醇或乙醇的残留，有可能使排放尾气中甲醛或乙醛增加。Peng 等在使用 5%（质量分数，下同）乙醇、20% 大豆油生物柴油和 75% 普通柴油的 3 组分混合柴油时，发现排放尾气中总羰基化合物含量比普通柴油高 1% ~22%。

2. 生物柴油污染物排放对环境和人类健康的影响

柴油机尾气中含有气态及颗粒物态的 PAHs 和 *nitro* - PAHs 等，被认为是在高浓度、长期暴露下对人体有致癌作用的物质。生物柴油的污染物排放特征与普通柴油存在差异，它们对人类健康的影响也有所不同。目前，关于生物柴油排放污染物的细胞毒性和致突变性的研究较少。Swanson 等阐述了研究生物柴油排放物对人类健康影响的必要性。从目前的研究数据看，生物柴油对与人类健康相关的一些污染物的影响特征与普通柴油有所不同，生物柴油排放物中致突变活性主要来自于 SOF。Biinger 等对生物柴油和普通柴油排放颗粒物的致突变性、细胞毒性进行了对比研究，他们发现，大豆油生物柴油和菜籽油生物柴油所排放颗粒物中的炭黑和 PAHs 少于普通柴油排放的颗粒物；与普通柴油相比，菜籽油生物柴油降低了颗粒物的致突变性，但在发动机怠速情况下，生物柴油排放颗粒物的细胞毒性大于普通柴油，他们认为生物柴油颗粒物中 PAHs 组分的减少是颗粒物的致突变性低于普通柴油颗粒物的原因，而附着在颗粒物表面的羰基化合物以及未燃烧的燃料则使得生物柴油颗粒物的细胞毒性较大；对一系列混合比例的生物柴油和普通柴油混合燃料的研究显示，苯排放量随着生物柴油掺混比例的增加而增加，菜籽油生物柴油排放的以醛类和烯烃为主的臭氧前驱物比普通柴油高 10% ~30%，但生物柴油颗粒物的致突变性低于普通柴油。以上都是对生物柴油排放颗粒物在细菌诱变性层面上进行的研究，而生物柴油排放对生物个体影响的研究极少，仅有 Finch 等报道了 F344 大鼠对纯大豆油生物柴油为燃料的柴油机尾气排放的亚慢性吸入暴露的系统研究结果。

三、生物柴油生命周期分析（Life Cycle Assessment，LCA）

作为一种重要的决策工具，生命周期评价广泛应用于汽车替代燃料的推广应用决策。美国阿冈国家实验室（Argonne National Laboratory）、可再生能源实验室（National Renewable Energy Laboratory）、通用汽车公司（General Motors Corporation）、英国利物浦大学（University of Liverpool）等分别对本国燃料乙醇、生物柴油、液化石油气、压缩天然气、液化天然气等汽车替代燃料的应用进行了生命周期评价。我国对汽车替代燃料生命周期评价的研究虽然起步相对较晚，但也开展了很多研究。

John Sheehan 等建立了石化柴油、生物柴油 WTW 清单分析数据库，并对美国公交车燃用生物柴油从“油井到车轮”（Well - to - Wheels，WTW）石油消耗、化石能源消耗、HC、CO、PM、NO_x、CO_2 排放进行了清单分析。系统分析了生物柴油的可再生性及环境排放特性。Somporn Pleanjai 等对泰国餐饮废油制生物柴油的 WTW 温室气体排放进行了清单分析，分析了在泰国推广餐饮废油制生物柴油对降低泰国运输行业温室气体排放的潜力。

Niederl Schmidinger 等以牛脂和地沟油为原料，考察了从原料收集运输、预处理、生物柴油转化到使用全过程在内的生物柴油全生命周期能源消耗和环境影响情况。但国外资源种类与分布、生产力水平、能源使用效率与我国的情况存在一定差距，国外的研究成果有一定参考价值，但可能并不完全适用于我国的实际情况。国内已有关于生物柴油全生命周期的研究报道，孙平等对以大豆为原料生产生物柴油进行了能源和环境影响分析，结果表明，生物柴油的化石能效比是柴油的 4 倍，除 NO_x 排放增加 8.9% 外，CO_2 和 CO、碳氢化合物（HC）等有害气体及粒径在 10μm 以下的可吸入颗粒物（PM10）排放均有所降低。该研究取得了有益的结果，但缺少与其他原料的对比分析，且在我国以大豆油等食用油为原料生产生物柴油存在“与人争油”、“与粮争地”问题，不大可能实现。胡志远等对以大豆、油菜籽、光皮树油和麻疯树油为原料生产生物柴油的生命周期能耗和污染物排放分析结果表明，与石化柴油相比，大豆和油菜籽制生物柴油的生命周期整体能源消耗与石化柴油基本相当，光皮树油和麻疯树油制生物柴油的生命周期整体能源消耗比石化柴油低约 10%，所有原料制生物柴油生命周期化石能源消耗显著降低，HC、CO、PM10、SO_x 和 CO_2 排放降低，NO_x 排放升高。

在分析生物柴油和石化柴油的能量效率和环保效应时，仅仅考虑它们本身是不够的，燃料的生产、转换和运输等过程也应考虑在内。在 20 世纪 80 年代，人们把能量平衡引入这个领域，在此基础上在 90 年代开发了生命周期评估方法。LCA 是一个比较新的科学分支，在 1997 年形成了两个标准：ISO 14040 和 ISO/DIS 14041。

LCA 的目的是比较可再生能源（如生物柴油）及其可以替代的不可再生能源（如石化柴油）的特定生态效应，社会效应和经济效应通常不包括在内。基本流程如图 1－23 所示。

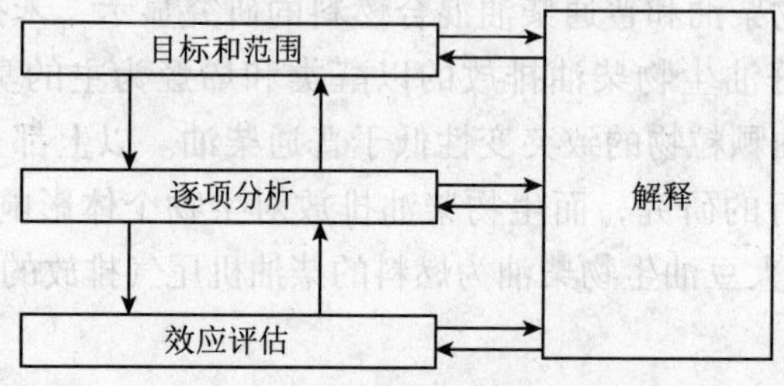

图 1－23　LCA 基本流程

首先确定出要评估的边界范围，比如石化柴油是从石油的勘探开始，到生产出柴油并燃烧为止；而生物柴油从原料的种植开始，到生产出柴油并燃烧为止。生产燃料过程中产生的一些副产品也要考虑在内，它们对燃料本身起正效应，可用等价物来表示。图 1－24 是国外以菜籽油为原料研究的一个图示。

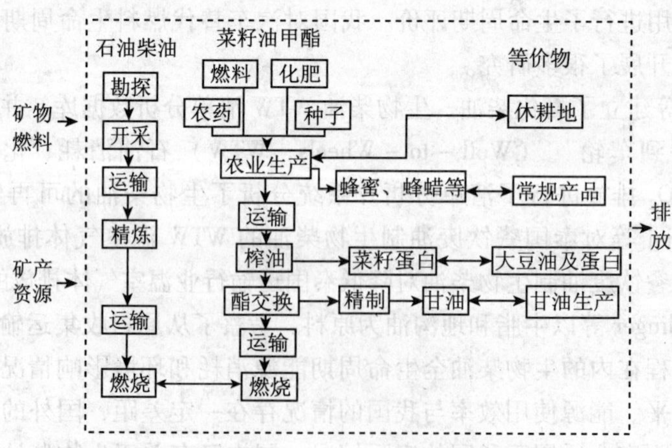

图 1－24　菜籽油生产生物柴油的 LCA 边界

确定出要评估的边界范围后，对每一过程进行详细分析，见表 1－23。

表 1-23 不同原料生产的生物柴油与石化柴油能量平衡的比较

柴油类型	研究地区或国家	能量输入/输出	柴油类型	研究地区或国家	能量输入/输出
菜籽油生物柴油	瑞士	1:1.88	菜籽油生物柴油	欧洲	1:3.0
菜籽油生物柴油	德国	1:2.6	菜籽油生物柴油	德国	1:2.3
菜籽油生物柴油	德国	1:(2.28~2.96)	菜籽油生物柴油	英国	1:2.29
大豆油生物柴油	美国	1:3.21	餐饮废油生物柴油	德国	1:5.51
石化柴油	德国	1:0.90	石化柴油	美国	1:0.83

在计算的结果中，负值表明生物柴油具有正效应。按表中数据，在扣除生产生物柴油过程中所消耗的石化柴油的能量后，它还能提供 54.32MJ/kg 柴油当量的能量，且 CO_2 少排放 2569g/kg 柴油当量。

通过上面分析可以看出，使用生物柴油是节约化石能源的，且降低 CO_2 的排放，减少温室效应。当然，上面仅仅举例说明，实际可分析的效应不止能量和温室效应，还包括酸化作用、超营养作用等。

能量平衡是指对一种特定的能源来说，生产此种能源所消耗的化石能源的能量与它所能提供的能量的比较（输入/输出）。

生产生物柴油需消耗化石能源的三个主要过程是：氮肥的生产、压榨或萃取植物油、甲醇的生产。前两个过程与餐饮业废油没有关系，因此餐饮业废油生物柴油具有高得多的能量净值，输出远大于输入。对于石化柴油来说，所引用的研究结果表明，它们具有负的能量平衡，这是由于有 20% 的能量被石油开采、精炼、运输等过程所消耗。

1. 对不可再生能源的需求

图 1-25 中比较了菜籽油生物柴油和石化柴油在生命周期中对不可再生能源（包括石油、天然气、煤、铀等）的需求，分别是四个研究组（Reinhardt、Scharmer、Becher 和 Kaltschmitt）的研究结果。

由于不同研究人员采用的方法不同，结果差异较大，但所有研究都表明，菜籽油生物柴油比石化柴油明显节约不可再生能源。

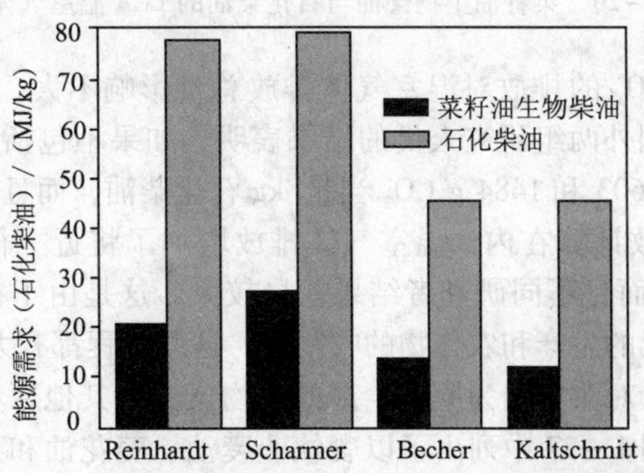

图 1-25 菜籽油生物柴油与石化柴油在 LCA 中对不可再生能源的需求

2. 温室效应

温室气体主要指 CO_2，但也包括 CH_4 和 NO_x。在全生命周期中，不管是石化柴油还是生物柴油燃烧时都会放出 CO_2 和其他温室气体。但是，生物柴油燃烧时生成的 CO_2 会部分被植物在生长过程中所吸收，这些不会增加温室气体的量；而在生物柴油生产和运输过程中使用的化石能源所产生的 CO_2 会增加温室气体排放。

CO_2、CH_4 和 NO_x 引起温室效应的效果是不同的，通常用一个权重因子来表示，计算时都换算成 CO_2 当量。表 1－24 是不同温室气体的权重因子。

表 1－24　不同温室气体的权重因子

化合物	权重因子	化合物	权重因子	化合物	权重因子
CO_2	1	CH_4	21	NO_x	310

图 1－26 中分别是四位研究者的研究结果。他们比较了菜籽油生物柴油和石化柴油在全生命周期中的温室气体排放。其研究结果都表明生物柴油比石化柴油在全生命周期中的温室气体排放显著降低。降低的总量接近，平均值大约是每代替 1kg 石化柴油，少排放 2.7kgCO_2 当量的温室气体。对生物柴油来说，起关键作用的是在全生命周期中它的 CO_2 排放量显著降低，而甲烷排放的影响很小，另外相对较高排放的 NO_x 对降低生物柴油的温室气体排放有负面效应。

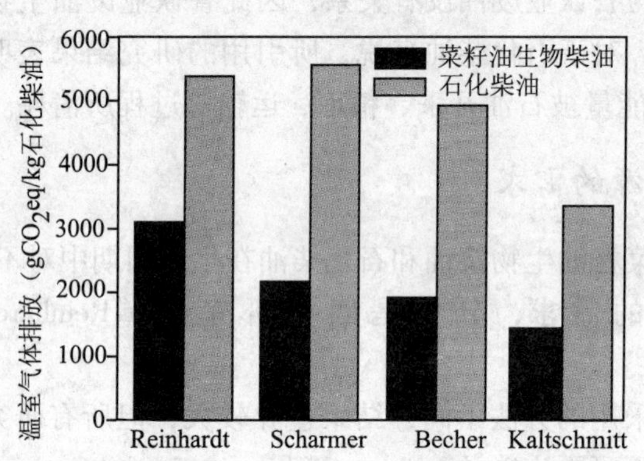

图 1－26　菜籽油生物柴油与石化柴油的 LCA 温室气体排放

对石化柴油而言，NO_x 的排放对温室气体排放总量影响不大，而对生物柴油来说，NO_x 排放的影响是很大的。国外两组研究人员的结果表明，如果不包括 NO_x，则生物柴油的温室气体排放较少，分别是 1603 和 1484 g CO_2 当量/kg 石化柴油，而且不同研究者的结果差异也很小；但如果把 NO_x 排放计算在内，温室气体排放增加了将近一倍，分别是 3416 和 2381g CO_2 当量/kg 石化柴油，而且不同研究者结果差异较大。这是由于在生物柴油的全生命周期研究过程中，包括了化肥的生产和农作物的收割等，这些过程都有大量 NO_x 排放。

以上的结果主要是针对菜籽油为原料生产的生物柴油，其他原料生产的生物柴油温室气体排放与其并不一样。图 1－27 中列出了以餐饮业废油、葵花油和菜籽油生产的生物柴油与石化柴油在全生命周期中温室气体的排放。由于在生产过程中，葵花油要比菜籽油少使用氮肥，它生产的生物柴油温室气体排放要明显降低；而对餐饮业废油来说，它本身是使用过的废品，不需考虑生产、种植、收割、榨油等过程的排放，因此 NO_x 排放很少，也就显著降低了生物柴油的温室气体的排放。最近，菲律宾研究了椰子油生产的生物柴油的全生命周期，表明对减少温室气体排放方面，它与以餐饮业废油为原料时接近。这主要是由于菲律宾的机械化程度低，大都手工劳动，使用化石能源要相对低于欧洲、美洲，因此会有少的温室气体排放，当然能量输入也会相对较少。我国的情况与菲律宾相似，因此可以借鉴他们的研究以及成果。

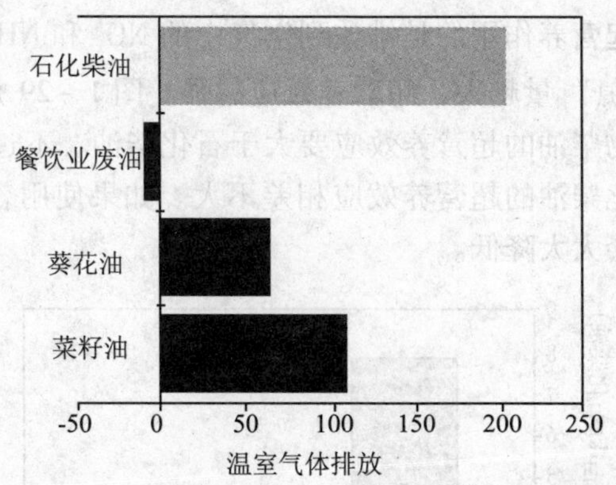

图 1－27　不同原料生产的生物柴油与石化柴油的 LCA 温室气体排放对比

3. 酸化效应

影响这一效应的主要是一些酸性气体，包括 SO_2，NO_x，NH_3 和 HCl 等，它们的权重因子如表 1－25 所示，都换算成 SO_2 当量。

表 1－25　不同酸性气体的权重因子

化合物	权重因子	化合物	权重因子
SO_2	1	NO_x	0.7
NH_3	1.88	HCl	0.88

图 1－28 是四组研究人员的研究结果。所有研究都表明，菜籽油生物柴油的酸化效应比石化柴油略强。由于生物柴油中基本不含硫，它燃烧时的 SO_2 排放要比石化柴油低很多；另外，从生物柴油的全生命周期看，生产过程中会有副产品甘油生成，把它用等价物代替并分析计算，会降低 SO_2 的排放。不管是生物柴油还是石化柴油，它们的 NO_x 的排放接近；HCl

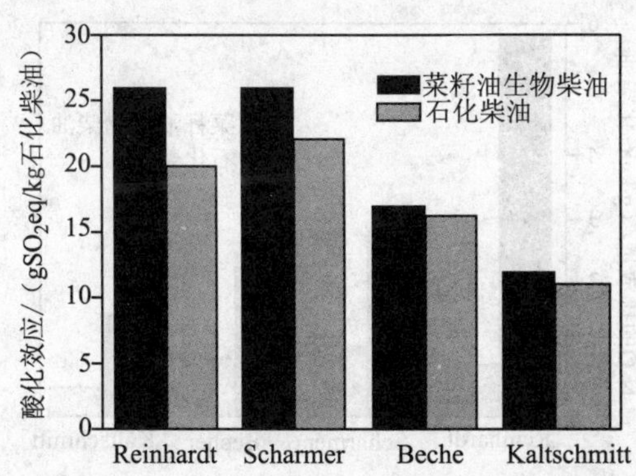

图 1－28　菜籽油生物柴油与石化柴油 LCA 酸化效应比较

的排放量也很少，可以忽略不计。对生物柴油最不利的因素是它会有大量的 NH_3 产生，这主要是在农业生产过程中产生的。大量 NH_3 的排放会增加生物柴油的酸化效应。另外，如果用餐饮业废油作原料，生产的生物柴油酸化效应会大大降低。

4. 超营养效应

对近海岸水域和土壤起营养作用的是排放到空气中的 NO_x 和 NH_3。为了方便分析，把它们都换算成“总氮”，“总氮”量越大，超营养效应越强。图 1－29 是 Reinhardt 的研究结果。由图可以看到，菜籽油生物柴油的超营养效应要大于石化柴油。不过 Scharmer 对此数据持有异议，认为生物柴油与石化柴油的超营养效应相差不大。如果使用餐饮业废油作原料，生产的生物柴油的超营养效应会大大降低。

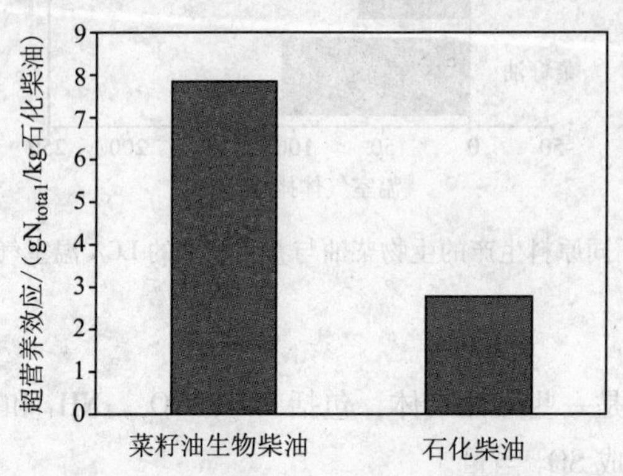

图 1－29　菜籽油生物柴油与石化柴油 LCA 超营养效应比较

5. 同温层臭氧层破坏

与此有关的是 NO_x，它会在 10km 高空处由于光化学过程发生分解，生成 NO，而 NO 被认为是对破坏同温层臭氧层有催化作用的化合物。因此，NO_x 既是温室气体又是导致臭氧层变薄的气体，这两个都是我们目前面临的紧急生态问题。

图 1－30 是有关的研究结果。所有研究者都认为生物柴油对破坏臭氧层有负面效应，其中 Reinhardt 研究的差异最大，这与他所采用的方法有关。另外，如果使用餐饮业废油作原料，生产的生物柴油会有正面效应。

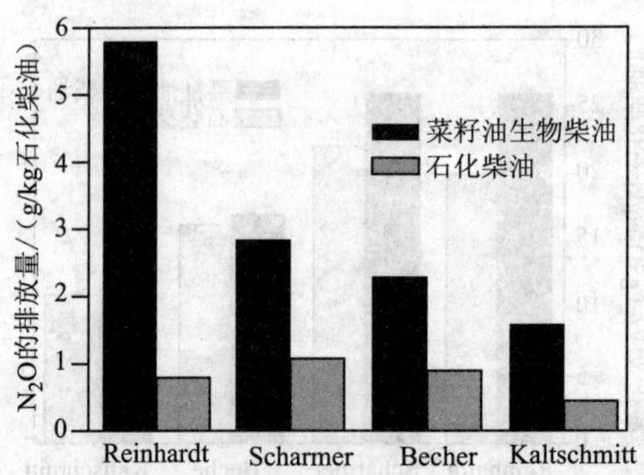

图 1－30　菜籽油生物柴油与石化柴油 LCA 的 NO_x 排放比较

6. 对人类和生态的影响

对此有影响的主要包括以下几个因素：NO_x、SO_2、NH_3、灰尘、颗粒物、甲醛等醛类、苯、多环芳烃、非甲烷烃。表 1－26 对文献中的数据进行了总结。以石化柴油的数值为 100% 进行计算，得到菜籽油生物柴油与石化柴油的相对值。对 SO_2 排放来说，生物柴油具有明显的优势，但对 NH_3 和灰尘排放，生物柴油具有劣势。对其他的影响，从表中难以得到明确的结论。

表 1－26　菜籽油生物柴油相对于石化柴油对人类及生态的影响

项　目	Scharmer（2001）	Reinhardt（1999）	Kaltschmitt（1997）
NO_x	－13.3%	－11.5%	＋12.5%
SO_2	－77.1%	－73.1%	－41.5%
NH_3	＋171.4%	＋4309%	＋1050%
灰尘	＋113.3%	＋113.3%	＋267.5%
颗粒物	－25.5%	＋1.37%	－36.1%
甲醛等醛类		＋1.23%	＋8.05%
苯	－61.0%	－3.30%	＋11.43%
多环芳烃	－75.0%		
非甲烷烃	－13.2%	＋5.86%	＋22.2%

7. 毒性和可生物降解性

就石化柴油和生物柴油本身来说，它们的毒性都很小，但石化柴油的毒性要大于生物柴油。另外，生物柴油是容易生物降解的，而石化柴油的生物降解性要差一些。

从全生命周期来看，它们的主要差异是在于耗水量和废水生成量的不同。有研究者经过计算认为生产石化柴油排出的废水是生产大豆油生物柴油排出废水的 5 倍；但是生产生物柴油的耗水量是石化柴油的 3000 倍。

表 1－27 给出了菜籽油生物柴油 LCA 评估结果。表中还列出了不同影响类别与生态的关联程度，即对生态影响的高低程度。由表 1－27 中可以看到，使用菜籽油生物柴油可以节约不可再生能源（包括化石能源、铀等），降低温室气体排放，对人类、环境具有保护作用，但具有较差的酸化效应、超营养效应，同时还具有较强的同温层臭氧的破坏作用。

表 1－27　菜籽油生物柴油 LCA 评估结果

影响类别	评价结果	与生态关联程度
对不可再生能源的需求	＋	高
温室效应	＋	非常高
酸化效应	－	一般
超营养效应	－	一般
同温层臭氧层破坏	－	高/非常高
对生态和环境的影响、生物降解性	＋	一般

续表

影响类别			评价结果	与生态关联程度	
生命周期步骤	能量需求/(MJ/kg)	CO_2 当量排放/(g/kg)	生命周期步骤	能量需求/(MJ/kg)	CO_2 当量排放/(g/kg)
菜籽油生产生物柴油					
植物生产			供给		
耙地	0.86	66	养蜂	0.32	29
耕地	0.66	50	储存	1.36	98
播种	0.33	25	运输	0.42	32
收割	0.67	51	榨油	3.06	181
种子	0.01	2	正己烷	0.16	2
氮肥	7.19	1124	精炼	0.54	31
磷肥	0.95	64	漂白土	0.02	1
钾肥	0.31	20	硫酸	0.01	1
钙肥	0.04	6	酯化	2.44	143
农药	0.33	15	甲醇	4.81	352
场地放射	0.00	619	苛性钠	0.12	8
			甘油处理	0.24	14
小计	11.36	2042	小计	13.49	893
能量消耗					
运输	0.22	17			
使用	0	216			
小计	0.22	233			
参考系	-0.83	-67	甘油能量	-10.30	-758
海外蜂蜜	-0.24	-17	氯	-4.01	-275
蜂蜜副产品	-0.03	-2	苛性钠	-2.68	-184
大豆蛋白1	-4.46	-318	丙烯	-7.03	-188
大豆蛋白2	-2.03	-162	小计	-13.61	-1971
石化柴油					
供给	4.82	373			
使用	42.96	3392			
小计	47.78	3766			
菜籽油生物柴油-石化柴油				-54.32	-2569

注：+表示生物柴油优于石化柴油；-表示生物柴油不如石化柴油。

以上主要是国外有关菜籽油为原料生产的生物柴油的 LCA 评估结果，对于大豆油、葵花油等原料生产的生物柴油 LCA 结果会有所差异，但差异不会很大。如果是用餐饮业废油做原料，生产的生物柴油的酸化效应、超营养效应、对同温层臭氧的破坏大大降低，与石化柴油相比也是正面的。另外，我国机械化程度低，在植物生产过程中产生的气体会低于西方，因此在 LCA 结果上也应具有优势，这点可以借鉴菲律宾的研究结果。他们研究了椰子油生物柴油对温室气体排放的影响，发现与餐饮业废油为原料时的结果相近。

尽管传统作物为原料的生物柴油发展受到许多的质疑与批评，但是在能源需求不断增加和世界石油储量日趋减少的大背景下，以油料作为原料来生产生物柴油的基本趋势还将延续。因此，生物柴油发展对大豆、油菜籽等农产品的需求仍将持续扩大，这也会对中国农业生产和贸易产生重要影响。以大豆为例，2006 年国内产量约 14Mt，进口量为 27.8Mt，大豆国际价格上涨将通过国际贸易传导到国内，并且大豆价格的上涨及产量的增加也会占用更多的耕地和劳动力资源，从而对其他农产品，如小麦和大米等产生价格上涨压力。因此，为了保障中国粮食安全和农产品价格稳定，应该加大对农业科技投资的力度，提高农业生产技术效率，增加国内农产品的供给。

对于中国这样的发展中国家来说，由于人口众多耕地资源紧张，粮食安全问题十分突出，以大豆和油菜籽等为农作物原料来生产生物柴油可行性很小。必须寻找新的替代原料，实现原料多元化，以降低生物柴油发展可能产生的负面影响。

从近期来看，林业生物柴油具有明显发展优势。首先，其原料大多为非食用木本油料植物（如麻疯树油），可以在不适合作物生长的边际性土地上种植，不会对粮食安全构成威胁。第二，林业生物柴油原料对水分和肥料的要求也比较低，种植过程中造成的环境污染与排放较小。第三，林业生物柴油原料林适宜于在广大山区发展，可以有效增加广大山区贫困农民的就业和收入。

从长期来看，“工程海藻”生物柴油将可能成为主角。“工程海藻”比一般能源作物具有更强的光合作用能力，单位面积生物柴油产出效率很高，是传统能源作物的 15 ~ 300 倍，可以大量节约土地资源。但是，目前尚处于实验研究阶段。

就生物柴油产业发展而言，中国生物柴油产业发端于民营企业，所使用的原料主要为餐饮废油，目前生产规模较小。由于餐饮废油的供给数量有限，收集成本也较高，使得以此为原料的生物柴油发展受到很大限制。

林业生物柴油发展虽然已经起步，但尚缺乏国家政策强有力的支持。例如，尽管已经出台的《生物能源和生物化工农业原料基地补助资金管理暂行办法》规定对林业原料基地给予 3000 元/hm^2 补助，但目前尚未落实到位。

另外，政府对如何支持生物柴油发展还缺乏系统明确的政策和管理措施，例如，虽然 2007 年中国已经制定了 B100 生物柴油的标准，但对于混合生物柴油（如 B20）还没有明确的标准，所以，目前生物柴油也没有像生物燃料乙醇一样进入国家柴油购销体系。因此，中国应当从原料培育、生产加工到销售使用等各个环节对生物柴油产业发展给予规范和政策支持。同时，加强对生物柴油加工技术、原料生产和收集技术、副产品的综合利用、可能产生的环境、生态及经济影响等方面的研究，为中国未来生物柴油的健康、持续发展做好必要的技术储备。

第二章 生物柴油产品标准及技术指标

标准是产品、加工工艺以及相关配套服务的技术规范性文件。标准化过程是开发一种新产品及其市场推广应用的关键步骤。标准通过建立质量控制、安全和检测方法的规范要求来保证社会经济和管理的有序进行。对于生物柴油的生产和销售企业以及用户来说，标准至关重要。同时，政府有关部门也需要标准来评价和管理安全和环境污染方面的风险。

随着世界范围内车辆柴油化趋势的加快，柴油的需求量愈来愈大；而石油资源的日益枯竭和人们环保意识的提高，大大促进了世界各国加快柴油替代燃料的开发步伐，发达国家和发展中国家纷纷将生物柴油替代石化柴油列为国家能源可持续发展的重要组成部分和21世纪能源发展战略的基本选择之一。为了保证生物柴油的产品质量，各国政府都制定了生物柴油标准。

第一节 欧盟生物柴油标准的发展历程

伴随着生物柴油在全球的推广应用，生物柴油标准化也经历了由简单到逐步完善的过程。欧盟是生物柴油生产和应用最早的地区，也是开展生物柴油标准化工作最早的地区。针对生物柴油在使用过程中暴露出的问题，欧盟各国对生物柴油标准进行了相应的改进和修订，而随后在各国标准基础上出现的欧盟标准更是全球生物柴油标准的指导性文件，对世界其他国家和地区的生物柴油生产、应用以及标准的制定都起着巨大的影响作用。

下面对欧盟地区生物柴油的标准化过程进行简要回顾，并简单介绍了生物柴油标准未来的发展趋势，以期对我国生物柴油的发展以及标准化工作提供借鉴。

1. 奥地利

20世纪90年代，欧盟各国先后制定了生物柴油国家标准。奥地利是世界上第一个颁布生物柴油国家标准的国家。奥地利标准研究院（Austrian Standards Institute）于1991年制定了菜籽油酸甲酯（Rapeseed 0il Methly Ester，RME）标准ON C 1190，1995年对该标准进行了修订；在经过几年的使用后，1997年又重新颁布了新的奥地利生物柴油国家标准ON C 1191，应用范围由原来的菜籽油酸甲酯扩大为脂肪酸甲酯；ON C 1191标准于1999年又进行了修订。奥地利生物柴油标准见表2-1。

由表 2－1 可见：

表 2－1　奥地利生物柴油标准

项　目		ON C 1190		ON C 1191	
实施时间		1991－02	1995－01	1997－07	1999－12
应用范围		RME	RME	RME	RME
密度（15℃）/(kg/m^3)		860～900	870～890	850～890	850～890
运动黏度/(mm^2/s) 20℃ 40℃		6.5～9.0	6.5～8.0	3.5～5.0	3.5～5.0
闪点（闭口）/℃	≥	55	100	100	100
冷滤点/℃	≤	－8	0，－15	0，－15	0，－15
硫含量/%	≤	0.02	0.02	0.02	0.003
100%残炭/%	≤	0.1	0.05	0.05	0.05
硫酸盐灰分/%	≤	0.02	0.02	0.02	0.02
水含量/(mg/kg)	≤				300
总污染物/(mg/kg)	≤				20
水分和沉积物/%		清澈，室温下无游离水和固体沉渣	清澈，室温下无游离水和固体沉渣	清澈，室温下无游离水和固体沉渣	
十六烷值	≥	48	48	49	49
酸值/(mgKOH/g)	≤	1	0.8	0.8	0.8
甲醇含量/%	≤	0.3	0.2	0.2	0.2
游离甘油含量 /%	≤	0.03	0.02	0.02	0.02
总甘油含量/%	≤	0.25	0.24	0.24	0.24
碘值/(gI_2/100g)	≤			120	115
亚麻酸甲酯/%	≤			15	15
磷含量/(mg/kg)	≤		20	20	20

相对于 1991 年 ON C 1190 菜籽油酸甲酯标准，1995 年修订的标准对密度和运动黏度的要求范围更窄。闪点提高，酸值进一步降低，游离甘油和总甘油含量也稍有降低，增加了磷含量指标要求。

由于应用范围的扩大，由原来的单一原料拓展到动植物油脂，因此，1997 年 ON C 1191 菜籽油酸甲酯标准对密度的要求又有所放宽，运动黏度由 20℃数值改为 40℃数值，十六烷值由 48 增加到 49，同时增加了碘值和亚麻酸甲酯含量 2 项指标要求。

1999 年修订的 ON C 1191 菜籽油酸甲酯标准主要内容有：硫含量由不大于 0.02 mg/kg 降低到不大于 0.003mg/kg；碘值修改为不大于 115gI_2/100g；取消了水分和沉积物项目，改为水含量和总污染物指标。

2. 法国

法国从 20 世纪 90 年代起开始使用生物柴油，生物柴油标准化过程随即展开。1990 年，法国石油研究院开始进行生物柴油技术规范的研究工作。1993 年，以官方文件的形式公布了生物柴油技术规范（Journal Officiel），其主要应用范围是菜籽油酸甲酯，且以不超过 5% 的调合组分与石化柴油调合成柴油机燃料；1994 年，又公布了作为不超过 5% 的调合组分调合成家用取暖油的生物柴油技术规范；1997 年，对上述 2 个规范进行了修订，应用范围扩大到植物油酸甲酯（VOME）。法国生物柴油技术规范见表 2－2。

由表 2－2 可见：

表 2－2　法国生物柴油标准

项　目		Journal officiel			
实施时间		1993－12	1994－08	1997－08	1997－08
应用范围		RME1)	RME2)	RME①	RME②
密度（15℃）/（kg/m^3）				870～890	870～890
运动黏度/（mm^2/s） 40℃				3.5～5.0	3.5～5.0
闪点（闭口）/℃	≥			100	100
95% 回收温度/℃	≤			360	390
倾点/℃	≤			－10	0
硫含量/%	≤			0.02	0.003
10% 残炭/%	≤			0.3	0.8
水含量/（mg/kg）	≤	200	200	200	200
十六烷值	≥			49	49
酸值/（mgKOH/g）	≤	1	1	0.5	0.5
甲醇含量/%	≤	0.1	0.1	0.1	0.1
甲酯含量/%	≥	96.5	96.5	96.5	96.5
单甘酯含量/%	≤			0.8	0.8
二甘酯含量/%	≤			0.2	0.2
三甘酯含量/%	≤			0.2	0.2
游离甘油含量/%	≤	0.03	0.02	0.02	0.02
总甘油含量/%	≤	0.25	0.24	0.25	0.25
碘值/（gI_2/100g）	≤			115	135
磷含量/（mg/kg）	≤	10	10	10	10
一价金属（Na＋K）/（mg/kg）	≤	5	5	5	5

注：① ≤5% 柴油调合组分；② ≤5% 家用取暖油调合组分。

法国 1993 年和 1995 年执行的柴油和家用取暖油调合用生物柴油的标准相对而言指标少，要求比较宽松。如酸值规定为不大于 1mgKOH/g，对十六烷值、残炭、硫含量、闪点等指标都无要求。

1997 年对上述两个技术规范进行了修订，增加了密度、运动黏度、馏程、闪点、倾点、硫含量、残炭、十六烷值、单甘酯、二甘酯、三甘酯、碘值等项目。酸值指标要求进一步严格至不大于 0.5 mgKOH/g，几乎已经具备了后来执行的欧盟标准的雏形，甲醇含量和水含量指标要求甚至比后来的欧盟标准还要严格。家用取暖油与柴油调合用生物柴油标准的区别只有3处：家用取暖油终馏点、倾点更高，10%残炭指标要求也更宽松。

虽然1997年修订后的标准适用范围由菜籽油酸甲酯扩大到植物油酸甲酯。但其对倾点的要求又限制了一些植物油。如棕榈油、椰子油等的应用。法国2001年生物柴油的使用量为2.1×10^5t，2005年增加到4.9×10^5t，2006年为7.4×10^5t，居欧洲第2位。

3. 德国

德国是目前世界范围内生物柴油产量最大的国家。2005年，德国生物柴油产量为1670kt，2006年增加到2660kt，2007年的产量为4360kt。在使用方式上，德国以前主要以100%纯生物柴油作为车用和农业机械用燃料，但由于欧洲排放法规的逐步严格和汽车业界的置疑，目前在车用方面，主要以5%（≯）的生物柴油与石化柴油调合使用。

20世纪90年代初，德国标准化研究院（DIN）开始负责制定生物柴油标准。1994年，公布了应用范围为植物油酸甲酯的德国国家标准DIN V 51606。该标准基于石化柴油制定的指标和分析方法，只是增加了部分指标以适应生物柴油特性。经过几年的应用，1997年对DIN V 51606标准进行了修订，应用范围扩大为脂肪酸甲酯，以标准号DIN E 51606发布。指标修订主要体现在：闪点要求提高了100℃；用分析生物柴油灰分的“硫酸盐灰分”指标取代原分析柴油的“灰分”指标；残炭由测定10%蒸余物改为测定100%残炭；增加了碱金属含量指标。德国生物柴油标准见表2－3。

表2－3　德国生物柴油标准

项　目		DIN 51606	DIN 51606	项　目		DIN 51606	DIN 51606
实施时间		1994－06	1997－09	应用范围		VOME	FAME
密度（15℃）/(kg/m^3)		850～900	875～900	运动黏度（40℃）/(mm^2/s)		3.5～5.0	3.5～5.0
闪点（闭口）/℃	≥	100	110	冷滤点/℃	≤	0/－10/－20	0/－10/－20
硫含量/%	≤	0.01	0.01	灰分/%	≤	0.01	
硫酸盐灰分/%	≤		0.03	100%残炭/%	≤		0.05
10%残炭/%	≤	0.3		水含量/(mg/kg)	≤	300	300
总污染物/(mg/kg)	≤	20	20	铜片腐蚀（50℃，3h）/级		1	1
十六烷值	≥	49	49	酸值/（mgKOH/g）	≤	0.5	0.5
甲醇含量/%	≤	0.3	0.3	单甘酯含量/%	≤	0.8	0.8
二甘酯含量/%	≤	0.1	0.4	三甘酯含量/%	≤	0.1	0.4
游离甘油含量/%	≤	0.02	0.02	总甘油含量/%	≤	0.25	0.25
碘值/(gI_2/100g)	≤	115	115	磷含量/(mg/kg)	≤	10	10
一价金属（Na＋K）/(mg/kg)	≤		5				

4. 捷克共和国

捷克共和国2005年生物柴油产量为130kt，居欧洲第4位；2007年生物柴油产能约为203kt。从1990年开始，捷克共和国就生物柴油在拖拉机上的应用进行了长期试验，随后由发动机制造商和交通部合作进行生物柴油的标准化工作。1994年，推出了应用范围为菜籽油酸甲酯的标准CSN 65 6507，1998年进行了标准修订。捷克共和国生物柴油标准见表2－4。

由表 2－4 可见：

表 2－4　捷克共和国生物柴油标准

项　目		CSN 65 6507		项　目		CSN 65 6507	
实施时间		1994－11	1998－09	应用范围		RME	RME
				运动黏度/(mm^2/s)			
密度（15℃）/(kg/m^3)		855～885	870～890	20℃		6.5～9.0	
				40℃			3.5～5.0
馏程							
300℃回收体积分数/%	≤	5		闪点（闭口）/℃	≥	56	110
360℃回收体积分数/%	≥	95					
冷滤点/℃	≤	－5/－15	－5	倾点/℃	≤	－8/－20	
硫含量/%	≤	0.02	0.02	硫酸盐灰分/%		0.02	0.02
100%残炭/%	≤		0.05	10%残炭/%		0.3	
水含量/(mg/kg)	≤	1000	500	总污染物/(mg/kg)		20	24
铜片腐蚀（50℃，3h）/级		1	1	十六烷值	≥	48	49
酸值/(mgKOH/g)	≤	0.5	0.5	甲醇含量/%		0.30	
游离甘油含量/%	≤	0.02	0.02	总甘油含量/%		0.24	0.24
磷含量/(mg/kg)	≤		20	一价金属（Na＋K）/(mg/kg)	≤		10

捷克共和国1994年生物柴油标准与同期的德国标准类似，也是基于石化柴油制定的指标和分析方法。只是加了部分指标以适应生物柴油特性。

经过几年的应用，1998年对该标准进行了大幅度修订。取消或修改了原标准中基于石化柴油的一些指标和项目，主要体现在：密度要求值增大；运动黏度由20℃数值改为40℃数值；取消了馏程指标；闪点由不低于56℃提高到不低于110℃，同时取消了甲醇含量指标；冷滤点要求放宽；取消倾点项目；残炭由测定10%蒸余物改为测定100%残炭；水含量要求更严格；增加了磷含量和一价碱金属含量指标。

捷克共和国在全国加油站销售的含生物柴油的柴油燃料主要是B5（≯）生物柴油和95%石化柴油调合燃料和B30（≯）生物柴油和70%石化柴油调合燃料。

5. 瑞典

瑞典是欧洲生物柴油产量和使用量都较少的国家。1996年，由发动机制造商、石油公司和生物柴油制造商组成的标准化工作小组推出了瑞典生物柴油标准SS 15 54 36，应用范围为植物油酸甲酯。1997年，瑞典生物柴油产量仅为8000t。据欧洲生物柴油委员会（EBB）统计，2006年，瑞典生物柴油产量为130kt，2007年生物柴油生产能力为210kt。瑞典生物柴油标准见表2－5。

由表2－5可见，瑞典生物柴油标准由于制定时间晚，参照了欧洲其他国家的经验，因此标准指标要求与同期欧洲其他国家的标准基本相同。值得一提的是，瑞典生物柴油标准对甲酯含量的要求为不小于98%，是目前生物柴油标准中对酯含量要求最高的标准之一。

表 2－5　瑞典生物柴油标准

项　目		SS 15 54 36	项　目		SS 15 54 36
实施时间		1996－11	应用范围		FAME
密度（15℃）/(kg/m³)		870～900	运动黏度（40℃）/(mm²/s)		3.5～5.0
闪点（闭口）/℃	≥	100	冷滤点/℃	≤	－5
硫含量/%	≤	0.001	灰分/%	≤	0.01
水含量/(mg/kg)	≤	300	总污染物/(mg/kg)	≤	20
铜片腐蚀（50℃，3h）/级		1	十六烷值	≥	48
酸值/(mgKOH/g)	≤	0.6	甲醇含量/%	≤	0.2
甲酯含量/%	≥	98	单甘酯含量/%	≤	0.8
二甘酯含量/%	≤	0.1	三甘酯含量/%	≤	0.1
游离甘油含量/%	≤	0.02	碘值/(gI₂/100g)	≤	125
磷含量/(mg/kg)	≤	10	一价金属/(mg/kg)		
			Na	<	10
			K	<	10

6. 意大利

意大利 2005 年生物柴油产量为 396kt，2006 年生物柴油产量为 4.47Mt，居欧洲第 3 位。意大利生物柴油标准见表 2－6。

意大利首个生物柴油标准 UNI 10635 的应用范围是植物油酸甲酯。而且该标准是吸取了欧洲各国的经验，在欧洲同类标准中最后出台的。各项指标确实反映了生物柴油的特性。UNI 10635标准对生物柴油的几个关键性指标如酸值、甲醇含量、甲酯含量、单甘酯含量、二甘酯含量、三甘酯含量要求都比较高，尤其是甲酯含量要求为不低于 98%；对硫含量、10% 残炭、水含量以及游离甘油含量等指标要求则比较宽松，如 10% 残炭不大于 0.5%，游离甘油含量不大于 0.05%。同时应当指出，UNI 10635 标准对一些生物柴油指标，如硫酸盐灰分、铜片腐蚀、十六烷值、总甘油含量等无要求，这些关键指标的缺失也显示出该标准的局限和不足。

2001 年，几乎与欧洲标准化委员会（CEN）的工作同步，意大利又公布了生物柴油的新标准 UNI 10946 和 UNI 10947，应用范围进一步扩大到脂肪酸甲酯。两个标准的区别是前者应用范围为车用燃料或其调合组分，后者为取暖油或其调合组分。这两个标准对 UNI 10635 标准中的部分指标做了更严格的要求，并补充了硫酸盐灰分、铜片腐蚀、十六烷值、氧化安定性、总甘油含量、碘值、亚麻酸甲酯含量、多不饱和脂肪酸甲酯含量、金属含量等指标，与后来由欧洲标准化委员会公布的欧盟生物柴油标准非常相似。

表 2－6　意大利生物柴油标准

项　目	UNI 10635	UNI 10946	UNI 10947
实施时间	1997－04	2001	2001
应用范围	VOME	FAME（车用）	FAME（取暖油用）
密度（15℃）/（kg/m³）	860～900	860～900	860～900
运动黏度（40℃）/（mm²/s）	3.5～5.0	3.5～5.0	3.5～5.0

续表

项　目		UNI 10635	UNI 10946	UNI 10947
闪点（闭口）/℃	≥	100	120	120
倾点/℃	≤	0/－15		0
硫含量/%	≤	0.01	0.001	0.001
灰分/%	≤	0.01		
硫酸盐灰分/%	≤		0.02	0.01
10%残炭/%	≤	0.5	0.3	0.3
水含量/（mg/kg）	≤	700	500	500
总污染物/（mg/kg）	≤		24	24
铜片腐蚀（50℃，3h）/级			1	1
十六烷值	≥		51.0	51.0
酸值/（mgKOH/g）	≤	0.5	0.5	0.5
氧化安定性（110℃）/h			6.0	6.0
甲醇含量/%	≤	0.2	0.2	
皂化值/（mgKOH/g）	≥	170		
甲酯含量/%	≥	98	96.5	96.5
单甘酯含量/%	≤	0.8	0.8	0.8
二甘酯含量/%	≤	0.2	0.2	0.2
三甘酯含量/%	≤	0.1	0.2	0.2
游离甘油含量 /%	≤	0.05	0.02	0.02
总甘油含量/%	≤		0.25	
碘值/（gI_2/100g）	≤		120	120
亚麻酸甲酯含量/%	≤		12.0	
多不饱和酸甲酯含量（双键≥4）/%	≤		1	
磷含量/（mg/kg）	≤	10	10	10
一价金属（Na＋K）/（mg/kg）	≤		5	
净热值/（MJ/kg）	≥			35

7. 欧盟生物柴油标准的制定和实施

位于布鲁塞尔的欧洲标准化委员会负责欧盟标准的制定工作。欧洲标准化委员会由欧盟的30个会员国组成（至2008年），其标准的制定流程大致如下：

申请和计划阶段：由各国家会员或欧盟组织提出建议，技术理事会（technical board）作出是否建立相应标准或协调文件的决定；

起草阶段：由技术委员会（technical committee，TC）起草标准，形成临时标准；

正式通过阶段：先通过6个月的公众意见期，据此形成最终草案；

标准转换阶段：由欧洲标准化委员会的30个会员国代表进行正式投票，这其中每个国家的票数不同。德国、法国、意大利、英国的投票人数最多（2004年时皆为29票），其次是西班牙和波兰（2004年时为27票）。按投票结果形成欧盟标准（EN）或者协调文件（harmonization document，HD），并由官方公报公布标准编号及生效日期。根据欧洲标准组织内部的规定，欧盟标准必须在国家层次上等同转换为国家标准。即使投下反对票的国家也要执行。同时所有与欧盟标准相矛盾的国家标准必须在规定的期限内废止。

1997 年，欧盟委员会给欧洲标准化委员会下达指令，要求制定以脂肪酸甲酯作为柴油机燃料和取暖油用途的技术标准和分析方法。欧洲标准化委员会随后将此工作委派给其属下的 TC 19 和 TC 307 技术委员会：

TC 19 技术委员会的名称是“石油产品、润滑剂以及相关产品”；

TC 307 技术委员会的名称则为“含油种子，动植物油脂及其副产物的取样和分析方法”。

由此可见，这两个技术委员会属于差别较大的不同领域。一个是石油产品标准化技术委员会。一个属于油脂行业的方法标准化委员会。

TC 19 技术委员会下设三个工作组（workincl group，WG），具体负责不同的工作：

WG24 工作小组负责起草车用柴油和车用生物柴油标准；

WG25 工作小组负责起草脂肪酸甲酯作为取暖油用的标准；

WG26 工作小组负责验证石化柴油分析方法对生物柴油的适应性。

TC 307 技术委员会下设一个工作小组 WGl，负责脂肪酸甲酯分析方法标准（以油脂行业的分析方法作为参考）。

以上四个工作小组共同组成一个协调组。组长为法国道达尔菲纳埃尔夫集团（Total Fina Elf）的 Michel Girard 先生。

WG24 工作小组的任务有两个，制定 100% 纯脂肪酸甲酯车用燃料标准及掺入比例不大于 5% 的用于车用柴油 EN 590 的调合用脂肪酸甲酯标准。在标准制定的过程中，决定将这两个标准合二为一。即脂肪酸甲酯既可以 100% 纯生物柴油形式直接用于柴油车，也可作为调合组分与石化柴油调配成满足 EN 590 要求的车用柴油。这个标准就是后来的欧盟标准 EN 14214。

WG25 工作小组的任务也有两个，制定 100% 纯脂肪酸甲酯取暖油标准及制定用于取暖油的调合组分脂肪酸甲酯标准。在标准制定的过程中。这两个标准也被合二为一，就是后来的欧盟标准 EN 14213。

WG26 工作小组的任务是验证石化柴油在用的方法标准对生物柴油以及含生物柴油调合燃料的适用性。探讨这些方法对生物柴油测试的准确性以及建立新分析方法的必要性。该小组最终确定了各项生物柴油指标（密度、运动黏度、闪点、冷滤点、硫含量、10% 蒸余物残炭、十六烷值、硫酸盐灰分、水含量、总污染物、铜片腐蚀、馏程、倾点、浊点）的分析方法。这些方法基本上都是在用的测定柴油燃料的标准方法。

TC 307 技术委员会的 WGl 工作小组的任务是验证和建立以油脂分析方法为基础的适用于生物柴油的方法标准。经过大量试验，对油脂行业分析方法的准确性和偏差进行了考察，该小组最终确定了部分生物柴油的指标参数，并重新制定了方法标准。具体情况见表 2 – 7。

表 2 – 7　WG1 工作小组确定的生物柴油指标参数以及新建立的方法标准

确定的生物柴油指标参数	参照方法号	新建方法号
甲酯含量以及亚麻酸甲酯含量	NF T60 – 703（1997）	EN 14103:2003
酸值	ISO 660（1996）	EN 14104:2003
游离甘油、单甘酯、二甘酯、三甘酯及总甘油含量	NF T60 – 704（1997）	EN 14105:2003
磷含量（ICP 法）	NF T60 – 705（1997）	EN 14107:2003

续表

确定的生物柴油指标参数	参照方法号	新建方法号
金属钠含量	NF T60 - 706 - 1 (1997)	EN 14108:2003
金属钾含量	NF T60 - 706 - 2 (1997)	EN 14109:2003
甲醇含量	NF T60 - 701, DIN51608	EN 14110:2003
碘值	ISO 3961 (1996)	EN 14111:2003
氧化安定性	ISO 6886 (1996)	EN 14112:2003
游离甘油	UNI 22054 (1997)	EN 14106:2003

由表 2 - 7 可见，这些新建立的分析方法标准主要是以油脂行业在用的方法标准为基础起草的。其中有法国标准（以 NF 开头）、国际标准化组织标准（以 ISO 开头）、德国标准（以 DIN 开头）以及意大利标准（以 UNI 开头）。

2003 年 2 月，欧洲标准化委员会批准了两个生物柴油标准，即脂肪酸甲酯作为车用柴油用途的 E N 14214:2003 标准以及脂肪酸甲酯作为取暖油用途的 EN 14213:2003 标准。从 2003 年 7 月起，欧盟开始始实施这两个标准，最迟到 2004 年 1 月。欧盟所有国家必须执行，且与这两个标准不一致的国家标准必须在 2004 年 1 月前废除。欧盟生物柴油的标准见表2 - 8。

由表 2 - 8 可见，欧盟车用生物柴油标准 EN 14214 是当时乃至目前世界上要求最严格的生物柴油标准。欧盟标准 EN 14213、EN 14214 是在欧盟各国生产和应用生物柴油的经验基础上，结合各国在生物柴油标准实施过程中出现的问题，参考各国标准的修订经验，尤其是意大利、德国和法国的生物柴油标准而综合制定的。欧盟生物柴油标准对全球生物柴油标准化产生了巨大的影响。我国 2007 年制定的首个国家标准 GB/T 20828—2007《柴油机燃料调合用生物柴油（BD 100）》有部分指标是参照欧盟标准制定的。

2003 年 12 月，欧洲标准化委员会通过 TC 19 技术委员会对欧盟车用柴油标准 EN 590 进行了修订（见表 2 - 8），2004 年 7 月正式实施，标准编号为 EN 590:2004，即满足欧Ⅳ排放标准的车用柴油标准。该标准应用范围包含 B5 调合燃料，即加有不超过 5% 脂肪酸甲酯的车用柴油，前提是脂肪酸甲酯必须满足欧盟标准 EN 14214。

在油泵制造商和汽车制造商的保修承诺中，一般都要求生物柴油必须满足欧盟标准 EN 14214，石化柴油必须满足欧盟标准 EN 590，石化柴油加入不大于 5% 生物柴油后，还必须满足 EN 590 的指标限值。

2007 年在维也纳举行的 CEN/TC 19 第 27 届全体会议通过了一系列有关生物柴油以及调合燃料的决议，对部分生物柴油试验方法标准进行了修订：

对测定生物柴油氧化安定性的方法 EN 14112:2003（Rancimat 法）进行修订，使其应用范围扩大到柴油和调合燃料，以新方法号 EN 15751 发布；

对用电感耦合等离子发射光谱（ICP）法测定生物柴油磷含量的方法 EN 4107:2003 进行修订，使其测定下限更低，准确性更高；

由于欧盟生物柴油原料来源在近几年发生了变化，除菜籽油外，又增加了许多动、植物油脂，原来适用于菜籽油的试验方法必须进行修订，以满足新油品的需要。因此，对 EN 14103:2003《气相色谱法测定生物柴油中脂肪酸甲酯和亚麻酸甲酯含量的方法》以及 EN 14105:2003《气相色谱法测定生物柴油中游离甘油、总甘油、单甘酯、二甘酯和三甘酯的方法》进行修订。

随着生物柴油在欧洲应用的逐步深入，应用生物柴油后出现的问题和潜在的风险也逐步暴露，尤其是在生物柴油原料来源进一步扩大后，对汽车业界的影响越来越大。欧洲汽车制造商协会（European Automobile Manufactures Association，ACEA）建议对欧盟标准 EN 14214 进行修订，主要是对氧化安定性和磷含量指标提出更严格的要求。由于生物柴油比石化柴油更容易氧化，其氧化产物会对发动机和车辆造成很大损害。因此，ACEA 建议：

生物柴油氧化安定性指标要求由原来的诱导期“不小于 6h”修改为“不小于 10h”；

磷对汽车尾气后处理系统有极大的影响，少量的磷就会导致后处理系统中的催化剂失活，因此，ACEA 建议磷含量指标由目前的“不大于 10mg/kg 修改为不大于 4mg/kg”。

2008 年 4 月，欧洲标准化委员会发布了 EN 14214 修订后的临时标准 Pr EN 14214:2008，并接受公众意见，2008 年底前会出版正式标准。虽然该标准的最终版本还没有形成，但据分析，由汽车业界提出的新的氧化安定性和磷含量要求有可能会通过。另外，分析生物柴油中多不饱和酸甲酯（双键个数≥4）的试验方法 PrEN 15799（气相色谱法）在其测量精度得到确认后，有可能被列入新标准中；分析一价金属（Na、K）含量的试验方法除原标准指定的方法 EN 14108 和 EN 14109 外，再增加 EN 14538 方法。

目前，欧盟在 EN 590 车用柴油标准中规定，生物柴油脂肪酸甲酯的含量不能超过 5%。但是随着生物柴油应用的逐步普及以及生物柴油产量的逐年增加，提高车用柴油中生物柴油调合比例越来越得到各方的认同。最近几年，欧洲标准化委员会有可能对欧盟标准 EN 590:2004进行修订，增加生物柴油的调合比例到 7%，并逐步增加到 10%。同时有可能增加 EN 15751 作为生物柴油调合燃料氧化安定性的评价方法。

根据脂肪酸乙酯的标准化情况，将来也有可能允许满足相应标准的脂肪酸乙酯调合到石化柴油中，但最终产品也应满足修订后的欧盟标准 EN 590 的要求。

表 2-8 欧盟生物柴油和车用柴油标准

项　目		生物柴油			车用柴油	
		EN 14213	EN 14214	试验方法	EN 590	试验方法
实施时间		2003-07	2003-07		2004-07	
应用范围		FAME（取暖油用）	FAME（车用）		车用柴油（含 B5）	
密度（15℃）/（kg/m^3）		860~900	860~900	ISO 3675	820~845	ISO 3675/ ISO 12185
运动黏度（40℃）/（mm^2/s）		3.5~5.0	3.5~5.0	ISO 3104	2.00~4.50	ISO 3104
闪点（闭口）/℃	≥	120	120	ISO 3679	55	ISO 2719
硫含量/%	≤	0.0010	0.0010	ISO 20846 ISO 20884	0.0050	ISO 20846 ISO 20847 ISO 20884
10%康氏残炭/%	≤	0.3	0.3	ISO 10370	0.3	ISO 10370
灰分/%	≤				0.01	ISO 6245
硫酸盐灰分/%	≤	0.02	0.02	ISO 3987		
水含量/（mg/kg）	≤	500	500	ISO 12937	200	ISO 12937
总污染物/（mg/kg）	≤	24	24	EN 12662	24	EN 12662

续表

项目	生物柴油			车用柴油	
	EN 14213	EN 14214	试验方法	EN 590	试验方法
铜片腐蚀（50℃，3h）/级 ≤	1	1	ISO 2160	1	ISO 2160
十六烷值 ≥	51	51	ISO 5165	51.0	ISO 5165
十六烷指数 ≥				46.0	ISO 4264
酸值/（mgKOH/g） ≤	0.5	0.5	EN 14104		
氧化安定性					
诱导期（110℃）/h ≥	4.0	6.0	EN 14112		
总不溶物/（g/m^3） ≤				25	ISO 12205
甲醇含量/% ≤		0.2	EN14110		
酯含量/% ≥	96.5	96.5	EN 14103		
单甘酯含量/% ≤	0.8	0.8	EN 14105		
二甘酯含量/% ≤	0.2	0.2	EN 14105		
三甘酯含量/% ≤	0.2	0.2	EN 14105		
游离甘油含量/% ≤	0.02	0.02	EN 14105 EN 14106		
总甘油含量/% ≤		0.25	EN 14105		
碘值/（gI_2/100g） ≤	130	120	EN14111		
亚麻酸甲酯含量/% ≤		12.0	EN 14103		
多不饱和酸甲酯含量（双键≥4）/% ≤	1	1			
磷含量/（mg/kg） ≤	10	10	EN 14107		
一价金属（Na+K）/（mg/kg） ≤		5	EN 14108 EN 14109		
二价金属（Ca+Mg）/（mg/kg） ≤		5	EN 14538		
净热值/（MJ/kg） ≥	35		DIN 51900		
馏程					ISO 3405
250℃回收体积分数/% ≤				65	
350℃回收体积分数/% ≥				85	
95%回收温度/℃ ≤				360	
润滑性（HERR）磨痕直径（60℃）/μm ≤				460	ISO 12156-1 EN 14078
脂肪酸甲酯（FAME）含量/% ≤				5	
多环芳烃含量/% ≤				11	EN 12916

第二节 美国生物柴油标准的发展历程

在美国，生物柴油作为一种替代燃料已经被美国能源发展委员会（DOP）、美国环境保护委员会（EPA）和美国材料与试验协会（ASTM）三大机构认可。在使用方式上，美国与欧洲国家不同，主要是以B20调合燃料为主（即20%生物柴油与80%石油基柴油调合），应用于环保要求高的城市的公共交通、政府车队、海上娱乐船和地下采矿工业等方面。

在标准制订方面，1994年6月，ASTM的E委员会、D2委员会联合成立工作组，研究生物柴油标准，并于1999年发布了PS 121—99标准，经过几年的试用，ASTM又于2001年12月发布了新的生物柴油正式标准ASTM D 6751－02，以替代PS 121—99。该标准规定了用于调配B20柴油的B100生物柴油的标准；2003年，美国将ASTM D 6751－02标准修订为ASTM D 6751—03标准，主要变动是依据产品硫含量不同，将生物柴油分为S15和S500共两个产品牌号，见表2－9。相对于欧盟的生物柴油标准，美国生物柴油标准指标个数及指标数据都比较宽松。

表2－9　美国生物柴油标准

项　目		ASTM D6751－03	
		S15	S500
运动黏度（40℃）/（mm^2/s）		1.9～6	1.9～6
90%馏出温度/℃	≤	360	360
闪点（闭口）/℃	≥	130	130
浊点/℃	≤	报告	报告
硫含量/%	≤	0.0015	0.05
硫酸盐灰分/%	≤	0.02	0.02
100%残炭/%	≤	0.05	0.05
水分和沉渣/%	≤	0.05	0.05
铜片腐蚀（50℃，3h）/级	≤	3	3
十六烷值	≥	47	47
酸值/mgKOH/g	≤	0.8	0.8
游离甘油含量 /%	≤	0.02	0.02
总甘油含量/%	≤	0.24	0.24
磷含量/%	≤	0.001	0.001

近几年来，美国生物柴油市场年销量增长了3倍。为确保燃油质量，美国国家生物柴油理事会（NBB）严把标准关，要求所有生物柴油生产商和市场供应商都通过BQ—9000企业认证，执行美国试验与材料学会（ASTM）生物柴油D－6751标准，维护生物柴油信誉，确保消费者利益。2007年2月7日，美国国家生物柴油认证理事会在圣安东尼奥市宣布，又有6家生物柴油生产商通过了非强制性的BQ—9000企业认证，使美国市场上通过BQ—9000企业认证的生物柴油供应商达到6家，生产商达到17家，其生物柴油生产能力占全美总产量

的 40%。

BQ—9000 企业认证有助于厂商改进其生物燃油试验程序，减少生产或配送低质生物柴油的风险。通过开发质量控制手册，并邀请独立审计人员严格审查质量控制过程，实施包括储存、取样、测试、混合、运输、配送以及燃油管理在内的质量控制体系，确保生物柴油达到 ASTM D－6751 标准。同时，NBB 还要求其成员与州、联邦政府机构精诚合作，通过实施燃油质量拓展计划来提高生物燃油质量，进行燃油质量管理。在佛罗里达州杰克逊维尔市召开的全美计量会议上，NBB 建议各州计量部门积极实施 ASTM D－6754 标准，以 B100（纯）生物柴油为基准，分别在生产厂、管线终端以及分销点采样，监督生物燃油质量，对劣质产品严惩不贷。

另外，NBB 还积极鼓励各州开展 BQ－9000 企业认证，执行 ASTM D－6751 标准。目前，全美有一半的州已经采用了 ASTM D－6751 标准进行生物柴油质量管理，另有 13 个州处于准备采用或探讨阶段，10 个州正在试验生物柴油或其混合燃油。

第三节　中国生物柴油标准的发展历程

世界上许多国家和地区都先后制定和实行了生物柴油标准，为该产业的发展提供了依据。而我国形成类似的标准或法规较晚，这在很大程度上限制了我国生物柴油的推广应用，同时也使得生物柴油产业鱼龙混杂，生产和使用混乱无序。因此，为促进我国生物柴油技术开发和应用的健康有序发展，制定生物柴油国家标准是非常重要和紧迫的。在此背景下，根据国家标准化管理委员会项目“生物柴油国家标准制定”（编号 20032462－Z－513）要求，由中国石化石油化工科学研究院负责起草生物柴油国家标准化指导性技术文件。2005 年 6 月发出标准化指导性文件的征求意见稿，10 月完成送审稿，2006 年 5 月在北京通过了“石油燃料润滑剂产品标准审查委员会”的会议审查，并定以推荐性国家标准报批，2007 年 1 月国家标准化管理委员会以标准号 GB/T 20828—2007 发布，2007 年 5 月 1 日起实施。见表 2－10。

表 2－10　中国生物柴油标准 GB/T 20828—2007

项　目		质量指标		试验方法
		S500	S50	
密度（20℃）/(kg/m^3)		820～900		GB/T 2540[a]
运动黏度（40℃）/(mm^2/s)		1.9～6.0		GB/T 265
闪点（闭口）/℃	≥	130℃		GB/T 261
冷滤点/℃		报告		SH/T 0248
硫含量（质量分数）/%	≤	0.05	0.005	SH/T 0689[b]
10%蒸馏残渣的残炭（质量分数）/%	≤	0.3		GB/T 17144[c]
硫酸盐灰分（质量分数）/%	≤	0.020		GB/T 2433
水含量（质量分数）/%	≤	0.05		SH/T 0246
机械杂质		无		GB/T 511[d]
铜片腐蚀（50℃，3h）/级	≤	1		GB/T 5096
十六烷值	≥	49		GB/T 386

续表

项 目		质量指标		试验方法
		S500	S50	
氧化稳定性（110℃）/h	≥	6.0		EN 14112[e]
酸值/（mg KOH/g）	≤	0.80		GB/T 264[f]
游离甘油含量（质量分数）/%	≤	0.020		ASTM D 6584
总甘油（质量分数）/%	≤	0.240		ASTM D 6584
90%回收温度/℃		360		

注：a. 也可用 GB/T 5526、GB/T 1884、GB/T 1885 方法测定，以 GB/T2540 仲裁。

b. 可用 GB/T 380、GB/T 11131、GB/T 11140、GB/T12700 和 GB/T 17040 方法测定，结果有争议时，以 SH/T 0689 方法为准。

c. 可用 GB/T 268 方法测定，结果有争议时，以 GB/T 17144 仲裁。

d. 可用目测法，即将试样注入 100ml 玻璃量筒中，在室温（20℃ ±5℃）下观察，应当透明，没有悬浮和沉降的的机械杂质。结果有争议时，按 GB/T 511 测定。

e. 可加抗氧化剂。

f. 可用 GB/T 5530 方法测定，结果有争议时，按 GB/T 264 仲裁。

我国目前的现状是柴油轿车不普及，生物柴油的应用很可能是与石化柴油调合使用，这一点与美国的情况极为类似。我国生物柴油标准技术要求是参照美国材料与试验协会标准 ASTM D 6751－03a《馏分燃料调合用生物柴油（B100）标准》以及对当前市场上有一定影响、有一定销售量的生物柴油产品进行考察、试验，根据情况综合考虑而确定的。我国排放法规与欧洲相近，且柴油轿车越来越受到重视，因此生物柴油标准中个别指标也适当参照了欧洲标准。

GB/T 20828—2007 标准与 ASTM D 6751－03a 的一致性程度为非等效名称和用途的差异。

GB/T 20828—2007 柴油机燃料调合用生物柴油与 ASTM D 6751－03a 中间馏分燃料调合用生物柴油的主要差异体现在：

指标限值改变——将十六烷值由不小于 47 改为不小于 49；

将铜片腐蚀由不大于 3 级改为不大于 1 级；

硫含量设为 50 和 500mg/kg 两档；

用我国油品常用指标和分析方法代替：水含量、机械杂质代替水和沉渣项目；冷滤点代替浊点；10%残炭代替 100%残炭；90%回收温度分析方法简化。

取消指标：未设磷含量项目。增加项目：增加密度指标，将限值设定为 820～900kg/m^3；增加氧化安定性，其限值和分析方法与欧洲车用生物柴油标准 EN 14214:2003 一致。

ASTM D 6751 标准在 2007 年进行了修订，也按照欧盟标准对氧化安定性提出要求。随着环保法规和车辆对柴油燃料质量要求的进一步提高，GB/T 20828 在未来几年有可能进行修订，在修订的过程中可能会更多地借鉴欧盟标准。建议对酸值以及氧化安定性要求更严格；并参照欧盟试验方法，增加金属含量（Na、K、Mg、Ca）和磷含量要求。

目前，石化行业标准《生物柴油中游离甘油和总甘油的测定气相色谱法》（ASTM D6584）已报批并即将发布实施；

石化行业标准《生物柴油（脂肪酸甲酯）氧化安定性的测定加速氧化法》（EN14112:2003）已完成征求意见稿和送审稿；

国家标准“柴油机燃料中生物柴油（脂肪酸甲酯）含量的测定红外光谱法”（EN 14078:2003）正在制定中；

石化行业标准“生物柴油（脂肪酸甲酯）中酯含量的测定气相色谱法”（EN 14103:2003）正在制定中；

国家推荐标准 GB/T 25199—2010“生物柴油调合燃料（B5）”于2010年9月发布，2011年2月1日正式实施。相关指标见表2-11和表2-12。“生物柴油调合燃料（B10）”标准正在准备中。建议今后制定标准时，参照欧盟调合燃料的应用经验，制定出既适合我国国情，又能促进技术发展和进步的标准。

表2-11　B5轻柴油技术要求和试验方法

项　目		质量指标				试验方法
		10号	5号	0号	-10号	
氧化安定性，总不溶物/(mg/100mL)	≤	2.5				SH/T 0175
硫含量（质量分数）/%	≤	0.15				GB/T 380[a]
酸值/(mg KOH/g)	≤	0.09				GB/T 7304[b]
10%蒸馏残渣的残炭[c]（质量分数）/%	≤	0.3				GB/T 17144
灰分（质量分数）/%	≤	0.01				GB/T 508
铜片腐蚀（50℃，3h）/级	≤	1				GB/T 5096
水含量（质量分数）/%	≤	0.035				SH/T 0246
机械杂质		无				GB/T 511[d]
运动黏度（20℃）/(mm^2/s)		3.0~8.0				GB/T 265
闪点（闭口）/℃	≥	55				GB/T 261
冷滤点/℃	≤	12	8	4	-5	SH/T 0248
凝点/℃	≤	10	5	0	-10	GB/T 510
十六烷值	≥	45[e]				GB/T 386
密度（20℃）/(kg/m^3)		报告				GB/T 1884 GB/T 1885[f]
馏程						GB/T 6536
50%回收温度/℃	≤	300				
90%回收温度/℃	≤	355				
95%回收温度/℃	≤	365				
生物柴油（脂肪酸甲酯，FAME）含量（体积分数）/%		2~5				GB/T 23801[g]

注：a. 可用 GB/T 11140、GB/T 17040、SH/T 0253 和 SH/T 0689 方法测定，结果有争议时，以 GB/T 380 方法为准。

b. 可用 GB/T 264 方法测定，结果有争议时，以 GB/T 7304 方法为准。

c. 若柴油中含有硝酸酯型十六烷值改进剂，10%蒸余物残炭的测定，应用不加硝酸酯的基础燃料进行。柴油中是否含有硝酸酯型十六烷值改进剂的检验方法见附录A。可用 GB/T 268 方法测定，结果有争议时，以 GB/T 17144 方法为准。

d. 可用目测法，即将试样注入100ml玻璃量筒中，在室温（20℃ ±5℃）下观察，应当透明，没有悬浮和沉降的的机械杂质。结果有争议时，按 GB/T 511 测定。

e. 由中间基或环烷基原油生产的石油柴油调合的 B5 轻柴油十六烷值允许不小于40（有特殊要求时，由供需双方确定）。

f. 可用 SH/T 0604、GB/T 2540 方法测定，结果有争议时，以 GB/T 1884 和 GB/T 1885 方法为准。

g. 可用 ASTM D7371 方法测定，结果有争议时，以 GB/T 23801 方法为准。

表 2-12 B5 车用柴油技术要求和试验方法

项 目		质量指标			试验方法
		5 号	0 号	-10 号	
氧化安定性，总不溶物/(mg/100mL)	≤	2.5			SH/T 0175
硫含量（质量分数）/%	≤	0.035			SH/T 0689[a]
酸值/（以 KOH 计）/（mg/g）	≤	0.09			GB/T 7304[b]
10%蒸馏残渣的残炭[c]（质量分数）/%	≤	0.3			GB/T 17144
灰分（质量分数）/%	≤	0.01			GB/T 508
铜片腐蚀（50℃，3h）/级	≤	1			GB/T 5096
水含量（质量分数）/%	≤	0.035			SH/T 0246
机械杂质		无			GB/T 511[d]
运动黏度（20℃）/(mm^2/s)		3.0~8.0			GB/T 265
闪点（闭口）/℃	≥	55			GB/T 261
冷滤点/℃	≤	8	4	-5	SH/T 0248
凝点/℃	≤	5	0	-10	GB/T 510
十六烷值	≥	49			GB/T 386
密度（20℃）/(kg/m^3)		810~850			GB/T 1884 GB/T 1885[e]
馏程					
50%回收温度/℃	≤	300			GB/T 6536
90%回收温度/℃	≤	355			
95%回收温度/℃	≤	365			
润滑性（HFRR），磨痕直径（60℃）/μm	≤	460			SH/T 0765
生物柴油（脂肪酸甲酯，FAME）含量（体积分数）/%		2~5			GB/T 23801[f]
多环芳烃（质量分数）/%	≤	11			SH/T 0606[g]

注：a. 可用 GB/T 380、GB/T 11140、GB/T 17040 和 SH/T 0253 方法测定，结果有争议时，以 SH/T 0689 方法为准。

b. 可用 GB/T 264 方法测定，结果有争议时，以 GB/T 7304 方法为准。

c. 若柴油中含有硝酸酯型十六烷值改进剂，10%蒸余物残炭的测定，应用不加硝酸酯的基础燃料进行。柴油中是否含有硝酸酯型十六烷值改进剂的检验方法见附录 A。可用 GB/T 268 方法测定，结果有争议时，以 GB/T 17144 方法为准。

d. 可用目测法，即将试样注入 100ml 玻璃量筒中，在室温（20℃±5℃）下观察，应当透明，没有悬浮和沉降的的机械杂质。结果有争议时，按 GB/T 511 测定。

e. 也可采用 SH/T 0604、GB/T 2540 方法测定，结果有争议时，以 GB/T 1885 方法为准。

f. 可用 ASTM D7371 方法测定，结果有争议时，以 GB/T 23801 方法为准。

g. 可用 SH/T 0806 方法测定，结果有争议时，以 SH/T 0606 方法为准。

第四节 生物柴油指标含义及测试方法

一、密度

密度影响燃料的雾化和蒸发性能，还关系到油品交接和储运过程的计量问题，我国产品标准密度一般报告为20℃时数据。生物柴油的密度典型值在880kg/m^3 到890kg/m^3 之间。

0号石化柴油的密度约为850kg/m^3，生物柴油的密度比0号石化柴油高2%～7%，一般在880kg/m^3 左右。这个指标的合格与否，主要取决于甲酯化工段原料油的转化率。生产过程中，只要对甲酯化工段半成品的密度指标随时进行检测，达标后再转入下一工段，即可满足BD100国家标准对这一指标的要求。

用密度来评价生物柴油的质量并不像用它来审定石化基柴油时那么有效。考虑到有些原料密度小，将限值设定为820～900kg/m^3。

二、运动黏度

运动黏度表示生物柴油在重力作用下流动时内摩擦力的量度，运动黏度也影响燃料的雾化和蒸发性能。为了防止喷射泵和喷射器泄漏而造成功率损失，可设定一个黏度最小值。通过对发动机的设计尺寸、喷油系统的特性的考虑，限定了允许黏度的最大值。

造成生物柴油运动黏度过高的原因主要有：① 甲酯转化率低；② 水洗不彻底，副反应生成的甘油、甘一酯、甘二酯残留量大；③ 蒸馏过程中由于夹带或蒸馏温度过高，大量的甘油及甘油酯进入产品；④ 脂肪酸甲酯的聚合物造成的影响。

为使生物柴油产品运动黏度指标达标，生产过程中应着重注意如下两个方面：① 调整催化剂、甲醇的加入量，选择最佳工艺条件，使得甲酯转化率达到最佳。原料不同，反应的最佳工艺条件也不同，可通过实验室小试确定不同种类原料油最适宜的反应条件，以指导车间投料。② 水洗工段要控制好水温、油温、搅拌速度、加水方式及加水时间。

生物柴油的黏度高于石化柴油，调入2%～20%的生物柴油到石化柴油中后，柴油的黏度会增加，但也能满足标准对柴油运动黏度的要求。美国标准要求生物柴油40℃运动黏度为1.9～6.0 mm^2/s，欧洲标准要求40℃运动黏度为3.5～5.0 mm^2/s，我国标准定为1.9～6.0 mm^2/s（40℃）。

三、闭口闪点

为了储存和运输的安全，燃料都有最低闪点的要求。闪点对于生物柴油的储存和运输安全同样有着重要意义。生物柴油的闪点在机理上可用来限定最终燃料中没有反应甲醇的含量，甲醇含量高的生物柴油的闪点会大大降低。除此之外，较多的甲醇也会对燃料泵、橡塑配件等有影响，并且会降低生物柴油的燃烧性能。

造成生物柴油闪点不达标的主要原因有：① 甲醇的残留量超标；② 含有相对分子质量较小的脂肪酸甲酯、醛、酮。小分子的醛、酮主要是由于原料油的酸败产生的。在前处理工段，通过物理吸附可以除去大部分的小分子醛、酮。在进入蒸馏工段之前，控制干燥工序的真空度2.6 kPa、温度不低于105℃，进行彻底干燥后，可确保闪点达标。

生物柴油闭口闪点一般在170℃左右，远超过石化柴油的70℃，所以生物柴油储运比石化柴油安全。如果原料为棕榈油或椰子油，或者产物中有未处理完全的甲醇或人为加入低碳醇，闪点有可能低于130℃。美国生物柴油标准要求闭口闪点不低于130℃，欧洲标准要求不低于120℃。

四、冷滤点

冷滤点为试样在规定的条件下冷却，当试样不能流过过滤器20mL或试样流过过滤器的时间大于60s时的最高温度，以℃（按1℃的整数）表示。

柴油在低温条件下的流动性能不仅关系到柴油发动机燃料供给系统在低温下能否正常供油，而且与柴油在低温下的储存、运输、装卸等作业能否进行都有密切关系。柴油的低温流动性能一般用浊点、冷滤点、凝点/倾点等来衡量。在冷滤点方法出现之前，一般用浊点、凝点/倾点来评价油品的低温性能。美国使用浊点和倾点指标划分柴油的牌号。冷滤点与燃料实际使用温度有很好的对应关系，对柴油燃料的使用有实际指导意义，而浊点、凝点/倾点与实际情况有偏差。

生物柴油的凝点和倾点比0号柴油的高20～25℃，低温下，甲酯或乙酯常结晶析出，这些晶体会堵塞输油管和过滤器，对柴油输送和发动机运作造成问题，在低温下使用必须解决这一问题。

影响生物柴油低温性能的因素有饱和度、碳链长度和支链数。高饱和的牛油甲酯低温性能很差，凝点和倾点分别为14℃和10℃，而大豆油甲酯和菜油甲酯的凝点和倾点分别为0℃、－5℃和－4℃、－10℃。

100%的生物柴油的低温流动性普遍较差，冷滤点高于石化柴油。石化柴油与生物柴油调合后，低温流动性与石化柴油的性质、生物柴油的性质、掺入量以及是否使用流动性改进剂等都有很大关系。美国和欧洲标准都未明确规定。标准对冷滤点要求为“报告”，以方便运输和装卸操作以及调合时参考。

五、硫含量

硫会引起金属腐蚀，造成发动机磨损，增加尾气排放尤其是颗粒物排放，对后处理器有副作用。降低燃料中硫含量已经成为世界范围内一大趋势。

生物柴油的优点之一就是硫含量低。生物柴油中C_{18}脂肪酸甲酯的含硫量为37mg/kg，C_{16}脂肪酸甲酯的含硫量为299 mg/kg，而且一般原料油的C_{18}脂肪酸甲酯的含量在总的混合脂肪酸甲酯中超过90%。故从原料自身考虑，硫含量不会超标。

生产中造成硫含量超标的原因在于催化剂硫酸。在硫酸催化甲酯化反应完毕后，水洗工段的操作要掌握好要点，就能符合BD100国家标准对硫含量的要求。

美国标准要求生物柴油硫含量不超过0.05%，欧洲标准要求低于0.001%。我国标准对硫含量设为不大于50和500mg/kg两档，以便于分别调合不同规格的柴油。

六、10%蒸余物残炭

生物柴油在规定的试验条件下，受热蒸发和燃烧后形成的焦黑色残留物称为残炭。残炭量用来评测燃料油中炭沉积的趋势，残炭值越大，在柴油发动机气缸内生成积炭的倾向越大。由于与发动机沉积没有直接关联性，这项性能指标被认为是对生物柴油性能的大概估计。我国生物柴油由于原料来源杂，生产和加工工艺多样，后处理的手段参差不齐，更应对残炭指标作要求。

造成10%蒸余物残炭指标超标的原因主要是：① 甲酯转化率低，造成甘油酯含量过高；② 水洗不彻底，使得催化剂、残留皂及副反应生成的甘一酯、甘二酯残留量大；③ 蒸馏过程中由于夹带或蒸馏温度过高，大量的甘油及甘油酯随着脂肪酸甲酯一起进入产品。

美国生物柴油标准用100%的样品来替代10%蒸余物，并按照10%蒸余物来计算，其值要求小于0.050%。欧洲生物柴油标准是直接测试，要求100%蒸余物残炭不大于0.3%。我国标准规定测定10%蒸余物残炭，与我国柴油标准相一致，也将生物柴油残炭标准定为不大于0.3%。

七、硫酸盐灰分

目前，生物柴油的生产多采用酸和碱催化剂。反应完毕后，都要用相应的碱或酸对催化剂进行中和，中和过程中产生无机盐，同时不可避免地产生脂肪酸盐（皂），如果在水洗工段不能把中和催化剂所生成的无机盐、脂肪酸盐（皂）彻底洗掉，使其残留在生物柴油中，就形成灰分。

产生灰分的物质在生物柴油中以以下三种形式存在：固体磨料、可溶性金属皂以及未除去的催化剂。固体磨料和未除去的催化剂能导致喷射器、燃油泵、活塞和活塞环磨损，以及发动机沉积。可溶性金属皂对磨损影响很小，但却能导致滤网堵塞和发动机沉积。我国标准硫酸盐灰分规定为不大于0.02%。

八、水含量

虽然Graboski及Mccromick的试验表明生物柴油中有低含量的水分可以充当燃烧促进剂，但是水本身对金属就有腐蚀作用，还会导致生物柴油的氧化并与游离脂肪酸生成酸性水溶液。水的另一个危害就是其能促进生物柴油中微生物如酵母菌、真菌和细菌的生长，这些有机体可形成淤泥并有可能堵塞滤网。水含量高对生物柴油的氧化稳定性和酸值都有影响，同时对10%残炭和90%回收温度指标能否正常分析都有很大影响。

在进入蒸馏工段之前，待蒸馏的生物柴油采用连续式或间歇式的方式进行干燥脱水，脱水过程中要保证真空度不大于2.6kPa，温度105～110℃。待蒸馏生物柴油脱水干燥后，再进入蒸馏工段，蒸馏出的产品可以满足水含量不大于0.05%（质量分数）的要求。

美国生物柴油标准要求生物柴油水分和沉渣不超过0.05%，欧洲标准要求水含量不超过500mg/kg，我国标准中水含量定为不大于0.05%。

九、机械杂质

机械杂质指存在于油品中所有不溶于规定溶剂的杂质。机械杂质对发动机零部件的磨损以及运转是否正常都有严重影响。欧洲生物柴油标准要求总杂质含量不超过24mg/kg，我国生物柴油标准中不允许有机械杂质。

十、铜片腐蚀

铜片腐蚀是在规定条件下测试油品对铜的腐蚀倾向。由于酸或含硫化合物的存在能使铜片褪色，此试验可用来评测燃料系统中紫铜、黄铜、青铜部件产生腐蚀的可能性。按照目前的标准，生物柴油的铜片腐蚀一般都能达到要求，但长期与铜接触，可能会导致生物柴油发生降解，产生游离脂肪酸和固体物质。美国标准要求生物柴油铜片腐蚀不高于3级，欧洲标准为1级。我国产品标准一般都要求不大于1级。

研究表明，虽然生物柴油其总硫含量都比0号石化柴油低，但其腐蚀却比0号石化柴油严重。由此可见，生物柴油的腐蚀不只是活性硫腐蚀，还有其他的腐蚀因素。分析原因，可能引起生物柴油对金属的腐蚀主要有以下两个。

（1）硫化物、氮化物的转化。

生物柴油在存储过程中如果与空气中的氧气长时间接触，其所含硫化物可能会转化产生微量的元素硫。微量元素硫在柴油中具有良好的溶解性和润滑性，但同时，元素硫对有色金属又有很强的腐蚀性，当其在油品中的浓度为0.34mg /L时，铜片腐蚀级别达到1b级，如果有硫醇的协同作用，其铜片腐蚀级别会进一步恶化。生物柴油中的氮化物在金属的作用下，也会转化产生微量的氨，对铜片也有一定的腐蚀作用。

（2）生物柴油的酸败。

生物柴油中的不饱和脂肪酸甲酯含量比较高，容易发生酸败。生物柴油的主要成分是脂肪酸甲酯，分子中存在大量不饱和双键，多个双键共扼还会有协同作用，在铁、铜等金属催化作用下，使之更容易氧化降解，产生了包括过氧化物、醛类等腐蚀性物质。生物柴油在存储过程中，容器一般都是金属材料，对生物柴油的不稳定性有促进作用。

石化柴油的酸值一般是在0.05mgKOH/g附近，而生物柴油的酸值远高于石化柴油的酸值，尤其是以地沟油为原料制备的生物柴油，其酸值更是高达0.51mgKOH/g。生物柴油中脂肪酸甲酯含量较高，一般都在80%以上。生物柴油长时间暴露在空气中，在金属、光、热等作用下会自发地进行氧化降解，生成低级脂肪酸，使酸值增大。

生物柴油中存在的水分和微生物也会引起酸值增大。生物柴油在存储过程中，会慢慢吸收水分，使生物柴油水分含量越来越高，促进了微生物的生长。生物柴油中的水分和微生物也会引起油品水解生成低级脂肪酸和产生微生物污染，使酸值增大，进一步加剧生物柴油的腐蚀性能。

十一、十六烷值

十六烷值（*CN*值）是表示柴油在柴油机中燃烧时的自燃性的重要品质指标。它是在规定条件下的发动机试验中，采用和被测定燃料具有相同发火滞后期的标准燃料中正十六烷的体积百分数。十六烷值可以评价燃料油的点火性能、白烟影响及燃烧强度。十六烷值高的燃料，自燃点低，整个燃烧过程发热均匀，可降低发动机机械负荷、防止工作粗暴的发生。为保证柴油机良好的工作性能，一般认为*CN*值为45~60较佳。十六烷值适宜大小要求取决于发动机的设计尺寸、转速、负载变化特性以及初始和大气条件。与石化柴油相比，生物柴油的一个优点就是十六烷值较高，不加十六烷值改进剂就能达到49以上。

*CN*值还影响气体和颗粒物的排放，采用*CN*改进剂可以降低NO_x的排放，B20中添加0.5%过氧化二叔丁基（DTBP）或乙基已基硝酸酯（EHN）即可使B20燃油达到柴油运行时的NO_x排放水平。十六烷值主要取决于生产原料，残留甲醇和甘油含量会稍微降低*CN*值。动物油甲酯的*CN*值一般高于植物油甲酯。十六烷值随着链长度的增长而增加，随着双键的减少而增加，双键和羰基的位置会影响*CN*值，双键和羰基越靠近链中部十六烷值越低。硬脂酸甲酯的十六烷值为75左右，而亚麻酸甲酯的只有25，从十酸甲酯到十八酸甲酯*CN*值由47.9增加到75.6。不同的醇为原料制备生物柴油则对十六烷值的影响较小。

美国标准要求生物柴油十六烷值不低于47，欧洲标准要求超过51，我国标准将生物柴油的十六烷值定为不小于49。

十二、氧化安定性

氧化安定性也是生物柴油质量的一个重要指标，氧化安定性差的生物柴油易生成如下老化产物：不溶性聚合物（胶质和油泥），这会造成发动机滤网堵塞和喷射泵结焦，并导致排烟增加、启动困难；可溶性聚合物，其可在发动机中形成树脂状物质，可能会导致熄火和启动困难；老化酸，这会造成发动机金属部件腐蚀；过氧化物，这会造成橡胶部件的老化变脆而导致燃料泄漏等。由于生物柴油很难通过纤维素滤膜，用于评价柴油氧化安定性的方法不能评价生物柴油。生物柴油的氧化安定性与原料性质、化学组成以及抗氧剂有关。

影响生物柴油氧化安定性的因素主要有以下几点：① 产品是否经过蒸馏。产品经过蒸馏后，氧化安定性会明显下降。有研究表明，采用 EN 14112 检测方法，使用瑞士万通公司（Metrohm）的 873 生物柴油稳定性测定仪对产品进行测定。蒸馏后的产品氧化安定性只有 0.61h，而未蒸馏的产品，氧化安定性为 6.77h。② 产品是否添加了抗氧化剂。添加抗氧化剂能明显提高产品氧化安定性。蒸馏后的产品添加 0.04% 抗氧化剂后，氧化安定性为 7.85h，添加 0.06% 抗氧化剂后，氧化安定性为 14.78h。③ 是否去除小分子醛、酮类物质。去除小分子醛、酮类物质后，生物柴油的氧化安定性得到提高。去除小分子物质、蒸馏后的产品添加 0.04% 抗氧化剂后，氧化安定性为 18.21h；去除小分子物质、蒸馏后的产品添加 0.06% 抗氧化剂后，氧化安定性为 38.48h。

采用各种废弃的动、植物油脂为原料生产生物柴油，原料颜色很深，甲酯化工段完成后，必须进行蒸馏才能保证产品的色泽接近石化柴油的颜色。

在实际生产时，产品去除小分子醛、酮类物质后，进行蒸馏操作，然后添加适量的抗氧化剂，就能保证氧化安定性指标达标。

目前已经发展了很多方法可评定生物柴油的氧化安定性，比较得到公认的标准方法是 ISO 6886——动植物油脂氧化安定性测定法（加速氧化法）和基于此的 EN 14112:2004—脂肪酸甲酯氧化安定性测定法（加速氧化法）。欧洲标准规定生物柴油在 110℃下的诱导期不低于 6h，美国标准还没有规定这一指标。我国标准要求生物柴油在 110℃的诱导期不小于 6.0h，测定方法为 EN 14112:2003。

十三、酸值

酸值是指中和 1g 油品中的酸性物质所需要的氢氧化钾毫克数。生物柴油的酸值测定的对象是生产过程中残余的游离脂肪酸和储存过程中降解产生的脂肪酸。高酸值的生物柴油能加剧燃料油系统的沉积并增加腐蚀的可能性，同时还会使喷油泵柱塞副的磨损加剧，喷油器头部和燃烧室积炭增多，从而导致喷雾恶化以及柴油机功率降低和气缸活塞组件磨损增加。酸值高的生物柴油氧化安定性会变差。

美国生物柴油标准酸值不大于 0.80mgKOH/g，欧洲标准为不大于 0.50mgKOH/g，我国标准要求生物柴油酸值不大于 0.8mgKOH/g。

十四、游离甘油

高的甘油含量是生物柴油黏度增大的主要原因，高黏度油会影响燃油的雾化性能，产生喷射器沉积，增加供油压力，也会阻塞供油系统和腐蚀发动机，导致黑烟的生成，或者高浓度的乙醛排放，使柴油机工作性能恶化。同时还能导致储存和供油系统底部游离甘油的形成。游离甘油通过水洗可以很容易除去。

美国和欧洲生物柴油标准都要求游离甘油的含量不超过 0.02%，我国标准要求游离甘油不超过 0.020%。测定方法为 ASTM D 6584。测定游离甘油的最灵敏方法是 GC，此外还有 HPSEC 和酶法分析。

十五、总甘油、甘油单酯、二酯及三酯

总甘油方法是用来测试油品中甘油的含量，包括游离甘油和未反应或部分反应的油脂。

较低的总甘油含量能够确保油脂在转变成脂肪酸甲酯的高转化率。

酯含量代表生物柴油的纯度，测定时一般采用气相色谱法。其含量的高低取决于生产生物柴油过程中的酯交换反应是否彻底。甘油单酯和二酯是甘油三酯未转化完全的副产物，如果它们的浓度（尤其是甘油三酯）太高，可能导致喷射器发生沉积，并且影响低温操作性能，造成过滤器阻塞。游离甘油和甘油酯含量很低，需要一个精确可靠的分析方法。检测限应能达到指标要求的含量。目前主要采用气相色谱法，另外还有高效液相色谱法、红外色谱法、高效体积排阻色谱法和酶法分析。应根据指标所限制的含量要求选择合适又简便的方法。

美国标准只规定了总甘油含量不超过 0. 24%，没规定甘油单酯、二酯和三酯的含量；欧洲标准规定甘油单酯、二酯和三酯含量分别为不超过 0. 80%、0. 20% 和 0. 20%，总甘油含量不超过 0. 25%。我国标准也只规定总甘油不超过 0. 240%，测定方法为 ASTM D 6584。

ASTM D 6751 和欧盟标准委员会标准 EN 14214 制定了生物柴油调合原料和发动机燃料相似的规格。在每一个标准中，一个重要的指标是限制生物柴油中游离甘油和甘油酯的量。游离甘油是生物柴油生产中的副产物，单甘油酯、二甘油酯、三甘油酯是部分反应油脂，是生物柴油中的污染物。因此 ASTM D 6751 和 EN 14214 对游离甘油和甘油酯制定一个最低值。

ASTM 和 CEN 制定了几种符合标准规格的物理和化学测试方法。一种重要的化学方法是测定 B100 中游离甘油和甘油酯的量。开发了两种气相色谱法，EN 14105 和 D 6584 用于测定。两种气相色谱方法在样品制备、仪器配置、操作条件和报告方面几乎完全一样。由于甘油和甘油酯沸点高，且有一定极性，在进入气相色谱之前，首先必须衍生化以提高挥发性，把甘油二酯、甘油一酯的 - OH 基团硅烷化，可增大样品挥发性，并降低活性，甘油三酯和脂肪酸甲酯不参加硅烷化反应。采用冷柱头进样口和高温毛细管柱易于分析这些化合物。使用这些方法时另一个考虑的重要因素是生物柴油的来源。两种方法均可用于从植物油如菜籽、大豆、葵花和棕榈生产的 B100 生物柴油的分析。这些方法不适用于由月桂酸如椰子和棕榈仁生产的 B100 生物柴油的分析。脂肪酸甘油单酯、二酯、三酯的典型色谱图见图 2 - 1。

对于甘油三酯的分析，采用高温气相色谱/质谱法可以测定其结构和组成。由于其沸点很高，进样方式宜采用柱上进样方式或程序升温气化（PTV）进样方式，可以获得按照碳数分离的甘油三酯的组成和含量。图 2 - 2 为采用 HT - 5 高温色谱柱、以柱上进样方式获得的大豆油中甘油三酯的色谱图。

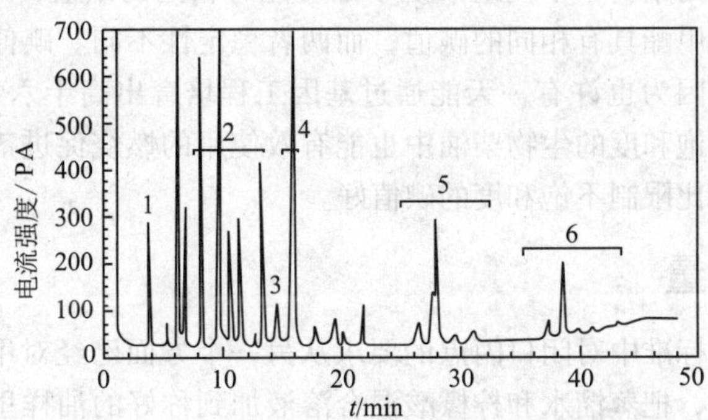

图 2 - 1　脂肪酸甘油单酯、二酯、三酯的色谱图

色谱柱：合金；

峰：1—甘油；2—脂肪酸甲酯；3—C_{16} - 单甘酯；

4—C_{18} - 单甘酯；5—二甘酯；6—三甘酯

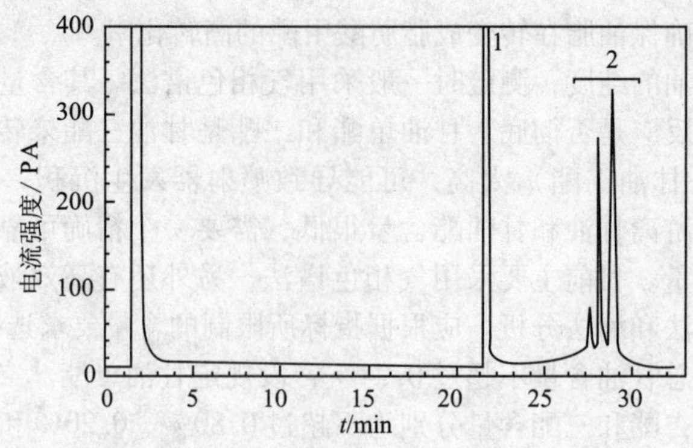

图 2-2　大豆油中甘油三酯的典型色谱图

十六、90%回收温度

由于生成生物柴油的动植物油脂主要是由 16 到 18 碳的脂肪酸甘油酯组成，因此所生成的生物柴油的馏程范围一般为 330～360℃。这一指标的作用是防止生物柴油中混入其他高沸点污染物。美国标准规定 90% 回收温度不超过 360℃，欧洲标准没有规定这一项目。我国标准要求 90% 回收温度不超过 360℃。分析方法 GB/T 6536。

十七、碘值

衡量生物柴油的不饱和度即双键的多少。Mercedes Benz 认为碳沉积使得碘值大于 115 的生物柴油不宜用作燃料，而 Ryan 等提出碘值小于 135。一些生物柴油具有较多的不饱和脂肪酸甲酯，而降低不饱和度的做法，例如氢化，则会导致生物柴油低温性能恶化，因而在研究上应致力于开发添加剂以稳定双键。

低不饱和度的生物柴油，碘值低，十六烷值高，但低温性能不佳，而高不饱和油脂制作的生物柴油，碘值高，十六烷值低，但低温性能优异。十六烷值、碘值和低温性能就存在一定的矛盾关系，影响了碘值作为生物柴油的一个质量指标。把碘值作为指标的另一个缺点是碘值没有考虑脂肪酸链的结构，不同组成的甲酯可能有相同的碘值，1∶1 的硬脂酸甲酯、亚油酸甲酯混合物和油酸甲酯具有相同的碘值，而两者稳定性不同。碘值纳入标准可能阻碍生物柴油的研究与发展，因为也许有一天能通过基因工程培育出高十六烷值生物柴油的原料，或者开发出即使在高不饱和度的生物柴油中也能有效使用的燃烧促进剂，所以有人认为限制高不饱和脂肪酸的含量比限制不饱和度的碘值好。

十八、甲醇含量

上述生物柴油各种标准中对闭口闪点的要求从另一个方面已经对甲醇作了规范。Bondiol 开发了测定甲醇的方法，把蒸馏水和柠檬酸混合溶液加到称好的油样里进行蒸馏，直到蒸馏完全，把内标物乙醇加到蒸馏出来的溶液里，用 GC 分析蒸馏物。EN 14110-2003 标准中采用顶空色谱法，以 2-丙醇作内标，用极性或非极性毛细管柱进行分离测定。一般对于酒类、香料及化妆品中的甲醇等挥发物均采用顶空色谱法测定。对于生物柴油样品，甲醇为低沸点杂质，可以采用双柱反吹的方式阻止重组分进入分析柱，从而测定其中的甲醇含量。生物柴油中微量甲醇的色谱图见图 2-3。

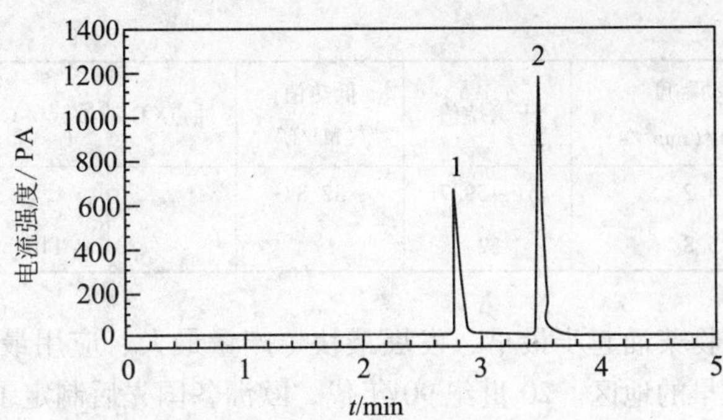

图 2-3　生物柴油中甲醇测定的色谱图

色谱预处理柱：SE-54（2m × 0.32 mm i. d.）；色谱分析柱：OV-1（25m×0.20mm i. d.）（i. d. 内径）

峰：1-甲醇；2-丙醇（内标）

十九、金属含量

残留的金属可导致发动机沉积和磨损，并造成泵和注射器失效，使柴油车排烟增大，启动困难。酯交换反应的催化剂可向反应中引入一价金属如 Na、K，二价金属如 Mg、Ca 等。如果后处理措施充分，生物柴油的金属含量很低。

欧洲标准对一价金属（Na+K）以及二价金属（Ca+Mg）在生物柴油中含量都作了限制（≤5mg/kg），美国和中国生物柴油标准暂不作要求。

二十、磷含量

植物油中的磷含量主要取决于油脂精炼的程度，深度精炼油只含有几微克/克的磷，而粗油和水化脱胶油含磷量可能达到 100μg/g，含磷酸盐超过 0.25%，碱催化过程中含磷量可以从 100μg/g 降到 20~30μg/g，硫酸盐含量大约为 0.04%，但进一步降低磷含量则还需其他步骤。

磷能够破坏用于排放控制系统的催化转换器，一定要保持它的低含量。在国外，随着排放标准的日益严格，催化转换器在柴油动力设备上的应用越来越普遍，因此低含磷量的重要性将逐渐升高。美国和欧洲生物柴油标准都要求磷含量不大于 10mg/kg。目前国内的情况与美国柴油车不同的是催化转换器、颗粒捕获器等设备的使用率很少，磷含量的测定在国内目前还比较困难，因此，我国标准暂不作要求。

几种生物柴油的物化性能见表 2-13。

表 2-13　生物柴油的物化性能

植物油甲酯	运动黏度（40℃）/（mm^2/s）	十六烷值	低热值/（MJ/L）	浊点/℃	闪点/℃	密度/（g/L）	硫/%
花生油甲酯	4.9	54	33.6	5	176	0.883	
大豆油甲酯	4.5	45	33.5	1	178	0.885	
巴巴酥油	3.6	63	31.8	4	127	0.879	
棕榈油甲酯	5.7	62	33.5	1	164		
葵花籽油甲酯	4.6	49	33.5	1	138	0.860	
动物油甲酯				12	96		

续表

植物油甲酯	运动黏度（40℃）/（mm^2/s）	十六烷值	低热值/（MJ/L）	浊点/℃	闪点/℃	密度/（g/L）	硫/%
菜籽油甲酯	4.2	51～59.7	32.8			0.882	
棉籽油甲酯	5.8	52			110	0.878	0.014

欧盟地区是全球生物柴油起步最早、发展最快、产量最大、应用最广的地区。也是生物柴油标准化工作进行最早的地区。20世纪90年代，欧洲各国先后制定了生物柴油国家标准。

欧盟生物柴油标准对全球生物柴油业界产生了巨大影响，全球大多数生物柴油的国家和地区标准都是参照欧盟标准制定或修订的。目前，欧盟要求生物柴油以不大于5%的比例调合到石化柴油中，调合后的柴油燃料要满足车用柴油EN 590:2004标准的要求。

欧盟生物柴油标准的发展趋势是对生物柴油关键指标的要求会越来越严格，例如氧化安定性指标和磷含量指标，并发展脂肪酸乙酯生物柴油标准。生物柴油调合燃料标准在未来几年的发展趋势是增加生物柴油的调合比例到7%，并逐步增加到10%，并有可能允许满足相应标准的脂肪酸乙酯调合到石化柴油中。

欧盟生物柴油标准对我国相应标准的制定有很大的借鉴意义，正在制、修订的车用柴油国家标准和生物柴油调合燃料国家标准都将参考相应的欧盟标准。

着眼于生物柴油的长期使用，加强生物柴油的生产和使用管理，及时制定生物柴油的国家标准是十分必要的。就目前国内生物柴油而言，其规模化生产刚刚起步，生产量还比较小，目前以生物柴油作为纯态燃料使用的条件尚未成熟。随着柴油低硫化的发展，柴油发动机的磨损问题会比较突出。如果利用价格低廉的原料生产生物柴油，并将其作为车用柴油的润滑性添加剂加入石油基柴油中，可达到提高石油基柴油润滑性的目的；也可以在环保法规要求较严格的地区以石化基柴油的调合组分作为车用燃料使用，以减少车辆尾气中有害物质的排放，达到环境治理的目标。为此，我们可考虑分步走的原则，参考国外成熟的经验，着眼于生物柴油的长期使用，制定切实可行的生物柴油控制指标，进而制定出符合中国国情的生物柴油标准。

第三章　生物柴油生产工艺及设备

第一节　生物柴油的生产方法

生物柴油原料组成为短链的醇类和甘油三酸酯。其主要制备方法有直接使用和混合法、微乳法、热裂解法和酯交换法。各制备方法及优缺点如表3-1所示。前两种方法由于油的黏度高和不易挥发，导致发动机喷嘴不同程度的结焦、活塞环卡死和积炭等问题。植物油和动物脂肪裂解的缺点是需在高温下进行，需要催化剂，反应难以控制且设备昂贵。而酯交换法主要通过酯基转移作用将高黏度的植物油或动物油脂转化成低黏度的脂肪酸酯。采用酯交换法制备出的生物柴油具有黏度低，无须消耗大量的能量等显著优点。酯交换法主要有酸催化酯交换、碱催化酯交换、酶法催化酯交换、多相催化酯交换、均相体系催化酯交换和超临界酯交换。本节内容主要介绍酯交换法生产生物柴油。

表3-1　生物柴油的制备方法及优缺点

原　料	制备方法	优缺点
植物油	直接使用和混合法 微乳化法	优点：液态、轻便、简单、可再生、热值高 缺点：高黏度、易变质、不完全燃烧
植物油、动物油脂	高温热裂解法	高温下进行，需要常规的化学催化剂，反应产物难以控制，设备昂贵
植物油、动物油脂和醇类	酸催化酯交换法	酯的游离脂肪酸和水含量高时，酸催化比碱催化效果好；
	碱催化酯交换法	生成高附加值副产物甘油，催化反应速率比酸催化法快，碱剩余时，有皂生成，堵塞管道；
	酶催化酯交换法	游离脂肪酸和水的含量对反应无影响，相对清洁，酶的价格偏高，反应时间长。

一、酯交换法

酯交换是利用甲醇、乙醇等低碳醇类物质，将甘油三酸酯（植物油的主要成分）中的甘油基取代，形成长链脂肪酸甲酯或乙酯，从而减短碳链的长度，增加流动性和降低黏度，使其适合作为燃料油使用，见表3-2。

表 3-2 菜籽油酯化前后的理化指标

种 类	相对分子质量 /(g/mol)	密度/(kg/L)	质量热值 H_L	运动黏度 /(mm^2/s)	十六烷值
菜籽油	947 ~ 959	0.916	38.89	82	32.2
菜籽油甲酯	290	0.885	39.7	8.9 ~ 9.5	52 ~ 53
柴油	190 ~ 220	0.82 ~ 0.857	42.97	5.1	>45

在油类酯交换反应中，甘油三酸酯与醇在强酸或强碱作用下酯交换得到脂肪酸甲酯和甘油。按化学计量法计算，1mol 甘油三酸酯需 3mol 甲醇进行酯交换。由于酯交换反应是可逆平衡反应，过量的醇有利于提高反应产率。也有研究者认为反应过程为三步连续可逆反应。

用于酯交换的植物油主要有大豆油、菜籽油、棕榈油和葵花籽油等，动物油脂包括牛油、猪油、鱼油等。此外，餐饮废油也可用于制取生物柴油。用于酯交换的醇类包括甲醇、乙醇、丙醇和丁醇等。其中甲醇最常用，因为其具有碳链短、极性强和价格便宜的特点。Warabi 等研究发现，在同一反应时间和温度条件下，醇类的碳链越短，甘油三酸酯的转化率越高。

用于制备生物柴油的酯交换过程大致分为均相催化酯交换过程、多相催化酯交换过程、酶催化酯交换过程和超临界酯交换过程。其中，均相催化酯交换过程主要包括酸催化酯交换过程和碱催化酯交换过程。

固体碱催化的固液相反应工艺近期将有可能在法国工业化，超临界（高温高压无催化剂）的酯交换反应也将可能在近几年进行工业应用，而脂肪酶催化的酯交换反应还需要更长的时间才可能工业化。

1. 酸催化酯交换过程

酸催化酯交换过程一般使用布朗斯特酸进行催化。较常用的催化剂有浓硫酸、苯磺酸和磷酸等，浓硫酸价格便宜，资源丰富，是最常用的酯化催化剂。酸催化酯交换过程产率高，但反应速率慢，分离难且易产生三废。Crabbe 等研究表明，在 95℃，甲醇与棕榈油物质的量比为 40∶1，5% H_2SO_4 条件下，脂肪酸甲酯产率达到 97% 需 9h；而在 80℃（其他条件相同）时，要得到同样产率需 24h。

Freedman 等研究大豆油的酯交换反应动力学发现，在 117℃，丁醇与大豆油物质的量比为 30∶1，1% H_2SO_4条件下，脂肪酸丁酯产率达到 99% 需 3h；而在 65℃，等量的催化剂和甲醇条件下，脂肪酸甲酯产率达到 99% 需 50h。Obibuzor 等用硫酸作为催化剂回收利用果皮中的油脂（游离脂肪酸，25% ~26%），醇油物质的量比 5∶1，温度 68℃，反应时间在 12h，脂肪酸酯产率 97% 左右。

影响酸催化酯交换过程的主要因素有反应温度、醇与油的物质的量比及酸催化剂用量。在制备生物柴油时，醇过量有利于脂肪酸酯的生成。然而，过量的醇使得甘油的回收困难。另外，产品中的酸催化剂会腐蚀发动机的金属部件，因此须除去。

2. 碱催化酯交换过程

1）无机碱催化酯交换过程

碱催化酯交换反应的速率比酸催化要快得多。常用无机碱催化剂有甲醇钠、氢氧化钠、氢氧化钾、碳酸钠和碳酸钾等。

甲醇钠在用于制备生物柴油的碱催化剂中活性相当高，但易溶于脂肪酸酯。Alcantara 等在用甲醇钠作催化剂制备生物柴油过程中发现，在60℃，甲醇与油物质的量比7.5∶1，加入质量分数为1%的甲醇钠，转速600r/min，三种油脂基本转化完全。然而，油脂中若含有水，甲醇钠活性将大大降低。氢氧化钠和氢氧化钾相对于甲醇钠的价格要便宜些。邬国英等对氢氧化钾催化菜籽油制取生物柴油的酯交换进行了研究，35℃、45℃时的反应速率常数分别为0.9179L/(mol·min)和1.049L/(mol·min，酯交换反应的活化能为10.88kJ/mol。棉籽油酯交换反应的最佳反应温度为45℃，最佳催化剂为1.1% KOH。Komers等对氢氧化钾催化菜籽油制取生物柴油作了系统而详细的研究，提出了相应的机理和动力学模型。在反应过程中，氢氧化物与醇反应产生水，使部分酯类水解产生羧酸，羧酸与氢氧化物发生皂化反应，大大降低了生物柴油的产率且分离比较难。

目前工业上常以天然油脂为原料生产生物柴油。由于天然油脂几乎都含有一定量的游离脂肪酸，脂肪酸的存在不利于酯交换的进行。单纯采用碱催化酯交换法生产脂肪酸甲酯损失大、得率低。一般先加入酸性催化剂，对原料进行预酯化，然后加入碱性催化剂进行酯交换。

水常常也是碱催化剂的毒物，水的存在会促使油脂水解与碱生成皂。因此，以氢氧化钾、氢氧化钠、甲醇钾等为碱催化剂时，常常要求原料油酸价小于1，水分低于0.06%。

对于含水或含自由脂肪酸的油脂，可以进行两次酯化。研究人员对酸价较高（$AV>5$）的椰子油进行实验，发现采用硫酸作催化剂，加入部分甲醇预酯化，再用NaOH作催化剂完成酯化反应，甜水的分离比一步法酯化相对容易得多。对于含游离脂肪酸较多的油脂，如回收油脂，可以直接使用酸作催化剂。用硫酸作催化剂时，耗用的甲醇量要比用碱金属催化剂要多，反应时间也更长。硫酸作催化剂同样需要对含水量加以限制，通常应小于0.5%，由于游离脂肪酸酯化反应过程中会产生水，也会使酸催化剂的催化作用下降。

2）有机碱催化酯交换过程

传统的酸碱催化酯交换过程由于油脂中水和游离脂肪酸易产生大量副产物，分离比较难。含氮类的有机碱作为催化剂进行酯交换，分离简单清洁，不易产生皂化物和乳状液。Schuchardt等对1，5，7－三氮杂二环［4，4，0］5－癸烯（TBD）、1，3二环已基－2－*n*－辛基胍（PCOG）、1，1，2，3，3－五甲基胍（PMG）、2－*n*－辛－1，1，3，3－四甲基胍（TMOG）、1，1，3，3－四甲基胍（TMG）和胍（G）等一系列胍类有机碱催化油菜籽油与甲醇酯交换进行了研究。结果表明，TBD催化活性最高。70℃，1%（物质的量分数）的TBD催化3h后产物产率能达到90.0%。Schuchardt等将TBD和NaOH以及K_2CO_3催化活性进行了对比。结果见表3－3。从表3－3可以看到，TBD活性比NaOH稍差一些，但在反应过程中无皂化物生成；TBD活性比K_2CO_3要高一些。

表3－3　TBD和无机碱催化剂活性对比

催化剂（摩尔分数）	1h后产物产率/%	催化剂（摩尔分数）	1h后产物产率/%
NaOH（1%）	98.7	K_2CO_3（1%）	84.0
K_2CO_3（2%）	90.3	K_2CO_3（3%）	92.4
TBD（1%）	89.0	TBD（2%）	91.4
TBD（3%）	93.0		

注：反应条件为8.00g（27.2mmol）菜籽油和2.00g（62.5mmol）甲醇，70℃。

目前，酸碱催化进行酯交换生产生物柴油的液相技术在工业上比较成熟，主要工艺包括德国鲁奇（Lurgi）公司开发的两级连续醇解工艺、德国斯科特（Sket）公司开发的连续脱甘油醇解工艺、德国汉高（Henkel）公司开发的碱催化连续高压醇解工艺、美国生物柴油公司

(Biodiesel Industries, Inc.) 开发的模块组装生产装置 (modular production units, 简称 MPU) 和加拿大多伦多大学开发的引入惰性溶剂生产生物柴油的 BIOX 工艺等。

此类生物柴油生产方法工艺条件比较温和，操作弹性较大，但也存在较大不足，主要包括：对原料要求苛刻，产物后处理复杂，产生低价值副产物，工艺流程复杂，不利于大规模生产，三废排放大，污染环境。

3. 酶催化酯交换过程

传统酸碱催化制备生物柴油存在工艺复杂，醇消耗量大，产物难回收，环境污染大等缺点。研究者开始关注使用脂肪酶代替酸碱催化合成生物柴油。酶催化制备生物柴油具有条件温和，醇用量小，产品易于收集，无污染排放等优点。

用于催化合成生物柴油的脂肪酶主要是酵母脂肪酶、根霉脂肪酶、毛霉脂肪酶、猪胰脂肪酶。由于脂肪酶来源不同，其催化特性也存在很大差异。

Soumanou 等研究了不同有机溶剂对酶催化葵花籽油的影响，非极性溶剂条件下转化率能达到 80%，而使用极性溶剂如丙酮，转化率降至 20% 以下。在无溶剂条件下，甲醇与油物质的量比为4. 5:1，Pseudomonas 酶催化效果最好，其转化率超过 90%。Thomas 等公开了一种方法，在 Mucor、miehei 等脂肪酶作用下，通过油脂和醇在作为溶剂的己烷中反应，制备含脂肪酸酯的柴油机燃料和润滑油。杜伟等提出以短链脂肪酸酯作为酰基受体，利用 Novozym 酶催化动植物油脂进行酯交换反应，短链脂肪酸酯与油脂的物质的量比在（3 ~20）:1，经数十小时反应得到生物柴油。

脂肪酶在有机溶剂中存在聚集作用，不易分散，催化效率较低等缺点，因此通常把脂肪酶固定在载体上。脂肪酶固定化技术在工业规模生产中极具吸引力，因其具有稳定性高，可重复使用；保留酶活性，并有获得超活性的可能；容易从产品中分离。诺维信公司（Novozymes）已经开发出一种用于非水系统的固定化脂肪酶的廉价方法，并已有固定化脂肪酶成品提供。

国内，华南理工大学和北京化工大学等也在研究用酶催化制备生物柴油的技术。其中，华南理工大学已申请专利。该方法以廉价油为原料，以脂肪酶和微生物细胞为催化剂，采用 3 ~4 级固定酶反应器进行连续转酯化反应，可简化原料处理及产品回收工艺、降低反应温度、避免催化剂对反应副产品甘油的污染，无污染排放。另外，清华大学针对甲醇对脂肪酶的毒性问题，研究采用短链脂肪酸甲酯代替甲醇进行酯交换制备生物柴油，已申请专利（公开号 CN 1436834A 和 CN1472280A）。

酶法制备生物柴油具有条件温和，醇用量少、无污染排放等优点。但目前主要问题有：甲醇及乙醇的转化率低，一般仅为 40% ~60%，由于目前脂肪酶对长链脂肪醇的酯化或转酯化有效，而对短链脂肪醇如甲醇或乙醇等转化率低。而且短链醇对酶有一定毒性，酶的使用寿命短。价廉、易于活化和制备的固定化酶的载体很难得到。副产物甘油和水难于回收，不但对产物形成拟制，而且甘油对固定化酶有毒性，会缩短固定化酶使用寿命。因此，酶催化酯化制备生物柴油的技术需要较长的一段时间才可能工业化。

酶催化酯交换制备生物柴油一般采用固定床酶反应器，且为多级反应器。为了抑制甲醇对生物酶的毒害作用，一般采用三步法。

4. 多相催化酯交换过程

在传统的酸碱催化酯交换过程中，催化剂分离比较难。因此，多相催化酯交换过程逐渐受到人们的关注。Peterson 等首先将多相催化引入油菜籽油的酯交换过程中。由于多相催化剂的存在，反应混合物形成油、甲醇、催化剂三相，因而反应速率相对较慢，但大大简化了反应产物与催化剂的分离。

Gryglewicz 对多相催化油菜籽油的酯交换进行了深入研究，引入超声波和共溶剂 THF（四氢呋喃）以促进反应。对 Ba（$OH)_2$、Ca（$MeO)_2$ 和 CaO 催化剂进行对比，Ba（$OH)_2$ 和 Ca（$MeO)_2$ 催化活性比 CaO 高。吕亮等采用固体碱催化剂 LDH/LDO 催化植物油酯交换，转化率可达到 98.5% 以上。

Stern 等使用 ZnO、ZnO 和 Al_2O_3 的混合物以及铝酸锌催化制备脂肪酸酯，取得了比较好的收率。

Suppes 等采用一系列 NaX 分子筛、ETS－10 分子筛和金属催化剂催化大豆油酯交换，发现 ETS－10 分子筛比 NaX 分子筛催化活性高。

韦德纳等提出用精氨酸重金属盐作为催化剂进行植物油酯交换，获得了很好的转化率，且精氨酸重金属盐不溶于反应混合物，从而得到很好的分离。

Schuchardt 等将胍类负载在有机聚合物如聚苯乙烯上，与均相催化相比，催化活性有轻微的下降，但经过较长时间后，也能达到同样高的转化率。

多相催化虽解决了分离的问题，但反应时间太长，且有些催化剂如分子筛和固体碱制备成本比较高。此外，催化剂易中毒，需解决其寿命问题。

多相催化是针对催化剂而言的。醇与油两相而不互溶，使催化剂的催化效果很差。盛梅等研究菜籽油制备生物柴油时发现，搅拌速度对反应速度没有太大的影响，即使搅拌速率达到最大，醇与油形成的还是非均相体系。为解决两相不均匀的问题，Boocock 提出了在甲醇油体系中加入共溶剂 THF，使得反应速率大幅度提高。甲醇与豆油的物质的量比为 27∶1，油体积为 23mL，加入 THF 22 mL，温度 23℃，反应 7min 左右时，转化率达到 99.4％。Zhou 等将共溶剂 THF 用在乙醇油碱催化酯交换体系中。反应温度为 23℃，乙醇与油物质的量比为 25∶1，KOH 用量 1.4％，反应 6～7min 达到平衡。研究还发现，在反应温度为 60℃时，反应只需 2min 就能达到平衡。另外，Quintana 为使两相均匀，引入了超声波。其最优条件是反应温度 40℃，醇油物质的量比 6∶1，超声振荡，反应转化率在 15min 达到 99.4％。

5. 超临界酯交换过程

为了解决酯交换反应中遇到的成本高、反应时间长、反应产物与催化剂难于分离等问题，开发了不使用催化剂的新工艺。由于能很好地解决反应产物与催化剂难分离问题，超临界酯交换过程日益受到研究者关注。超临界酯交换过程具有对环境友好、反应分离同时进行、时间短和转化率高等特点。超临界方法从根本上也是为了解决两相共溶问题。

Freedman 等人研究了在加热条件下大豆油与甲醇的酯交换反应，进行了动力学的研究，发现了无催化剂条件下反应的特点。醇油比 21∶1、在 235℃下反应 10h，甲酯质量分数超过了 85％；醇油比 27∶1、220℃下反应 8h，甲酯质量分数达 67％。同时发现甘油二酸酯和甘油三酸酯的转化率明显高于甘油一酸酯，即在无催化剂条件下，三步反应中前两步反应进行得快，而最后一步反应则进行得很慢。

加压、提高反应温度是强化反应的重要手段，Billenste 等采用 210℃、7MPa 的工艺条件连续生产，在醇过量 7～8 倍情况下，转化率达到 97% 以上。Henkle 公司开发的连续流程是高温反应工艺的典型代表，在 240℃、9MPa 条件下用过量的甲醇在催化剂作用下进行高温酯交换反应，反应在塔式反应器中进行，反应产物经过闪蒸除去甲醇后，甲酯产品通过加压蒸馏切割的方式精制。高温反应的优点是对原料油脂的要求可以放宽，可以直接使用未经精制的油脂。但是，高温反应会带来能耗上的不经济和设备腐蚀加剧。

甲醇的临界点为 T_c = 239℃，P_c = 8.09MPa，当温度升到 235℃以上时，甲醇已经处于接近临界状态。Demirbas 的实验表明，临界点附近反应速率突然升高。升高温度不仅对反应有利，同时也加强传质，反应在几分钟之内便可完成。Kusdiana 等利用菜籽油进行实验，发现在醇油比为 42 的情况下，350℃是最佳的反应温度。

油脂中所含的水和游离酸对普通催化剂来说通常是有害的，但超临界反应条件下，它们并不会影响反应的进行。超临界情况下，如果体系有水存在，油脂首先是水解生成脂肪酸，再与甲醇反应生成脂肪酸甲酯。Warabi 等的研究表明，300℃下的超临界醇介质中，酯交换反应与脂肪酸的酯化反应相比，酯交换反应的速率较慢。Kusdiana 等研究了游离酸和水含量对超临界情况下酯交换反应的影响，发现水对超临界条件下的酯交换还有一定的促进作用。

对这个工艺研究较多的主要是日本的住友化学公司和京都大学。用植物油与超临界甲醇反应制备生物柴油的原理也是基于酯交换反应，但在超临界甲醇中，油脂的溶解度增加，有利于反应的进行。

日本的 Saka 等提出超临界酯交换制取生物柴油的新方法。反应是在间歇不锈钢反应器中进行，反应温度 350～400℃，压力 45～65MPa，甲醇与菜籽油的物质的量比为 42:1，时间不超过 5min，产率高于普通催化酯交换过程。Sasaki 等提出，在至少油脂和醇两者之一是超临界状态的条件下，加入少量碱性催化剂，反应温度 300℃以上，时间 10min 左右，脂肪酸甲酯产率均高于 95% 以上。与普通酯交换相比，超临界酯交换具有产率高，反应时间短和分离简单等优点。Warabi 等进一步研究了超临界状态下游离脂肪酸的酯化反应和油脂的酯交换反应的影响。反应温度为 300℃，醇分别采用甲醇、乙醇、1－丙醇、1－丁醇和 1－辛醇。实验表明，甘油三酸酯的酯交换反应速率比脂肪酸酯化反应速率慢一些，而且不饱和脂肪酸酯化反应速率比饱和脂肪酸要快一些。

Tateno 等在甲醇超临界状态下，分别加入少量的碳酸钙、氧化钙和氢氧化钙等固体碱催化剂，在 10min 以内脂肪酸甲酯的产率达到 97% 以上。Jackson 等研究了在超临界二氧化碳中固定酶作用下甲醇与油脂酯交换过程。玉米油由泵以 4μL/min 的流量注入二氧化碳流体中，甲醇以 54μL/min 的流量被注入，脂肪酸甲酯的产率达到 98%。该过程将萃取与反应耦合在一起。Madras 等在葵花籽油制备生物柴油的研究中，将超临界甲醇或乙醇的酯交换反应和酶催化的超临界二氧化碳的反应进行了对比，前者完全转化，而后者只有 30% 的转化率。

日本大阪市立工业研究所成功开发使用固定化脂酶连续生产生物柴油，分段添加甲醇进行反应，反应温度为 30℃，植物油转化率达 95%。脂酶连续使用 100d 仍不失活。反应后静置分离，得到的产品可直接用作生物柴油。

日本关西化学工程公司推出一种简易的低费用工艺，采用全细胞生物催化剂用于废植物油的反酯化。新技术将细胞固定在由聚氨酯泡沫制作的生物质支撑多孔颗粒（BSP）上，以培养脂肪酶。添加戊二醛的 0.1% 溶液用于稳定细胞，并改进脂肪酶活性。将废植物油加入带有 BSP 固定的细胞的含水培养液中，分步加入甲醇，反应在约 30℃下进行，甲酯产率可达到90%。在6个批量循环之后，脂肪酶活性仍可保持。新工艺不会产生像碱催化路线那样的大量废水，也无须复杂的提纯过程，无游离酸或催化剂残渣存在，就可生成脂肪酸甲酯或副产物甘油。关西化学工程公司正在进一步开发这一技术，以便不久将其推向商业化应用。

清华大学化工系再生资源与生物能源实验室提出了一条全新的生产工艺路线，可以有效消除甲醇及副产物甘油对酶反应活性及稳定性的负面影响，酶的使用寿命也随之大大延长。该工艺在湖南海纳百川生物工程有限公司200kg/d的生物柴油中试装置上得到成功应用，以菜籽油为原料生产出生物柴油。中试装置的反应器连续运转3个多月，生物酶活性未表现出明显下降趋势。另外，利用目前已有的技术还可以将生物柴油生产过程中的副产物甘油进一步转化为高附加值产品1，3－丙二醇。

两项技术的有机结合，可以显著提高生物柴油生产过程的经济效益。清华大学完成的生物酶法转化可再生油脂原料制备生物柴油新工艺通过教育部鉴定。利用这项创新工艺制备的生物柴油样品经检测，关键技术指标符合美国及德国生物柴油标准，并符合我国0号优等柴油标准，这种环境友好的生物酶法生物柴油技术将有望实现产业化。

此法采用的多是金属反应器，其壁面可能对醇解反应起一定的催化作用。美国Galen J. Suppes研究了金属对酯交换反应的催化活性。120℃反应24h，无催化剂时甲酯的收率为0.13%，镍（大小为100目）作催化剂的甲酯收率为53%，钯（100目）作催化剂的甲酯收率为29%，铸铁（25目）作催化剂的甲酯收率为3.1%，不锈钢（25目）作催化剂时甲酯的收率为3.9%。

此项技术可适用多种原料、废水及废渣排放少、甘油相浓度高且容易处理等情况。但由于采用高温高压工艺，对装置要求严格，且能耗较高。目前，日本住友化学公司已开发出基于此项技术的生物柴油生产工艺。

上面介绍的五种酯交换方法各有优缺点。酸催化酯交换适用于脂肪酸和水含量高的油脂制备生物柴油，但反应速率慢、分离难。碱催化酯交换反应速率比酸催化要快得多，但其副产物皂化物难以分离。在酶催化酯交换和多相催化酯交换过程中，产物的分离比前两者相对简单，但反应时间较长，且分子筛和固体碱制备成本以及酶的价格比较高。均相体系催化酯交换通过在碱催化酯交换的基础上加入共溶剂或者附加超声波，反应时间大大缩短，仍然存在皂化物分离难的问题。而超临界酯交换过程中，酯交换反应速率快，产品的分离提纯简单和产率高，且该方法对油脂中的游离脂肪酸和水的含量无任何要求。由于高温高压，该方法对于设备要求相当高且能耗大。

二、裂解法

植物油转化为烃的研究最早见于第二次世界大战期间，当时由于对燃料的大量需求，许多国家用植物油作为原料进行热裂解来生产燃料。例如，在第二次世界大战中，中国采用间歇性反应体系裂解桐树籽油生成烃，再进一步加工得到了类似于汽油、柴油的燃料。在1950年第5期的《化学世界》上发表了谢继玄的“植物油裂化之研究”，在所得产物中，裂化油产率为62%，水的产率为6%，焦炭产率为20%，气体产物及损失为11%。随着第二次世界大战的结束，这方面的研究报道大为减少。再次掀起植物油转化为烃研究的热潮是在1972年世界石油危机之后，这些研究主要集中在植物油资源丰富的国家。

对植物油催化裂化转化为烃的研究包括原料性质、反应器类型、催化剂类型，以及操作条件对产物分布和产物类型的影响，经过研究提出了一些反应路径，建立了动力学模型，同时表征了液体产物的燃料性质。

一般来说，植物油催化裂化生成的气体产物有 H_2、CO、CO_2 以及 C_1 ~ C_4 的烯烃和烷烃；液体产物主要是各种烃类，包括烯烃、烷烃、芳烃、环烷烃以及少量含氧化合物和水等，另外还有一部分的焦炭和残渣。含氧化合物如酸、酮和醇等是植物油不完全转化的产物，其含量随反应条件苛刻度的增加而降低。

1. 工艺条件和反应器的研究

试验装置多采用固定床微型反应器，反应温度为 300 ~ 550℃，反应压力为常压，质量空速一般为 1 ~ 5h^{-1}，也有大于 10h^{-1}的。转化率一般在 60% ~ 95%。随着温度升高、剂油比增大以及空速降低，原料油的裂化程度均加深，转化率均增大，从而使气体产物和焦炭产率增加，液体产物产率降低。

Katikaneni 发现植物油与水蒸气共进料与不通水蒸气相比，氢转移速率降低，芳烃产率降低，相应的低碳烯烃产率增加，结焦减少。Levent Dandik 等人采用热裂解分馏反应器（fractionating pyrolysis reactor）在 400℃和 420 ℃下进行向日葵油的催化裂化反应。原料油和不同用量的 HZSM－5 催化剂（分别占原料油的 1%、5%、10% 和 20%）在热裂解反应器中混合，加热至反应温度后发生反应，随后反应产物经过填有陶瓷环的填料柱进行二次反应，然后气液产物分离并收集。与固定床相比，该反应器通过分馏增加了反应器和分馏柱中一次裂解产物的停留时间，反应体系中催化和热裂化程度加深，汽油馏分范围内的烃组分增多，而且热裂化反应所占比例增大。液相产物主要是烷烃和烯烃及其异构体，催化剂用量不大于 10% 时，芳烃产量很少，约为 2% ~ 10%，这是与固定床明显不同的地方。

清华大学的杨宁、魏飞等采用超稳分子筛平衡催化剂，考察了植物油在下行床反应器中的催化裂化生产清洁汽油的性能。结果发现，在 460 ~ 560℃范围内，液体收率超过 90%，裂化汽油辛烷值达 90，且不含氧、硫、氟及重金属，烯烃含量为 30.79%，芳烃含量为 39.74%。

2. 不同催化剂类型的考察

Idem 在固定床微型反应器中考察了在 400℃和 500℃下不同催化剂对棕榈油转化的影响。无定型和非择形催化剂如 $SiO_2 \cdot Al_2O_3$，有利于二次裂化反应，产物中 C_2 ~ C_4 烯烃、$n-C_4$ 烃含量高，反应受热裂化的影响显著；而高择形的催化剂如 HZSM－5 使二次裂化程度较轻，气体产物产率低，有机液相产物产率高，产物中 C_2 ~ C_4 烷烃、$i-C_4$ 和总 C_4 烃以及受孔限制的芳烃（C_7 ~ C_9）含量相对较高；碱性催化剂如 CaO 和 MgO 极大地抑制了二次裂化反应，其结果是产物中的残渣油含量高、气体含量低。

文献中所用的催化剂多是具有择形功能的 HZSM－5，该催化剂对生成芳烃有利。Katikaneni 等人利用固定床微型反应器，在 400 ~ 500℃、质量空速为 1.8 ~ 3.6 h^{-1}的条件下考察了 HZSM－5 催化剂的酸性对 canola 油转化性能的影响。催化剂的酸性通过加入 K 元素来改变。结果表明，芳烃生成需要强的 B 酸酸性位；降低催化剂的酸性，canola 油的转化率、产物的产率减少，产物中芳烃减少而脂肪烃增加。Yarlagadda 通过改变 HZSM－5 的预处理条件来调变催化剂的酸性，得到了上述同样的结论。

Idem 等在固定床微型反应器中，350 ~ 400℃、质量空速为 1 ~ 4h^{-1}的条件下，考察了 HZSM－5、B 和 USY 三种沸石对棕榈油转化性能的影响：其中 HZSM－5 催化转化率最高、所得汽油产率最高、芳烃选择性最高和生焦最少；USY 和 B 沸石对柴油馏分范围内的烃类的选择性较高，而汽油产率低。因此将 HZSM-5 和 USY 复配所得到的复合催化剂有利于增加芳烃和汽油组分的选择性。

复合催化剂发挥了大小不同两种孔的协同效应，可以改善催化剂的性能。Katikaneni 等人在固定床微型反应器中，400~500℃、质量空速为 $3.6h^{-1}$ 和 $1.8h^{-1}$ 的条件下考察了复合催化剂对 canola 油的转化性能的影响。研究发现向无定形的 $SiO_2 \cdot Al_2O_3$ 中加入 H-Y、HZSM-5 等沸石催化剂，提高了 canola 油的裂化性能，产物中芳烃含量增加。Adjaye 等发现在 HZSM-5和无定形的 $SiO_2 \cdot Al_2O_3$ 的复合催化剂中只有当 HZSM-5 的含量大于 10% 时，裂化与择形才会同时发生，使产物中芳烃产率增加，如果 HZSM-5 催化剂含量较少时，HZSM-5 主要促进了裂化反应，增加了脂肪烃产率。

Yean-Sang Ooi 以脂肪酸为原料，在固定床微型反应器中研究了微孔分子筛材料 HZSM-5 和中孔分子筛材料 MCM-41/SBA-15 复配时的催化性能，其中反应温度为 723K，质量空速为 $2.5h^{-1}$。研究发现当 HZSM-5 上含 30% 纯硅的 SBA-15 时，脂肪酸混合物有最大转化率为 98%；当 HZSM-5 催化剂上有 20% 纯硅的 MCM-41 时，汽油最大产率为 44%；含中间相铝的复合催化剂催化的反应产物中，苯、甲苯和二甲苯的选择性较高。

另外 Katikaneni 以固定床微型反应器为装置，在 375~550℃、质量空速为 $3.6h^{-1}$ 的条件下，进行了磷铝催化剂对 canola 油转化性能影响的研究。结果发现磷铝催化剂 SAPO-5、SAPO-11 以及 MgAPO-36 催化得到的气体产物主要是 $C_1 \sim C_4$ 烃；烃产率比 HZSM-5 催化得到的低，但是略高于 $SiO_2 \cdot Al_2O_3$。

3. 转化机理的推导

研究人员在总结实验数据的基础上，推导出了植物油催化转化的机理。Idem 和 Katikaneni 等认为植物油转化为烃首先发生热裂化反应生成长链烃和含氧化合物，该过程不受催化剂酸性的影响，随后在催化剂的酸性位上发生脱氧、二次裂化、低聚、芳构化、歧化、脱烷基和结焦等反应。

Katikaneni 在固定床上研究了 canola 油的转化，给出了 HZSM-5 催化剂下 canola 油生成 $C_2 \sim C_4$ 烯烃的途径。最后得出生成烯烃的最佳反应条件为：高的反应温度，大的进料空速，以及较低的 B 酸性和总酸性。在反应温度为 500℃，质量空速为 $1.8h^{-1}$ 时，$C_2 \sim C_4$ 烯烃最佳产率为 25.8%，丙烯的最高产率为 12.4%。

在活性氧化铝的催化下，甘油三酸酯脱氧主要转化为不含环的烯烃和少量烷烃。Vonghia 在固定床上考察了植物油在活性氧化铝的催化下脱除氧原子的机理，反应温度为 450℃，质量空速为 $0.28 \sim 0.46h^{-1}$。他们认为甘油三酸酯的羰基氧原子首先要与 Al_2O_3 的 L 酸性位键合，然后通过两种机理脱氧：一是一个或多个甘油三酸酯链上的 γ-H 转移断链，直接生成链烯和各种乙酸甘油酯，再进一步转化成气体产物；另一种机理是甘油三酸酯分子发生 β-消除（1，2 消除）反应，生成羧酸和不饱和乙二醇二脂肪酸酯，两分子羧酸再脱氧缩合生成一分子对称酮，然后进一步 γ-H 转移生成单烯烃和甲基酮，甲基酮再脱水生成单烯烃。Billaud 等在固定床微型反应器上进行了辛酸转化为烃的实验，同样得到了酸分子经过对称酮中间体生成烃的机理；随后对酸进行催化裂化的动力学研究，求出活化能 E_a 和指前因子 A 的值：$E_a = 70943J/mol$，$A = 98300L/(h \cdot g)$。

450℃及常压下，活性氧化铝催化裂化地沟油和 canola 油所得到的液体产物的倾点、密度、挥发性、馏程、十六烷值、灰分、残炭值、闪点以及热值与传统柴油相比，都在许可范围内；但是浊点偏高，可以采取除去该产物中重油馏分的方法来解决。

4. 加氢裂化生产生物柴油

几年前提出的植物油直接加氢（加氢分解 hydrogenolysis）工艺，所用催化剂为 NiMo/Al_2O_3，与柴油和煤油加氢处理类似。由于加氢反应器中生成大量的水，可能影响硫化催化剂性能，因此在单独应用植物油时，因油料含硫低，可以使用新型非硫化加氢处理催化剂。

加氢裂化过程中发生几种反应，包括加氢裂化、加氢处理和加氢。在加氢处理过程中，不饱和脂肪被加氢，形成 $C_{12} \sim C_{18}$ 直链烷烃。这些完全饱和化合物有较好的十六烷指数，但对低温流动性不利，常需要进一步加氢异构化。加氢裂化可加工宽范围原料包括高含游离酸的物料。产率为 75% ~80%，十六烷值高，硫含量 <10μg/g。28d 后可生物降解 95%，而石油基柴油在同样时间内降解 40%。与其他生物柴油相比，主要优点是可降低 NO_x 排放。该工艺采用常规的炼厂加氢处理催化剂和氢气，可供炼油厂选用，因有氢气可用，可方便地与炼油厂组合在一起。加氢裂化方法不联产丙三醇。

此工艺无法与酯化路线竞争，无经济价值。但是该工艺通过进一步温和条件下加氢裂解，可制取高质量的柴油和煤油，副产丙烷可直接投入市场作为汽车燃料或作石化原料。而且许多不同品种的植物油和动物脂肪都可进行加工处理，制备同样高质量的产品。目前，芬兰和巴西工业化装置已经建成，但都存在一些问题。

高温热裂解和加氢裂化法可以有效的保证产品的质量，并且适合长期使用，但是工艺复杂，设备庞大，造成产品成本太高，很能达到工业化生产及广泛使用的目的。

第二节 生物柴油生产工艺

生物柴油从 1988 年早期开始工业化的生产工艺技术已经得到显著的发展。随着已经建立的生物柴油标准对高质量产品需求的提高以及现代柴油发动机数量的不断增加，使得生物柴油的生产从单一的间歇工艺升级到更加复杂的连续工艺技术上来，例如甲酯和甘油的快速液 - 液分离及其更加精细的净化处理来保证最终的生物柴油至少达到标准 EN 14214 或者更高的质量。

石化柴油主要由原油蒸馏、催化裂化、热裂化、加氢裂化、石油焦化等过程生产的柴油馏分调配而成，也可由页岩油加工和煤液化制取。比较生物柴油和石化柴油的生产方法和工艺，虽然前者主要涉及酯化合成反应，后者主要涉及裂解反应，但是两者使用的大部分生产工艺流程有很高的相似程度，如高温蒸馏、精制等。所以，生物柴油的生产可以借鉴和部分采用石化柴油的生产工艺和设备，这使生物柴油的大规模生产具有很好的现实基础。

总的来看，在启动生物柴油项目的早期阶段，各国都采用单步酯交换的简单工艺，仅进行了基本的提纯测试，这样的产品不会达到现代柴油发动机所需高标准燃料的要求。

生物柴油生产线采用目前国际上成熟、稳定的两步法工艺，即先用酸催化法通过酯化反应将游离脂肪酸转化为生物柴油，再用碱催化法通过酯交换反应将甘油三酸酯转化为生物柴油，其流程图见图 3 - 1。该工艺可以适应包括纯油脂和废弃油脂在内的多种不同品质的原料油。该集成生产线操作简单，反应时间短，产品质量高，转化率高，成品得率高。

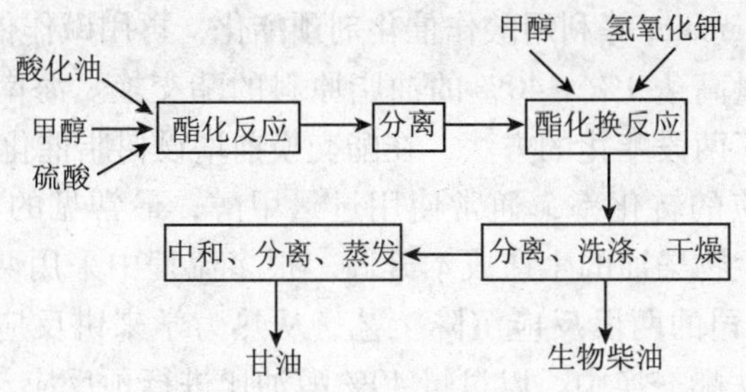

图 3-1 酯化-酯交换联合法生产生物柴油生产流程

两步法可利用高酸价的废油脂作原料生产出高品质的生物柴油。整个工艺流程操作在常温常压因此不需要耐压耐温的设备。甲醇、催化剂的用量比以往工艺的少，生物柴油的颜色光亮、透明，品质提高，成品生物柴油的低温流动特性好。

一、酯交换反应技术及生物柴油生产工艺

天然油脂直接同甲醇进行酯交换是美国和欧洲使用的生物柴油的标准生产方法，天然油脂与甲醇酯交换以后的混合酯经蒸馏后得到生物柴油，同时得到副产品甘油。

1. 工业生产过程

酯交换是一个热效应很小的可逆过程，反应温度对于反应平衡的影响不显著。醇与油脂的化学计量比为 3，但为了达到较高的转化率，通常反应中的醇油摩尔比高于 3，多余的醇被蒸馏回收。

最早的酯交换工业反应过程都采用带冷却回流的间歇釜式反应器，先将碱催化剂溶解于甲醇，再加入油脂在搅拌条件下升温反应。大的酯交换反应罐达 $40m^3$，反应周期需数小时到数十小时，反应结束后用离心机将甘油、皂脚分离出来，脂肪酸甲酯则通过减压蒸馏纯化。如果采用甲醇预先溶解 KOH 或 NaOH，反应周期会缩短。

典型的商业化生产采用甲醇与油脂在低温常压下反应，由于受甲醇沸点限制，反应温度不超过 60℃。原料油通过干燥、中和除杂、脱色等步骤将水分和游离酸降低到所要求的水平，反应时甲醇用量通常高于理论量的 10% ~80%，碱催化剂用量为油脂量的 0.1% ~1%。

连续酯交换反应工艺出现很早，通常工业上采用在常压、60 ~70℃条件下的流动搅拌釜反应器。

Darnoko 测定了 CSTR 中棕榈油脂交换反应，醇油摩尔比 6:1、60℃、KOH 为催化剂条件下，40min 停留时间甲酯的收率为 58.8%，60min 甲酯的收率为 97.3%。Bradshaw Meuly 法生产甲酯是在 305 不锈钢密闭容器中进行，可将反应温度提高到 80℃。用 0.1% ~0.5% NaOH 或 KOH 作催化剂，甲醇用量过量 60%，反应 1h 后油脂的转化率可以达到 98%。

目前使用的工业化工艺过程以常压、低温为主，通常都要通过对原料预处理或用酸作催化剂预酯化，再用碱作催化剂进行酯交换反应，如日本狮子公司开发的 ES 工艺，为了避免未经处理的原料油中所含的游离脂肪酸对碱催化剂产生的影响，原料油与甲醇通过特定的树脂催化床层预酯化，游离脂肪酸被酯化为脂肪酸甲酯。对于高游离酸含量的原料油，Sprules 采用了先用过量碱中和游离酸并进行甲酯化，碱与游离酸形成的皂在甲酯化后用硫酸反中和放出游离酸，这部分游离酸在酸的催化作用下再进行一次酯化，最终产品经碳酸钙中和、过滤

和精馏得到甲酯产品。Canakci 等利用酸作催化剂预酯化，再用碱作催化剂进行酯交换，很好地解决了游离脂肪酸含量高达 9% ~40% 的油脂原料的酯交换。海南正和生物技术公司在处理回收废油时，也使用了两段酯化的方法，在酯交换前增设树脂催化剂预酯化。

为了保证酯交换反应的转化率，通常使用过量甲醇，最常见的比例是醇油摩尔比 6∶1，但过量甲醇的回收会使生物柴油的生产成本升高。很多流程中采用两步酯交换法来降低反应中甲醇用量，如 Lurgi 公司的两段反应沉降工艺，从热力学来讲反应更容易达到更高的转化率。Jan Cvengro 在两步法酯交换中，以过量 40% 醇油比进行预反应，分离甘油和皂后再进行第二次酯交换。德国 CIMBRIA SKET 公司近来推出了 300t/d 的生产工艺，采用 KOH 为催化剂进行两段连续酯交换反应。

2. 酯交换反应过程强化

加压、提高反应温度是强化反应的重要手段。Billenstein 等的高温高压工艺，采用 210℃、7MPa 的工艺条件连续生产，在醇过量 7 ~8 倍情况下，转化率达到 97% 以上。Henkle 公司开发的连续流程是高温反应工艺的典型代表，在 240℃、9MPa 条件下用过量的甲醇在催化剂作用下进行高温酯交换反应，反应在塔式反应器中进行，反应产物经过闪蒸除去甲醇后，甲酯产品通过加压蒸馏切割的方式精制。高温反应的优点是对原料油脂的要求可以放宽，可以直接使用未经精制的油脂。但是高温反应会带来能耗上的不经济和设备腐蚀加剧。

随着温度进一步升高，反应体系接近甲醇的临界点时，反应物之间的传质和反应特性得到很明显的强化，即使没有催化剂存在酯交换反应还是能够顺利进行。Diasakou 等研究了豆油与甲醇酯交换在无催化剂存在下的反应动力学，结果表明当温度升到 235℃左右，反应转化率可以在 1h 内达到 80% 以上。

超临界反应是近年来备受关注的领域。甲醇的临界点为 T_c = 239℃、P_c = 8.09MPa，当温度升到 235℃以上时，甲醇已经处于接近临界状态。

Demirbas 的实验表明，临界点附近反应速率突然升高。升高温度不仅对反应有利，同时也加强传质，反应在几分钟之内便可完成。

油脂中所含的水和游离酸对普通催化剂来说通常是有害的，但超临界反应条件下，它们并不会影响反应的进行。超临界情况下，如果体系有水存在，油脂首先是水解生成脂肪酸，再与甲醇反应生成脂肪酸甲酯。Warabi 等的研究表明，300℃下的超临界醇介质中，酯交换反应与脂肪酸的酯化反应相比，酯交换反应的速率较慢。Kusdiana 等研究了游离酸和水含量对超临界情况下酯交换反应的影响，发现水对超临界条件下的酯交换还有一定的促进作用。

改善传质状况也是强化酯交换反应的有力手段。甲醇与油脂的相溶性不好，酯交换反应实际是在不完全相溶的两液相之间进行。Boocock 等注意到以甲基氧化物作催化剂催化酯交换反应时，以甲醇甲酯化 40℃比丁醇在 30℃下的酯交换反应的速率慢 15 倍，因为反应在醇相中进行，而甲醇相中油的溶解度较丁醇相中低。油脂在与甲醇酯交换过程中，首先生成二甘酯，再生成单甘酯和脂肪酸甲酯，中间产物单甘酯和二甘酯具有乳化功能，可以促进油脂和甲醇的互溶，从而加快反应。

Freedman 等对豆油与丁醇在 1% 硫酸催化剂存在情况下的酯交换过程进行了动力学试验，得到了反应速率随时间的 S 形变化曲线。Noureddini 等应用高速剪切分散的方法，使反应速率大大提高，在 80℃、0.17MPa 条件下，数分钟内转化率高达 97%。为了强化管式反应器中的传质效率，Harvey 等采用振动孔板加强反应，结果发现可以大大降低管式流动反应器的停留时间，产品质量也有所提高。奥地利能源环境技术股份有限公司于1998年在中国申请专利，公布了其以钾碱催化剂生产植物油甲酯的工艺，该工艺采用了静态混合器作为酯交换反应器。

很多新的强化手段也不断被用于酯交换反应。在 Gryglewicz 测定的非均相催化剂中，活性远比均相催化剂的反应活性差，认为是因为催化剂与甲醇、油脂之间存在着传质阻力。他们通过用超声波强化反应，发现 $Ba(OH)_2$ 与 $Ca(OMe)_2$ 的催化活性几乎接近于 NaOH 的催化活性，说明超声波作用下传质过程被极大的强化了。他们还发现加入共溶剂四氢呋喃，体系共溶性增强，反应速率提高。Breccia 等用微波强化酯交换反应，发现微波强化作用下，酯交换反应的速率提高，最快的可以在 2min 内完成反应。

工业化生产生物柴油的工艺仍然以传统的液体酸碱催化反应为主，超临界反应、酶催化反应已经步入工业化试验，使用固体催化剂、有机碱催化剂等催化剂的反应过程还未达到工业化水平，相信不久的将来会有重要的进步。随着新型高效反应器在逐渐进入生物柴油生产领域，超声波、微波等反应过程强化手段还需要大量的研究工作。

二、典型的化学法生产生物柴油工艺介绍

化学法生产生物柴油工艺过程主要包括：

（1）酯交换，即油脂的醇解或脂肪酸的酯化。

（2）甲醇的精馏回收。

（3）粗品脂肪酸甲酯的精馏提纯。根据各种成分沸点不同的原理将甲酯从粗脂肪酸甲酯中精制提纯，得到最终的产品脂肪酸甲酯即生物柴油，粗品中未除尽的不皂化物、磷脂、脂肪酸、中性油等成分则作为黑脚从精馏塔底部脱除。

（4）副产品甘油的提纯等。其核心工序是酯交换。

1. 生产生物柴油的原料

考虑到原料成本，目前用于生产生物柴油的动植物油脂主要是废油或劣变油，如地沟油、泔水油、酸败油等，另外还有一些不能食用的野生植物油，如麻疯籽油等。此外，许多厂家还采用脂肪酸作为生产原料。脂肪酸主要来源于动植物油生产过程中产生的下脚料，如物理脱酸过程中得到的粗脂肪酸，用水化油脚或碱炼皂脚生产的酸化油等。对这些质量较差的油需要进行如下处理。

（1）前处理工段　由于使用的原料含有较多的蛋白聚合物、分解物、淀粉、纤维、水分等，因此在入罐前需要进行前处理，除去部分大颗粒杂质及大部分的水分，经初步处理后的原料油再进入下一道工序。一般根据项目的规模选择合适的过滤器对原料进行过滤除杂，然后在反应釜中通过自然沉降的方法脱掉大部分水分。

（2）预处理工段　在进行酯化时，影响反应的因素除催化剂、醇油比、反应温度、反应时间外，原料油中所含的水分、磷脂对酯化的影响较大，所以要严格控制原料油中的磷脂、水分。预处理工段主要脱除原料油中的水分，降低磷脂含量，主要进行的操作就是脱胶及脱水。这里的脱胶、脱水可以按照油脂精炼常规的步骤进行，完全可以达到预期效果。

2. 生物柴油生产工艺

由于生产生物柴油的原料不同，其生产原理也不同。动植物油脂为原料生产生物柴油的

原理是甘油三酯与甲醇发生醇解反应；而用脂肪酸为原料时，则是脂肪酸与甲醇发生酯化反应。

1）低酸值油脂生产生物柴油的工艺

当原料酸值低于4（一般以不高于2为宜）的油脂，可采用以下工艺。

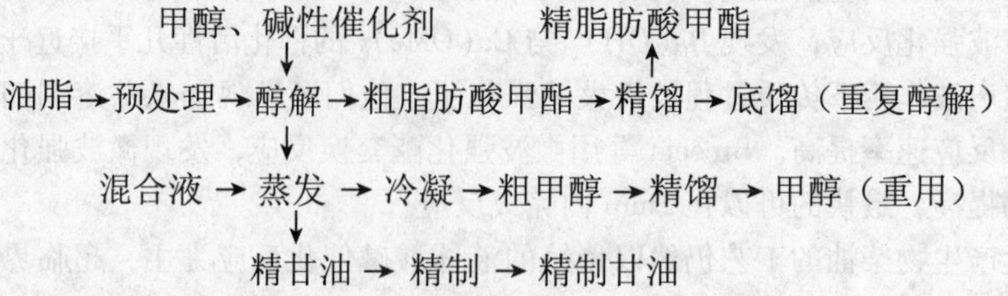

```
                 甲醇、碱性催化剂          精脂肪酸甲酯
                        ↓                      ↑
油脂→预处理→醇解→粗脂肪酸甲酯→精馏→底馏（重复醇解）
                        ↓
        混合液 → 蒸发 → 冷凝→粗甲醇→精馏→甲醇（重用）
                        ↓
               精甘油 → 精制 → 精制甘油
```

下面主要介绍醇解和粗脂肪酸甲酯精馏的工艺条件。

（1）醇解工艺条件：一般采用碱性催化剂，也可用酸性催化剂。以碱性催化剂为好，可以在较低的温度和较短的时间内醇解完全，以避免低级脂肪酸在高温下挥发及不饱和脂肪酸氧化等不良结果。常用的碱性催化剂有：甲醇钠，效果最好，用量为油质量的0.1%～1%；氢氧化钠；氢氧化钾。

醇油摩尔比为7:1比较合理，继续增大甲醇用量，效果不明显，反应压力为常压。理论上讲，加压有利于反应的进行，但增加了设备投资和工艺难度，建议使用常压。反应温度在无甲醇回流系统时为64℃（不能高于甲醇的沸点，64.5℃）；有甲醇回流系统时为65℃，建议设甲醇回流系统。搅拌要求充分，以保证脂肪酸、甲醇、催化剂充分接触。甲酯转化率可达95%。

（2）粗脂肪酸甲酯提纯工艺条件：真空精馏；操作残压：≤3kPa；精馏温度：分别在248℃、262℃获得两个不同馏分，前者即为生物柴油，其甲酯含量达99%以上。后者为未反应的脂肪酸，可重复甲酯化。

2）高酸值油脂生产生物柴油的工艺

高酸值油脂若不预先脱酸，原则上也可以用上述工艺生产生物柴油，但因其含有较多的脂肪酸，不适宜用碱性催化剂，应改用酸性催化剂。因为脂肪酸遇碱成为稳定的羧酸离子，使反应变慢，且甲酯化不完全。用酸性催化剂生产生物柴油，反应速度慢，需较高的温度和较长的时间，且含环氧酸、共轭酸、羟基丙烯酸时不宜用酸性催化剂。为此可用以下工艺：

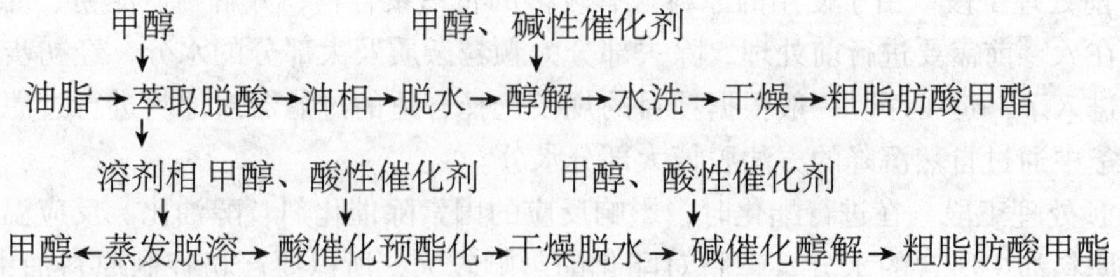

```
          甲醇                   甲醇、碱性催化剂
           ↓                           ↓
      油脂→萃取脱酸→油相→脱水→醇解→水洗→干燥→粗脂肪酸甲酯
           ↓
        溶剂相 甲醇、酸性催化剂          甲醇、酸性催化剂
           ↓          ↓                      ↓
  甲醇←蒸发脱溶→酸催化预酯化→干燥脱水→ 碱催化醇解→粗脂肪酸甲酯
```

在醇解、预酯化后均产生甲醇混合液，醇解后还会产生粗品甘油。甲醇的回收、粗品甘油和脂肪酸甲酯的提纯与低酸值油脂生产生物柴油的工艺相同。

以10个酸值左右的油脂为例，通过甲醇萃取后，绝大部分脂肪酸进入溶剂相，油相酸值可降到2以下，脱水后可用碱性催化剂催化醇解，获得脂肪酸甲酯。捕集了大量脂肪酸的甲醇相，蒸发脱溶后，可得到酸值高达60以上的油脂，可通过酸催化预酯化，将其中的脂肪酸先酯化为甲酯，再将剩下的油脂通过碱催化醇解为脂肪酸甲酯。由于在酸催化预酯化过程中会产生水，预酯化后应进行干燥脱水，以免影响醇解效果。

甲醇、酸性催化剂

粗脂肪酸 → 干燥 → 脱色过滤 →酯化 → 粗脂肪酸甲酯 →

精馏→ 精脂肪酸甲酯

↓

脂肪酸（重复使用）

3）粗脂肪酸生产生物柴油的工艺

酯化工艺条件：催化剂为酸性催化剂。常用的有：浓硫酸（视原料与反应情况，用量为1%～20%不等）；HCl气体的甲醇饱和溶液（用量5%左右）。由于碱性催化剂可与脂肪酸反应，所以甲酯化不能用碱性催化剂。醇酸体积重量比（1～1.2）：1。甲醇用量越大，反应越完全，但反应后回收成本也越大。

实践表明，当醇酸体积重量比超过1.2∶1时，继续增大甲醇用量，效果不明显，一般以（1～1.2）：1比较合理。反应压力、温度及搅拌等工艺条件都与油脂醇解相同。

另外，由于酯化反应过程中有水生成，反应系统应设置除水装置。无除水装置时，可在系统中添加吸水干燥剂。只有保证甲醇浓度始终保持95%以上，反应才能充分有效地进行。

用浓硫酸作催化剂时需要注意的是，98%的浓硫酸凝固点是3℃，在一些低温地区一定要做好防冻措施。室内的浓硫酸管道一般要用紫铜管通蒸汽伴热，以防止浓硫酸凝固影响生产，并且在弯头处应增加法兰，以便管道堵塞后拆卸清理。

北方的生物柴油企业，尤其是在冬天，虽然车间里装有暖气，但由于车间窗户需要经常打开，会有大量冷空气进入，如果浓硫酸管道不增加蒸汽伴热，会造成浓硫酸凝固，堵塞管道。对于南方的生物柴油企业，也应该根据当地的实际情况做相应的考虑。需要注意的是，即使增加了蒸汽伴热，浓硫酸管道也要做相应的保温处理。

3. 国外生物柴油生产工艺简介

1）加拿大BIOX工艺

BIOX公司正在将David Boocock公司开发的技术（美国专利6642399和6712867）推向工业化，该工艺不仅可提高转化速度和效率，而且采用酸催化步骤使含游离脂肪酸高达30%的任意原料（包括大豆油、废弃的动物脂肪和回收的植物油）转化为生物柴油，该工艺可降低生产费用高达50%，如果商业化成功，可望使生物柴油生产费用与石油基柴油相竞争。BIOX公司自2001年4月在加拿大奥克维尔（Oakville）100×10^4L/a中型装置上验证了其工艺，现在Hamilton Harbour生产地投资2400万美元建设6000万L/a生物柴油装置放大BIOX工艺，该装置已于2005年投入运行，这是BIOX公司第一套工业化装置。在BIOX工艺中，脂肪酸首先在酸催化反应中转化成甲酯，反应在接近60℃的沸腾温度下，在柱塞流反应器（PFR）中进行，40min反应后，在相似的条件下，在第二台PFR中采用专用的共溶剂进行碱催化反应，三甘油酯在几秒内就转化成生物柴油和丙三醇副产物，99.5%以上未使用的甲醇和共溶剂循环利用，回收冷凝潜热用以加热进料。

在BIOX工艺中，惰性的共溶剂使之形成富油、单相系统，整个反应在系统中进行，因此可提高传质和反应速率。碱催化步骤在接近室温和常压下几分钟内完成，它与酸催化步骤结合一起，使 BIOX 工艺可连续进行。BIOX 工艺还克服了生物柴油现有生产路线的另外一些缺点，包括必须使系统达到所需纯度，以免反应中断，以及它们不能处理含脂肪酸大于 1% 的物料。使用常规技术生产生物柴油的成本因原料而变化，原料占生物柴油生产费用的 75% ~85%，因此采用低费用的原料达到高的转化率至关重要。

2）Axens 公司 EsterfiP－H 工艺

第一套工业化 EsterfiP－H 工艺装置于 1992 年建于法围 Diester 工业公司维尼特地区，基于均相催化剂。而新装置则采用多相催化剂——两种非贵金属的尖晶石混合氧化物，属首次应用，它可避免采用均相催化剂如氧氧化钠或甲醇钠的工艺所需的几个中和、洗涤步骤，以及不会产生废物流。此外，来自 EsterfiP－H 工艺的丙三醇副产物的纯度达 98%，而采用均相催化剂路线时，其纯度为 80%。这种副产物的利用可提高整个生产的经济性。在连续法 EsterfiP－H 工艺中，反酯化反应采用过量甲醇在比均相催化剂工艺温度较高的条件下进行，蒸发除去过量甲醇，用蒸出的甲醇与新鲜甲醇相混合，继续进行反应。

该化学转化采用两个串联的固定床，反应过程中分离丙三醇以改变化学反应平衡，达到提高转化率的目的。化学反应中过量的甲醇通过部分闪蒸除去，酯类和丙三醇在沉降器中进行分离。最后回收甲醇，减压蒸馏生物柴油，提纯去除微量丙三醇。甲酯纯度超过 99%，产率接近 100%。

3）德国 SKET 的 CD－工艺

德国 SKET 公司与其他相关公司合作，在 1988 年开发菜籽油生产生物柴油的塔式分离工艺的基础上，又开发了新的酯交换离心机分离工艺（CD－工艺）。下面就对以菜籽油为原料经酯交换连续生产生物柴油的工艺（CD－工艺）以及产品质量加以简述。

SKET 公司采用的 CD－生物柴油生产工艺流程。在该工艺中通过采用离心机分离，与塔式分离法相比具有分离和产品得率高，设备占地小，操作简单等优点。

该工艺是将完全脱胶和脱酸后的菜籽精炼油泵入过热交换器，在温度达到约 70℃时进入酯交换反应塔。在油进入反应塔前将特殊比例的甲醇－KOH 混合物与该菜籽油混合。当生产开始正常后，加热和冷却通过一设计的热回收热交换来完成，这样可以节约生产过程的能量消耗。

作为预备步骤，所使用的甲醇－KOH 混合物应在一个特殊搅拌罐中先被预热。甲醇来自于罐区，然后与催化剂 KOH 混合，并通过一个特殊设计的催化剂定量装置被加入到工艺过程中。

由菜籽油、甲醇和催化剂组成的反应混合物被泵入第一步 2 级的反应塔中。在塔底部来自酯交换反应后的甘油－甲醇－KOH 混合物经特殊设计的结构被连续地排出至工艺收集中间罐。反应后的甲酯混合物由塔上部排出，并进入第一台离心机被分为重相（甘油和甲醇）和轻相（生物柴油 RME）。该分出的生物柴油继续进人第二步 2 级的酯交换塔中与 KOH－甲醇进行进一步的反应。

进行第 2 次酯交换反应的目的是将反应物中的残留油脂进一步与 KOH－甲醇液进行反应，以使反应完全并获得较高的产品得率。经该反应后，所获得的反应混合物可达到 99% 的酯交换率。同第一步酯交换一样，该反应的混合物由塔顶进入第二台离心机被分成两相。第二台离心机的出料为：重相：水、甘油、甲醇、皂和微量生物柴油组成的混合物；轻相：生物柴油、少量的水和杂质。将所得的轻相生物柴油继续进入一两步水洗工段。在水洗工段中也包含两台离心机，生物柴油被首先经酸水洗涤以脱皂、催化剂和甲醇，同时由于酸的使用可使得工艺过程中所发生副反应而生成的皂被酸化为脂肪酸，该脂肪酸在随后的甲醇回收和甘油处理工序中被分出。该生物柴油再经下一步的水洗可将在生物柴油中的游离甘油含量降低至一个较低值。经如此洗涤和提纯后的生物柴油仅含有少量的水。为除去该残余水分，将处理后的生物柴油泵入真空干燥塔。

在生物柴油产品干燥完成后，离开设备的生物柴油经热量回收利用后即为最终产品。含有甲醇和甘油水的混合物作为副产品可加以收集，然后进行进一步的加工步骤，如蒸发浓缩、蒸馏等以回收甘油和甲醇，所回收的甲醇可被重新用于酯交换工序中。蒸馏甘油可达到99%以上的纯度，可用作药用甘油。

三、新型生物柴油生产工艺

生物柴油的工业化生产作为石油基柴油的替代路线往往还不甚经济，因为其生产费用为石油基柴油的约3倍。现在的生物柴油生产商仍采用高压、高温方法，速度慢且能耗高，为了解决这些问题，许多科研单位和生物柴油生产企业不断对生产工艺进行改进。

一种开发中的工艺可降低常规工艺的化学和能耗费用。采用碱催化反酯化（特定的反甲基化），缓慢的反应动力学形成两相反应混合物，使反应受到传质限制。而新开发的方法使用共溶剂，可形成富油单相系统，因此反应可在室温下快速进行，10min内反应可完成95%，而现用工艺要几个小时。该工艺已在德国莱尔（Leer）80kt/a验证装置上应用，第二套100kt/a装置也在德国汉堡投运。

一先进的工艺是在连续流动反应器中采用油与甲醇强化混合，2002年采用这一技术的100kt/a生物柴油装置已建于德国玛尔（Marl），从该过程可回收120kt/a高级丙三醇。该技术也在美国加州里弗代尔（Riverdale）南方动力公司的100kt/a装置上应用。

另一创新工艺是采用连续反酯化反应器（CTER），这一新技术可降低投资费用，Amadeus公司在澳大利亚西部建设的350kt/a生物柴油装置将采用CTER技术。

提高甲基酯生产工艺整体效率的另一途径是直接用菜籽，使抽提油分和酯交换反应一步完成，即就地酯交换（in situ transesterification）。并用醇作油的萃取剂，进行烷基酯生产。

此工艺中，一般选用乙醇作油的萃取剂，它是油的良好溶剂，而活性较其他高级醇高。用生物乙醇替代甲醇能保证乙基酯是100%的生物质制造，有助于改善车辆燃料消耗。但是使用乙醇的反应比甲醇慢，催化剂用量大、反应温度较高；同时，乙醇是油和乙基酯的良好溶剂，较高的溶剂效应对油的转换产生较为严重的热力学限制。而在非均相催化中，无论是甲醇或是乙醇，其反应混合物都是单相的，油转换的热力学限制大致是相同的；其次，从乙基酯中进行甘油萃取较为复杂和昂贵；此外，乙醇中含水量必须很低，易形成共沸物。当前该工艺的研究方向是要找到更为经济的生产乙基酯的途径。

总之，在现有的生产工艺中找到一条适合中国情况的最佳路线，并在每个工艺环节上推出相应的操作规范和检验方法是我国生物柴油生产企业必须解决的问题。针对中国人力资源充沛的情况，高价全自动的生产线并不适合我们的国情。而且中国的原料参差不一，满足不了国外生产线对原料的严格要求。所以，小型灵活的模块式生产设备加上适合中国国情的操作工艺是我们的技术方向。

第三节 制备生物柴油的催化剂

在温和条件下，催化剂的作用对酯交换和酯化反应非常重要。酯交换法的技术关键是反应所用的催化剂，根据催化剂的使用状态不同可以分为液体（均相）酸碱催化剂、固体酸碱催化剂、生物酶催化剂等。

一、酯交换反应催化剂

1. 液体酸碱催化剂

酯交换反应可以使用的催化剂包括碱（NaOH、KOH、NaOMe、KOMe、有机胺等）、酸（硫酸、磺酸、盐酸等）、酶等。在无水情况下，碱性催化剂酯交换活性通常比酸催化剂高。传统的生产过程是采用在甲醇中溶解度较大的碱金属氢氧化物作为均相催化剂，它们的催化活性与其碱度相关。碱金属氢氧化物中，KOH 比 NaOH 具有更高的活性。用 KOH 作催化剂进行酯交换反应典型的条件是：甲醇用量 5% ~21%，KOH 用量 0.1% ~1%，反应温度 25 ~60℃，而用 NaOH 作催化剂通常要在 60℃下反应才能得到相应的反应速率。

碱催化剂不能使用在游离酸较高的情况，游离酸的存在会使催化剂中毒。油脂中含有游离脂肪酸时，游离脂肪酸与甲醇发生酯化反应生成脂肪酸甲酯，该反应适应于酸作催化剂，以碱作催化剂时游离脂肪酸容易与碱反应生成皂，其结果使反应体系变得更加复杂，皂在反应体系中起到乳化剂的作用，产品甘油可能与脂肪酸甲酯发生乳化而无法分离。Dorado 等采用 KOH 催化 Brassica carinata 芸苔油甲醇酯交换反应，发现高芥酸条件下反应很难完全皂化。水常常也是碱催化剂的毒物，水的存在会促使油脂水解而与碱生成皂。因此，以氢氧化钾、氢氧化钠、甲醇钾等碱催化剂时，常常要求原料油酸价小于 1，水分低于 0.06%。

对于含水或含自由脂肪酸的油脂，可以进行两次酯化。研究人员对酸价较高（$AV>5$）的椰子油进行实验，发现采用硫酸作催化剂，加入部分甲醇预酯化，再用 NaOH 作催化剂完成酯化反应，甜水的分离比一步法酯化相对容易得多。对于含游离脂肪酸较多的油脂，如回收油脂，可以直接使用酸作催化剂。用硫酸作催化剂时，耗用的甲醇量要比用碱金属催化剂要多，反应时间也更长。硫酸作催化剂同样需要对含水量加以限制，通常应小于 0.5%，由于游离脂肪酸酯化反应过程中会产生水，也会使酸催化剂的催化作用下降。

除了通常使用的无机酸碱作催化剂外，也有使用有机碱作催化剂的报道，常用的有机碱催化剂有有机胺类、胍类化合物。

均相酸碱作催化剂时，油的转化率高，可以达到 99% 以上，后续分离成本低。但均相酸碱催化剂的弱点是催化剂不容易与产物分离，合成产物中存在的酸碱催化剂必须在反应后进行中和和水洗，从而产生大量的污水。均相酸碱催化剂随产品流出，不能重复使用，带来较高的催化剂成本。同时，酸碱催化剂对设备腐蚀问题也是值得关注的问题。

2. 固体碱催化剂

固体碱催化剂作为环境友好催化剂，对烯烃的双键异构化、芳烃的侧链烷基化、醇的脱氢反应、醇醛缩合反应和酯交换反应等均有良好的催化活性。其与液体碱相比有很多优点，如后处理问题较少，产物、催化剂、溶剂的分离回收比较容易，环保经济等，因此在石油化工领域引起了人们越来越多的重视。

按照 Bronsted 和 Lewis 的定义，固体碱是指能够接受质子或给出电子对的固体物质，一般可认为是能够化学吸附酸的固体，也可理解为能够使酸性指示剂在其上改变颜色的固体物质。固体碱与均相碱有类似的催化活性，副反应较少，能使指示剂变色呈碱性色，但酸性分子、H_2O 和 CO_2 对催化剂活性有较大影响，易引起催化剂中毒，从而使催化活性降低或丧失。

通常固体碱分为有机固体碱和无机固体碱两大类。有机固体碱主要指端基为叔胺或叔磷基胺的碱性树脂，如端基为三苯基磷的苯乙烯和对苯乙烯共聚物。该类固体碱的优点是碱强度均一，但热稳定性差。无机固体碱因制备简单，碱强度分布范围宽且可调，热稳定性好而倍受关注。该类固体碱可分为非负载型固体碱（主要包括金属氧化物、水合滑石类阴离子黏土）和负载型固体碱两类。

自 Gryglewicz 等通过对菜籽油甲酯化反应的研究，发现 MgO 和 CaO 能够在菜籽油的酯交换反应中起到多相碱催化的作用后，相继出现了水滑石、碱性阴离子交换树脂、负载型固体碱等作为多相催化剂用于油脂酯交换反应的报道。

1）无机固体碱介绍

（1）负载型固体碱。负载型固体碱是分别选用催化剂前驱体和载体，按照一定的方法浸渍，然后均匀搅拌、蒸干、烘烤，最后在适当的温度下焙烧制成的。目的是制备出比表面积大、碱性强的固体催化剂。目前，负载型固体碱的载体主要有三氧化二铝、分子筛、氧化镁、氧化钙、氧化锆、二氧化钛等，负载的前驱体物主要为碱金属或碱土金属及其氢氧化物、碳酸盐、氟化物、硝酸盐、醋酸盐、氨化物和叠氮化物等。

以氧化铝为载体的固体碱催化剂。氧化铝是一种优良的载体，具有较多优点，如高熔点、良好的热稳定性及较高的机械强度，同时存在着表面酸中心和表面碱中心。将碱金属或碱土金属前驱体负载到氧化铝表面，经高温焙烧可以得到不同碱强度的负载型固体碱，催化油脂的酯交换反应。崔士贞等用 KNO_3、$CsOOCCH_3$ 作前驱体，焙烧制得 $K_2O/\gamma-Al_2O_3$、$Cs_2O/\gamma-Al_2O_3$ 负载型固体催化剂，碱强度分别达到 27、37，用于大豆油酯交换制备生物柴油，$K_2O/\gamma-Al_2O_3$ 催化剂负载量为 3.5mmol/g，$Cs_2O/\gamma-Al_2O_3$ 催化剂负载量为 2.0mmol/g，在催化剂用量为原料油质量 3.0%，醇油比为 12∶1，反应温度 70℃，反应时间 3h 时，催化大豆油转化率分别达到 95.83% 和 97.46%。

以其他金属氧化物为载体的固体碱催化剂。载体本身具有一定的催化功能，虽然活性不高，但对催化剂有很大的影响。研究表明，相同的前驱体负载在不同载体上，其碱强度随载体碱强度的增大而增大。王广欣等以 $Ca(Ac)_2$ 溶液浸渍 MgO 载体制得负载型钙镁固体碱催化剂，用于菜籽油酯交换反应制备生物柴油，催化剂的制备条件为 $Ca(Ac)_2$ 浓度为 22.6%，煅烧温度 700℃；制得的催化剂具有良好的反应活性，在常压、65℃、醇油物质的量比 12∶1、反应时间 1.5h 条件下，甘油收率大于 80.0%；并且该催化剂比均相碱催化剂有更好的抗酸、抗水性，可以在酸值为 2mgKOH/g 水或水含量在 2% 条件下操作。谢文磊等以 KF 为前驱体，使用 ZnO 作载体制成 KF/ZnO 固体碱，催化大豆油酯交换反应，结果表明，使用 KF/ZnO 固体碱时：负载量 0.35g/g，煅烧温度 500℃，煅烧时间 5 h，醇油物质的量比 10∶1，催化剂用量 3.0%，反应时间 9h，转化率达 85.29% 以上。Jitputti 使用 KNO_3/ZrO_2 固体碱催化棕榈油、椰子油酯交换反应，发现棕榈油和椰子油转化率均达 70% 以上。

以分子筛为载体的固体碱。分子筛是结晶型的硅铝酸盐，具有均匀的孔隙结构、高比表面积和独特的择形性，广泛用作负载型固体碱的载体。将分子筛与碱金属阳离子进行离子交换，可以使碱金属阳离子进入分子筛的笼中，使骨架氧的电负性增强并最终使分子筛呈不同强度的碱性。

刘兴泉等以三乙胺和甲醇钠为活性碱组分，以 A、X 和 Y 型分子筛及硅胶和有机高聚物担体为载体制备了负载型碱性催化剂，考察了催化剂在酯交换反应中的活性。结果表明，将 2g 的 67% TEA/SiO_2 催化剂加入到 10mL 甲醇和 1mL 环氧丙烷中回流 1h，然后加入 10mL 乙酸乙酯，室温下搅拌反应 15 min，酯交换转化率达 33. 00%；反应 90min 后，酯交换转化率大于 80. 0%。Suppes G 等使用 NaX 沸石和 ETS－10 沸石作为载体，制备了 K_2O/NaX、Cs_2O/NaX 和 K_2O/ETS－10、Cs_2O/ETS－10 固体碱催化剂，结果显示，离子交换后的 ETS－10 沸石催化活性高于 NaX 型沸石催化剂，说明载体自身的碱性及其孔道结构对催化剂影响较大。使用这些催化剂催化大豆油和甲醇的酯交换反应，在 125℃以下大豆油的转化率超过 90. 0%，且 ETS－10 沸石催化剂可重复使用。

（2）非负载型固体碱。阴离子层柱化合物材料—水滑石、类水滑石（LDH/LDO）固体碱。阴离子型层柱化合物层间具有可交换的层状结构主体，其中比较有代表性的是水滑石类阴离子黏土，主要是水滑石、类水滑石。水滑石类材料是层柱双氢氧化物，其结构式为 $[M^{2+}_{(1-x)}M^{3+}_{x}(OH)_2]^{x+}(A_{x/n})^{n-}_{y}H_2O$，其中，$M^{2+}$ 为 Mg、Ni、Zn，M^{3+} 为 Al、Cr、Fe，A^{n-} 可以是 Cl^-、CO_3^{2-} 等，通常以 M^{2+} 和 M^{3+} 为中心的 $M(OH)_6$ 八面体单元通过共边形成带有正电荷的层板，而 A^{n-} 和 H_2O 分别是位于层板间的各种阴离子和水分子，A^{n-} 起平衡层板正电荷的作用。当 M^{2+} 为 Mg、Al 时，这种水滑石类催化剂表面同时具有酸碱活性位，适当地改变镁铝比以及起中和作用的阴离子可以改变层板氧原子的电荷密度，从而调变这类催化剂表面酸碱活性位的比例。

吕亮等采用固体碱 LDH/LDO 作催化剂研究了其在酯交换反应中的催化效果。结果表明，油脂与甲醇酯交换在反应温度为 65～70℃，反应时间为 3h，醇油物质的量比为 6:1，催化剂用量为 2. 0% 时最佳；油脂与乙醇酯交换在反应温度为 78～85℃，反应时间为 5. 5h，醇油物质的量比为 6:1，催化剂用量为 3. 0% 时最佳；转换率分别达到 90. 0% 和 85. 0% 以上，表现出较高的活性。李为民、吴玉秀等分别利用自制的水滑石和复合氧化物水滑石固体碱，催化植物油酯交换反应，结果酯交换率分别达到 95. 0% 和 90. 0% 以上。

（3）金属氧化物、复合金属氧化物固体碱。碱土金属氧化物的比表面积较小，且易吸收 H_2O 和 CO_2，使反应混和物易形成淤浆，分离困难，必须在高温和高真空条件下预处理才能表现出碱催化活性，其碱强度与煅烧温度的高低有很大的关系，一般煅烧温度越高，越有利于得到强的碱性位。但是这种类型的催化剂均为粉状，因而容易导致催化剂不易分离，且表面积小，没有机械强度，催化效果一般，因此应用受到一定的限制。

Peterson 等研究了不同金属氧化物及其复配物非均相催化低芥酸菜籽油和甲醇酯交换反应制得脂肪酸甲酯，并比较了不同催化剂的催化活性，发现 CaO、MgO 活性最高，但同时有大量脂肪酸盐副产物生成，把 MgO 分别加入到 CaO 和 ZnO 中可提高 CaO 和 ZnO 的催化活性。朱华平等用经碳酸铵处理过的 CaO 固体碱催化麻疯果油制备生物柴油，反应条件为：催化剂的焙烧温度为 900℃，反应温度 70℃，反应时间 2. 5h，催化剂用量 1. 5%，醇油摩尔比 9:1，将反应后的固体催化剂从产物中分离出来，重复使用，连续反应 3 次，麻风果油转化率都在 92. 0% 以上。

(4) 阴离子交换树脂。谢文磊将按质量比 6:4 配制成混合均匀的大豆油和猪油混合油脂，按质量比 10% 加入 717 型阴离子交换树脂，在 50℃搅拌反应 2 ~ 3h 的条件下，通过比较 2 位上脂肪酸组成与总脂肪酸组成的差异，判断酯交换反应的随机程度和选择性。结果表明，717 型阴离子交换树脂对酯交换反应有一定的催化作用。但是，阎杰的重复试验显示，该酯交换反应速度极慢，表现为甲醇层在整个反应过程中没有消失，且样品有极浓的树脂气味。

2）有机碱固体催化剂

徐广辉等以季铵碱作催化剂，以大豆油为原料合成生物柴油。结果表明，该酯化及转酯化反应的最佳反应条件为：催化剂的投入量为油重的 0.5%，油醇的物质的量比为 1:6，反应温度为 60℃，搅拌时间为 30min，原料油的酸值小于 2，原料水分质量分数在 1% 以下，酯交换率达到 97.0%。Schuchardt R 等将有机碱胍类物质结合到载体上制成有机固体碱，发现该固体碱也能催化油脂酯交换反应，但活性没有在均相使用时高。

3）稀土和过度金属氧化物固体碱

Bancquarts 等分别以 La_2O_3 和 CeO_2 为催化剂在氮气保护下研究甘油三油酸酯和甲醇的酯交换反应。结果表明，当以 La_2O_3（在 600℃下煅烧 5h）为催化剂，反应条件为：甘油三油酸酯和甲醇的摩尔比为 1:6，催化剂的质量为甘油三油酸酯和甲醇总量的 2.7%，反应温度为 220℃，反应时间为 6h，甘油三油酸酯的转化率为 97.0%；而以 CeO_2（在 550℃下煅烧 2h）为催化剂时，在相同条件下催化甘油三油酸酯和甲醇的酯交换反应，得到甘油三油酸酯的转化率为 82.0%，而且稀土氧化物型催化剂单位面积碱性越强，催化活性越高。

比较各种催化剂催化效果，通过酯交换反应制备生物柴油，负载型固体碱催化剂较非负载型催化剂的催化效果好。可能是因为非负载型催化剂的比表面积相对较低，且多是粉状物，机械强度低，易和生成的副产物甘油形成浆状物，抑制催化作用，且催化剂在后处理的过程中分离困难；而负载型催化剂比表面积相对较大，孔径分布均匀，碱强度高，机械强度高，在反应时不容易使混合物形成浆状物，尤其是选择合适的强碱性碱金属、碱土金属氧化物及其盐负载到多孔载体上，不仅可以得到超强碱位、高比表面积的固体碱，而且制备方法简单，能多次使用，容易再生。因此，负载型固体碱催化剂在油脂酯交换反应制备生物柴油的应用将越来越受到关注。

据报道，法国石油研究院开发了使用尖晶石结构的固体碱作催化剂的工艺制备生物柴油。该工艺采用多项催化技术，最终产品生物柴油纯度超过 99%，油脂的转化率接近 100.0%。巴黎的 Diester Lndustrie 公司正利用该套技术在本国的 sete 建造一座年产 160kt 的生产装置。因此可以预见，将来大型的生物柴油工业化装置将有可能以固体碱催化为主。

3. 固体酸催化剂

生物柴油制备中常用的固体酸主要包括沸石分子筛、杂多酸、离子交换树脂、固体超强酸等。

1）沸石分子筛

沸石分子筛是一种结晶型硅铝酸盐，作为固体酸催化剂应用于酯化反应的研究报道较多。它的酸性可以通过改变结构、孔径及骨架 Si/Al 比等来调节。对于较大分子质量的脂肪酸分子的酯化反应，沸石的催化反应速率较低，这主要是由于受沸石孔径、酸度较小制约。在 Lopez 等的研究中，他们认为 β - 沸石较低的活性是由于较大的乙酸甘油酯分子无法进入沸石内部微孔，实际上只有表面的活性位点得以利用，而对于 ETS－10（H）沸石，活性较低则由于其本身较低的酸强度。另外，沸石的微孔传质过程受到阻碍也是一个焦点问题。在 Shu 等的研究中，采用稀土元素镧改性 β－分子筛用于催化大豆油甲醇酯交换反应，在最佳制备条件下仅得到 48.9 % 转化率。

虽然可以通过加大孔径及酸度来改善反应速率，但这同时会引起多种副反应，降低转化率，也为后续分离纯化生物柴油带来困难。总体而言，沸石催化剂活性随 Si/Al 比增大而增强，这表明催化剂活性受酸位的增加及表面疏水性的影响。可以考虑使用沸石作为其他具有较高催化活性催化剂的载体，需要解决的问题有孔径大小、表面疏水性、内部孔结构的利用率等。

2）杂多酸

杂多酸是一类含有氧桥的多酸配位化合物，是由不同含氧酸之间配聚而成。杂多酸及其盐类因具有类似于分子筛的笼型结构特征，对多种有机反应表现出很高的催化活性和选择性。Chai 等将制备的 $Cs_{2.5}H_{0.5}PW_{12}O_{40}$ 杂多酸固体催化剂应用于芝麻油合成生物柴油中，在醇油摩尔比 5∶3、催化剂用量为原料油质量的 0.1%，60℃下回流搅拌 45min 时，收率可达 95% 以上。Narasimharao 等将杂多酸盐 $Cs_xH_{3-x}PW_{12}O_{40}$（$x=0.9\sim3.0$）用于催化棕榈酸酯化和三丁酸甘油酯的酯交换反应，在 $x=2.0\sim2.3$ 时催化剂活性最大，且重复使用活性下降并不明显。

虽然对杂多酸作为酸催化酯化反应催化剂的近年研究很多，但总体而言主要集中于较低级脂肪酸酯及其衍生物的制备上。较明显的活性组分流失以及较高的催化剂制备成本是限制该类催化剂的主要瓶颈。

3）离子交换树脂

树脂型固体超强酸是指将催化剂活性组分负载在树脂上，从而形成的一类固体酸。因其使用方便、环境友好性、低腐蚀性正越来越受到研究者关注。

Abreu 等报道将锡复合物 Sn（3－羟基－2－甲基－4－吡喃酮）$_2$（H_2O）$_2$ 负载到离子交换树脂上作为催化剂催化植物油与甲醇反应，在 60℃时，3h 后脂肪酸甲酯产率可达 93%，但由于其在离子交换树脂上脱落而无法重复使用。Lopez 等制备了一系列固体酸催化剂 Amberlyst－15、Nafion NR50 及 SO_4^{2-}/ZrO_2 等，考察它们对油脂与甲醇酯交换反应的催化活性，并以均相催化剂 H_2SO_4 作为参照，在醇油摩尔比 6∶1、60℃搅拌条件下，各催化剂的活性顺序为：H_2SO_4（99%，油脂转化率，下同）>Amberlyst－15（79%）>SO_4^{2-}/ZrO_2（57%）>NR50（33%）。

在较低温度下催化剂催化酯交换反应活性通常较低，为了得到满意的反应速率，须提高反应温度（>170℃）。磺酸性树脂无法在这样高的反应温度下使用，但可用于酯化反应（要求反应温度<120℃）。

4）金属盐催化剂

曹宏远等以固体酸 Zr（SO_4）$_2$·$4H_2O$ 为催化剂、食用大豆油与甲醇为原料合成生物柴油，当醇油摩尔比为 6∶1、催化剂用量为原料油质量的 3%、65℃反应 6h 时，收率可达 96.6%，但文中未对催化剂的重复使用性能进行探讨。硫酸铁对废油［酸值为 75.9mg（KOH）/g］中的 FFAs 的酯化反应具有较高的催化活性。蒸去甲醇后，硫酸铁可通过过滤回收，催化剂在 460℃焙烧后可恢复活性。然而，由于硫酸铁部分溶解于甲醇（只有 90% 催化剂得到回收），少量的催化剂在蒸去甲醇后仍残存在油相中。因此，还不能确定硫酸铁是一个均相或者非均相催化剂。对于油脂酯交换反应，金属钒酸盐是一个稳定、具有较高活性的催化剂，$VOPO_4$·$2H_2O$ 前驱体经 400～500℃焙烧处理后对油脂酯交换反应表现出较高催化活性。催化剂失活原因可归结为催化剂表面钒在甲醇的作用下由 V^{5+} 转变为 V^{3+}，通过重新焙烧可以很容易恢复活性。

5）固体超强酸

固体超强酸是以 Ti、Zr、Fe、Sn、Al 等的氧化物制得，是指酸性比浓硫酸还强的固体酸（Hammatt 酸度值 $H_0 < -11.6$）。M_xO_y/SO_4^{2-} 型固体超强酸由于双配位 SO_4^{2-} 的诱导作用，金属原子 M 成为强的 L 酸位，当催化剂吸水后，由于水分子附在 L 酸位上，使 L 酸位减少，同时含 S 物种对水分子中的电子产生吸引作用，使 O—H 键强度减弱，从而形成带正电荷的 B 酸位，固体超强酸共存的 L 酸位与 B 酸位使其具有相对较高的催化活性，并且还具有可同时催化酯化、酯交换反应、催化剂易分离、环境友好等优点，近年来屡有应用于生物柴油生产制备的研究报道，见表 3－4。

表 3－4　固体超强酸在制备生物柴油中的研究应用

催化剂	原　料	反应温度/℃	反应时间/h	最高产率/%
SO_4^{2-}/TiO_2	棉籽油、甲醇	230	8	>90
$S_2O_8^{2-}/Fe_2O_3-ZrO_2 \cdot La_2O_3$	菜籽油、甲醇	220	10	>90
$SO_4^{2-}/ZrO_2 \cdot TiO_2$	鱼油、甲醇	65	5	>71
$SO_4^{2-}-TiO_2$/黏土	脂肪酸、甲醇	70	6~8	>97
SO_4^{2-}/ZrO_2	棕榈仁油、椰子油、甲醇	200	6	>90
WO_3/ZrO_2	大豆油、甲醇	250	流动反应器	>90
SO_4^{2-}/ZrO_2	葵花籽油、甲醇	60	3	57

注：醇油比均为物质的量比；催化剂用量为原料油质量比。

虽然固体超强酸催化剂具有对游离脂肪酸不敏感，可同时催化酯化、酯交换反应且易于分离等优点，但通过表 3－4 可知，为了得到较高生物柴油产率，固体酸催化反应仍需要较高温度、压强及较长反应时间。影响固体超强酸催化活性的因素可归结为以下几点：

（1）酸催化酯交换反应本身较高的活化能；

（2）活性组分的流失；

（3）水的存在会包覆极性固体超强酸表面，阻碍其与反应物有效接触；

（4）催化剂表面吸附油脂的分解造成炭沉积；

（5）催化剂较低的比表面积等。

6）其他固体酸催化剂

Toda 等将纤维素先部分碳化后磺化，得到带磺酸根的稠环化合物型催化剂。该催化剂具有芳香性的片状多环结构、高密度的活性位，同时具有大量亲油的—COOH 和亲醇的—OH 基团，用于油脂酯交换反应，其催化活性大大高于现有的其他固体酸催化剂。Zong 等以 D—葡萄糖为原料，同法制备了 $CH_{1.14}S_{0.03}O_{0.39}$ 催化剂，并考察了其在脂肪酸及酸化油中的表现。在 80℃下使用 0.14g 该催化剂催化油酸甲酯化反应，转化率大于 95%。反应结束后，催化剂从反应体系中滤出，以大量正丁醇洗去表面残留反应物，真空干燥后继续使用，仍可得到 93% 的转化率，重复使用 5 次活性不变。这种以生物质为原料制备的催化剂用于生物柴油的生产，催化活性高、原料廉价易得、可以重复使用，并且在高达 180℃ 的温度下仍具有较高的催化活性，是一种新的环境友好型固体酸催化剂。

总之，固体酸催化制备生物柴油的优势在于它解决了碱催化对原料的苛求及液体酸腐蚀设备和环境污染等问题。但对于现有的固体酸催化剂，为实现其在工业规模的成功应用，研究者还应进一步通过提高比表面积、改善孔结构、调整适当的强酸位以提高其催化活性；增强催化剂表面的疏水性以及反应物体系的兼溶性，同时也需加强对催化反应器的设计以及工艺的优化研究。

4. 酶催化剂

酶催化剂是另一类重要的酯交换催化剂，近年来研究很多。在酯化及酯交换反应中，脂肪酶（lipase）经常被用于高档的酯化合成过程。

用脂肪酶催化甘油三酯和甲醇酯交换合成生物柴油，一般都是在非水相体系中反应。在非水相体系中，酶的活力高、甘油三酯的转化效率高。最简单的非水相体系是无溶剂体系，即直接把酶加到底物甲醇和甘油三酯中催化酯交换反应。

无疑这种反应体系工艺简单，产物容易分离，成本相对较低。理论上酯交换 1mol 的甘油三酯需要 3mol 的甲醇，但是由于甲醇在甘油三酯中的溶解度有限，当甲醇和甘油三酯摩尔比超过 1∶1（即甲醇和脂肪酸摩尔比 1∶3）时，一部分不能溶解在油中的细小甲醇微滴会造成脂肪酶（绝大多数微生物脂肪酶）不可逆失活。醇的碳原子数越少，在油中溶解度也就越低，造成酶不可逆失活的能力就越强。

由于甲醇对酶的失活效应，反应体系中甲醇和脂肪酸的摩尔比越大，甘油三酯的转化率越低（见图 3－2）。为了防止脂肪酶在甲醇中的不可逆失活，可以分 3 次添加反应所需要的甲醇，每次添加反应所需要量的 1/3。

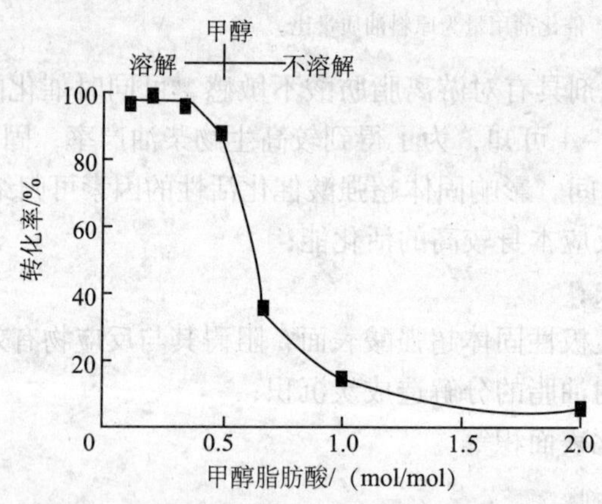

图 3－2　用固定化脂肪酶催化植物油甲酯化，不同甲醇用量与转化率的关系

当向体系中添加有机溶剂（如正己烷等）或水时，脂肪酶对甲醇的耐受能力有一定程度的提高，但是并不能提高反应的总转化率。也可以用乙酸甲酯替代甲醇作为酶法催化酯交换的底物，即使乙酸甲酯和油的摩尔比为 12∶1，也不会造成脂肪酶的失活，甘油三酯的转化率可达 92% 以上。

通常酶促酯交换过程的反应温度较为温和，清华大学采用脂肪酶催化酯交换反应生产生物柴油，其反应条件是 40～50℃，醇油比 4∶1，酶用量 65%（与油质量比值），得到最高脂肪酸甲酯收率为 92%。但酶法酯交换离工业化还有相当的距离，酶的价格昂贵。酶的催化功能是专一性的，对于组成复杂的天然油脂底物来说，酶的适应性需要特别注意。酶的催化寿命是限制酶作为生物柴油生产的不利条件，很多酶对水的依赖性很强，生物柴油酯交换过程的醇体系对酶的活性也有一定的影响，因此，研究无水体系的活性酶也是近来研究的热点。

为了解决酶的流失，降低酶催化的成本，固载化酶越来越引起关注。Iso 等用高岭土负载的脂肪酶在 1,4 – dioxane 溶剂中植物油脂与甲醇（或乙醇）进行酯交换反应，油脂的转化率可以在数小时内最高达到 90% 以上。固定化酶的活性有时会比普通的酶催化高，对固定化酶催化反应过程的研究工作越来越多。Shah 等将 Chromobacterium viscosum 固载在 Delite 545 上，在 40℃反应 8h 得到了 71% 的得率。

相比普通酸碱催化剂，酶的价格很高，而酶的回收相对困难。为了降低酶催化的成本，Fukuda 等利用活的生物细胞作为酯交换反应的催化剂，通过利用某些生物质颗粒作载体，酶可以在反应过程中不断生成。但利用活细胞作催化剂首先要解决细胞对甲醇的取向性问题。然后解决酶与反应物分离，其方法是利用超临界 CO_2 体系进行酯交换反应，Madras 等的研究结果表明，超临界 CO_2 体系中，可以达到 30% 的转化率。

酶催化剂反应温度温和，是今后发展的方向。但利用生物酶法制备生物柴油目前存在着一些亟待解决的问题。

脂肪酶对长链脂肪醇的酯化或转酯化有效，而对短链脂肪醇（如甲醇或乙醇等）转化率低，一般仅为 40% ~60%；甲醇和乙醇对酶有一定的毒性，容易使酶失活；副产物甘油和水难以回收，不但拟制产物的生成，而且甘油也对酶有毒性；短链脂肪醇和甘油的存在都影响酶的反应活性及稳定性，使固化酶的使用寿命大大缩短。这些问题是生物酶法工业化生产生物柴油的主要瓶颈。另外酶催化酯化反应的脂肪酶的高成本，反应速度缓慢，转化率水平低下，产品甲酯还必须经过减压蒸馏除去未转化的原料油才能作为生物柴油使用等缺点，使其不太适合工业化生产应用。

二、酯化反应催化剂

羧酸酯是一种重要的有机化合物，不仅可作为有机合成原料，而且是重要的精细化工产品，广泛应用于香料、日化、食品、医药、橡胶、涂料、生物柴油等行业。该产品传统的合成方法是以相应的羧酸和醇为原料，采用浓硫酸为催化剂来制取，该法副反应多、后处理工艺复杂、设备腐蚀严重、废酸排放污染环境。近年来国内外学者对羧酸酯的合成尤为重视，在化学催化、物理催化、生物催化及反应工艺上都有所突破，使酯化产率大大提高，产品色泽大有改观。

酯化反应催化剂一直是化学家研究的重点。近年来，先后有以硫酸为代表的一般强酸型催化剂，以盐酸盐、硫酸盐为代表的无机盐催化剂，以阳离子交换树脂、沸石分子筛为代表的固体酸催化剂，以钨、钼和硅的杂多酸为代表的固体杂多酸催化剂，负载型的固体超强酸催化剂，以及一些非酸催化剂如氧化铝、二氧化钛、氧化亚锡、钛酸酯类，它们可单独使用，也可制成复合催化剂，这些催化剂的应用已基本趋于成熟。由于酯化反应的催化剂与酯交换反应的催化剂许多种类都是同一物质，所以，下面只详细介绍与酯交换反应不同的催化剂。

1. 无机强酸

H_2SO_4、HCl、HF 等，工业生产一般用浓 H_2SO_4 作催化剂。

优点：催化活性高、价格低廉、易制备。

缺点：选择性差、副反应多、产品质量不好、设备腐蚀严重，同时产生大量废液、污染环境，三废处理麻烦，工艺流程长。在二级、三级醇酯化中产率低。

2. 固体酸

$SO_4^{2-}/ZrO_2-Al_2O_3$、SO_4^{2-}/TiO_2-SiO_2、TiO_2/SO_4^{2-} 等，固体超强酸是比100%硫酸更强的酸，即 $H_0<-11.94$ 的酸。

优点：污染和后处理少，使用方便，催化效果好，产率高，酸性强，不腐蚀设备，对水稳定，制备简单，易于产品分离。例如：用 SO_4^{2-}/TiO_2 2g催化合成乙酸苄酯，反应温度100~110℃、0.2mol酸，反应2h，产率91.2%。

用复合固体超强酸 $SO_4^{2-}/ZrO_2-Al_2O_3$ 催化合成乳酸正丁酯，反应2h，产率97%。

缺点：水溶性、重复使用性能差，制备繁杂，价格高。

催化剂的制备：取一定量的 $TiCl_4$ 溶液用稀氨水水解至溶液呈碱性，得白色偏钛酸沉淀，静置24h后除去清液。抽滤，用蒸馏水洗至无氯离子（用0.1mol/L $AgNO_3$ 溶液检验）。在110℃将滤渣烘干后研磨成粉末，用0.5mol/L的硫酸溶液浸泡14h。抽滤，烘干，于450℃焙烧4h，置于干燥器中备用。

3. 杂多酸（HPA）

杂多酸是由中心原子（如P、Si、Fe、Co、As等）和配位（多）原子（如Mo、W、V等）以一定的结构通过氧原子配位桥键而成含氧多元酸的总称，如：$H_3PW_{12}O_{40}\cdot xH_2O$。

优点：催化反应条件温和，降低污染和设备腐蚀，催化剂用量少，活性和选择性高，后处理简单，简化生产工艺，降低成本，酯化率高。

缺点：价格贵，难分离，回收困难，重复使用性能差。

杂多酸的制备：取 $n(Na_2HP0_4):n(Na_2W0_4\cdot 2H_20)=1:2$ 配成混合液，在搅拌下加热反应一定时间，然后逐滴加浓盐酸至过量，冷却后用乙醚萃取生成的产物钨磷酸，赶走乙醚即得钨磷酸（PW12型），放在真空干燥器中干燥备用。

4. 无机盐类

$Al_2(SO_4)_3$、$Fe_2(SO_4)_3$、$FeC1_3$、$NaHSO_4$、$KHSO_4$、$SnCl_4$ 及其水合物等。

优点：易得，反应时间短，操作简便，无污染，酯的收率较高，催化剂可重复使用，易分离，对设备无腐蚀。

例如用 $FeCl_3\cdot 6H_2O$ 催化合成乙酸酯，反应3h，产率88.6%，可重复25次以上。$NaHSO_4$ 催化合成丁酸戊酯，反应1.5h，产率99.3%。一些无机盐催化合成乙酸乙酯的反应情况见表3-5。

表3-5　用不同无机盐催化合成乙酸乙酯的反应比较

催化剂	用量（0.2mol乙醇）/g	产量/g	收率/%
$NaHSO_4\cdot H_2O$	1.2	14.6	82.95
$FeCl_3\cdot 6H_2O$	2.5	14.0	79.55
$Fe_2(SO_4)_3\cdot 2H_2O$	2.0	12.2	69.32
$SnCl_4\cdot 5H_2O$	0.5	11.6	65.91
$CuSO_4\cdot 7H_2O$	1.8	12.0	65.91

缺点：有些无机盐水溶性好，易潮解，导致回收难。

硫酸氢钠的制备：将 0.1mol 浓 H_2SO_4 慢慢加入 2mL 水的烧杯中，搅拌。称量 0.1mol 硫酸钠加入其中。

加热，搅拌至完全溶解，置于冰水混合液中冷却、静置、析晶、抽滤得硫酸氢钠，密封备用。

5. 固载型杂多酸

如硅钨酸，一般用活性炭、二氧化硅等吸附。

优点：收率高，产品色泽好，粗酯不需中和水洗，催化用量少，不易流失，解决了杂多酸较贵和循环使用的问题。曹小华等用固载型杂多酸催化合成乙酸异戊酯，产率达90%左右。

缺点：活性炭、二氧化硅等吸附固载硅钨酸时间长，固载量小。

$H_4SiW_{12}O_{40}$的制备：10%稀硝酸淋洗活性炭水洗至中性，抽干，并于120℃干燥，将其加入至各有一定量 $H_4SiW_{12}O_{40}$ 的水中，回流吸附 5~6h，用 100℃的水洗至中性，抽干，并于120℃干燥 4h，称量。

固载量% =（固载杂多酸质量/载体质量）×100%

表 3-6 列出了各种酯化反应催化剂的实际应用。

表 3-6 酯化反应催化剂的实际应用

催化剂种类	原料用量	醇酸摩尔比	催化剂用量	带水剂	反应时间/h	反应温度/℃	产品收率/%
TiO_2/SO_4^{2-}	0.1mol 酸	1.8：1	1	甲苯	2	100~110	91.7
$SO_4^{2-}/\gamma-Al_2O_3$	0.1mol 醇	2：1	0.45	苯	6	回流温度	90
$FeCl_3$	0.1mol 醇	1：2	0.5	苯	3	回流温度	85
$NaHSO_4$	0.1mol 酸	1：1.5	1	环己烷	1	回流温度	74.3

第四节 生物柴油的生产设备

目前，欧美等国家在生物柴油生产装置设备的研制及应用已趋于成熟。我国由于生物柴油的研究起步较晚，并且原料来源广泛，远比国外原料复杂。因此，为了适应原料的复杂多样性，厂家生产生物柴油的工艺技术就千差万别，设备更是多种多样。因此使我国的生物柴油生产具有自己的特殊性。

2000 年后，国内资本开始大量投资生物柴油行业，这个时期生物柴油企业如同雨后春笋般得到快速发展。但这个时期的投资比较盲目，只是看到了生物柴油的潜在前途，对生物柴油的生产原料、工艺技术以及产品应用等方面存在的问题认识不足，大量从国外进口成套设备。由于国内原料来源的复杂性，使得国外的成套设备很难满足国内原料生产的要求，生物柴油产品很难达到相关标准要求，导致很多厂家损失惨重。目前国内生产生物柴油的设备形成了自己研发和吸收外国成套设备技术并不断改进以满足自己生产的趋势。

生物柴油生产设备在我国还没有相关的行业标准，各厂家的设备都是以满足本身工艺生产要求而自行设计或借鉴化工行业相关设备，因此，不同的厂家其生产设备也各不相同。但由于目前生物柴油生产工艺技术大同小异，虽然生产设备样式不同，但它的功能却基本一样。

图 3-3 示意了常见生物柴油厂家生产流程。经过干燥的原料与甲醇、催化剂一起投入到

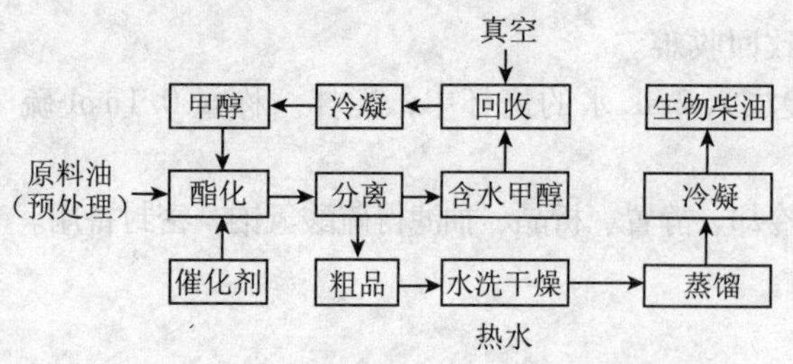

图 3－3　生物柴油生产工艺流程简图

带加热、搅拌的反应釜内，搅拌加热至反应温度下，将甲醇部分汽化与反应生成的水汽一起进入甲醇回收塔内，脱去水后再回到反应釜中参加反应。反应结束后的反应产物泵入水洗锅，首先用热水依次洗涤至中性，再泵入干燥脱水锅加热干燥脱水。最后送入高温蒸馏釜精馏提纯，即得到生物柴油。蒸馏残渣即为植物沥青。从流程图可以看出，生产生物柴油的主要设备包括酯化反应釜、甲醇回收精馏塔、产品蒸馏塔以及离心设备等装置。

除了酯交换反应之外，生物柴油的实际生产过程还包括从原材料精炼到产品的分离与提纯的多个工艺步骤。酯交换反应器是生物柴油生产过程中的核心设备，但对于一个生物柴油装置的技术和经济可行性评价应包括所有的操作单元，而不仅仅是一台反应器。因此，这就需要设计一个完整的生产装置，并从整个装置的角度来全面评价它的各项性能指标。

一、酯交换反应器

从生物柴油制备反应体系来看，油脂与甲醇为互不相溶体系，传热质是影响反应的重要因素之一；从热力学角度来看，油脂与甲醇的酯交换反应为热力学平衡反应，打破热力学平衡过程是提高单位时间产率、降低生产成本的重要方法之一。而这些过程问题需要从反应器的设计上解决。因此，在生物柴油生产过程中，反应器是生物柴油制备过程中核心设备之一。

目前传统的机械搅拌式反应釜存在着明显的缺点：搅拌设备耗能大，生产运行费用高；搅拌反应传热质不理想，导致转化率和收率不高。随着生物柴油研究的不断发展和深入，越来越多的其他形式的传统反应器和新型的反应器应用到生物柴油制备过程中。下面介绍传统反应器和新型反应器技术在生物柴油制备过程中的研究进展。

1. 传统反应器

1）管式反应器

在生物柴油连续化生产过程中，管式反应器应用较多。管式反应器是一种高效的化工反应装置，又称平推流反应器或活塞流反应器。与釜式反应器相比，具有更大的长径比（>50）。其特点是沿着物料流动的方向，物料的含量不断变化，而垂直于物料流动方向的任何截面上，物料的所有参数和温度，含量和压力流速都相同。其优点是反应器中没有返混现象，反应速度较快，过程连续稳定，容易实现自动控制。

荀华阳等用逐步加热的超临界甲醇法在管式反应器中制备了生物柴油；吕鹏梅等在活塞流中用高酸值油料实现了生物柴油的制备；陈文等在超临界条件下用自制的管式反应器实现了生物柴油制备；刘伟伟等人将管式活塞流反应器用于生物柴油制备，实验结果表明该反应器能实现生物柴油制备的高效化、连续化和稳定化。

实际上，在没有脂肪酸甲酯作助溶剂或添加其他共溶剂条件下，甲醇和油脂反应是非均相反应。例如，刘启栋等比较了在管式反应器中和高压反应釜中进行超临界甲醇法制备生物柴油的优劣，结果发现管式反应器的混合效果不如反应釜，因而强化管式反应器内两相混合是实现管式反应器反应的前提。很多研究在构建管式反应器时，经常采用一些机械的或静态的混合方式，以达到两相混合的效果。

例如，Noureddini H 和孟中磊等人把静态混合器应用到管式反应器中，实现了反应物的两相混合。美国 Kreido 生物燃料公司则采用机械混合的方法实现混合，他们开发的 STT 高剪切反应器由直径 11.4cm 的圆形容器（定子管）和内旋转的容器（转子）构成，转子用变速电机以高达 5000r/min 的速度转动。反应物进入转子和定子之间狭窄的环形空间（期间持留的容积约 100mL），反应物从反应器一端进入，产品在另一端流出，停留时间小于 1s。在 Foothills 生物能源公司的装置中，该反应器将通过植物油的反酯化生产生物柴油。

与常规工艺相比，因快速反应使得选择性和效率都提高，所以产率也较高，成本较低，产生的皂类副产物减至最少。同时，采用较廉价的催化剂（用氢氧化钠代替甲醇钠），并使用约 50℃的反应温度代替常规过程的 60℃进行反应。

鉴于混合器的加工和安装困难，有些研究者和生产企业通过加入共溶剂实现反应的均相。例如，加拿大的 BIOX 公司在制备生物柴油时加入共溶剂四氢呋喃，利用管式反应器实现了连续化制备生物柴油。孟中磊等利用管式静态混合反应器制备生物柴油时，添加共溶剂四氢呋喃或丁酮，使生物柴油的产率由未加共溶剂时的 56% 提高到 80% 以上，最高产率由未加共溶剂时的 76.5% 提高到 94.1%。

图 3-4 表示的是重庆天润能源开发有限公司生产生物柴油采用的连续化管式反应器装置流程图。

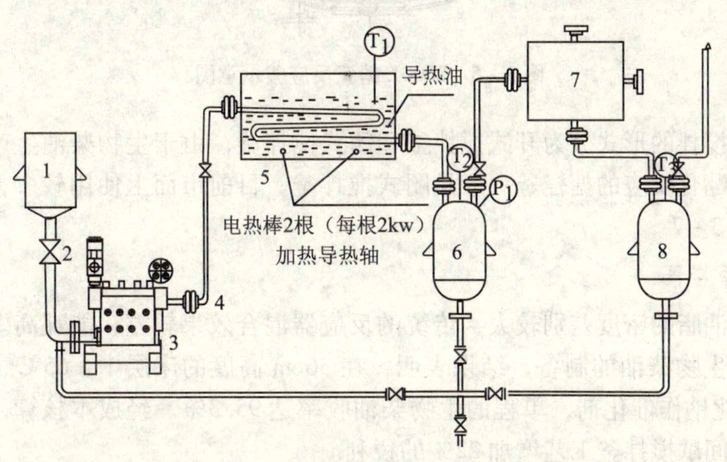

图 3-4　连续化管式反应器装置流程图

1—原料罐；2—截止阀；3—高压泵；4—接管；5—管式静态混合反应器；
6—储罐 a；7—螺旋板冷却器；8—储罐 b

连续反应在经济和环保方面都具有一定的优势，但是连续反应对设备、人员操作技能、设备维护等方面的要求很高，且投资成本也高。在国内目前采用更多的还是半连续式或间歇式生产方式。间歇式生产中酯化反应采用的主要设备以釜为反应设备，釜式设备有自制和化工成熟设备。但总体来说，就是在一个釜内完成反应的过程。由于国内生产生物柴油的原料主要是潲水油和地沟油，一般要采用酸作催化剂，因此要求设备具有一定防腐性能，特别是在一定温度下的防腐性，这对釜式反应设备要求较高。因此，釜式反应的设备主要是以搪瓷反应釜为主。因为搪瓷处理的设备在耐酸碱等方面具有其他设备无法比拟的优点。图 3-5 为国内生产厂家常用搪瓷反应釜的示意图。

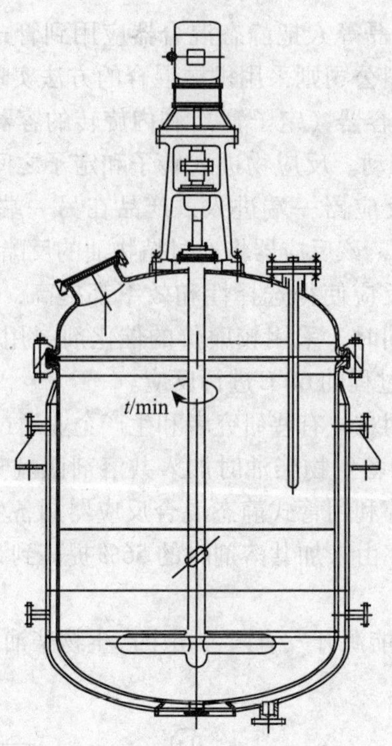

图 3 – 5　2000L 搪瓷反应釜示意图

搪瓷釜根据搅拌的形式分为开式搅拌釜和闭式搅拌釜，由于生物柴油生产过程中有轻质溶剂加入，因此酯化反应的搪瓷釜一般是闭式搅拌釜。目前市面上使用较多，规格型号较固定的搪瓷釜见表 3 – 7。

2）滴流床反应器

由于甲醇和油脂的密度差别较大，传统的反应器混合效果较差，能耗高。张冠杰采用滴流床反应器进行生物柴油的制备，结果表明，在 36cm 高度的床层中，65℃、醇油物质的量比为 6∶1、氢氧化钠作催化剂，单程的生物柴油收率达 95.3%。经成本核算，采用滴流床反应器生产工艺比间歇搅拌釜工艺增加 22% 的税利。

表 3 – 7　常用搪瓷反应釜规格型号

项　目	规　格				
公称容积/L	5000	8000	10000	16000	20000
实际容积/L	6011	9060	11674	17400	21790
换热面积/m^2	14.89	18.38	21.35	29.5	34.04
设计压力/MPa	容器内 0.25 0.6 1.0	容器内 0.25 0.6 1.0	容器内 0.25 0.6 1.0	容器内 0.25 0.6 1.0	容器内 0.25 0.6 1.0
	夹套内 0.6	夹套内 0.6	夹套内 0.6	夹套内 0.6	夹套内 0.6
工作温度/℃	–20 ~ 200 以上	–20 ~ 200 以上	–20 ~ 200 以上	–20 ~ 200 以上	–20 ~ 200 以上
传动装置型号	BLD3	ZWS – 5	ZWS – 6	ZWS – 6	ZWS – 6
搅拌转速/（r/min）	叶轮式/浆式≤125	叶轮式/浆式≤125	叶轮式/浆式≤125	叶轮式/浆式≤125	叶轮式/浆式≤125

续表

项　目	规　格				
电机型号及功率/kW	Y(B)132M－4－7.5	Y(B)160M－4－11	Y(B)160M－4－11	Y(B)180M－4－18.5	Y(B)180M－4－18.5
放料阀	上展式 125/80	上展式 125/80	上展式 125/80	上展式 150/100	上展式 150/100
	下展式 125/80	下展式 125/80	下展式 125/80	下展式 150/100	下展式 150/100
参考质量 kg	4640	6280	8100	11230	13220

搪瓷釜虽然使用范围广，但是在使用过程中也有它的缺点，例如：不能适应于强碱溶液；因为瓷面容易破损等不能磕碰。因此在生产过程中应注意以下几点：

（1）不能用火焰、电炉直接加热，不允许空罐加热，以防损坏瓷面。

（2）尽量避免冷罐加热或热罐加冷料，防止骤冷骤热面产生应力，影响使用寿命。

（3）使用带夹套设备时，应缓慢加压升温，先通入 0.1MPa 压力的蒸汽保持 15min 后再缓慢升压（速度为 10min0.1MPa 为宜）直到使用压力（不允许超过设计压力 0.6MPa）。

（4）出料时如遇物料堵塞，可用竹竿或塑料棒捅开，不能使用金属棒。

（5）使用中要定期检查瓷面，如有损坏，应立即处理修补，否则搪玻璃面很快被腐蚀脱瓷或坏体空孔。

（6）设备夹套内严禁进入酸液，以免发生氢效应，引起瓷层脱落。如果清洗夹套，最好用 2% 的次氯酸溶液在夹套循环 3～4h 后，应用稀碱液中和再用清水清洗。

（7）如中途停止使用，应将夹套中存水排空，并采取防锈措施。

（8）放料阀丝杆要保持润滑，防止生锈。

2. 新型反应器

1）膜反应器

酯化反应是平衡反应，使用普通的反应器无法突破平衡转化率的限制，而膜分离技术利用膜作为隔离介质，可以实现各种分离要求。膜反应主要有以下特点：

（1）对受化学平衡限制的反应，膜反应器能移动化学平衡；

（2）有可能提高复杂反应的转化率；

（3）可能达到反应与分离的耦合或提浓。

现在的膜反应器主要用于废水处理上。由于生物柴油的油脂和甲醇是热力学平衡反应，且生成物如脂肪酸甲酯和甘油性质相差较大，因而部分学者也开始把膜反应器用于生物柴油的制备。

Dube 等人采用内、外径分别为 6mm 和 8mm，膜孔径为 0.05m，长度为 1.2m 的多孔碳膜为膜反应器，以菜籽油为原料制备生物柴油。研究结果表明，醇油的物质的量比低至 2:1 时，用酸作催化剂转化率可达 64%；用碱作催化剂时，转化率可达 96%。同时膜还能选择性透过脂肪酸甲酯、甘油和催化剂，从而将产品和未转化的油脂分开，达到初步分离和提浓产物的目的。

2）微通道反应器

微电子机械设备的革新和应用也引起了化工技术新的发展，向微型化迈进是从 20 世纪 90 年代以来化工技术发展的一个重要趋势。作为化工技术过程的核心技术微反应器相对于传统反应器而言，微反应器内流体的流动和分散尺度要小 1 ~ 2 个数量级，这使得微反应器具备很多优异性能。微反应器内流动、传递规律和常规设备相比发生了一定变化，传统的传质、传热理论需要做部分修正。其良好的传质、传热效果，可使反应速度提高，副反应速度降低。

Canter N 研究发现微反应器内反应速度比常规反应器快 10 ~ 100 倍。即使在室温下，停留时间 4min，酯化率可达 90%。鞠景喜分别采用内径为 0.25mm、0.53mm 和 2.0mm 微通道反应器在常压、60℃条件下，对 KOH 催化菜籽油与甲醇酯交换制备生物柴油的反应进行了研究。结果发现在内径为 0.53mm 的微通道反应器中，当 KOH 用量为 1.0%，醇、油物质的量比为 6 时，反应 6min 菜籽油甲酯收率达到 96.7%；在相同条件下，内径为 0.25mm、停留 5.3min，菜籽油酯化率可达 98.8%。随着管径减小，反应速率迅速增大，微通道反应器具有放大的优势。

3. 反应蒸馏反应器

反应蒸馏是将化学反应、蒸馏分离合为一体的过程强化和集成新技术，在很多反应中得到工业化应用。如 Eastman - Kodak 化学公司成功开发了乙酸甲酯和甲基叔丁基醚合成工艺。随着生物柴油研究的深入，反应分离耦合技术也逐步应用于生物柴油生产过程。

He 等人将反应蒸馏反应器引入生物柴油生产。在反应温度 65℃，醇、油物质的量比为 4:1时，反应 3min，生物柴油的产率达 94.4%，生产能力达 $6.6m^3/(m^3 \cdot h)$，比目前其他反应器高 6 ~ 10 倍，而反应时间则缩短到其他反应器的 1/20 和 1/30。

尽管反应蒸馏反应具有工艺流程简单、设备投资和操作费用低、转化率高、选择性好、易分离共沸物和催化剂可重复使用等优点，但也存在许多问题。如反应蒸馏的设计和操作较传统的反应器和蒸馏塔复杂；反应蒸馏过程存在化学反应和分离过程之间的相互影响而具有高度的复杂性，现有的模拟算法模型都存在明显不足，有待于改进。

二、离心设备

我国生产生物柴油的原料主要集中在潲水油、地沟油和酸化油等质量较差的油类。这些原料质量目前没有标准加以规范，原料的组成非常复杂，含有很多的水分和杂质，会对生产加工带来不良影响。因此，各厂家配备的处理反应原料的工艺及设备也大相径庭。

1）网板式原料收集箱

这类设备一般由工厂自行设计加工，它是利用过滤网做成网板，过滤网的目数从大到小形成网板，把一个封闭的箱体分成不同小格，原料先从目数大的网板到目数小的网板依次通过，原料经过过滤后进入储罐。

2）板框式过滤设备

板框式过滤设备与网板式过滤箱类似，只是它是一种成熟的专用设备，过滤层一般有：过滤纸、过滤布、金属网等。板框式过滤设备在过滤效果上比网板过滤箱好，速度也快，但是操作不是很方便，需要经常更换过滤层。

3）离心机

在生物柴油的生产过程中对离心机的使用很普遍，也是效率最高、效果最好的一类设备。离心机的原理就是利用两项物质的密度差，在高速旋转的情况下把两者分离开。生物柴油用离心机一般有卧式离心机和立式离心机两类设备。卧式离心机在过滤比较粗的杂质时效果很好；而立式离心机在离心效果上更好，可以两者配合使用，这样处理的原料纯度更高，加工更容易。其次，离心机还用于在线脱杂，离心脱酸等，可以说离心机是生物柴油厂家必备的设备。国外的成套设备中，也经常使用到离心机。图 3－6 是叠片离心机示意图。

离心机虽然在生物柴油生产过程中使用非常广泛，但是需要经常拆卸，并且拆卸过程麻烦，使用起来不是很方便。但是其离心的效率、效果都是其他过滤设备无法达到的，因此其使用非常广泛。

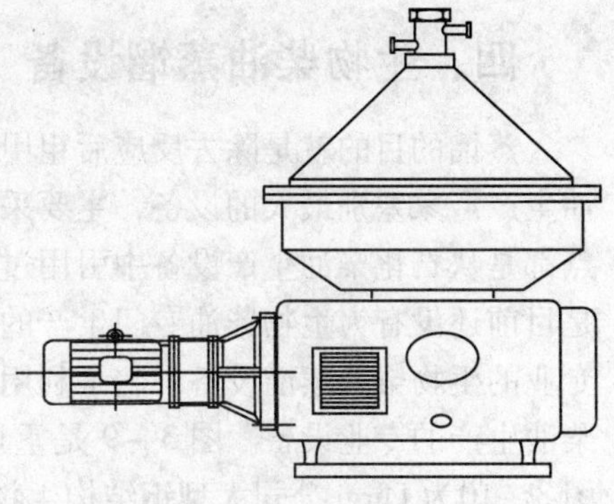

图 3－6　叠片离心机示意图

三、甲醇回收设备

生物柴油主要是动、植物油脂在催化剂作用下与甲醇进行酯交换反应制得的。为使反应进行得比较充分，甲醇的量一般要过量，实际生产过程中甲醇一般的加入量占反应物料量的 40% 左右，而参与反应的甲醇一般只有 10% ～15%，因此大量的甲醇需要回收再利用。由于甲醇还可能进行酯化反应而生成水，因此甲醇的回收又称为甲醇的精馏，其主要目的是去除甲醇中含有的水分。图 3－7 是一般生物柴油厂家采用的甲醇回收示意图。

甲醇精馏在生产甲醇的厂家一般采用塔式分馏，这是甲醇精馏最成熟，也是最有效的精馏设备。甲醇回收塔工艺简单，回收效率也比较高，但是当甲醇浓度在 10% 左右的时候，设备的精馏能力就严重降低，很难进行分离。由于生物柴油生产回收的甲醇的数量相对于生产甲醇的企业来说是很微小的，利用塔来精馏就出现占地面积大、产能过剩、热损耗大等缺点。为了克服这些缺点，浙江大学研制了一种甲醇超重力分离器（见图 3－8），其原理就是利用离心机离心原理，把甲醇和水分离。此设备已经在多家企业得到应用，使用效果还不错。

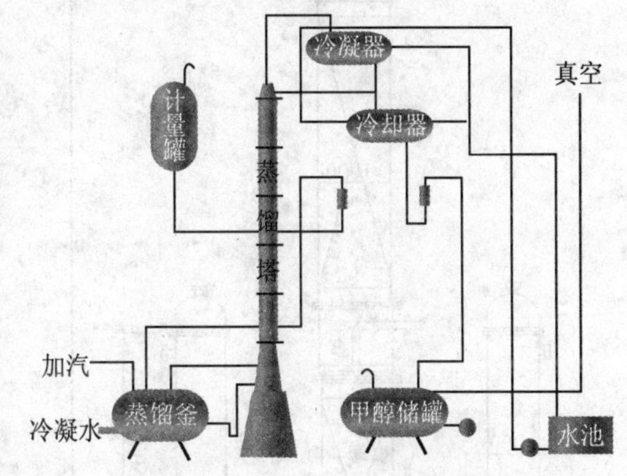

图 3－7　甲醇精馏塔示意图

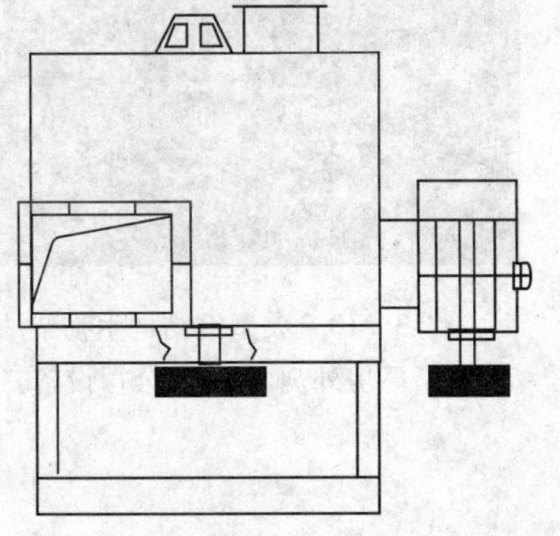

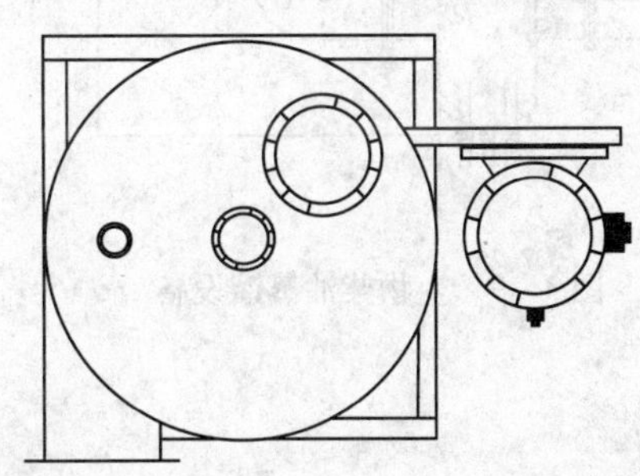

图 3－8　超重力分离器

四、生物柴油蒸馏设备

蒸馏的目的就是除去反应后粗甲酯中的各种杂质和水分。生物柴油精馏设备是各生物柴油生产厂家差别最大的设备，主要采用的有釜式蒸馏、分子筛蒸馏、塔式蒸馏等设备。其特点都是从石化柴油生产设备中引用过来，虽然这些设备不能完全满足生物柴油分馏要求，但是目前还没有为生物柴油专门生产的蒸馏设备。不过，经过这些年的发展，已经有一些比较专业的生物柴油蒸馏设备。它是利用石化柴油常、减压蒸馏设备原理设计，基本能满足生物柴油生产的专业设备。图 3－9 是重庆天润能源开发有限公司的生物柴油蒸馏设备示意图。图 3－10为 Lurgi 公司大型钢结构生物柴油工厂厂房外观照片。

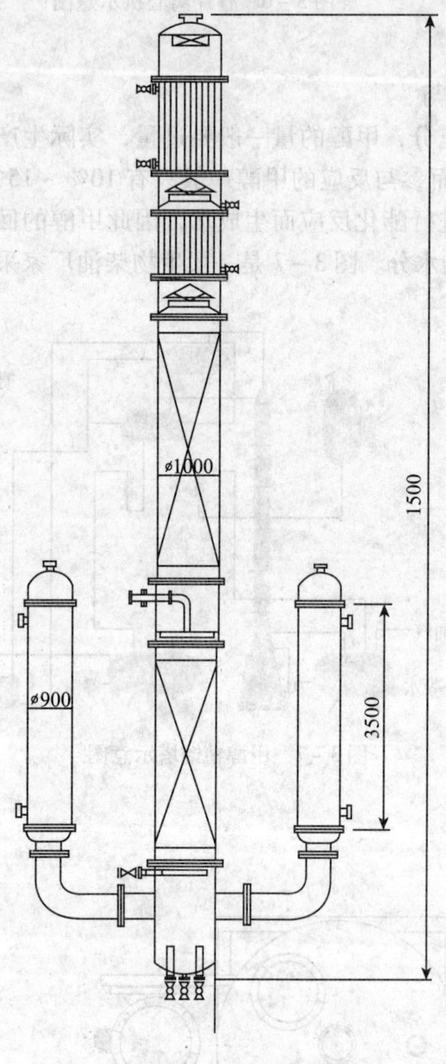

图 3－9　生物柴油蒸馏设备

图 3－10　大型钢结构生物柴油工厂厂房外观（Lurgi 公司设备）

第四章　生物柴油应用技术

生物柴油主要指脂肪酸甲酯，它既可以用作燃料，也可以用作化工产品的原料或中间体，比如用作工业溶剂，或用来制备表面活性剂等。

生物柴油的主要用途是作为清洁石化柴油的调合组分和生产满足欧Ⅲ标准的清洁柴油。与石化柴油相比，生物柴油具有十六烷值高、硫含量低、不含芳烃、闪点高、润滑性能好、生物降解快等优点。在国外，生物柴油作为燃料的主要品种及用途包括：

1）100%生物柴油

这对原料与产品均有严格要求，如德国采用低芥酸、低硫甙的菜籽油生产，产品可满足欧Ⅲ排放要求。欧洲多个国家和美国都有100%生物柴油的标准。

2）生物柴油与石化柴油调配使用

国外常用的生物柴油调配量是2%、5%、10%、20%、30%等，分别称为B2、B5、B10、B20和B30柴油。在B2柴油中，生物柴油的作用是提高柴油的润滑性。较高含量的生物柴油有利于降低有害气体的排放，保护环境。目前，有些国家没有为这种调配的柴油单独制定标准，只要100%生物柴油符合相应的标准即可，比如美国规定生物柴油必须达到ASTM D 6751的标准才能作为柴油调合组分使用。

3）家庭加热炉燃料。

4）化工产品或化工中间体：

（1）低硫低芳烃柴油润滑添加剂　由于深度加氢精制而导致柴油的润滑性下降，使用润滑性差的柴油会增加泵的磨损，容易发生事故。为了改善柴油的润滑性，需要加入柴油润滑添加剂，现在工业上常用的润滑添加剂主要以一些胺类、酯类、酸类或其混合组分为主。生物柴油具有比较好的润滑性，美国已有用生物柴油作为柴油润滑添加剂的专利（US 5730029和US 5891203），同时国外在生物柴油的润滑促进性方面也进行了大量的工作。在美国用的B2柴油中，生物柴油实际就是作为柴油的润滑添加剂。

（2）工业溶剂　工业溶剂在各个工业领域中都发挥了越来越大的作用，同时，它对环境的污染也日益成为人们关注的焦点。随着制造商与消费者环境意识的加强以及对自身保护意识的提高，环保型溶剂成为工业溶剂发展的主要方向。环保型工业溶剂要求溶剂有高的闪点和燃点、低的毒性、低含量的可挥发性有机物、低气味、易降解等。由植物油衍生的脂肪酸甲酯就符合这些特点。脂肪酸甲酯具有可再生性、挥发性、有机物含量低、闪点高、易降解、无毒、溶解能力较强等特点，在国外已被用作工业溶剂。目前，脂肪酸甲酯作为工业溶剂在美国的应用较多。美国把大豆油甲酯应用在以下领域：工业零件及金属表面的清洗；用作树脂洗涤和脱除剂；用来收集洒落的石油；除此之外，生物柴油类型的脂肪酸酯还可用作钻井泥浆的载体流体，德国汉高公司在美国申请了多个这方面专利。

（3）表面活性剂　石油基表面活性剂来源于不可再生资源，同时难以生物降解，容易污染环境，与社会的发展趋势不相适应，因此由天然可再生资源制备的易生物降解、对人体和环境安全、多功能高效的表面活性剂已经成为近年来表面活性剂工业的主要发展方向。脂肪酸甲酯是用途广泛的表面活性剂的原料，它可生产多种表面活性剂，例如通过磺化中和生产脂肪酸甲酯磺酸盐，通过加氢生产脂肪醇等。全世界的天然脂肪醇大部分是由脂肪酸甲酯经催化加氢生产的。脂肪醇经乙氧基化生产醇醚、醇醚经磺化中和生产醇醚硫酸盐。也可将脂肪醇经磺化中和生产伯烷基硫酸盐。因此，脂肪酸甲酯是脂肪酸甲酯磺酸盐、醇醚、醇醚硫酸盐和伯烷基硫酸盐等表面活性剂的原料和中间体。

（4）工业化学品　脂肪酸酯在工业化学品中有广泛的应用，这些应用通常是基于脂肪酸的各种化学结构，它包括脂肪酸羟基化、环氧化、硫酸化/磺化等，对应着羟基脂肪酸酯、环氧化脂肪酸酯、脂肪酸酯硫酸盐/磺基脂肪酸酯。这些衍生物不是生物柴油工厂的直接产品，但它们的生产可以与生物柴油的生产相结合，从而提高生物柴油厂的整体经济效益。这些生物柴油脂肪酸酯及其衍生物的用途很多，比如用在医药和化妆品、各种精细化学品、印刷油墨、磁性记录介质上等。

（5）农业化学品　它包括肥料、杀虫剂、除草剂的活性组分及其增效剂，不过脂肪酸酯不能用作杀虫剂或除草剂活性组分，而是用作它们的增效剂。除此之外，脂肪酸酯还具有其他用途，比如和其他物质一起用作谷物的干燥剂等。

（6）润滑剂　润滑剂是一种组成复杂的混合物，基料（base stock）是润滑剂混合物的主要载体流体。现在用的大多数润滑剂基料都来自石油，这些石油基料润滑性和热稳定性等都较差，需要加入添加剂来提高其性能。脂肪酸酯的衍生物在汽车机油的添加剂中就有广泛的应用：环氧化的脂肪酸酯用作润滑剂的润滑促进剂；使用硫化的生物柴油类型的酯和石蜡可以提高润滑剂的极压润滑性等。除此之外，生物柴油类型的酯可以直接用作金属加工制备无缝容器过程的润滑剂，或用作高剪切高速度的金属轧制过程的润滑剂；氯代或硫代脂肪酸酯用作金属加工的水基润滑剂；脂肪酸酯用作工业润滑剂的降凝剂的一个成分等。

（7）塑料和增塑剂　生物可降解塑料是塑料工业今后发展的一个重点。生产生物可降解塑料的一个方法是在聚合体的分子结构中引入能被微生物降解的含酯基结构的脂肪族聚酯。生物柴油类型的脂肪酸酯及其衍生物可作为聚合树脂单体。

生物柴油类型的脂肪酸酯的另一个用途是作高分子材料的增塑剂。增塑剂的作用是改善热塑性塑料的流动性能，是塑料助剂中使用量最大的一类助剂。目前，增塑剂的生产与消费以综合性能好、价格较低的邻苯二甲酸酯类为主，另外，脂肪酸酯也是一种重要的增塑剂化合物，比如用作汽车轮胎的增塑剂，弹性体稳定剂等。

（8）黏合剂　生物柴油类型的脂肪酸酯在黏合剂上的应用并不多，国外专利也很少，比如作为制备黏合剂材料的反应物等。生物柴油在黏合剂中另一个令人感兴趣的应用是作为黏合剂脱除剂，比如用来脱除贴片或输送带上残留的黏合剂等。

第一节 生物柴油作车用柴油的应用

汽车工业的飞速发展，给人们带来物质便利和享受的同时，也产生了能源危机和日益严重的环境污染。据美国燃料学会报道，发动机燃料燃烧产生的污染已占据其他工业部门排放量的1/2，CO为其他工业排放量的2/3。为解决柴油机的尾气污染及日益恶化的环境问题，人们一直在进行有关代用燃料的研究工作。生物柴油是近年来在国际上引起人们特别关注的一种绿色油品。

生物柴油能否作为石化柴油的替代燃料，主要是依据以下几个理化指标来评价的：

1）十六烷值（CN）

十六烷值是评定柴油自燃性好坏的指标，它与发动机的粗暴性及启动性有密切关系。生物柴油的CN值比石化柴油略高，通常在50~60之间。目前有报道用基因工程技术可培育出CN值更高的油脂资源。

在纯脂肪酸甲酯中，碳数越多的脂肪酸甲酯的十六烷值越高：硬脂酸甲酯的十六烷值高于棕榈酸甲酯，后者又比月桂酸甲酯高。对于18个碳的脂肪酸甲酯十六烷值高低顺序如下：硬脂酸甲酯>油酸甲酯>亚麻酸甲酯>亚油酸甲酯。

饱和脂肪酸含量比较多的动物油脂生产的生物柴油，其十六烷值要高于菜籽油和大豆油生产的生物柴油，而油酸含量高的双低菜籽油生物柴油的十六烷值要高于大豆油生物柴油，这是因为后者主要含有亚油酸。

2）热值

热值是燃料能量含量的一个尺度。热值是评价一种燃料燃烧性能的重要指标，由于生物柴油即脂肪酸甲酯中含有氧元素，尽管其燃烧更加充分，但是导致其质量热值比柴油低10%左右，其密度高于石化柴油，因此其体积热值仅低于石化柴油3%~4%。

Monyem等对纯生物柴油、B20与2号柴油的燃烧热效率进行了比较，发现在达到相同的效率时，纯生物柴油的消耗量要高，但是混合使用的生物柴油的消耗量增加并不十分明显。

因此可以考虑采用生物柴油与柴油混合法来提高热值，更重要的是去研究提升热值的助剂，使其优化碳链结构，调整燃烧催化特性，改善燃烧效率，从而降低燃油消耗。

3）黏度

黏度是燃料流动性的尺度，表示燃料内部摩擦力的物理特性，它会影响柴油的雾化质量。生物柴油的黏度要比石化柴油稍高一些，其低温流动性能略差；但是，可以将生物柴油以一定比例与石化柴油混合，以有效降低其黏度来改善低温流动性能。

随着碳链数的增加，脂肪酸甲酯的凝固点增加；脂肪酸越不饱和，所制备的甲酯凝固点越低。这说明，碳链越短的脂肪酸甲酯低温性越好，越不饱和的脂肪酸甲酯低温性越好。

由于大豆油中含有10%左右的棕榈酸和硬脂酸，而双低菜籽油中含量很少，所以大豆油生物柴油的低温性不如菜籽油生物柴油。动物油脂中饱和的脂肪酸含量更高，低温性更差。

4）碘值

碘值的高低反映油脂的不饱和程度。生物柴油碘值越高，则不饱和程度越大，CN值却更低，然而低温性能优异。

5）生物柴油的氧化稳定性

这个指标是油品的重要性质之一。在生物柴油的使用和储运过程中不可避免地会与氧气接触，在一定的条件下，油品与氧会发生反应生成新的氧化产物，从而影响油品的性质。

生物柴油中含有的碳碳双键能与氧气反应生成过氧化物，然后分解成脂肪酸、胶体和沉降物，从而影响燃料的使用。因此，欧盟对生物柴油的亚麻酸含量和安定性有要求，我国的生物柴油标准参照欧盟标准，也有安定性项目。

脂肪酸的不饱和度越高，其甲酯越容易氧化。一般说来，饱和的脂肪酸如棕榈酸和硬脂酸制备的甲酯是很稳定的。当脂肪酸的不饱和度每增加一个级别，比如由含一个碳碳双键的油酸到含两个双键的亚油酸再到含三个双键的亚麻酸，所制备甲酯的氧化安定性降低 10 个单位。也就是说，亚麻酸甲酯比油酸甲酯不稳定 100 倍。

另外，储存条件也影响生物柴油安定性。某些金属如铜（紫铜、黄铜、青铜）、铅、锡、锌等会加速生物柴油的降解，形成更多的沉降物，所以生物柴油最好不要长时间储存在含有上述金属的容器中。用氮气封存生物柴油也可以延长生物柴油的储存时间。

图 4－1　使用生物柴油的佛罗里达州太阳能电车

综上所述，生物柴油与石化柴油燃料特性的理化评价指标非常接近，可以作为一种性能优良的石化燃料替代品。佛罗里达州 Lauderdale 的太阳能电车队是美国首先完全使用生物柴油的车队之一，见图 4－1。表 4－1 列出了菜籽油制备的生物柴油与石化柴油理化性能比较。

表 4－1　生物柴油与石化柴油性能比较

指　标	生物柴油	0 号石化柴油	指　标	生物柴油	0 号石化柴油
冷滤点/℃（夏季产品）	－10	0	冷滤点/℃（冬季产品）	－20	－20
20℃密度/（g/mL）	0.88	0.83	40℃运动黏度/（mm^2/s）	4～6	2～4
闭口闪点/℃	＞100	60	十六烷值	≥56	≥49
热值/（MJ/L）	32	35	燃烧功效（柴油＝100%）/%	104	100
硫含量/%	＜0.001	＜0.2	氧含量/%	10	0
燃烧 1kg 燃料按化学计量法的最小空气耗量/kg	12.5	14.5	三周后的生物分解率/%	98	70

一、燃烧性能

生物柴油的燃烧特性是指生物柴油燃烧过程中排放气体的状况，以及这些排放物对环境造成的污染程度。从生物柴油的理化性质来看，生物柴油对生态环境是友好的。生物柴油的碳链一般在 14～18 个碳，具有较高的沸点和闪点，有利于安全储存、运输和使用；生物柴油分子中所含的双键数目少，分子中含氧量较高，含碳支链数目少或没有，使得生物柴油有较好的燃烧特性，燃烧比较完全。烟尘颗粒、SO_x、CO、HC 以及 NO_x 是目前大气中主要的污染物，其来源比例如表4－2所示。矿物燃料燃烧过程中产生的主要污染物是烟尘颗粒、SO_x、CO、HC以及NO_x等。与矿物燃料相比，生物柴油燃烧尾气中除了NO_x的浓度稍有升高外，烟尘颗粒、SO_x、CO、HC的排放均有明显下降。此外，生物柴油中不含芳香烃，燃烧后不会产生芳香烃和多环芳烃PAH。而且，生物柴油还具有无毒、可生物降解等优点。

表4－2 几种主要大气污染物的来源比例 %

污染物来源	粉 尘	SO_x	NO_x	CO	HC
矿物燃料	42	73.4	43.2	2.0	2.4
交通运输（内燃机燃料）	5.5	1.3	49.1	68.4	60.0
工业过程	34.8	23.0	1.3	11.3	12.0
固体物质处理	4.5	0.3	5.1	8.1	5.2
其他	13.2	2.0	3.2	10.2	20.5

Lapuerta等综述了生物柴油对柴油机排放NO_x、颗粒物、HC和CO的影响趋势，并探讨了产生变化的原因。文章重点介绍了美国环保局（EPA）于2002年公布的一份关于使用生物柴油对柴油机排放影响的技术分析报告。该报告指出，与普通柴油相比，随生物柴油掺混比例的增加，柴油机排放的颗粒物、CO和HC逐步减少，其中HC的减少幅度最明显，而NO_x则随生物柴油掺混比例的增加略有增加。当使用大豆油为原料的生物柴油时，与普通柴油相比，混合柴油B20排放的颗粒物、HC和CO分别减少了10.1%、21.1%和11.0%，而NO_x增加了2.0%。

许多研究表明，与石化柴油相比，B20排出的颗粒物、一氧化碳和碳氢化合物总量至少减低了10%。相关资料于2006年NREL题为《混合生物柴油对车辆排放的影响》（Effects of Biodiesel Blends on Vehicle Emissions）的报告中作了概括。与来自地下含碳的化石燃料不同，生物柴油来自于活着的植物和大气中的碳，因此，它的燃烧不会增加空气中已有的二氧化碳含量。

此外，生物柴油含10%的氧，可以使燃料燃烧得更充分，并减少柴油发动机排到空气中的致癌煤烟量。柴油发动机在污染方面历来名声不好。石化柴油含大量的硫，其产生的硫基颗粒物会引起酸雨以及引发从呼吸系统疾病到癌症的健康问题。由于这个原因，一些州，包括缅因、加利福尼亚、马萨诸塞、纽约和佛蒙特已经全面禁止出售柴油动力客车（但在其他州购买的此种车辆仍可以在这些州注册）。

自2006年10月15日起，美国大多数出售的柴油是超低硫柴油，即含硫量不超过15μg/g。所有2007年车型中用于高速路上行驶的柴油机动车必须使用超低硫柴油。然而，生物柴油做得更好，因为它不含硫。

在传统的柴油发动机中使用生物柴油，结果使得未燃烃、一氧化碳和颗粒物的排放大量减少；氮氧化物的排放会有轻微的下降或上升，这取决于发动机功率和分析方法。从传统的柴油发动机中排放的颗粒物由三种成分组成。每一种成分多少主要取决于燃料性质、发动机类型、运行参数。

1. CO的排放特性

以柴油、B100生物柴油、B40%生物柴油作为发动机的燃料进行试验，实验结果表明：在低负荷时（1600r/min），三种燃料的CO排放浓度相比差别不明显，但在高负荷时

(2200r/min)，燃烧生物柴油的 CO 排放浓度大大降低。根据 CO 形成的机理可知道，这主要是由于以下两方面的作用：

第一，生物柴油是含氧燃料，含氧量达 10%，所以它对燃油完全燃烧尤其是在高负荷时有利；

第二，生物柴油的十六烷值比柴油高，十六烷值是柴油着火性质的量度，十六烷值高，其燃油的着火燃烧性能好，有利于柴油机启动。

2. HC 的排放

碳氢化合物，或者称为多环芳烃类物质，多吸附在碳颗粒上。这种物质的一部分是燃料不充分燃烧的结果，其余的源于发动机的润滑油。

图 4－2 和图 4－3 分别是 1600r/min 和 2200r/min 时三种燃料的 HC 排放对比。从图中可以看出，燃烧生物柴油时，HC 排放浓度比普通柴油低。这主要是因为生物柴油芳香烃含量少，十六烷值较高。一般来说芳香烃含量越少，则其滞燃期越短，HC 排放越低；另外，十六烷值较高时，燃油着火性能好，滞燃期短，其未燃碳氢和裂解碳氢均少。生物柴油含氧也有利于减少 HC 排放。因此，生物柴油由于芳香烃含量少、十六烷值高、含氧，使得其在柴油机中燃烧时 HC 排放相对降低。

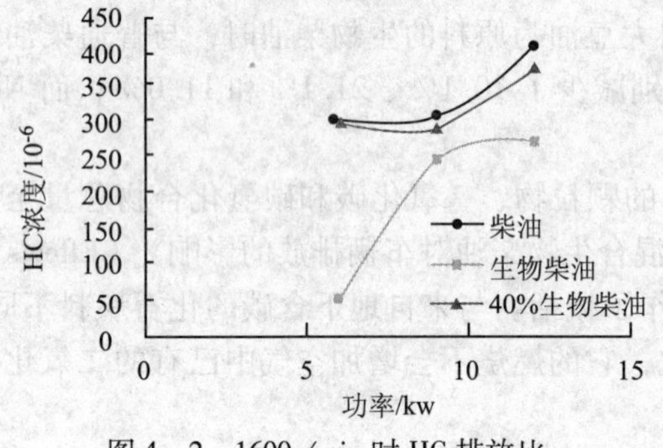

图 4－2　1600r/min 时 HC 排放比

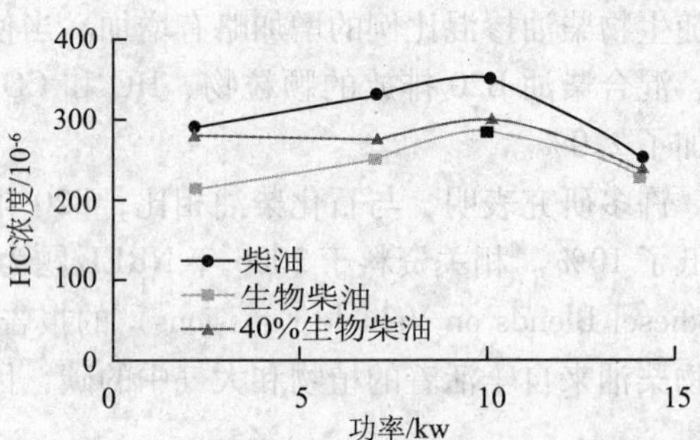

图 4－3　2200r/min 时 HC 排放比

柴油机尾气中的含氧 CH 中，最受关注的是醛酮类羰基化合物，而其中以甲醛、乙醛、丙酮所占比例最大。这些组分是光化学过程中形成臭氧的前驱体，对大气光化学过程有重要影响。一般认为，由于生物柴油是含氧燃料，因此有可能增加尾气中含氧 CH 的排放量。Turrio 等研究发现以菜籽油为原料的混合柴油 B20 的总羰基化合物排放量比普通柴油高 19%。Correa 等发现蓖麻油生物柴油在一系列掺混比例下，尾气中的总羰基化合物排放量均高于普通柴油，除苯甲醛外，其他羰基化合物排放量均呈上升趋势。但也有研究者发现，生物柴油降低了醛类物质的排放量。Peng 等考察了以餐饮废油为原料的生物柴油对柴油机醛类物质排放量的影响，发现混合柴油 B20 降低了总醛排放量，使甲醛排放量明显降低。影响生物柴油含氧 CH 排放量的因素很多，生物柴油对醛类排放量的影响还可能与生物柴油的品质有关。在生物柴油生产过程中，由于甲醇或乙醇的残留，有可能使排放尾气中的甲醛或乙醛增加。Peng 等在使用 5%（质量分数）乙醇、20% 大豆油生物柴油和 75% 普通柴油的三组分混合柴油时，发现排放尾气中总羰基化合物含量比普通柴油高 1% ~22%。

3. NO_x 的排放

NO_x 是柴油机排放的两大污染物之一，目前对生物柴油增加 NO_x 排放这一现象的原因还未完全清楚，但可以肯定的是由于生物柴油和普通柴油在燃料性质上的差异引起的。Szybist 等研究表明，降低原料油中不饱和脂肪酸的比例，以及添加提高燃料十六烷值的添加剂，可消除生物柴油增加 NO_x 排放量的负影响。Mccormick 等的研究数据表明，生物柴油的沸点高于普通柴油，是导致 NO_x 排放增加的原因。Tsolakis 在配备了废气再循环（EGR）系统的发动机台架上测试了大豆油生物柴油的 NO_x 排放量，结果表明，EGR 技术与生物柴油的使用降低了柴油机的 NO_x 和颗粒物排放量。

以柴油、B100 生物柴油、B40% 生物柴油作为发动机的燃料进行试验，结果表明：三种燃料 NO_x 的排放在低负荷时基本一致，在高负荷时浓度略有不同。在 2200r/min 高负荷时，生物柴油 NO_x 的排放浓度与普通柴油相比有所升高；但在 1600r/min 时，NO_x 排放浓度与普通柴油相比反而降低。

但 Mccormick 指出，生物柴油能产生大量有问题的氮氧化物，这种空气污染物遇到阳光会形成烟雾，刺激呼吸道。他说："许多研究表明来自 B20 的 NO_x 有轻微的增加，但另一些研究显示是减少。从我们现在拥有的资料很难知道哪一个是正确的。"

2002 年，EPA 草拟了《生物柴油对尾气排出物影响的综合分析》（A Comprehensive Analysis of Biodiesel Impacts on Exhaust Emissions）的技术报告，对一些发动机测试研究进行了回顾并得出结论：平均来说，由来源于大豆的 B20 释放的 NO_x 水平比石化柴油高 2%，这是令人担心的事情，因为柴油发动机已经释放出大量的 NO_x，而烟雾对健康和环境有重大影响。但这些结果受到 NREL 科学家的挑战，他们宣称 EPA 过分依赖于一种发动机设计的资料——试验用发动机，使他们的结果存在偏差。在 NREL 自己的综述《混合生物柴油对车辆排放的影响》（Effects of Biodiesel Blends on Vehicle Emissions）中，他们认为，生物柴油排放的 NO_x 会因原料、发动机类型和测试方法的变化而变化。

化学家 Scott Gordon 是 Green Technologies（一个位于佛蒙特州 Winooski 市的小型生物柴油制造厂）的创始人，他强调，大部分美国的研究使用实验发动机，该机并不模拟真实状态下 NO_x 的排出。此外，通常能去除来自于汽油发动机的 NO_x 的催化转化器也能用在使用超低硫柴油的压缩发动机。"硫磺会损坏催化转化器，这就是传统柴油发动机不使用它们的原因"，他解释说，"但由于（超）低硫柴油的推出，发动机制造商开始引入催化转化器，这能明显降低 NO_x 的排出。" EPA 发言人对这一问题作出了回应："生物柴油燃料能使颗粒物减少。EPA 现在正与有关人士一起，了解生物柴油产生的 NO_x 的潜在影响。"

尽管如此，EPA 的结果促使得克萨斯州环境质量委员会（TCEQ）建议在州内 110 个郡禁止使用生物柴油。根据其网址，TCEQ 假设，依据 EPA 的结果，B100 排放的 NO_x 比得克萨斯州新制订的柴油标准高 10%。TCEQ 认为随之而来的混合生物柴油的排放，例如 B20，将比州标准高 2%。但是这项禁令并不是铁板一块，厂家可以进行独立测试，如果能证明 NO_x 排放足够低，他们就能出售生物柴油。但这项测试的花费超过 10 万美元，许多厂家无法承受。

这项建议的禁令原来准备在 2006 年 12 月 31 日开始实施。但在实施日期的三周前，TCEQ 准予暂缓一年。延期执行是为了允许正在进行的研究能得出最后的结论，并给工厂一个机会去继续对燃料配方进行实验以符合德克萨斯州柴油低排放的新标准。

据 Gordon 说，德克萨斯州的禁令如果实施的话，会对其他有 NO_x 排放分界线州的生物柴油增长有负面影响，包括他自己的工厂所在的佛蒙特州。他表示："这项法令无疑会成为一个先例。"

4. 颗粒物的排放

使用生物柴油可以降低柴油机的颗粒物排放量。Lapuerta 等探讨了生物柴油降低颗粒物排放量的原因。总的来说，生物柴油约10%（质量分数）的含氧量是降低颗粒物排放量的最主要原因。目前，生物柴油降低颗粒物排放量的机理还不完全清楚，但对含氧柴油的研究显示，一般情况下柴油机颗粒物排放量降低的幅度随柴油含氧量的增加而增大。柴油机颗粒物成分复杂，大部分为碳质组分，主要为有机碳（OC）和元素碳（EC）。柴油机颗粒物是城市大气中 EC 的主要来源，而 OC 中则包含了多环芳烃（PAHs）等对人体危害极大的物质。目前环保法规对柴油机颗粒物排放只进行质量控制，由于柴油机排放的颗粒物对大气环境和人类健康有重要影响，研究者在关注降低柴油机颗粒物排放质量的同时，越来越意识到，颗粒物的一些理化性质，包括颗粒物的数量、粒径分布和化学组成等远比颗粒物排放质量更为重要。

柴油机排放的颗粒物主要为粒径小于2.5μm 的细微颗粒物，其中包含大量的超细微颗粒物（粒径小于0.1μm）。典型的柴油机排放颗粒物中，粒径在0.1～0.3μm 的聚积态颗粒物占颗粒物质量的绝大部分；而粒径在0.005～0.050μm 的成核态颗粒物虽仅占颗粒物质量的1%～20%，却占颗粒物数量的90%以上。细微颗粒物比大颗粒物更难沉降，其比表面积大，容易吸附有害物质，也容易沉积于人的肺泡上，同时细微颗粒物也是影响大气能见度和全球气候的重要因素，因此细微颗粒物比大颗粒物对环境和人类的危害性大。目前关于生物柴油对颗粒物排放的颗粒物数量、粒径分布影响的研究较少。有研究者发现生物柴油增加了柴油机排放颗粒物中的细微颗粒物数量。

Correa 等分析了蓖麻油生物柴油在不同掺混比例下尾气中单环芳烃（MAHs）和 PAHs 的排放量，发现生物柴油掺混均降低了 MAHs 和 PAHs 排放量，降低幅度随掺混比例上升而增加。Lin 等分析了棕榈油生物柴油的 PAHs 排放量，发现生物柴油明显降低了 PAHs 排放量。Yang 等分析了以餐饮废油为原料的生物柴油的 PAHs 排放情况，发现混合柴油 B20 使总 PAHs 排放量（包括气态中的和颗粒物中的）降低了46.4%；在发动机的稳定性测试中，混合柴油 B20 的总 PAHs 排放因子也低于普通柴油。

Tsolakis 通过静电低压撞击器（ELPI）发现菜籽油生物柴油与超低硫柴油相比，提高了空气动力学直径在0.091pm 以下的颗粒物浓度。Krahl 等发现大豆油生物柴油与普通柴油相比，增加了粒径在10～40 nm 的颗粒物数量，减少了粒径大于40nm 的颗粒物数量。还有研究者通过扫描电镜迁移率颗粒物粒径谱仪（SNIPS）发现与普通柴油相比，生物柴油排放颗粒物的平均粒径减小。

柴油机排放颗粒物分为可溶性有机成分（SOF）、炭黑和硫酸盐三部分。生物柴油排放颗粒物中，SOF 的比例普遍高于普通柴油排放的颗粒物。柴油机催化氧化系统是使用最早和最广泛的柴油机后处理装置，不但可氧化去除柴油机排放尾气中的 CO、HC，还可去除柴油机排放颗粒物中大部分的 SOF。由于生物柴油排放颗粒物中 SOF 比例增加，在氧化催化剂存在的条件下，对颗粒物排放量的削减大于普通柴油为燃料时的情况。

柴油机排放颗粒物过滤器（DPF）是主要的颗粒物净化手段。Jung 等发现大豆油生物柴油排放颗粒物的氧化动力性高于普通柴油，有利于 DPF 的再生。Williams 等考察了分别以超低硫柴油、大豆油生物柴油 B100 及它们的混合柴油 B20 为燃料时，DPF 的主要工作参数。研究表明，B20 的平衡点温度比超低硫柴油低45℃，B100 的平衡点温度比超低硫柴油低

112℃，有利于 DPF 在较低的温度下再生，明显提高了 DPF 的再生速率；瞬时排放测定结果表明，同样经过 DPF，混合柴油 B20 的颗粒物排放质量比超低硫柴油低 67%。Boehman 等发现生物柴油排放的颗粒物与普通柴油排放的颗粒物相比，氧化反应活性更高且具有更多的不定形纳米结构，混合柴油 B20 降低了 DPF 再生的起燃温度，主要原因归于生物柴油增加了 NO_x 排放量，颗粒物中 SOF 比例增加和颗粒物中不定形纳米结构增加提高了颗粒物的氧化速率。

二、动力性能的影响

由于生物柴油的低热值普遍小于石化柴油，而其密度又大于石化柴油，因此生物柴油的油耗率明显高于石化柴油的油耗率，但是实验结果发现相差不大，总体差异在 5% ~10% 的范围之内。葛蕴珊等人研究柴油机燃用生物柴油和石化柴油对发动机经济性的影响，结果表明：生物柴油的外特性油耗要比石化柴油高出约 9%；在发动机不做任何改动和调整时，百公里等速车辆道路试验发现，燃用纯生物柴油百公里等速油耗比石化柴油增加了 3% ~8%，燃用掺混 20% 生物柴油百公里等速油耗比石化柴油增加了 1% ~4%。袁文华等人用生物柴油和 0 号柴油分别在柴油机上进行外特性和负荷特性试验，结果表明：燃用生物柴油时，油耗率有所上升，其外特性最低油耗处上升 4.3%，负荷特性最低油耗处上升 3.6%。

相对于石化柴油，生物柴油的低热值小、密度大。因此，在体积喷油量保持不变的前提下，喷入气缸的燃料所含的能量变化不大，燃用生物柴油的柴油机在动力性方面并不占优。葛蕴珊等人通过比较研究表明：对于实验柴油机，在对喷油泵不做任何调整时，直接燃烧生物柴油对动力性的影响小于 5%；在油泵最大喷油量保持不变时，直接燃烧餐饮废油生物柴油对动力性的影响小于 2.5%。

Grimaldi 等人在燃油共轨系统柴油机上对生物柴油的燃烧和排放特性进行了试验研究，在未调整喷射策略的前提下，燃用纯生物柴油的输出功率下降 10% 左右。Graboski 等人发现，随着生物柴油混合比例的增大，最大输出扭矩也呈下降趋势，相对于石化柴油，燃用纯生物柴油的输出扭矩只达到 94.6%，刚好与这两种燃料的能量密度比一致。

此外，在一汽集团无锡柴油机厂生产的 CA4110ZL 增压中冷柴油机上进行的实验结果显示：直接燃烧生物柴油对柴油机的动力性的影响小于 5%，生物柴油的外特性和柴油接近，扭矩对比系数为 0.97 ~0.98，功率对比系数为 0.98 ~0.99，动力性能与燃烧石化柴油相当。

三、排放性能的影响

生物柴油中的含氧量较高（10%）、芳香族化合物和硫含量较低，因此生物柴油更有利环保，有“天然产氧燃料”的美喻。国内外大量基础研究及柴油机试验都证明了生物柴油在排放特性方面的优越性：燃用生物柴油或其与石化柴油混合物，烟尘、CO 和 HC 等有害物质的排放大幅度下降，但 NO_x 排放略有升高。

美国爱达荷大学的研究表明，纯粹的生物柴油燃烧后的排放物中，未燃烧的碳氢化合物总量减少 68% ~93%，一氧化碳减少 44% ~50%，固体微粒减少 30% ~40%，多环芳香烃减少 80%，硝态多环芳香烃减少 90%，对臭氧层有潜在破坏性的特定碳氢化合物减少 50%，仅氮氧化合物略微增加 5% ~6%。

Caboski 等人在同一台柴油机上燃用石化柴油和生物柴油进行排放对比试验，结果表明，主要排放物 PM 由燃用石化柴油时的 0.41g/（kW·h）下降为 0.14g/（kW·h）；NO_x 的排放量则略有上升，燃用石化柴油时为6.31g/（kW·h），而燃用生物柴油时为7.03g/（kW·h）。

Nine等人在同一台自然吸气式柴油机中，分别在“干”、“湿”两种情况下进行石化柴油和生物柴油的排放对比试验，结果表明，在干式试验条件下（排气管不加水），PM的排放由燃用石化柴油时的1.49g/（kW·h）下降为0.82g/（kW·h），NO_x 从5.03g/（kW·h）上升为5.99g/（kW·h）；湿式试验条件下（排气管加水），PM的排放由燃用石化柴油时的0.91g/（kW·h）下降为0.50g/（kW·h），NO_x 从4.90g/（kW·h）上升为5.85g/（kW·h）。Arkoudeas和Kalligeros等人的研究表明，燃用分别由葵花籽油、橄榄油制成的生物柴油，NO、CO、HC等有害物质的排放大幅度降低，而且燃烧效率提高。

前美国矿业署（USBOM）在实验室和矿山也完成了测试，证实使用生物柴油颗粒排放物的减少。测试中用原型柴油氧化催化剂和不用原型柴油氧化催化剂做了对照试验。当使用纯净的生物柴油时比用石化柴油时颗粒排放物减少了50%。添加催化剂可减少生物柴油SOF（Soluble Organic Fraction，可溶性有机物部分）排放量48%。在这个测试中，石化柴油燃料发动机添加催化剂后，由于形成了硫酸盐气溶胶，增加了DPM（Diesel Particulate Matter，柴油机排放的颗粒物）。

美国矿业署在南达科他州霍姆斯特克矿山进行了现场测试，对使用生物柴油空气样品中的DPM（用环境空气采样器采取）和涉及设备自身的时间加权样中DPM均进行了测量。这些结果证明，前者DPM排放量减少75%，后者DPM排放量减少55%。这些减排比实验室试验更显著，最可能的原因是矿山使用的机动设备要比实验室试验用的设备功率大。机动设备的操作人员对加速时使用生物柴油没有明显黑烟放出也作了评论。

生物柴油的原料来源具有地域性的特点，在欧洲以菜籽油为主，而北美则以大豆油为主。生物柴油的价格受原料价格控制，随着生物柴油生产规模的扩大和需求的增加，原料油价格上涨。近年来，开发利用棕榈油、麻疯果油、微藻油等作为生物柴油的原料在一些食用油短缺的国家备受关注。有研究者也在积极开发使用餐饮废油等为原料生产生物柴油的技术。各种不同的生物柴油原料，其化学组成会有一定差异，如大豆油和菜籽油，主要成分为油酸和亚油酸，但大豆油中亚油酸比油酸含量约高2倍，而菜籽油中油酸比亚油酸含量约高3倍。Mccormick等研究了原料和化学组成对纯生物柴油及混合柴油B20污染物排放特征的影响，分析了燃料密度、十六烷值和代表不饱和脂肪酸含量的碘值对 NO_x 和颗粒物排放量的影响规律。研究表明，生物柴油的碘值与 NO_x 排放有较好的正相关，在十六烷值大于45、燃料密度低于0.89g/cm^3 的条件下，颗粒物排放量的降低幅度与燃料含氧量高低成正比。

柴油机尾气中含有气态及颗粒物态的PAHs和nitro-PAHs等，被认为是在高浓度、长期暴露下对人体有致癌作用的物质。生物柴油的污染物排放特征与普通柴油存在差异，它们对人类健康的影响也有所不同。目前，关于生物柴油排放污染物的细胞毒性和致突变性的研究较少。Swanson等阐述了研究生物柴油排放物对人类健康影响的必要性。从目前的研究数据看，生物柴油对与人类健康相关的一些污染物的影响特征与普通柴油有所不同，生物柴油排放物中致突变活性主要来自于SOF。Bunger等对生物柴油和普通柴油排放颗粒物的致突变性、细胞毒性进行了对比研究，他们发现，大豆油生物柴油和菜籽油生物柴油所排放颗粒物中的炭黑和PAHs少于普通柴油排放的颗粒物；与普通柴油相比，菜籽油生物柴油降低了颗粒物的致突变性，但在发动机怠速情况下，生物柴油排放颗粒物的细胞毒性大于普通柴油，他们认为生物柴油颗粒物中PAHs组分的减少是颗粒物的致突变性低于普通柴油颗粒物的原因，而附着在颗粒物表面的羰基化合物以及未燃烧的燃料则使得生物柴油颗粒物的细胞毒性较大；

对一系列混合比例的生物柴油和普通柴油混合燃料的研究显示，苯排放量随着生物柴油掺混比例的增加而增加，菜籽油生物柴油排放的以醛类和烯烃为主的臭氧前驱物比普通柴油高10%～30%，但生物柴油颗粒物的致突变性低于普通柴油。以上都是对生物柴油排放颗粒物在细菌诱变性层面上进行的研究，而生物柴油排放对生物个体影响的研究极少，仅有 Finch 等报道了 F344 大鼠对以纯大豆油生物柴油为燃料的柴油机尾气排放的亚慢性吸入暴露的系统研究结果。

由于石化柴油的生产依赖于石化原料，而石化原料的再生周期是几百万年的时间。因此，从人类生活时间尺度来看，它的可再生性几乎为零。生物柴油从概念上看，似乎是完全可再生的。但是，在生物柴油的原料生产以及加工中需要消耗一定量的石化能源，所以生物柴油也不是完全可再生的。以大豆油为原料的生物柴油为例，研究表明，消耗 0.311MJ 的石化能（包括农业生产大豆、大豆运输、大豆制油、大豆油运输、大豆油转化、生物柴油运输销售）即能生产出含 1 MJ 的生物柴油，其石化能效比为 3.215。这表明生物柴油的可再生性能大大优于石化柴油，通过使用生物柴油可以大大提高石化能这种有限能源的使用寿命。大豆油转化是消耗石化能最多的地方，这主要是由于生产生物柴油需要用乙醇等作为原料，而我们假设乙醇的生产是要消耗天然气等石化能的。这同样表明我们有机会使用可再生资源来生产乙醇以提高石化能效比。应用生命周期评价方法来评价大豆制备生物柴油的项目，结果表明该生物柴油项目在减少温室气体排放上起到了积极作用，与石化柴油相比对环境更加友好。从我国以及世界长远的能源安全出发，应该大力发展生物柴油来延缓对石化能源的过度消耗和依赖。

四、生物柴油对车用发动机的影响

纯生物柴油称为 B100，通常仅用于高温状态下。如果达到水温的冰点，有些 B100 生物柴油会凝结并引起发动机问题。在冷天使用时，驾驶员必须装备特殊加热系统以保持燃料温度。

作为附加的问题，B100 有强烈的溶剂作用，能除掉锈及发动机上的污染物，这会堵塞过滤器和喷油器。但是，随着重复使用，B100 和混合生物柴油能“清理”发动机上的污染物，B100 引起的问题逐步减少。

为避免这些问题，许多驾驶员使用不同比例混合 B100 和汽油、柴油。一种混合为 B20，即 20% 纯生物柴油，长期以来最受青睐。但 Jobe 说，更低的混合已经开始赶上 B20，那些含 2% 和 5% 的生物柴油（指 B2 和 B5），现在也抢占了不少市场。他说，那是因为少量的生物柴油在超低硫柴油（ULSD）中可以起润滑剂的作用，这已在一些州被纳入了其更严格的污染标准，保护发动机免受磨损。

支持者坚持认为，不只是从安全的角度、还是环境的角度，生物柴油的优点多于其缺点。

随着生物柴油生产工艺的改进，无需作任何改动（对有些机型仅需换密封圈和滤芯），生物柴油可与普通柴油在油箱中以任何比例相混，对驾驶无任何影响，驾驶者根本无法区分两者的驾驶动力差别。大众、奔驰、雷诺、标致、雪铁龙等众多欧洲汽车厂商都提供了可以以不同比例使用生物柴油的发动机。2007 年 3 月，康明斯宣布旗下所有符合 2002 年及以后排放法规的 ISB、ISC、ISL、ISM、ISX 产品都可以使用 B20 的生物柴油（此前，康明斯发动机允许使用生物柴油的混合比例为 B5）。2004 年 10 月，在第六届上海必比登汽车挑战赛中，奥迪 A8、大众 Lupo、标致 Rc. cup 和毕加索轿车，都采用的是生物柴油和生物柴油混合燃料。

生物柴油在保持汽车性能不变的同时，降低了发动机的磨损，但对汽车的油路和其他零部件的橡胶有溶解作用。

汽车公司还提醒使用生物柴油要特别注意及时更换机油、燃油的滤清器，防止油污过早堵住滤清器；还要考虑生物柴油的细菌感染性强及“亲水”性，若油箱中有水，哪怕是很少，都必须清洗，以防微生物的滋生。

生物柴油的腐蚀性很高，长期使用对发动机相关器件的寿命有一定的影响。

第二节 生物柴油抗氧化性能及抗氧剂

由于原料和加工工艺的原因，使得有些生物柴油的氧化安定性很差，对生物柴油的使用、储存和运输都造成很大的困难。氧化安定性差的生物柴油易生成如下老化产物：

(1) 不溶性聚合物（胶质和油泥） 会造成发动机滤网堵塞和喷射泵结焦，并导致排烟增大、启动困难；

(2) 可溶性聚合物 在发动机中形成树脂状物质，可能会导致熄火和启动困难；

(3) 老化酸 会造成发动机金属部件腐蚀；

(4) 过氧化物 会造成橡胶部件的老化变脆而导致燃料泄漏等。

生物柴油氧化稳定性通常是通过测定其氧化诱导期来进行评价的，诱导期越长，氧化稳定性越好。另外，也借助氧化过程中过氧化值、酸值、氧气压力、运动黏度（40℃）、碘值等的变化以及氧化生成不溶物量的多少等多方面来判断生物柴油氧化稳定性。

一、生物柴油氧化安定性评价方法

目前，已经报道可用多种方法来研究和评价纯生物柴油（B100）的氧化安定性，但普遍得到认可的方法是根据测定油脂氧化安定性方法 ISO 6886 建立的欧盟标准方法 EN 14112。欧盟车用生物柴油标准、澳大利亚生物柴油标准、巴西生物柴油标准以及中国国家标准都规定生物柴油的氧化安定性为 110℃下的诱导期不低于 6 h，美国 ASTM 生物柴油标准要求为不低于 3 h，测定方法皆为 EN 14112。

生物柴油在全球的应用趋势主要是与石化柴油调配使用，目前欧洲主要应用的是 B5 调合燃料，即 5% 生物柴油与 95% 石化柴油（体积分数）调配的混合燃料，正在研究推广 B10。美国主要应用的是 B20，其他国家一般从 B2、B5 开始试用，并逐步向 B10、B20 过渡。我国首先推广应用的很有可能是 B5。应用调合燃料而不是推广纯生物柴油的一个重要原因就是生物柴油的氧化安定性差，而且，与石化柴油调配后的调合燃料的氧化安定性也是影响燃料性能和质量的一个关键指标。下面介绍了目前用来研究生物柴油调合燃料氧化安定性的标准方法，并对已经列为或最有可能作为调合燃料产品标准中氧化安定性的标准方法进行详细说明。

1. 馏分燃料加速氧化法

1) 方法的标准化情况

馏分燃料加速氧化法（accelerated oxidation method of distillate fuel oil）是石化柴油氧化安定性评价标准方法，并且被世界上多数柴油产品标准作为氧化安定性评价的指定方法。例如欧洲车用柴油标准 EN 590、我国轻柴油国家标准 GB 252—2000 以及车用柴油国家标准 GB/T

19147—2003 都要求按照此方法测得的氧化安定性总不溶物不大于 25g/m³。我国的标准方法名称为《馏分燃料油氧化安定性测定法（加速法）》，目前的版本 SH/T 0175—2004 是修改 ASTM 国际组织（原美国试验与材料协会）标准 ASTM D 2274—01，而此前的版本 SH/T 0175—2002 等效于 ASTM D 2274—88，美国 ASTM 目前有效的版本是 ASTM D 2274—03a。此方法在国际标准化组织中的编号为 ISO 12205，欧洲标准化委员会（CEN）直接引用该方法，编号为 EN ISO 12205。

2）方法原理和测定过程

此方法是用氧气加速氧化来模拟评价柴油馏分油固有的氧化安定性（inherent stability），即在不存在水或者活性金属表面以及污染物等环境因素条件下，试样暴露在大气中抗变化的能力。测定过程如下：将已过滤的 350 mL 油样装入氧化管中，通入速率为 3L/h 的氧气，在 95℃的加热浴中氧化 16h，将氧化后的油样在暗箱中冷却到室温，用两张已经称质量的直径 47mm、孔径 0.8μm 的纤维素酯滤膜在真空度约 80kPa 的减压条件下过滤油样，干燥后称质量得到可滤出不溶物（filterable insolubles）。用三合剂（丙酮、甲醇和甲苯等体积混合液）洗出氧化管壁和氧气导入管壁上的黏附性不溶物（adherent insolubles），蒸干三合剂，称出黏附性不溶物质量。可滤出不溶物和黏附性不溶物之和就是总不溶物。

3）方法被认可情况

由于纯生物柴油（B100）不能通过纤维素酯滤膜，因此该方法不适用于纯生物柴油氧化安定性的评价。ASTM 国际组织、美国西南研究院（SWRI）以及美国可再生能源实验室（NREL）长期以来在努力试图修改此方法来测定纯生物柴油的氧化安定性。生物柴油标准 ASTM D 6751 中提出将滤膜改为玻璃纤维膜，并改变试验时间和温度。但修改提议一直未能通过 ASTM D02 分技术委员会的批准。因此 ASTM D 6751 标准中也一直对氧化安定性指标未作要求，正是由于这一指标的缺失导致生物柴油调合燃料 B6 ~ B20 标准一直未能通过，直到最近在新修订的生物柴油标准 ASTM D 6751—07 中改用欧盟方法标准 EN 14112 才使氧化安定性指标正式列入生物柴油标准中，从而为生物柴油调合燃料 B6 ~ B20 标准的通过创造了条件。

同样也因为生物柴油很难通过纤维素酯滤膜，使得生物柴油在生物柴油调合燃料中比例大时也不能用此方法测定氧化安定性，例如生物柴油体积分数超过 15% 的某些调合燃料就可能会出现过滤困难从而导致该试验无法进行的情况，而有些勉强能过滤的油样测出的结果重复性和再现性都较差。目前只有美国发动机制造商协会（EMA）的 B20 推荐标准中规定用修改的 ASTM D 2274 方法测定的氧化安定性总不溶物不大于 100g/m³，其中修改的部分就是换用玻璃纤维膜代替原方法中的纤维素酯膜。但该修改目前并未得到 ASTM 的认可。因此，这一标准方法适用于生物柴油体积分数相对小的调合燃料如 B2、B5、B10 氧化安定性的评价。目前全球使用此方法作为产品氧化安定性指定标准方法的标准有欧盟标准 EN 590—2004，世界燃油规范（WWFC）第 4 版中一、二和三类柴油，这两者都要求生物柴油调合体积分数不超过 5%（B5）。印度尼西亚生物柴油调合燃料 B10 标准也指定此方法作为氧化安定性的测定标准方法。这些标准对总不溶物的限值与石化柴油相同，即不大于 25 g/m³。

4）对方法的修改情况

2007 年 3 月实施的日本生物柴油调合燃料 B5 规格对氧化安定性有更严格的规定，用修改的 ASTM D 2274 方法评价 B5 调合燃料，氧化前后总酸值的增加值不得超过 0.12mg/g。对

ASTM D 2274 的修改有两处：一是氧化温度由原来的95℃提高到115℃，二是测定氧化后的酸值而不是测定总不溶物。这一规定已经作为法律出现在日本《品质确保法》中且必须严格执行。此规格和方法的修订是在日本经济产业省（METI）支持下，有许多研究机构和协会参与下，经过两年多、总预算为4亿日元的研究和论证后得出的结论，这些机构和协会有隶属于METI的国家先进工业科技研究院（AIST）、日本汽车研究院（JARI）、日本汽车制造商协会（JAMA）、日本石油研究院（JPI）以及日本石油协会（PAJ）等。目前，日本各界正在极力向全球其他国家或地区尤其是东亚和南亚地区介绍和推广此修改方法，以严格要求生物柴油调合燃料B5的氧化安定性。

还有很多对ASTM D 2274 方法进行修改用来评价生物柴油调合燃料氧化安定性的报道，例如氧化时间延长到48 h后测定总不溶物，同时也测定过滤后的油样用异辛烷沉降后的不溶物；将氧化温度由原来的95℃提高到110℃并且同时报告可滤出不溶物、黏附性不溶物和总不溶物。但这些改动要形成标准方法还需时日。

2. 油脂稳定指数法

1）方法的标准化情况

油脂稳定指数法（oil stability index）原为测定食用油脂货架期的标准方法，测定的是油脂稳定指数，也称OSI法。标准方法有美国油脂化学学会（AOCS）的方法AOCS Cd－12b－92，国际标准化组织（ISO）的方法ISO 6886等。欧盟标准EN 14112就是修改采用ISO 6886来专门测定生物柴油（B100）氧化安定性的方法，如前所述，该方法已经被全球大多数国家认可并作为其生物柴油氧化安定性的指定方法。这是因为欧盟的研究项目“BIOSTAB”对该方法与生物柴油氧化安定性以及与实际使用性能都进行了详细研究。由于这一方法的评价仪器生产商主要为瑞士的万通公司（Metrohm），进行该方法试验的仪器型号为743型油脂稳定测定仪（743 Rancimat）和后改进的873型生物柴油安定性测定仪（873 Biodiesel Rancimat），因此习惯上将该方法称为Rancimat法。目前，中国石化石油化工科学研究院也正在起草生物柴油氧化安定性测定法的石化行业标准，标准名称为“生物柴油（脂肪酸甲酯）氧化安定性的测定加速氧化法”，是修改采用EN14112—2003而制定的，预计近期就会发布实施。

2）方法原理和测定过程

生物柴油在与空气接触存放时会发生氧化，氧化的第一阶段是缓慢氧化过程，有过氧化物生成；氧化的第二阶段是快速氧化过程，不仅生成过氧化物，同时过氧化物在高温下离解生成酸酐、酮和低级脂肪酸（主要是甲酸和乙酸）等产物。第一阶段的电导率增加缓慢，而第二阶段的电导率增加很快，由电导率曲线的切线交点或二阶导数的最大值点可推出电导率突变点的时间，这就是生物柴油的诱导期（induction period）。此方法的测试过程如下：将净化的空气以10 L/h的速率通入恒温110℃的3g试样中，试样氧化所生成的气体由空气携带通入装有蒸馏水的测量池中，用电极测定其水溶液的电导率。氧化过程中产生的挥发性短链羧酸被水吸收并发生离解，导致水溶液电导率迅速增加。以电导率开始迅速增加时作为报告的终点。从测定开始到氧化产物开始迅速增加时所经过的时间称为诱导期。纯生物柴油的诱导期一般要求为不小于6 h。

3）本方法被认可情况

Rancimat法测定纯生物柴油（B100）的氧化安定性的标准方法已经被广泛认可，但作为生物柴油调合燃料氧化安定性的指定标准方法还不普遍。2006 年 5 月美国发动机制造商协会（EMA）的 B20 推荐标准中规定氧化安定性用 EN 14112 方法测定，其值要求与欧洲车用生物柴油标准 EN 14214 相同即诱导期不小于 6 h。这一做法有可能被 ASTM 采用，由 ASTM D 02 分技术委员会正在制定的生物柴油调合燃料 B5 ~ B20 标准中采用。欧盟 B10 标准正在由欧洲标准化委员会（CEN）的 TC19 分技术委员会起草制定，其氧化安定性很有可能是用 EN 14214 方法测定，限值有可能增加到 10h 或 20h 以上。世界燃油规范（WWFC）第 4 版中一、二和三类柴油（含 B5）的氧化安定性也在发展用 Rancimat 法作为指定方法来测定，具体的限值正在研究中。

4）对方法的修改情况

由于柴油馏分一般在 170 ~ 370℃，而且柴油的电导率小，增加也很缓慢。如果调合燃料中生物柴油含量相对较大，例如 B20 调合燃料，用这一方法可以测定其氧化安定性，美国西南研究院对不同组成的 B20 调合燃料都用 EN 14112 方法进行了测定，部分结果如表 4 - 3 所示。

表 4 - 3　B20 氧化安定性的测定结果

油 样	诱导期分析结果/h		
	1	2	3
B20R1	1. 16	1. 16	1. 11
B20R2	>24	>24	>24
B20R3	2. 51	2. 77	2. 83
B20R4	16. 13	16. 03	17. 46
B20R18	5. 83	5. 55	5. 17
B20R21	1. 46	1. 90	1. 88
B20R26	1. 76	1. 88	1. 94
B20R31	6. 55	6. 26	6. 86
B20R34	4. 56	4. 79	4. 59

由表 4 - 3 可见，此方法对生物柴油调合燃料 B20 氧化安定性分析的诱导期数据的重复性比较好，因此，作为含生物柴油比较多（B10 以上）的调合燃料氧化安定性标准评价方法具有一定的可行性。

如果调合燃料中生物柴油的含量少（例如 B5），则用此方法测定的结果重复性和再现性都很差，而且有可能无法分析出样品结果，这是因为在 110℃长时间用空气的吹扫下，柴油中轻馏分被吹出反应管导致剩余油样越来越少，液面已经到了吹气管出气口之下。日本JAMA 的报告中就列出本方法不适合测定 B5 的氧化安定性，如图 4 - 4 和图 4 - 5 所示。

图 4 - 4 中的曲线比较规则，一般来说，纯生物柴油（B100）的氧化曲线都与此类似。其二阶导数的最大值比较明显。如图 4 - 4 中 4. 23h 处就是电导率曲线二阶导数的最大值处，因此该生物柴油样品的氧化安定性诱导期为 4. 23h。图 4 - 5 的电导率曲线非常不规则，而且电导率的绝对数值比图 4 - 4 要小很多。该电导率曲线的二阶导数出现好几个峰值，导致仪器设定程序无法判断最终结果。

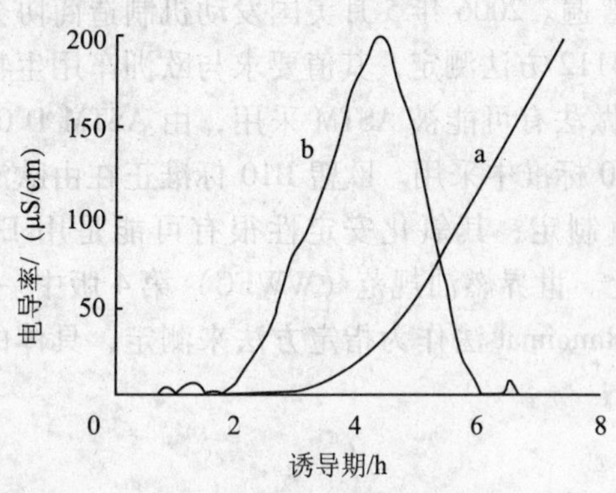

图 4－4　EN 14112 方法测得生物柴油（B100）的氧化安定性曲线

a—电导率曲线；　b—电导率的二阶导数

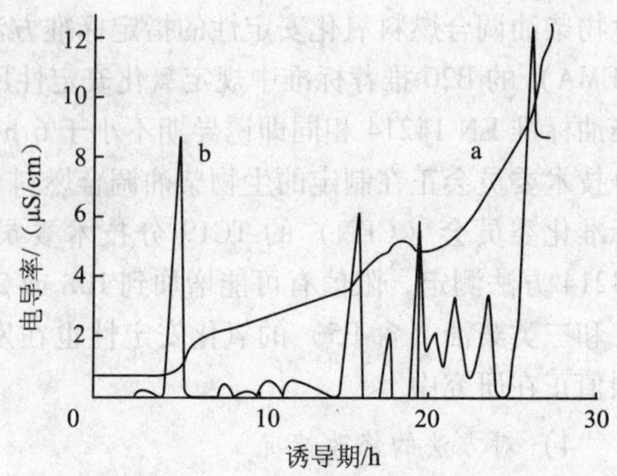

图 4－5　EN 14112 方法测得调合燃料 B5 的氧化安定性曲线

a—电导率曲线；　b—电导率的二阶导数

因此，直接使用 EN 14112 方法测定 B5 调合燃料不是特别适合。在这种情况下，许多研究机构和公司都在研究对 EN 14112 方法进行修改以适合生物柴油调合燃料甚至石化柴油氧化安定性的评价。作为该方法测定仪器的主要生产商，瑞士万通公司目前已经推出了 EN 14112 方法的修改建议。针对柴油馏分轻的特点，对原反应管加长，样品量也由原来的 3g 增加到 7.5g，测量池中蒸馏水的量也相应增加，同时推荐用手工法来推算试验结果。

经过修改后的方法能很好地预测生物柴油调合燃料 B5、B10 等的氧化安定性，很有可能在以后被越来越多的产品标准所采用。

Sendzikiene 等人用油脂稳定指数法研究了 BHA、BHT 对 RME、亚麻籽油生物柴油、牛油生物柴油、猪油生物柴油及其混合生物柴油的抗氧化性。Schober 等人也用此法对抗氧化剂 DTBHQ、IONOX 220、Vulkanox ZKF、Vulkanox BKF 和 Baynox 在 RME、FWME、牛油生物柴油、精炼煎炸废油生物柴油中的抗氧化性能进行了考察。Roseli 采用在 100℃和 105℃，空气流速为 5.6 mL/s 的条件下，测定压榨大豆油、精制大豆油、煎炸废大豆油和部分氢化的废大豆油生产的生物柴油的氧化稳定性。样品的脂肪酸组成采用气相色谱测定并计算碘值。结果显示，压榨大豆油、精制大豆油、煎炸废大豆油制备的生物柴油的碘值区别不明显，但是储藏稳定性发生显著变化，压榨大豆油甲酯的稳定性最好，其次是精制大豆油、煎炸废弃大豆油甲酯。由于压榨大豆油中含有天然的抗氧化成分，所以由其制备的生物柴油氧化稳定性显著提高。

3. 馏分燃料 43℃储存氧化法

1）方法的标准化情况

馏分燃料 43℃储存氧化法（distillate fuel storage at 43℃ method）是石化柴油氧化安定性评价标准方法，由美国 ASTM 国际组织发展和制定的，方法编号为 ASTM D 4625，我国石化行业的方法编号为 SH/T 0690，名称为《馏分燃料油在 43℃储存安定性测定法》，目前的版本 SH/T 0690—2000 是等效采用 ASTM D 4625—92，美国 ASTM 经 1998、2003 等几个版本的修订，目前有效的版本是 ASTM D 4625－04。

2）方法原理和测定过程

此方法是模拟评价高温下柴油馏分油固有储存安定性（inherent storage stability），在高于环境温度的43℃下进行老化试验，燃料油降解加速，油中存在的烯烃、二烯烃、氮化物、硫化物以及氧化物相互之间发生复杂的氧化和非氧化反应，并且这些反应有可能在另外的杂质如金属化合物的催化作用下加速，生成沉渣并可能引起颜色的变化。方法测定过程如下：将已过滤的400 mL油样装入储存瓶中，放入43℃的储存箱中选择不同周期进行老化试验，储存周期为0、4、8、12、18和24周。老化时间结束后从储存箱中取出冷却到室温，用直径2.4cm、孔径1.5μm的玻璃纤维滤纸过滤油样，干燥后称质量得到可滤出不溶物。

用三合剂洗储存瓶中的黏附性不溶物，蒸干三合剂称出黏附性不溶物质量，可滤出不溶物和黏附性不溶物之和就是总不溶物。

3）方法被认可情况

由于试验条件模拟了实际储存情况，当试验油样是由相同原料和相近工艺生产时，试验结果与实际现场储存有较好的相关性。也就是说，此方法的评价结果比加速氧化法对油品实际应用的稳定性更准确。大多数实践表明，燃料在43℃老化的结果相当于环境温度21℃时的4倍。在43℃储存一周相对于正常环境温度下储存一个月。但是由于试验时间长，油样用量多，操作复杂，作为油品质量控制指标不太现实。因此，多数柴油标准中未列此方法作为稳定性评价的指定方法。对于生物柴油和生物柴油调合燃料，该方法的适应性还需进一步的研究。

4. 其他用来研究调合燃料氧化安定性的标准方法

1）高温稳定性评价法

ASTM标准方法，编号ASTM D 6468，经过1999和2004版本的修订后，目前的有效版本是ASTM D 6468—06。标准名称为《馏分燃料油高温稳定性的标准试验方法》，是在150℃的高温下，将350mL油样加热3h后，用与ASTM D 2274相同的方法过滤和清洗得到可滤出不溶物和黏附性不溶物继而得到总不溶物值。用该方法评价生物柴油的热氧化安定性与石化柴油有明显不同，生物柴油的热氧化安定性比较好。

2）JFTOT法

这是测定喷气燃料热氧化安定性的方法，我国国家标准编号为GB/T 9169，名称为《喷气燃料热氧化安定性测定法》。目前的版本GB/T 9169—1988是等效采用ASTM D 3241—85而制定的。ASTM最新的版本是ASTM D 3241—06，此方法原为评定喷气燃料在模拟发动机燃油系统工作条件下产生分解沉积物的倾向。油样通过计量泵以固定体积流量送至加热器管，然后进入一个不锈钢网编织的孔径为17μm的多孔精密过滤器。该过滤器能收集试验中油样变质生成的分解产物。变质产物沉积的程度用试验过滤器前后压差大小表示。结果用加热器管表面沉积物的颜色级别和试验过滤器压差作为热氧化安定性的评价标准。JFTOT法可作为生物柴油在高温下沉积物形成趋势的一个重要手段。

3）汽油诱导期法

这是评价汽油在加速氧化条件下安定性的方法，我国国家标准编号为GB/T 8018，名称为《汽油氧化安定性测定法》，测定的是汽油的诱导期。

目前的版本GB/T 8018—1987是等效采用ASTM D 525—80而制定的。ASTM最新的版本是ASTM D 525—05。用诱导期来表示车用汽油在储存时生成胶质的倾向。试验过程如下：将油样在氧弹中氧化，此氧弹先在15～25℃下充氧至689 kPa，然后加热到98～102℃之间，按规定时间间隔读取压力或连续记录压力直至到达转折点。试样到达转折点所需时间就是试验温度下的实测诱导期，由此计算出100℃时的诱导期。对于生物柴油，本方法与油脂稳定指数法（Rancimat，EN 14112）测定的结果具有一定的相关性，可作为 Rancimat 方法的一个粗评试验。

除此之外，由日本经济产业省（METI）主持下正在制定生物柴油调合燃料 B5 氧化安定性的沉积物试验方法，此方法将与修改的 ASTM D 2274（测酸值）同时作为 B5 氧化安定性控制指标的指定方法。德国 Petrotest 公司也在发展一种类似于高压氧弹法的方法来测定生物柴油以及调合燃料氧化安定性，以氧弹压力降低了10%的时间来表示，仪器型号为 PetroOXY。

4）烘箱法（Schaal 试验）

这种方法是指将定量的生物柴油样品（50g 或 100g）置于干燥的烧杯内，烧杯上盖表面皿后放于（63 ±1）℃恒温箱内，每隔一段时间感官鉴定其气味或测定达到所规定过氧化值的时间，这个时间就作为生物柴油氧化稳定性的评价指标。一般感官鉴定误差较大，多用达到所规定过氧化值的时间来评价。

谭艳来用烘箱法以 BHA、BHT 和 TBHQ 为抗氧化剂，分别在 30℃和 60℃且不通入加压空气的条件下，检测了抗氧化剂添加量分别为 0.01%、0.02%和 0.03%时生物柴油过氧化值的变化。结果表明，三种抗氧化剂对棕榈油生物柴油（PME）的抗氧化效果为 TBHQ > BHT > BHA。

王江薇等人采用烘箱法，将样品置于（63 ±2）℃的培养箱中，定时取样检测样品过氧化值、酸值、硫代巴比妥酸值，考察 B5、B10、B20、B100 菜籽油生物柴油（RME）、大豆油生物柴油（SME）、PME、煎炸废油生物柴油（FWME）和 0 号柴油氧化稳定性。同时考察金属介质对 B100 生物柴油氧化稳定性的影响。结果表明，四种生物柴油的氧化稳定性依次为 FWME > RME > PME > SME。而 0 号柴油氧化稳定性优于生物柴油；B5、B10、B20 生物柴油样品表现出较好的氧化稳定性。但随着样品中生物柴油添加比例的增加，其酸值升高，样品的氧化主要是生物柴油氧化导致的；金属铜对生物柴油和 0 号柴油的氧化均有催化作用，金属铁的催化作用不明显。

杨湄等人在 RME 中分别添加 0.04%、0.08%、0.12% 三个不同水平的 TBHQ、BHT、BHT 与 BHA 等量混合物三种不同的抗氧化剂，置于（63 ±2）℃的培养箱中，加速其氧化，定时取样检测样品过氧化值、酸值，考察上述三种抗氧化剂的抗氧化效果及其最适添加量。研究表明，对 RME 而言，不同种类的抗氧化剂有不同的最适添加量；添加量相同时，不同种类的抗氧化剂表现出不同的抗氧化效果，且在不同时期内其抗氧化效果有所差异；0.08% TBHQ 对 RME 的抗氧化效果最好。

烘箱法操作较简单，耗时较短，费用较低，但误差较大，在精度要求不高时多用此方法。目前国内研究生物柴油氧化稳定性多使用此方法。

5）活性氧法（Swift 试验）

该方法是指将 20 mL 生物柴油置于一定体积的试管中（Ø5mm ×200mm），在 98.7℃下通以干净空气（2.33 mL/s），测定不同时间油脂的过氧化值，并以时间 - 过氧化值作图计算过氧化值达到 100meq/kg 时的时间（h），该时间即为生物柴油的 AOM（Active Oxygen Method 活性氧法）值，时间愈长表示生物柴油愈稳定。

Simkovsky 等人用活性氧法对 RME 氧化稳定性及抗氧化剂效果进行了评价。徐鸽等人以

RME 为原料，分别在氧气流量、金属介质以及常温储存时，对其氧化稳定性进行考察，定时取样测定其过氧化值、运动黏度和酸值，并与 0 号柴油进行比较。结果表明：氧气流量的变化对 RME 和 0 号柴油的氧化稳定性影响不大且趋势一致；在铜等金属介质存在时，RME 的氧化稳定性下降，而 0 号柴油则变化不大；在常温下储存两个多月以后，两种油品氧化稳定性仍较好。活性氧法虽然经典，但操作繁杂，耗时长，费用昂贵，不易实现自动化，不易推广使用。同时此方法是在假定过氧化物稳定不分解的条件下进行测定的，生物柴油氧化是一个过氧化物不断生成和分解的动态过程，因此用此法测得的结果有一定局限性。

5. 调合燃料安定性标准试验方法比较

馏分燃料加速氧化法和油脂稳定指数法是最有可能被列入生物柴油调合燃料产品标准中，用于评价调合燃料氧化安定性的指定标准试验方法。由于前者油样用量大，试验繁琐、数据重复性差，而后者油样用量很少，操作简单，数据重复性好，因此，油脂稳定指数法将来有可能得到更普遍的认可。高温稳定性评价法（ASTM D 6468）是一个比较新的评价方法，可能会用作生物柴油调合燃料（如 B20）热氧化安定性的评价标准方法。其他的几种标准试验方法由于本身并不是为检测生物柴油而开发的，其对生物柴油氧化安定性的评价也刚刚开始被研究，因而作为调合燃料产品标准的指定方法在近期内可能性不大。对以下六种方法的简单比较见表 4 -4。

表 4 -4　生物柴油调合燃料氧化安定性测定方法的比较

方　法	标准编号	系　统	试验气体	气体压力或流速	试验温度/℃	试验时间	结果测定
馏分燃料加速氧化法	SH/T 0175 ASTM D 2274 ISO 12205	开放	氧气	3L/h	95	16h	总不溶物质量
油脂稳定指数法	EN 14112	开放	空气	10L/h	110	实测	电导率突然增加点的时间（诱导期）
馏分燃料 43℃储存氧化法	SH/T 0690 ASTM D 4625	开放	空气	—	43	24 周	总不溶物质量
高温稳定性评价法	ASTM D 6468	开放	空气	—	150	3h	总不溶物质量
JFTOT 法	GB/T 9169 ASTM D 3241	密闭	空气	—	260	2.5h	加热器管表面沉积物的级别和试验过滤器压差
汽油诱导期法	GB/T 8018 ASTM D 525	密闭	氧气	700kPa	100	实测	100℃时诱导期

我国生物柴油的首个国家标准 GB/T 20828—2007《柴油机燃料调合用生物柴油（BD100）》已于 2007 年 5 月 1 日开始实施，其中对氧化安定性指标的要求是按照 EN 14112 方法测得的诱导期不小于 6.0h。根据我国的国情和生物柴油产业的发展现状，生物柴油很可能是与石化柴油调合使用，而不是推广和应用纯生物柴油，并且首先可能是从小比例的调合燃料如 B5 开始，逐步向 B10 和 B20 过渡。近期，国家标准化管理委员会已经批准由中国石化石油化工科学研究院负责起草 B5 国家标准 。

对于生物柴油调合燃料 B5 标准中氧化安定性指标，建议采用馏分燃料加速氧化法即石化行业标准 SH/T 0175 来测定，指标限值与轻柴油国家标准 GB 252 相同，即不大于 25g/m^3。对于生物柴油调合燃料 B10 标准中氧化安定性指标，建议可任选馏分燃料加速氧化法或油脂稳定指数法（Rancimat 法）中的一种。对于生物柴油调合燃料 B20 标准中氧化安定性指标，建议采用 Rancimat 法测定。B10 和 B20 标准对氧化安定性具体的限值应通过大量的应用试验以及征求生产和使用方的意见后再综合确定。

生物柴油作为可再生的替代燃料将会越来越受到重视，其应用最可能是与石化柴油调合成柴油机燃料，但是因为生物柴油的氧化安定性较石化柴油差，因此调合燃料的氧化安定性对燃料的生产和应用都有非常大的影响，应当对生物柴油调合燃料的氧化安定性作严格规范。

二、影响生物柴油氧化安定性的因素

1. 原料

合成生物柴油的原料有植物油脂、动物油脂以及废弃油脂，原料的差异主要是天然的植物油脂里含有天然的抗氧化成分（如生育酚、类胡萝卜素等）。研究发现，将菜籽油中的生育酚去除后，其甲酯的氧化速度增加 4 倍。

Roseli Ap. Ferrari 采用 Rancimat 测试法，在温度为 100℃和 105℃，空气流速为 20 L/h 的条件下，测定四种样品所用原料分别为压榨大豆油、精制大豆油、煎炸废弃大豆油和部分氢化的废弃大豆油制备的生物柴油的氧化安定性。样品的脂肪酸组成采用气相色谱测定并计算碘值。结果显示，原料为压榨大豆油、精制大豆油、煎炸废弃大豆油制备的生物柴油的碘值区别不明显，但是氧化安定性发生显著变化，压榨大豆油甲酯的氧化安定性最好，其次是精制大豆油、煎炸废弃大豆油甲酯。由于压榨大豆油中含有天然的抗氧化成分，所以其氧化稳定性显著提高。由于在除臭的工艺中损失了大量的抗氧化成分，因此精制大豆油甲酯的稳定性降低。部分氢化的废弃大豆油甲酯的稳定性也很低，虽然其碘值比其他样品更低。

2. 温度、空气和水分

温度是影响物质降解的主要因素，D. Y. C. Leung 对生物柴油在不同温度下氧化安定性的研究也得出了一样的结论。该研究是在 0℃、20℃、40℃下通过气相色谱法测定脂肪酸甲酯的含量和滴定法测定酸价的变化来评价生物柴油的降解程度。通过气相色谱测定发现，储藏在 4℃下的生物柴油具有最低的降解性，在 40℃时其降解程度是最高的。储藏在未密封容器中的生物柴油，其纯度和含水量对其降解性影响不大，储藏 52 周后其降解程度为 5% ~7%。在低温及室温下降解程度与生物柴油是否暴露在空气中无明显的相关性，但是当温度在 40℃时，其降解则发生了显著性变化，储藏 52 周后降解率达到了 40%。这说明高温和空气是生物柴油降解的主要影响因素，这可能是由于在高温下生物柴油发生了高度氧化所致。

酸价和降解程度成负线性相关，说明酸价也可用来表示生物柴油的降解程度。酸价的变化是由于脂肪酸甲酯分子和脂肪酸链被打断，致使酸性增加所致。

3. 金属

Knothe Gerhard 采用 ASTM D 4625 法测定了几种金属（铁、铜、铝）和合金对生物柴油、石化柴油以及含 20% 生物柴油的石化柴油的氧化安定性的影响。结果显示，在所有的生物柴油样品中添加合金均形成了严重的沉淀，铜在100%的生物柴油样品中产生少量的沉淀，但是在生物柴油和石化柴油的混合物中产生了与合金一样的沉淀，加入铁和铝虽然产生了少许沉淀，但是不影响混合生物柴油的质量。

4. 抗氧化剂

大多数动植物甘油酯是由 $C_{16} \sim C_{18}$ 的长链脂肪酸基团通过与甘油骨架相连而成。为了避免由这些原料制备的生物柴油在低温下出现冻结现象，其不饱和脂肪酸甲酯的质量分数必须控制在80% ~90%，但是不饱和脂肪酸甲酯的氧化速率是饱和脂肪酸甲酯的2倍，所以，提高不饱和脂肪酸甲酯抗氧化稳定性是保证生物柴油质量的关键。添加抗氧化剂是一种最可行的方式，该方法不需增加或设计特殊的装置。目前使用的抗氧化剂有天然抗氧化剂（α-VE、γ-VE、δ-VE、类胡萝卜素、视黄酸、虾青素）和合成抗氧化剂。

作者对生物柴油的氧化安定性也进行了研究。生物柴油选用实验室自制的大豆油生物柴油（SME）、菜籽油生物柴油（RME）。测试装置采用自行建立的氧化模拟装置将生物柴油氧化，氧化模拟试验主要为获取氧化油样，进行下一步的机理分析。实验装置如图4-6所示。该装置主要由加热装置、温控装置、供气装置三部分组成。

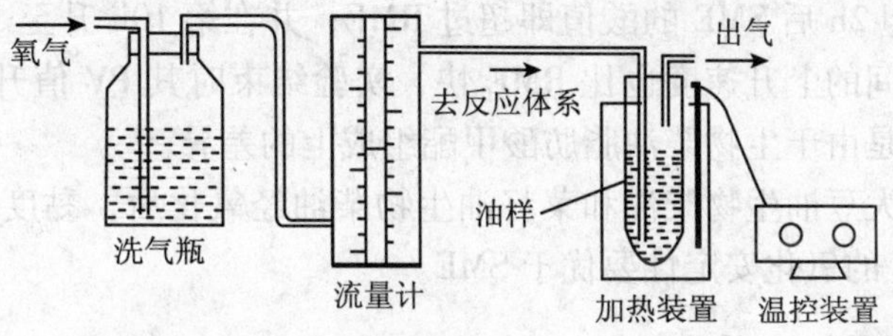

图4-6 氧化模拟试验装置图

实验过程中反应时间、温度、通气量及催化剂等实验条件不变，考察相同条件下不同原料来源的大豆油生物柴油（SME）及菜籽油生物柴油（RME）的氧化情况。

试验时将100g油样放入试管，试管中加入铜、铝、铁等金属片催化，通入一定量的氧气并维持一定时间，实验温度为100℃。参与氧化模拟实验的油样为大豆油生物柴油（SME）、菜籽油生物柴油（RME），实验过程对油品变化进行监测，定时取样，分析油样的酸值、运动黏度（40℃）及过氧化值（PV）。

在上述试验条件下，对不同原料来源的大豆油生物柴油（SME）和菜籽油生物柴油（RME）的氧化安定性进行比较，氧化后油样的运动黏度、酸值、过氧化值检测结果见图4-7、图4-8和图4-9。

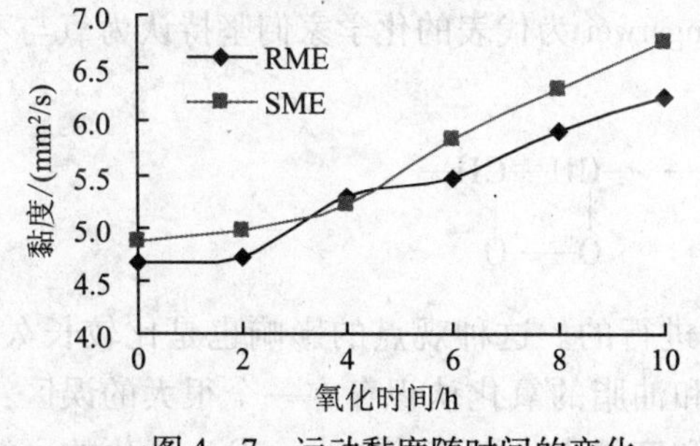

图4-7 运动黏度随时间的变化

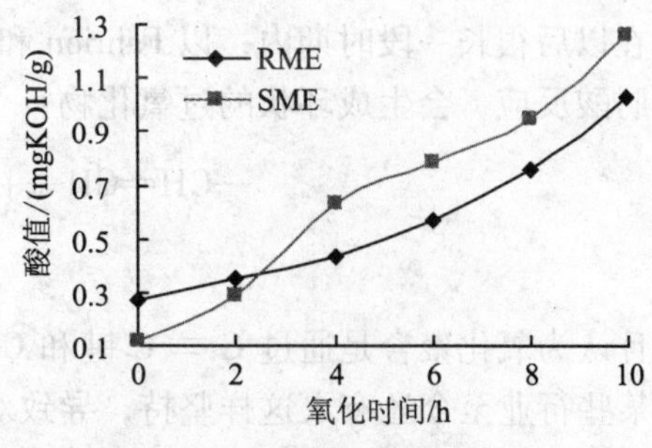

图4-8 酸值随时间的变化

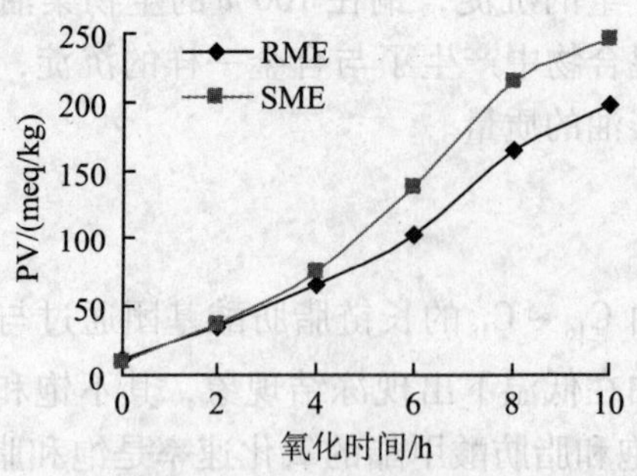

图4-9　过氧化值随时间的变化

从图4-7可以看出，氧化后油样的黏度呈逐渐增大趋势。反应初始阶段（4h前）黏度变化较为缓慢，SME和RME的黏度差别不大。第4h后，SME的黏度上升较快，黏度值大于RME。

图4-8、图4-9所示为氧化油样的酸值和过氧化值变化情况。可以看出，生物柴油氧化后的酸值及PV值均增加。RME第10h酸值升至1.03 mgKOH/g，过氧化值达到198meq/kg。相比较而言，SME氧化稳定性要差一些，尽管SME氧化前的酸值（0.12 mgKOH/g）要低于RME（0.27 mgKOH/g），但2h后SME的酸值即超过RME，并在第10h升至1.26 mgKOH/g。SME的过氧化值随试验时间的上升速度也比RME快，实验结束时其PV值升至247meq/kg。导致这一结果的原因可能是由于生物柴油脂肪酸甲酯组成上的差异。

试验结果表明，大豆油生物柴油和菜籽油生物柴油经氧化后，黏度、酸值、过氧化值均呈增加趋势，且RME的氧化安定性要优于SME。

三、生物柴油的氧化机理

油脂及其衍生物的氧化一直是受人关注的重要课题，尤其在油脂工业、食品工业、涂料工业、化学品工业等方面，都大量涉及到油脂的氧化问题。在过去较长的时间内，由于受当时的实验技术、分析水平、测试仪器等方面的局限，使理论研究存在着不确切性，往往导致所在的行业不同，提出的观点或推论也不尽相同。

最早Farmer及其合作者提出氢过氧化物是不饱和化合物自动氧化的最初产物，但是人们无法解释起始氧化是何物产生氢过氧化物，还认为取代α-亚甲基上的-H需要高能量，在常温条件下是不易进行的。因此Bolland、Gee、Farmer以及Gunston与Hilditch，在20世纪40年代几乎同时得出结论：认为氧化的最初进攻点位于双键，而不是在α-亚甲基上。

20世纪50年代，Khan提出氧是直接加成到双键上，形成环状过渡态，它可破裂而产生氢过氧化物。但是该理论不能说明游离基的接受体，故没有得到人们的认可。

在以后很长一段时期内，以Fahrion和Staudingerwei为代表的化学家们坚持认为氧与不饱和脂肪酸反应，会生成环状的过氧化物：

$$—CH═CH— + O_2 \longrightarrow \begin{array}{c}—CH—CH— \\ \quad | \qquad | \\ \quad O—O\end{array}$$

且认为氧化聚合是通过C═C键和C—O键进行的。这种观点的影响也是比较长久的，甚至某些行业至今还有人这样坚持，导致对不饱和油脂的氧化认识存在一个很大的误区：认为只有不饱和的油脂才能氧化，而且油脂的不饱和度越大，即碘值越大，发生氧化的可能性就越大，氧化的深度就越深。因此认为使用高度不饱和油脂进行氧化是最合理的选择。的确不饱和油脂的碘值和双键二者之间是有互联关系，但“高碘值双键氧化理论”强调的是：双键越多碘值越高，则双键越易氧化。存在着一种较普遍的观点：环氧化反应是在双键上发生的反应，天然油脂的碘值和双键的关系紧密相关，氧化反应势必也是在双键上发生，且双键越多氧化的深度越深。但客观事实上，仍然缺乏充足的研究数据和合理的表征结果来证明该观点的正确性。假如是这样，油脂氧化发生在双键上，必然导致双键破坏或是氧化后的油脂碘值发生明显的下降。Ismail，Sedman J. 等人发现并非如此；又如鱼油其碘值一般是 $160gI_2/100g$ ~ $190gI_2/100g$，其脂肪链上含有四烯、五烯、六烯结构，按照“高碘值双键氧化理论”观点：鱼油的深度氧化是很容易达到很高的过氧化值（以下均用 PV 表示）的，但大量的实验证实即便使鱼油深度氧化，其 PV 值一般在 250mmol/kg ~ 500mmol/kg，极难达到 600mmol/kg 以上。

经研究发现和证明：油脂的环氧化的确是在双键上生成环氧基，但反应是顺式加成，整个反应完全是依靠过氧酸的过氧基产生环氧化反应，并不需要 O_2 作直接反应物参与反应。含环氧基的产物相当稳定，环氧化油脂可以长时间陈放而不发生分解；过氧基远不如环氧基稳定，活性较高，尤其受热易分解。环氧基与过氧基的一个典型差别是后者可以使碘离子还原成碘，并和三苯基磷发生定量反应，生成三苯基氧磷的产物。而且，不难发现“高碘值双键氧化理论”是有严重缺陷的，碘值不是决定氧化深度的唯一条件。

除“高碘值双键氧化论”外，针对非共轭结构油脂的树脂化和干燥成膜现象，Fahrion 和 Staudinger 提出氧化 - 聚合的观点。他们认为：由于热或催化剂的作用让 O_2 与油脂发生氧化反应，导致非共轭双键结构共轭化，产生分子间或分子内聚合或发生 Diels - Alder 反应，直到今天涂料工业仍然是这样利用油脂成膜的。但有关这种推论一直缺乏足够的数据和准确分析结果予以进一步确证，成膜的内在因素是：游离基反应→造成双键的共轭化→聚合。

另外还有“氧化酸败理论”的观点。认为不管氧化是自动氧化还是光氧化，或者是二者兼有，氧化必然造成油脂的酸败，即油脂的一级氧化产物——氢过氧化物，会进一步分解和氧化，使少量油脂分解成低分子。油脂氧化后确有脂肪酸生成，但更重要的是油变有异味，甚至有强烈的刺激气味，完全不能食用。这最根本原因是有少量的羰基（C ═ O）化合物（常见是醛、酮和酸）产生。研究发现，经深度氧化 PV 值达到极大值后，油脂实际新增的游离酸很小，一般在 4 ~ 10mgKOH/g，新增的羰基（C ═ O）约为 0.4% ~ 1.5%，含羰基的化合物增加与氧化不成线性关系。有关油脂氧化的精细研究尚在人们的努力之中，二级氧化产物（酸、酮和醛），成分要比一级氧化复杂得多，至今无法分离纯化和定量，致使对酸败与氧化反应的实际过程和机理认识还不十分清楚。

1942 年，Farmer 和 Sutto 从烯烃氧化反应中，首先分离出氢过氧化物产物，由此推测它与双键的 α 碳原子有关。

$$-CH_2-CH{=}CH- + O_2 \longrightarrow -\underset{\displaystyle OOH}{\underset{|}{CH}}-CH{=}CH-$$

20 世纪 60 年代，Heaton 和 Uri 认为氧直接攻击双键在热力学上发生的可能性很低，认为导致油脂最初氢过氧化物（ROOH）的产生，才是以后油脂发生氧化的源头；Uri 认为因催化剂催化而产生的游离基，在动力学和热力学上的可能性，比起 Bolland 和 Gee 提出的对双键的直接氧化的观点，得到了更多的赞同。

随之有不少的学者深入研究，直到 20 世纪中后期，逐渐形成了氢过氧化物（分解）学说。在一般情况下，自氧化通常包括几种因素：如加热、催化剂、脂氧化酶和光作用（甚至共同作用），促进不饱和脂肪酸脂的氧化，人为地有意识进行的强制氧化的方式也在其中；新的等离子体氧化方法是20世纪90年代后期戴小燕等人研究的，从研究的角度上讲，该方法与众不同。目前被广泛接受的观点是脂肪酸脂的（自动）氧化，伴随着生成一个带活泼的氢过氧化物结构的脂肪酸酯，它是脂类物系自动氧化后的初始产物。而且认为氢过氧化物一旦生成，即使微量，它们在自动催化中，也能起到深刻的作用。例如，通过热、光引发，催化剂、微量金属和等离子体的电子转移产生游离基，进而催化了氧化的速度。在此基础上，经无数人对油脂同空气中氧接触的持续研究，提出了今天人们普遍认同的油脂自动氧化历程：诱导→发展→终止。

诱导：$RH \xrightarrow{\text{引发剂}} R\bullet$

发展：$R\bullet + O_2 \longrightarrow ROO\bullet$

$ROO\bullet RH \longrightarrow ROOH + R\bullet$

$ROOH \longrightarrow RO\bullet + \bullet OH$

$2ROOH \longrightarrow ROO\bullet + RO\bullet + H_2O$

$RH + \bullet OH \longrightarrow R\bullet + H_2O$

$RO\bullet + RH \longrightarrow ROH + R\bullet$

终止：$R\bullet + R\bullet \longrightarrow R—R$

$R\bullet + ROO\bullet \longrightarrow ROOR$

$ROO\bullet + ROO\bullet \longrightarrow ROOR + O_2$

上述式中，RH为油脂及其衍生物中所含的不饱和组分；H为其双键旁边亚甲基上的氢原子。亚甲基CH_2上的氢受氧攻击后，易脱落成R•（游离基），即开始了油脂的自动氧化。油脂中的氢过氧化物分解也提供游离基；氧分子与游离基结合生成过氧游离基，然后夺取另一个CH_2上的氢原子，而生成ROOH和新的R•。各种游离基连锁反应的结果，使ROOH不断积蓄，而完好的RH逐渐减少，最后因各种游离基相互结合为稳定的化合物，而使反应终止。

1. 生物柴油不饱和双键结构与氧化

生物柴油的主要成分是各种脂肪酸甲酯，其中含有一些具有双键的不饱和甲酯，这种结构决定了它在一定条件下容易发生氧化反应，特别是自动氧化。

生物柴油所含不饱和脂肪酸甲酯主要有三种：油酸甲酯$C_{17}H_{33}COOCH_3$，又称十八碳单烯酸甲酯；亚油酸甲酯$C_{17}H_{31}COOCH_3$，又称十八碳二烯酸甲酯；亚麻酸$C_{17}H_{29}COOCH_3$，又称十八碳三烯酸甲酯。不饱和脂肪酸甲酯分子中的双键可以是孤立双键（两个双键之间隔着两个或两个以上的亚甲基，即—CH＝CH—CH_2—CH_2—CH＝CH—）、隔离双键（两个双键之间隔着一个亚甲基，即—CH＝CH—CH_2—CH＝CH—）和共轭双键（两个双键紧挨着，即—CH＝CH—CH＝CH—）三种形式存在。三种双键中以共轭双键活性最高，其次是隔离双键的活性，而孤立双键活性相比较最低。隔离双键中的亚甲基被两边的双键活化而非常活跃，在反应中常常是这个α亚甲基先脱去一个氢原子形成自由基，自由基因为有两边的双键与其发生共振而比较稳定，因此脱氢所需能量比较低。而孤立双键中与双键相连的亚甲基脱去氢原子后形成的自由基只有一个双键与其发生共振，因而脱去氢原子需要的能量较高，所以它的活性不如其他两种。

有人对脂肪酸及其对应酯类的氧化进行了分析，认为酯类及其衍生物在高温下的氧化是各种游离基链锁反应的结果，并且酯类比其对应的脂肪酸更易于氧化。

2. 生物柴油不饱和甲酯氧化过程的分子结构异构化

游离基氧化理论认为，在油脂与衍生物深度氧化过程中，分子所含双键越多，活化能力越强。在活性游离氧原子向 α 亚甲基的进攻过程中，不断有过氧化氢生成，接着发生 α 碳原子的活性 H 转移及其双键的移位（异构化为共轭双键），并伴随链结构的顺式变反式的构型变化。

生物柴油中主要不饱和脂肪酸甲酯（油酸甲酯、亚油酸甲酯及亚麻酸甲酯）的分子构成如下所示：

油酸甲酯或称十八碳（9 顺）一烯酸甲酯：

H_3C—（10 9）—C(=O)—O—CH_3

亚油酸甲酯或称十八碳（9 顺，12 顺）二烯酸甲酯：

H_3C—（13 12 10 9）—C(=O)—O—CH_3

亚麻酸甲酯或称十八碳（9 顺，12 顺，15 顺）三烯酸甲酯：

H_3C—（16 15 13 12 10 9）—C(=O)—O—CH_3

从油脂链的结构序列可见，与双键相连的，排列在第 8、第 11、第 14、第 17 位置的碳均属于亚甲基碳。当通过适当的（如催化）方式，或自身含有的 ROOH，在油脂氧化系统中产生足够的自由游离基的同时，因取代脂链双键 $\alpha-CH_2$ 位上的氢原子而产生链反应：

$$RH \longrightarrow R\bullet = [—CH \cdots CH \cdots CH—] = [—CH{=}CH—CH\bullet \underset{\text{I}}{} + \bullet CH—CH{=}CH—] \underset{\text{II}}{}$$

RH 代表油酯 ROOH 长链，H 是 $\alpha—CH_2$ 上的氢，R•等效—CH⋯CH⋯CH—。接着氧进攻这些位置，产生过氧游离基：

$$R\bullet + O_2 \longrightarrow ROO\bullet$$

依次 ROO•从其他油脂 ROOH 分子的 $\alpha-CH_2$ 亚甲基上取代形成氢过氧化物：

$$ROO\bullet + RH \longrightarrow ROOH + R\bullet$$

$$ROOH \longrightarrow RO\bullet + \bullet OH$$

由于 R、RO•、•OH 和 ROO•的相对稳定性，及其游离基传递性，不断地传递、反应；实际不同的 RH 链生成的 ROOH 的活性或多或少有差异，总的 ROOH 也越积越多；控制在一定的条件下（ROOH 也具有一定的稳定性），结果就完成了不饱和油脂的氧化或深度氧化。

由于 R•系列的共振稳定性，通常反应是经双链位置的移动来实现的，从而导致双键构型的顺反异构、多双键的异构和共轭化、二烯基团形成异构化的氢过氧化物。

因此，油酸脂的两个 α－亚甲基基团脱出氢产生两个共振－稳定的烯丙基：

$$-CH_2^{11}-CH^{10}=CH^{9}-CH_2^{8}-$$

$$\downarrow -H\cdot$$

$$\overset{11}{CH}\cdots\overset{10}{CH}\cdots\overset{9}{CH} + \overset{10}{CH}\cdots\overset{9}{CH}\cdots\overset{8}{CH}$$

这样产生了 8－，9－，10－和 11－氢过氧化物的顺－反异构体。

亚油酸脂由于存在双烯丙基－亚甲基，即 1，4－戊二烯体系，则活性更大，更易导致异构的 9 和 13－氢过氧化物的生成：

$$-\overset{13}{CH}=\overset{12}{CH}-\overset{11}{CH_2}-\overset{10}{CH}=\overset{9}{CH}-$$

$$\downarrow -H\cdot$$

$$\overset{13}{CH}\cdots\overset{12}{CH}\cdots\overset{11}{CH}\cdots\overset{10}{CH}\cdots\overset{9}{CH}$$

连上第 8 和第 14 两个 $\alpha-CH_2$，共有三个氧化进攻点（8，11，14 三个 $\alpha-CH_2$）。

同理，亚麻酸脂的共振式（类似 1，4，7－辛三烯结构）：

$$\overset{16}{CH}\cdots\overset{15}{CH}\cdots\overset{14}{CH}\cdots\overset{13}{CH}\cdots\overset{12}{CH}\cdots\overset{11}{CH}\cdots\overset{10}{CH}\cdots\overset{9}{CH}$$

这种结构的反应活性比亚油酸脂结构还要高，如果再联上第 8 和第 17 两个 $\alpha-CH_2$，氧化反应的进攻点有四个（8，11，14，17 四个 $\alpha-CH_2$）。

将上述的理论应用于生物柴油中的油酸甲酯、亚油酸甲酯和亚麻酸甲酯的氧化，对生物柴油不饱和脂肪酸甲酯分子因氧化导致的构型变化及其历程进行推理分析。分子反应历程如下所示：

油酸甲酯：

11 10 9 8
(1) -H
O_2
O_2
HOO 10 9 11 8 [10-OOH]
10 9 11 8 HOO [8-OOH]
(2) -H
O_2
O_2
HOO 10 9 11 8 [9-OOH]
10 9 11 8 HOO [11-OOH]

亚油酸甲酯：

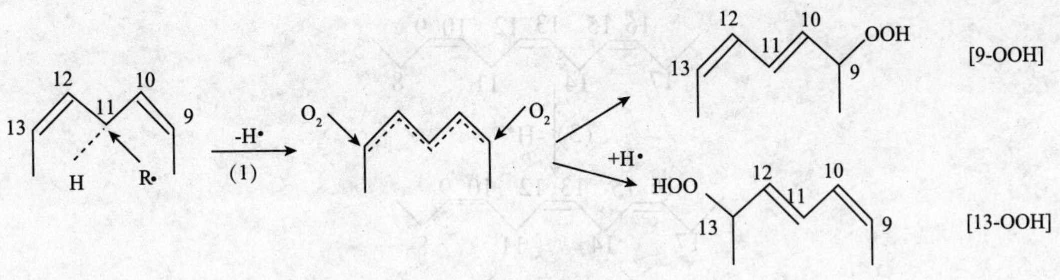

亚麻酸甲酯：

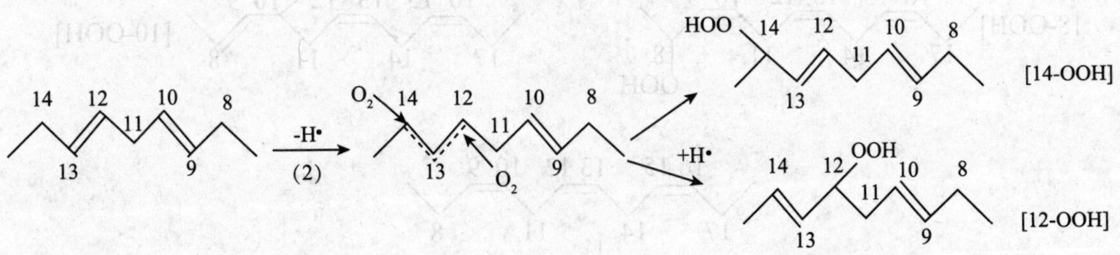

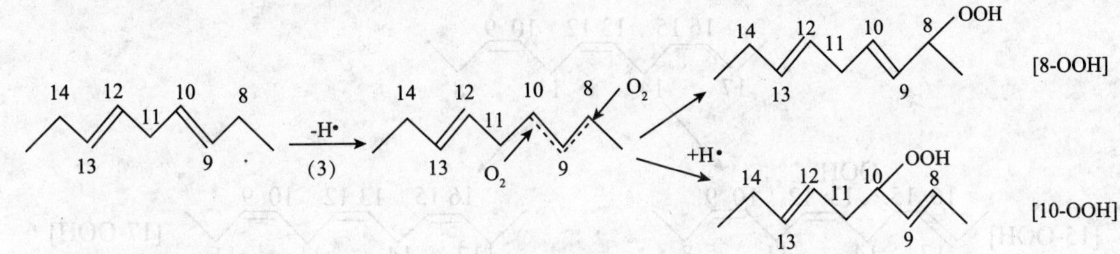

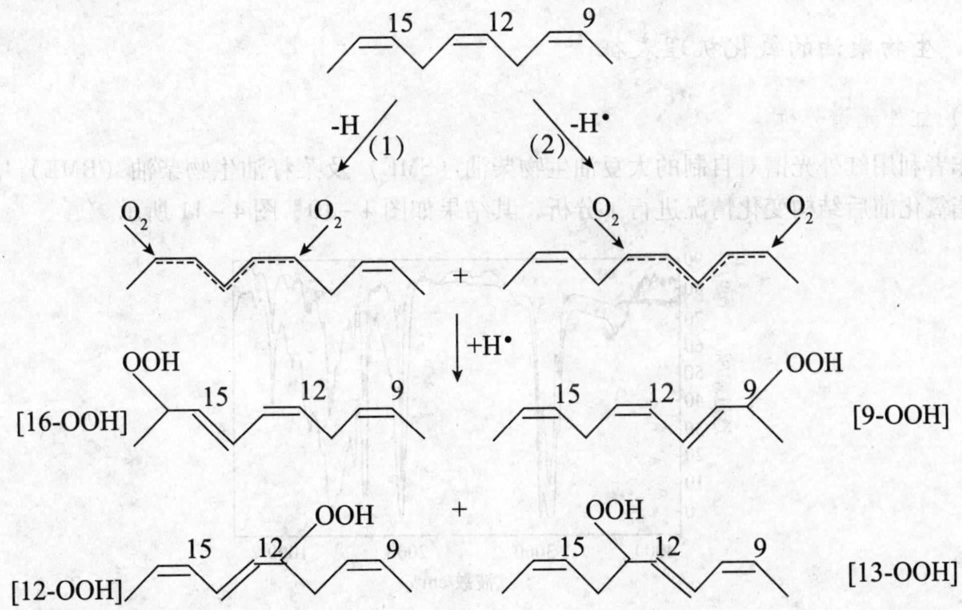

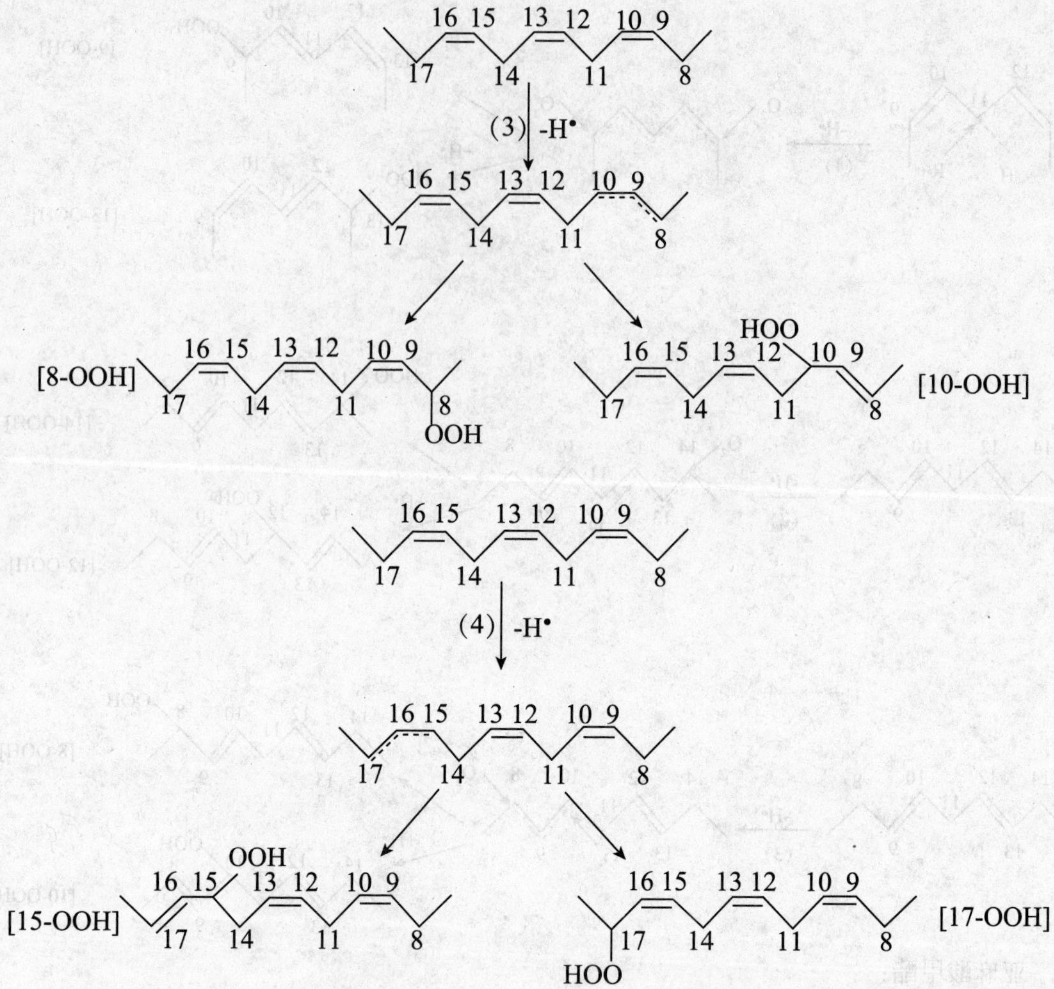

(3) -H•
[8-OOH]
OOH
HOO
[10-OOH]
(4) -H•
OOH
[15-OOH]
[17-OOH]
HOO

3. 生物柴油的氧化机理表征

1）红外光谱分析

作者利用红外光谱对自制的大豆油生物柴油（SME）及菜籽油生物柴油（RME）中脂肪酸甲酯氧化前后结构变化情况进行了分析，其结果如图 4－10、图 4－11 所示。

透过率/%
波数/cm-1

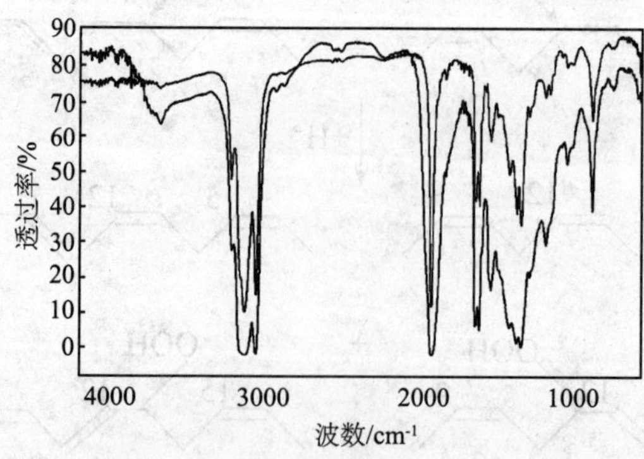

图 4－10　SME 氧化前后红外光谱图

图4－10所示为大豆油生物柴油氧化前后的红外光谱，可以看出，氧化后生物柴油的红外吸收发生了变化。3451cm^{-1}处为脂肪酸甲酯氧化物所含的—OOH吸收峰；3000～3040cm^{-1}区间为不饱和脂肪酸甲酯的C═C双键顺式结构的吸收峰，伴随着氧化物所含—OOH的增加，吸收下降；1700～1750 cm^{-1}区间内，吸收峰面积有一定增加，这是由于—OOH的分解，发生二级氧化，有少量的酸（酮、醛）产生；980～960 cm^{-1}区间内，为不饱和脂肪酸甲酯的C═C双键的反式结构的吸收峰，伴随着氧化物所含—OOH的增加，吸收明显增强，特别是在970cm^{-1}附近表现最明显。

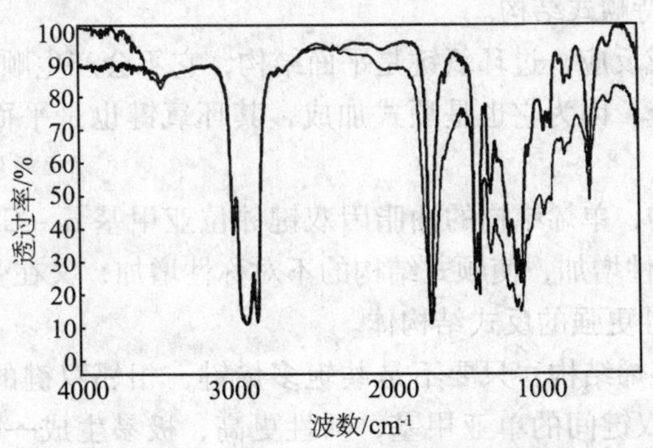

图4－11　RME氧化前后红外光谱图

图4－11是菜籽油生物柴油氧化前后的红外光谱，可以看出，3446cm^{-1}处为脂肪酸甲酯氧化物所含—OOH吸收峰；3000～3040cm^{-1}区间为不饱和脂肪酸甲酯的C═C双键顺式结构的吸收峰；980～960 cm^{-1}区间，为不饱和脂肪酸甲酯的C═C双键反式结构的吸收峰。1700～1750cm^{-1}区间为—OOH分解产物的吸收峰。

由此，可以得出以下结论：生物柴油由于其脂肪酸甲酯的主体结构与相对应的脂肪酸相同，其氧化变质也遵循油脂类及其衍生物的氧化机理。脂肪酸甲酯的氧化导致分子结构的顺－反异构化，而且，红外吸收也很直观地表征了这种变化：氧化→共振→双键转移→异构化。

虽然油脂及其衍生物氧化的游离基理论已被广泛接受，但是人们对氧化过程中生成的中间产物看法不尽相同，分析推测油脂氧化的结构变化，大多认为有多种产物，以下是几个典型的结构式：

$$—CH{=}CH—CH_2—+O_2 \xrightarrow{\text{环氧化}} —CH_2—\underset{\diagdown\ O\ \diagup}{CH—CH}—CH_2— \quad (1)$$

$$—CH{=}CH—CH_2—+O_2 \xrightarrow{\text{过环氧化}} —CH_2—\underset{|\qquad|}{CH—CH}—CH_2— \quad (2)$$
$$\qquad\qquad\qquad\qquad\qquad O—O$$

$$—CH{=}CH—CH_2—+O_2 \longrightarrow —CH{=}CH—\underset{|\atop OOH}{CH}— \quad (3)$$

$$—CH{=}CH—CH_2—CH{=}CH—CH_2—+O_2 \longrightarrow \quad (4)$$
$$—CH{=}CH—CH_2—CH{=}CH—\underset{|\atop OOH}{CH}—$$

$$-\!\!\!-\!CH\!=\!CH\!-\!CH(OOH)\!-\!CH\!=\!CH\!-\!CH_2\!-$$

$$-\!\!\!-\!CH\!=\!CH\!-\!CH\!=\!CH\!-\!CH(OOH)\!-\!CH_2\!-$$

油脂及其衍生物的氧化反应主要是一级氧化反应，在此阶段绝大多数的不饱和结构是顺式结构，其加成物仍保持顺式结构。

式（1）是顺式加成反应，过环氧键是平面结构，它不会产生顺-反构型变化。

式（2）是环氧反应，因为它也是顺式加成，其环氧键也是平面结构，同样没有顺-反构型变化。

式（3）是单烯结构，单烯结构的油脂因双键邻位亚甲基 $\alpha-CH_2$ 上的 H 的氧化转变成 CH-OOH，使脂链的极性增加，使顺式结构的不对称性增加，又在受热和催化氧化过程中易转变成构象稳定，对称性更强的反式结构体。

式（4）是二烯或多烯结构，只要不是共轭多烯键，相邻双键的单亚甲基个数就多，其活性就高。尤其是两个双键间的单亚甲基，活性更高，极易生成—ROOH，使顺式变成反式的可能性更大，从而导致双键转移而生成顺-反结构的共轭双键。

前述红外图谱也证实了式（3）、式（4）的成立，红外图谱表明随着氧化程度的深入，双键由顺式结构变为反式结构，在 968~970cm^{-1} 反式结构的吸收峰明显增强。经计算，菜籽油生物柴油（RME）氧化后双键顺式结构的吸收下降了约 0.13 个单位，反式结构的吸收增加了约 0.09 个单位。大豆油生物柴油（SME）氧化使双键顺式结构的吸收下降了约 0.37 个单位，反式结构的吸收增加了约 0.31 个单位。

2）紫外光谱分析

多双键不饱和脂肪酸甲酯在氧化过程中会发生双键转移而生成顺-反结构的共轭双键，由紫外吸收的特点可知，如有共扼双键存在，在 230nm 左右会有吸收，因此，只要氧化脂肪酸甲酯的共扼双键含量增加，紫外吸收也会相应增强。将自制的大豆油生物柴油和菜籽油生物柴油氧化，并对氧化前后的油样进行紫外光谱分析，两组油样的紫外吸收光谱（UV）如图 4-12、图 4-13 所示。

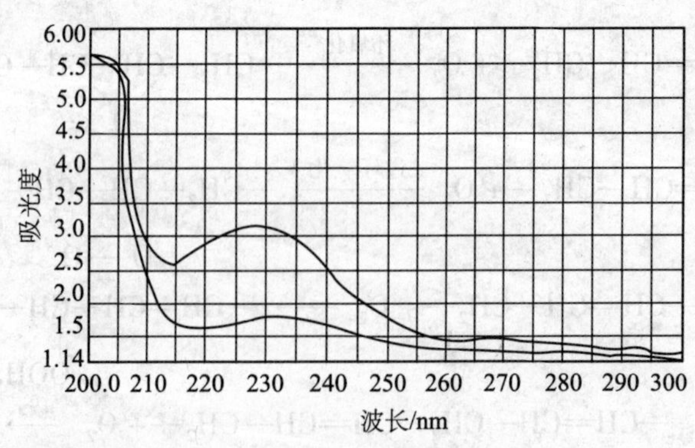

图 4-12　SME 氧化前后的紫外光谱

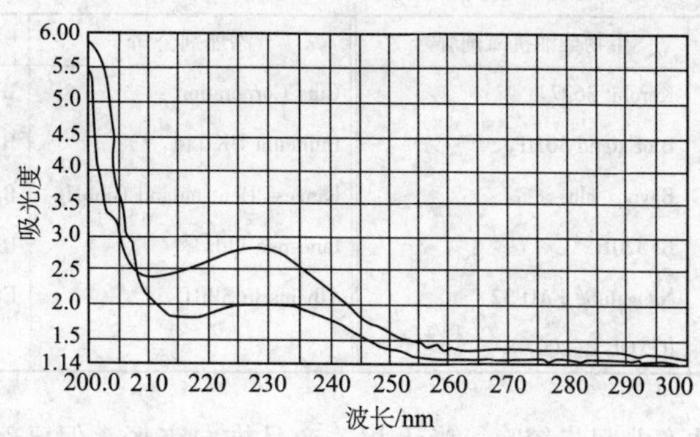

图 4－13　RME 氧化前后的紫外光谱

图 4－12 和图 4－13 的结果进一步验证了上述生物柴油氧化机理的解释。紫外吸收谱清楚地显示了含亚油酸甲酯和亚麻酸甲酯多双键结构的生物柴油，经深度氧化 UV 谱共轭双键的吸收增加。结合红外光谱法分析知道，共扼双键结构属于顺－反构型。相应氧化程度越深，UV 吸收值就越大。表 4－5 是两种生物柴油氧化前后紫外吸收变化情况。

表 4－5　生物柴油氧化前后紫外吸收率（A）

项　目	SME	RME	项　目	SME	RME	项　目	SME	RME
氧化前	1.78	2.02	氧化后	3.16	2.81	增量	1.38	0.79

从表 4－5 可以看出，大豆油生物柴油的紫外吸收增量为 1.38，要高于菜籽油生物柴油（增量为 0.79）。大豆油生物柴油中亚油酸甲酯、亚麻酸甲酯等多双键不饱和甲酯总含量为 62.2%，高于菜籽油生物柴油（30.5%），不饱和多双键越多，形成共轭双键的可能性就越大，所以大豆油生物柴油紫外吸收增量就越大。

四、生物柴油抗氧剂

组成生物柴油的分子结构特点决定了其自动氧化过程是无法通过外界条件的改变来避免的，但是可以通过外界条件的控制来延缓这一过程。虽然可以通过加氢脱氧工艺转化为饱和烃类，但是现在技术并不是很成熟，而且成本太高。为保证生物柴油在存储期和运输至用户终端后仍能达标，添加抗氧剂是提高生物柴油氧化安定性的一种简单、易行的有效办法。

由奥地利农业工程联邦研究中心、奥地利的卡尔弗朗士大学、法国油脂研究院、意大利油脂工业试验站、爱尔兰农业及食品开发局等参与的欧盟生物柴油 BIOSTAB 项目，开展了大量的生物柴油稳定性及其改善方法等方面的研究工作，对生物柴油抗氧剂的选用及应用效果作了较为深入细致的研究。

另外，世界各大添加剂公司纷纷推出了自己的生物柴油专用抗氧剂产品。表 4－6 列出了几种通过德国生物柴油质量管理联盟 AGQM 无害化认证的生物柴油专用抗氧剂（数据截至 2009 年 12 月 8 日）。

表4-6 通过AGQM无害化认证的生物柴油抗氧剂（部分）

添加剂公司	生物柴油抗氧剂牌号	添加剂公司	生物柴油抗氧剂牌号
BASF	Kerobit 3627	Ciba Corporation	IRGASTAB BD100/BD50
Eastman Chemical	BioExtend 30HP	Infineum UK Ltd.	R120/R130
Lanxess Deutschland GmbH	Baynox plus	Lanxess Deutschland GmbH	Baynox molten
Kemin	BF320R	Innospec Ltd.	Biostable™ 403E
Chemtura Corporation	Naugalube FAO 32	Albemarle SPRL	Ethanox 4760E
Raschig GmbH	IONOL BF200		

我国由于生物柴油产业起步较晚，尚无相关产品推向市场，但已经有不少科研单位如中国石化集团石油化工科学研究院、中国林业科学研究院林产化学研究所等开展了这方面的研究工作。

1. 生物柴油抗氧剂的研究现状

由于生物柴油由油脂衍生而来，并作为柴油的代用品或调合用油，因此，目前大部分用于生物柴油的抗氧剂是从相关领域的抗氧剂借用而来，所用的抗氧剂都是这些行业领域最常见、最显而易见的抗氧剂，比如植物油脂等食品用抗氧剂，石油产品（包括汽油、煤油、柴油以及润滑油润滑脂等）用抗氧剂均被用于生物柴油氧化安定性的改善。另外，一些科研机构对适用于生物柴油的新型专用抗氧剂的开发进行了有益的探索。目前用于研究及已经上市的各种生物柴油抗氧剂可分为两大类：天然抗氧剂、合成抗氧剂。

1）天然抗氧剂

天然抗氧化剂是直接从天然生物中提取而得到的抗氧化剂。天然抗氧化剂（如α-生育酚类、胡萝卜素、原花青素）由于具有天然、低毒的特点而逐渐为人们所利用，被广泛应用于油脂及含油食品的加工中，以减缓脂质的氧化变质。

某些植物油脂中本身含有天然抗氧剂如α-生育酚等，对生物柴油的稳定化起到一定的作用。

Haiying Tang、Yung Chee Liang、Robert Dunn 等对α-生育酚在几种生物柴油中的抗氧化效果进行了研究，结果表明，含有α-生育酚的生物柴油的氧化安定性好于不含α-生育酚的生物柴油。

但与TBHQ（叔丁基对苯二酚）、BHT（2，6-二叔丁基对甲酚）、BHA（叔丁基对羟基苯甲醚）等合成抗氧剂相比，α-生育酚的抗氧化效果要差得多。意大利乌迪内大学的研究人员报道了葡萄籽油中提取的非皂化物对生物柴油氧化安定性的提高起到一定的作用。

李瑞贞等以竹废料微波裂解制备的生物轻油为原料，采用酸碱-有机溶剂萃取法制酚类提取物作为生物柴油抗氧化剂。结果表明，酸碱-有机溶剂萃取法可以有效地将生物轻油中的酚类抗氧化物质提取出来，且生物轻油中的酚类提取物对生物柴油显示出良好的抗氧化性和油溶性。生物轻油中酚类提取物对地沟油、大豆油、菜籽油为原料的三种生物柴油都有良好的抗氧化性，添加量为0.1%时三种生物柴油的氧化安定性全部能够达到EN 14112—2003标准。通过与TBHQ、BHT、BHA、抗坏血酸抗氧化性对比实验显示：从生物轻油中提取的酚类物质对生物柴油具有不逊于传统化学合成的油脂抗氧化剂的抗氧化效果。

王卫刚等将葡萄籽的乙醇提取物和微波辅助水提取物分别加入到黄连木生物柴油中，并与抗坏血酸、市售的合成汽/柴油抗氧化添加剂 TP 26 进行抗氧化性对比，表明葡萄籽提取物对提高生物柴油抗氧化稳定性的效果要远远高于抗坏血酸和 TP 26，在添加量为 0.02% 时可达到抗坏血酸和 TP 26 添加量为 0.1% 的效果。

德国拜耳化学公司研制的新抗氧剂 Baynox 是一种能加入燃料的不腐蚀无危险的液体，其活性组分的分子结构和性质与菜籽中天然抗氧剂维生素 E 相似，已开发了蒸馏法生产这种高纯抗氧剂，然后使其溶解于生物柴油中，得到一种可添加于燃料的浓液。由于 Baynox 的纯度高（质量分数 99.87%），燃烧后无残留。该抗氧剂性能与现有同类产品接近，但成本要低 3~4倍。

不过，总体来看，添加天然抗氧剂对氧化安定性差的生物柴油的稳定化效果不是十分明显。

2）合成抗氧剂

合成抗氧剂在生物柴油中抗氧效果显著，添加量小，研究和应用最多，在生物柴油抗氧剂中占有非常大的比例。合成抗氧化剂主要包括酚型抗氧化剂、胺型抗氧化剂以及复合抗氧剂等。

（1）酚型抗氧剂　酚型抗氧剂广泛应用于塑料、橡胶、燃料、润滑油、食品等行业，具有非常好的抗氧化能力。目前已用于生物柴油抗氧剂研究的酚型抗氧剂有单酚类、二酚类、双酚类、多酚类、含酚硫醚等。

近年来，研究人员对油脂常用抗氧剂如 BHT、BHA、TBHQ、PY（联苯三酚）、PG（没食子酸丙酯）等在生物柴油中的应用开展了大量研究。Mittelbach 和 Schobert 以及 Robert 等人详细报道了合成抗氧剂 PY、PG、TBHQ、BHA 对以菜籽油、葵花籽油、煎炸油、大豆油等为原料制备的生物柴油的氧化安定性具有增强作用。德国朗盛公司（Lanxess）在其专利中首次公开了将 BHT 用作生物柴油抗氧剂，并推出了生物柴油抗氧剂产品 Baynox®，有效成分为 20% 的 BHT。这些抗氧剂都能不同程度地提高生物柴油的氧化安定性，并能够满足相关生物柴油标准中对氧化安定性的要求。

润滑油及燃料油中的受阻酚类抗氧剂也被用于生物柴油。德国德固赛公司（Degussa）在其专利中公开用低熔点的烷基酚类抗氧剂提高生物柴油氧化安定性，选用低熔点的抗氧剂，以液体形式直接加入，不需另外配制溶液，从而改善经济性，提高可操作性。中国石化石油化工科学研究院在其专利中报道了含酚硫醚类化合物，在棕榈油、菜籽油、酸化油中表现出明显的抗氧化作用，都能够满足我国柴油机燃料调合用生物柴油（BD100）国家标准 GB/T20828—2007中对氧化安定性的要求。阿斯巴尔、博姆巴等人在其专利中报道了采用双酚类抗氧剂如4，4′-亚甲基-双（2，6-二叔丁基苯酚，抗氧剂4426）、2，2′-亚甲基双-(6-叔丁基-4-甲基苯酚，抗氧剂2246）等提高生物柴油的氧化安定性，相同加剂量的情况下，抗氧性能明显优于 BHT。

（2）胺型抗氧剂　胺型抗氧剂主要有萘胺类、苯二胺类、二苯胺类、喹啉类等。胺型抗氧剂有成本高、毒性大、使用中易变色，在酸性物质存在下易失去作用等不足，不过抗氧的耐久性好于酚类抗氧剂，可与酚类抗氧剂复合使用。

J. Xint 等人研究了 *N*，*N′*-二苯基对苯二胺（DPD）对葵花籽生物柴油、菜籽油生物柴油、棕榈油生物柴油的抗氧化效果，加入相同量的 *N*，*N′*-二苯基对苯二胺，氧化安定性顺序为：葵花籽生物柴油 < 菜籽油生物柴油 < 棕榈油生物柴油。但与 PG 等酚类抗氧剂相比，需加大剂量才能达到相同的抗氧化效果。德国 Degussa 公司在其专利中报道了胺类抗氧剂在

生物柴油中的应用。加入少量 *N*－（1，3－二甲基－丁基）－*N*′－苯基－对苯二胺（6PPD）或 *N*－（1－甲基－乙基）－*N*′－苯基－对苯二胺（IPPD）、以及不同 *N*，*N*′－二苯基－对苯二胺的混合物（DAPD）均能显著提高废煎炸油制备的生物柴油的氧化安定性，其中 6PPD 抗氧化性能最好。Novus International Inc. 将喹啉类抗氧剂在生物柴油中的应用申请了专利。但喹啉类抗氧剂（如乙氧基喹啉等）的抗氧化效果一般，在相同的加剂量时，效果要比芳胺或者 TBHQ 差得多，不过仍能起到一定的抗氧化作用。

（3）复合型抗氧剂　通过主抗氧剂与辅助抗氧剂按比例均匀混合，可以使各种抗氧剂间的性质互相补充、互相促进，发挥抗氧剂的协同作用。目前大多数生物柴油抗氧剂采用复合的方式，具有开发周期短、抗氧化性能好、节资省力等特点。主要复合类型有：

常用酚类抗氧剂与胺类抗氧剂的复合　酚类抗氧剂与胺类抗氧剂均为游离基终止剂，按一定的比例复合使用，可以出现协同效应。Chemtura 公司将 *N*－苯基－*N*′－烷基对苯二胺如抗氧剂 NL420：*N*－（1，4－二甲基丁基）－*N*′－苯基对苯二胺与 *N*－（1，3－二甲基丁基）－*N*′－苯基对苯二胺混合物与 BHT 或者焦酚等酚类抗氧剂按一定的比例混合，表现出很好的协同抗氧效果。中国石化石油化工科学研究院蔺建民在其专利中采用苯基－α－萘胺与 4，4′－二辛基－二苯胺等芳胺抗氧剂的混合物与酚类抗氧剂没食子酸丙酯（PG）按一定比例调配的复合抗氧剂，作为棕榈油生物柴油的抗氧组分，在小剂量时，具有非常好的抗氧化效果，可以有效地降低抗氧剂的添加成本。

常用酚类抗氧剂或胺类抗氧剂与其他具有协同作用的抗氧剂或与金属钝化剂的复合　研究表明，金属离子尤其是铜离子对生物柴油的氧化具有催化作用，因此，加入金属钝化剂有利于生物柴油抗氧性能的提高。Andrew C Stukowski 在研究中发现当 TBHQ 中加入少量 *N*，*N*′－二亚水杨叉－1，2－丙二胺（T1201）时，可使不饱和酯类含量超过 85% 的生物柴油的氧化安定性得到显著的提高，远比 TBHQ 本身的抗氧化效果好，表现出明显的协同作用。雅宝公司（Albemarle）采用 2，6－二叔丁基酚的单酚或双酚衍生物与 *N*，*N*′－二取代对苯二胺的复配，同时加入一定量的金属钝化剂（T1201 等），作为生物柴油的抗氧化组分。据估计，Albemarle 公司上市的 Ethanol 4760E 生物柴油专用抗氧剂就是由几种协同作用的抗氧剂与金属钝化剂组成的复合抗氧剂。Li Natalie R 等人采用苯并三唑类金属减活剂与酚类抗氧剂复配使用，通过对照试验，对于含铜的生物柴油，该复合抗氧剂对生物柴油氧化安定性的提高表现出较好的效果。

薄采颖等在室温条件下，测定了含不同多酚酸酯稳定剂的生物柴油过氧化值 6 个月内随时间的变化曲线。用于研究的 23 种稳定剂，包括：5 种没食子酸烷基酯、6 种没食子酸萜醇酯（没食子酸金合欢酯、没食子酸香叶酯、没食子酸芳樟酯、没食子酸橙花叔醇酯、没食子酸薄荷酯和没食子酸氢化松香酯）、3 种合成抗氧化剂、2 种天然抗氧化剂、3 种双组分稳定剂、2 种三组分稳定剂以及 2 种含协同增效剂的稳定剂。结果显示没食子酸甲酯对生物柴油的室温稳定化作用明显强于其他 4 种没食子酸烷基酯、6 种没食子酸萜醇酯、3 种合成抗氧化剂 BHT、BHA、TBHQ 和 2 种天然抗氧化剂（茶多酚、迷迭香抗氧化剂）；没食子酸金合欢酯对生物柴油的室温稳定化作用强于其他 5 种没食子酸萜醇酯；双组分稳定剂和三组分稳定剂等复合组分稳定剂没有明显改善生物柴油的室温稳定性；含协同增效剂的稳定剂能提高生物柴油的室温稳定性，协同增效剂柠檬酸的作用特别明显；杂质铁和杂质铜会降低生物柴油的室温稳定性，且杂质铁的影响大于杂质铜。

常用酚类抗氧剂或胺类抗氧剂与其他化学品的复合　将常用酚类、胺类抗氧剂与一些简单化学品复合，可以表现出出人意料的、更加优越的协同抗氧化性能，研究人员在这方面作了很多有益的探索。

Andrew C Stukowski 研究发现，烯基丁二酰亚胺可以提高生物柴油的氧化安定性，当其与2，5-二叔丁基对苯二酚复合后，更是表现出非常明显的协同增效作用，当两种化学品以1∶1各添加500×10^{-6}时可以使生物柴油的诱导期远远超过欧盟生物柴油标准中规定的6h。雅富顿（Afton））公司最近在其美国专利中公开了mannich碱与屏蔽酚类抗氧剂（如BHT等）复合后会使抗氧剂显著增效。贝克休斯公司（Baker Hughes Incorporated）也在专利中报道了mannich碱与苯二胺协同，同样可以显著提高生物柴油的氧化安定性。这类mannich碱以烷基酚、甲醛、多胺为原料制备而成，与抗氧剂混合后，能够有效地提高生物柴油抗氧剂的稳定化效果。

2. 生物柴油抗氧剂的趋势

随着生物柴油产业发展和产品推广应用，生物柴油的品质改良及质量控制已受到国内外研究工作者高度重视。国外一些大的添加剂公司也相继开发出生物柴油专用抗氧剂。对我国来讲，需尽快加强生物柴油专用抗氧剂的研究。

（1）由于生物柴油原料来源多样化，宜采用复合型的抗氧剂，使抗氧剂具有更广泛的适用性。针对生物柴油组分结构特点，研制出适合不同生物柴油的抗氧剂是本领域的研究方向和热点之一。目前，简单化学品与用抗氧剂的复合研究较少，可以研究某些常用化学品对抗氧剂的增效作用，开发简单实用的抗氧剂产品，进一步降低抗氧剂的使用成本。

（2）分子内复合型抗氧剂也是生物柴油抗氧剂研发的一个重要方向，目前分子内复合型抗氧剂品种少，可以通过在分子中引入其他官能团，既能提高抗氧化性能，又可使抗氧剂的功能多元化，从而降低添加剂的成本。中国石化石油化工科学研究院在这方面作了大量的努力和尝试，并取得了一定的进展。

（3）为了避免抗氧剂在使用过程中对发动机等部件造成潜在性的影响，抗氧剂的用量要尽可能的低。另外，虽然有些抗氧剂具有很好的抗氧化性能，但是价格昂贵，如TBHQ等，使用经济性不高，不适合大规模的推广和使用。因此，开发价格低廉、抗氧化性能优越的抗氧剂成为生物柴油抗氧剂研发的一个重要的方向。

（4）目前，大部分的生物柴油抗氧剂为固体，需专门制备成液态混合物才能添加使用，液态抗氧剂的研发可有效降低操作成本，这也是生物柴油抗氧剂的研发一个努力方向。

第三节 生物柴油低温流动性及降凝剂

虽然生物柴油发展很快，与石化柴油相比有许多优点，但生物柴油凝点高，低温流动性差。生物柴油的低温流动性不仅关系到柴油机燃料供给系统在低温下能否正常供油，而且与生物柴油在低温下的储存、运输等作业能否正常进行有密切的关系。当前，生物柴油低温流动性差的问题已经严重制约了生物柴油的推广应用，是当前亟待研究和解决的关键技术问题。

衡量柴油低温流动性能的指标最早用浊点（cloud point）、倾点（pour point）、或凝点（freezing point），其中浊点是蜡晶开始析出时的温度，而倾点或凝点则是蜡晶已形成网状，油品尚能倾动或凝固的温度。

欧美国家通常使用倾点来描述柴油的低温流动性能，这里的倾点与国内的凝点定义相同。而我国沿用前苏联的方法通常使用凝点。由于柴油在其浊点以下还能正常使用，而远未到倾点或凝点时就已失去了低温操作性能，因而它们都不能很好地正确反映柴油的实际低温使用情况。为此，Exxon 公司 Coley 于 20 世纪 60 年代末提出了冷过滤堵塞点（cold filter plugging point，CFPP，简称冷滤点）。它是指柴油在规定的冷却实验条件下蜡晶开始堵塞 45μm 滤网时的温度，以此建立的评价方法（IP303）能准确预测油品的低温使用限度，与柴油实际操作界限温度具有良好的对应关系，因而称为判断柴油低温性能的最重要指标。

测试柴油冷滤点的方法主要按照 SH/T0248—92《柴油冷滤点测定法》。测试柴油凝点的方法主要依据中华人民共和国国家标准 GB/T510—88《石油产品凝点测定法》。

上述低温性能指标的相互关系与实际使用温度联系如表 4－7 所示。

表 4－7 低温性能指标及与实际使用温度的联系

指 标	相互关系	与实际使用温度关系
浊 点	开始析出蜡晶时的温度高于冷滤点 0～3℃	不加剂油实际使用温度低于浊点 0～4℃，加剂油低的更多
冷滤点	在规定温度下石蜡结晶长大到不能通过 45μm 滤网时的温度	与实际使用温度符合较好
倾 点	油品能倾动的最低温度，在冷滤点以下出现	不加剂油实际使用温度一般高于倾点和凝点 3～5℃，加剂油可高达 10℃以上
凝 点	油品不能流动的最高温度，低于冷滤点 2℃	

从表 4－7 可以看出，浊点指标和柴油实际使用温度偏差较大，作为柴油低温性能指标过于严格。倾点和凝点标准又过于宽松。冷滤点的标准和柴油低温使用性能较符合，冷滤点的试验有良好的重复性和再现性。

关于生物柴油的低温流动性，国内外进行了大量的研究工作。Dunn R. O 等对大豆油为原料的生物柴油进行冻化处理，结果发现生物柴油的浊点和冷滤点分别下降至零下 20℃和零下 16℃，低于 D－2 柴油的零下 16℃和零下 14℃。尽管冻化处理能使生物柴油饱和脂肪酸甲酯含量降低，但最终的液体产率很低，只有 25%～33%。较低的产率势必会造成资源浪费，但通过把分离出的饱和脂肪酸甲酯应用在气温相对较高的地区或者将其用作表面活性剂的原料，可有效减少损失。Anjana Srivastava 等人通过冷冻除去高熔点的饱和酯；用异丙醇代替甲醇生产生物柴油等方法来改善生物柴油的低温性问题，但是这些方法生产工艺太复杂并且生产成本太高。

Nestor U. Soriano Jr. a 采用臭氧化处理的植物油作为生物柴油的低温流动改进剂，实验表明 1%～1.5% 的臭氧化植物油对降低生物柴油的倾点有很好的效果，可使葵花籽油生物柴油、大豆油生物柴油、菜籽油生物柴油的倾点分别降低至零下 24℃、零下 12℃、零下 30℃，但对浊点的影响不大。

Dunn R. O 的早期研究表明，生物柴油按 2%～20% 的比例混入石化柴油中，来改善生物柴油的低温性能。Chiu 等将生物柴油与一定量的低硫柴油、添加剂 OS－110050 混合，生物柴油的倾点随着低硫柴油的加入而降低，冷滤点在低硫柴油的加入后有所降低，低硫柴油含量在 60%～80%（体积分数）时变化不大。目前，混入柴油或在其混合物中添加少量降凝剂的方法应用最广泛，但其缺点是仍不能使人类摆脱对矿物质石油的依赖，也不能有效改善纯生物柴油的低温流动性能。

Dunn R. O. 等对市售的12种降凝剂对大豆油生物柴油的低温性能影响做了研究，研究表明降凝剂8500Winterflow和DFI－200能使倾点下降6℃，但对浊点没有影响。Huang等研究了苯乙烯酯聚合物（MSC）、甲基丙烯酸酯聚合物、乙酸乙烯酯聚合物及其复配物对菜籽油生物柴油冷滤点和凝点的改善效果，结果发现MSC类低温流动改进剂在添加量0.75%～1.0%时，可使生物柴油冷滤点降低8～10℃，倾点降低30～33℃。C. 奥施拉等利用甲基丙烯酸酯或苯乙烯与含氧甲基丙烯酸酯合成高聚物分子，将其应用于市场上3种不同菜籽油生物柴油，在添加量为0.5%时，分别使冷滤点下降8℃、10℃、15℃。

Krull等用乙烯和乙酸乙烯酯合成共聚物，并利用马来酸酐与烯烃合成梳状分子，两者复配，在添加量为0.2%时，能使菜籽油生物柴油冷滤点下降15℃，同时能使80%菜籽油生物柴油和20%葵花籽生物柴油混合物及90%菜籽油生物柴油和10%大豆油生物柴油的混合物冷滤点均下降18℃。

Knothe等利用二羟基醇或二羧酸合成脂肪酸酯，加入到生物柴油中，通过共晶阻碍晶体增长，结果发现添加量在2%时，对浊点和倾点没有影响，随添加量增加至10%，也没有明显的效果。Chiu等将Bio－Flow 875和Bioflow 870加入到大豆油生物柴油中，考察其对生物柴油浊点、倾点、冷滤点的影响，研究结果表明：当添加量为0.1%时，可分别使大豆油生物柴油倾点和凝点降低至零下9℃和零下18℃，但对冷滤点的影响较小。因此，选择用添加剂改善生物柴油低温性能的问题是方便且成本较低的方法。

此外，德国的S. Kerschba um和泰国的Kanit Krisnangkura等人研究指出生物柴油中的饱和脂肪酸酯的黏度与它的热动力学参数有直接的关系，并提出生物柴油黏度与温度的关系的数学模型。美国的A. Adhvaryu等人研究指出生物柴油中不饱和酸的C＝C的位置和数量对生物柴油的低温性能有显著的影响，他们还提出用分子几何学来解释生物柴油的结晶趋向。

在国内，邬国英等人对菜籽油、大豆油、芝麻油等植物油制成的生物柴油的低温性能进行了研究。韩炜等人考察了几种石化柴油低温流动性改进剂对棕榈油生物柴油、菜籽油生物柴油低温性能的影响，但是不同生物柴油对石化柴油低温流动性改进剂感受性存在较大差异。除此之外，尚未见关于生物柴油低温性能方面的其他研究报道。与国外相比，我国在生物柴油低温性能研究方面还有很大差距。几种植物油生物柴油低温流动性能和黏度数据见表4－8。

表4－8　7种植物油生物柴油低温流动性能和黏度数据

项　目	葵花籽油	菜籽油	花生油	玉米油	棉籽油	芝麻油	大豆油
冷滤点/℃	1	－7	13	－3	2	－2	－1
凝点/℃	－6	－16	10	－4	2	－4	－2
倾点/℃	3	16	11	－3	4	－1	－1
运动黏度（40℃）/（mm^2/s）	4.27	5.33	4.61	4.56	4.20	4.3	4.14
运动黏度降低百分数/%	86.4	86.9	87.1	86.9	87.0	87.0	86.2

作者对生物柴油低温流动性也进行了详细的研究，研究结果总结如下。

一、植物油及其生物柴油的流变特性

1. 温度对黏度的影响

黏度是反映柴油流动性的重要参数，黏度越大，柴油流动性越差。研究温度对生物柴油黏度的影响，获取生物柴油在不同温度下的流动特性信息，有助于探索生物柴油流动性随温度的变化规律，解析生物柴油低温凝固机制。

采用QUAD黏度计研究菜籽油（RSO）、大豆油（SBO）、花生油（PNO）、菜籽油生物柴油（RME）、大豆油生物柴油（SME）和花生油生物柴油（PME）的黏度随温度变化的情况。首先将油样加热至60℃，在100s^{-1}的剪切速率下以0.5℃/min的冷却速率降温，记录油样黏度。将各油样表观黏度η与温度T的关系曲线叠加，结果如图4-14所示，相同温度时植物油及其生物柴油的黏度差值如表4-9所示。

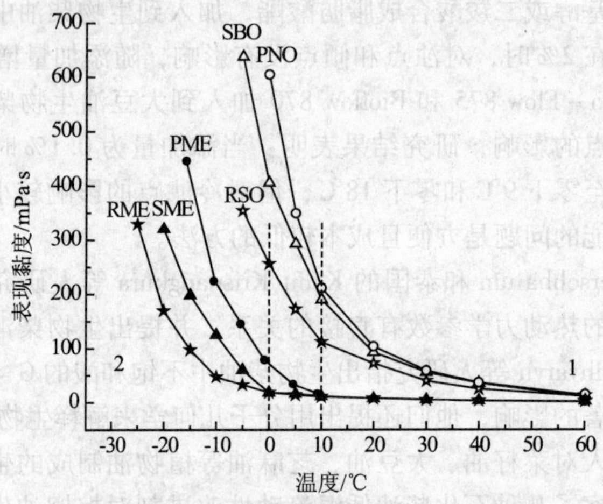

图4-14　植物油及其生物柴油的黏温曲线

从图4-14可以看出，生物柴油的黏温曲线位于植物油的黏温曲线左下方，植物油的黏度高于其生物柴油，随温度降低，此现象更为明显。植物油的黏温曲线只有一个区域，即随温度降低，植物油的黏度迅速增大。而生物柴油的黏温曲线有两个区域，RME和SME黏温曲线的分界点为0℃左右，PME黏温曲线的分界点为10℃左右。区域1中，随温度降低，生物柴油的黏度变化较小，即温度较高时，温度对生物柴油黏度的影响较小；区域2中，随温度降低，生物柴油的黏度迅速增大，生物柴油中饱和脂肪酸酯含量越高，其黏度增大越快。

表4-9　植物油及其生物柴油的黏度差值

温度/℃	-5	0	5	10	20	60
RSO与RME黏度差/mPa·s	321.05	236.87	158.14	101.24	65.12	9.96
SBO与SME黏度差/mPa·s	577.14	387.61	278.98	178.4	95.1	9.3
PNO与PME黏度差/mPa·s	—	529.05	316.63	188.83	85.87	12.26

0℃时，PNO几乎完全凝固，呈膏状，此时PNO与PME黏度差非常大，到零下5℃时

PNO 完全凝固，无法测定其黏度，因此，表 4－9 中无－5℃时 PNO 与 PME 的黏度差值。从表 4－9 可以看出，生物柴油黏度远低于植物油黏度，随温度降低，植物油黏度增大较生物柴油黏度增大更为迅速。

流体的黏度是衡量流体内部摩擦大小的尺度，是流体内部阻碍其相对运动的一种特性，即流体的流变特性。流体的流变特性是指温度一定且没有湍动的情况下，对流体所施加的剪切应力和其所产生的垂直于剪切面的剪切速率之间的关系，也就是流体的变形和阻力之间的相互关系。

流体的黏度取决于其分子间的凝聚力。根据黏度随速度梯度的变化规律，分为牛顿流体、非牛顿流体两大类，描述流体剪切应力和应变速度之间关系的方程式称为本构方程或流变模式，牛顿内摩擦定律表示牛顿流体的流变模式；非牛顿流体的黏度随速度梯度变化，但呈现非线性特点，非牛顿流体黏度随速度梯度变化规律可能很复杂，目前国内外非牛顿流体常用的模式主要有两参数、三参数和四参数三种类型。

牛顿流体的特性是不同剪切速率下，黏度保持不变，黏度在一定温度时为常数，即黏度只是温度的函数。而非牛顿流体是黏度与剪切速率有关，不同剪切速率下的黏度不是常数，即在同一温度下，剪切速率不同，黏度也不同的流体。

常见非牛顿流体：① 拟塑性流体：此形式流体的特性为当剪速增加时，流速减小，此类流体的行为可称为“剪切稀释（Shear Thinning）”。② 膨胀性流体：此形式流体的特性为流速随剪速增加而增加，此类流体具有“剪切变稠性（Shear Thickening）”。③ 屈服假塑性流体：此类流体在流动前必须先施与屈服力（Yield Value）。

根据流变学原理，从分子运动观点看，当大分子热运动随温度升高而增加时，液体中分子间的空穴（即自由体积）也随之增加和膨胀，使流动阻力减小。以黏度 η 表示液体流动阻力的大小，则在温度变化不大的范围内液体黏度与温度之间的关系可用 Arrhenius 方程表示为：

$$\eta = A\mathrm{e}^{\frac{\Delta E_{\eta}}{RT}} \tag{4-1}$$

将上式两端求自然对数得：

$$\ln\eta = \frac{\Delta E\eta}{R} \times \frac{1}{T} + \ln A \tag{4-2}$$

式中 A——很大程度上决定于流动活化熵的常数，mPa · s；

R——是气体常数，J/（moL · K）；

T——绝对温度，K；

$\Delta E\eta$——流动活化能，J/moL。

流动活化能既是大分子向空穴跃迁时克服周围分子的作用所需要的能量，也是流体分子间内摩擦力大小的度量，它取决于流体分子的极性、分子量大小和分子的构型等，流体分子量越大，分子间吸引力越强，以及分子的空间构型越复杂，流体的流动活化能一般越大。流动活化能越大，流体的流动性越差，反之，流动活化能越小，流体的流动性越好。可以由流体黏度的自然对数对绝对温度的倒数作图得到的直线斜率计算得出流动活化能数值。

植物油表观黏度 η 的自然对数对绝对温标的倒数作图得绝对温标下的 lnη ~ 1/T 关系曲线如图 4－15 所示。

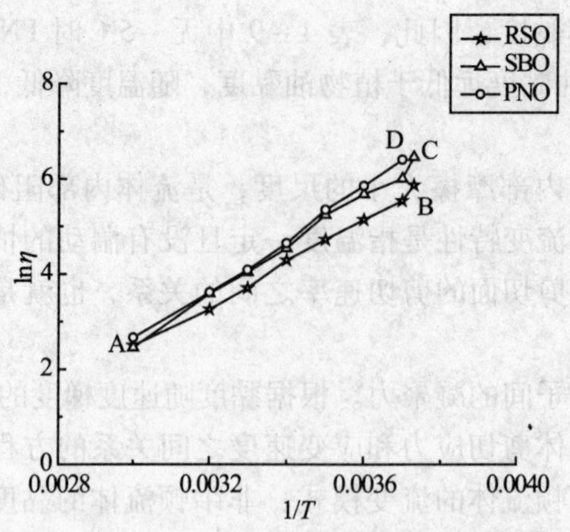

图 4-15 植物油的 lnη ~ 1/T 关系曲线

从图 4-15 可以看出，RSO、SBO 和 PNO 的 lnη ~ 1/T 曲线接近于直线，RSO、SBO 和 PNO 的黏度与温度的关系基本符合 Arrhenius 方程，RSO、SBO 和 PNO 呈现牛顿流体的特性，根据 lnη ~ 1/T 曲线的斜率可以计算出植物油的流动活化能，结果如表 4-10 所示。

表 4-10 lnη ~ 1/T 曲线的斜率及植物油的流动活化能

油样	线段	斜率	流动活化能 $\Delta E\eta$/（kJ/moL）
RSO	AB	4.68×10^3	38.90×10^3
SBO	AC	5.48×10^3	45.60×10^3
PNO	AD	5.34×10^3	44.39×10^3

生物柴油表观黏度 η 的自然对数对绝对温标的倒数作图得绝对温标下的 lnη ~ 1/T 关系曲线如图 4-16 所示。

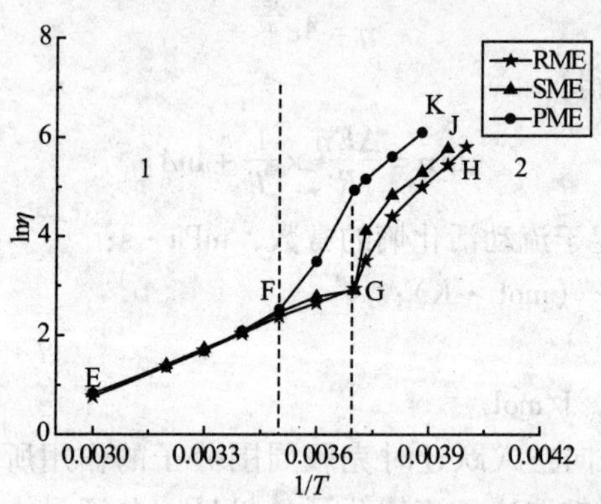

图 4-16 不同原料生物柴油的 lnη ~ 1/T 关系曲线

从图 4-16 可以看出，生物柴油的 lnη ~ 1/T 曲线均有两个区域，RME 和 SME 的 lnη ~ 1/T 曲线分界点 *G* 对应温度为 0℃，PME 的 lnη ~ 1/T 曲线分界点 *F* 对应温度为 10℃。RME、SME 和 PME 的 lnη ~ 1/T 曲线的 *EF* 段和 *EG* 段为直线，此时 RME、SME 和 PME 的黏度与温度的关系符合 Arrhenius 方程，由此可知：区域 1 中，RME、SME 和 PME 呈现牛顿流体的特性；而 RME、SME 和 PME lnη ~ 1/T 曲线的 *GH*、*GJ*、*FK* 段不再是直线。区域 2 中，RME、SME

和 PME 转变为非牛顿流体，主要有两方面原因：一方面可能是随温度降低，生物柴油体系中分子热运动变慢，内摩擦增大；另一方面可能是随温度降低，生物柴油发生液固相转变，生成了大量的凝固相，改变了体系内分子相互作用，导致生物柴油流体类型变化。

此外，根据 $\ln\eta \sim 1/T$ 曲线的斜率可以计算出区域 1 中生物柴油的流动活化能，结果如表 4－11 所示。

表 4－11　$\ln\eta \sim 1/T$ 曲线的斜率及生物柴油的流动活化能

油　样	线　段	斜　率	流动活化能 $\Delta E\eta$/（kJ/moL）
RME	*EG*	2.970×10^3	24.692×10^3
SME	*EG*	2.970×10^3	24.692×10^3
PME	*EF*	3.378×10^3	28.085×10^3

由表 4－10 和表 4－11 可以看出：处于区域 1 中的生物柴油，其流动活化能低于植物油的流动活化能，根据 Arrhenius 方程可知，此时生物柴油的低温流动性优于植物油，植物油制成生物柴油后，其流动性得到显著改善。

2. 剪切速率对黏度的影响

不同温度时 RSO、SBO 和 PNO 的黏度与剪切速率的关系曲线如图 4－17～图 4－19 所示。

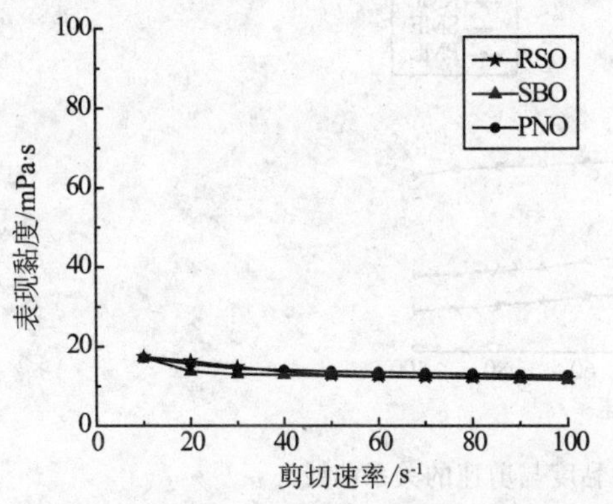

图 4－17　60℃时植物油的黏度与剪速的关系曲线

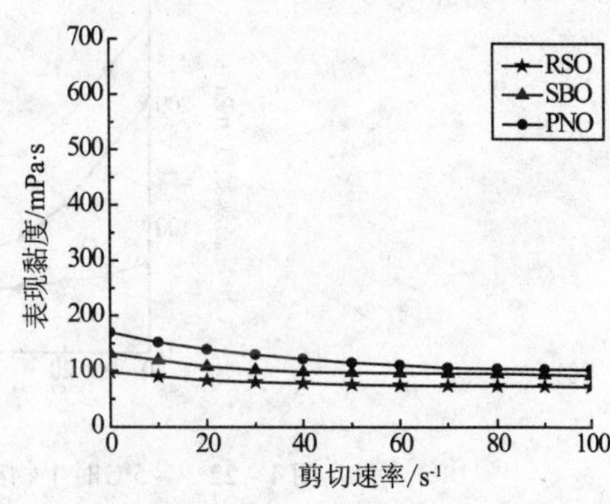

图 4－18　20℃时植物油的黏度与剪速的关系曲线

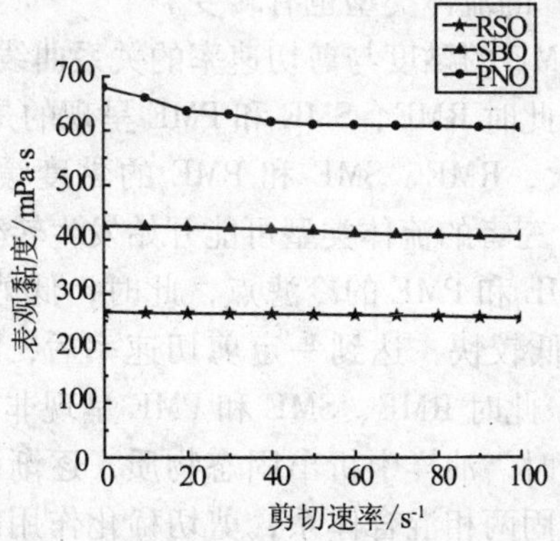

图 4－19　0℃时植物油的黏度与剪速的关系曲线

从图4-17~图4-19可以看出，60℃、20℃时，随剪切速率增大，RSO、SBO和PNO的黏度变化非常小；0℃已低于RSO、SBO和PNO的冷滤点，此时，随剪切速率增大，RSO、SBO和PNO的黏度变化非常小，由此可知，不同温度时，剪切速率对RSO、SBO和PNO黏度的影响较小，RSO、SBO和PNO一直呈现牛顿流体的特性，与图4-15中RSO、SBO和PNO黏度的自然对数与绝对温标的倒数基本呈线性关系的结果一致。

不同温度时，RME、SME、PME的黏度与剪切速率关系曲线如图4-20~图4-22所示。

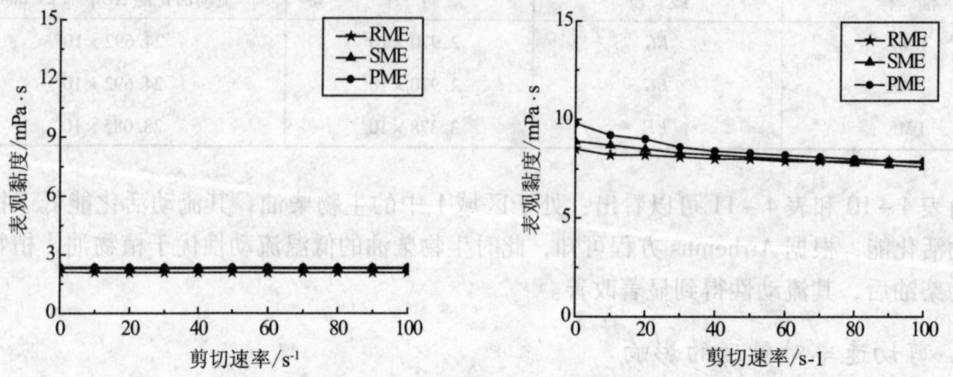

图4-20　60℃时生物柴油的黏度与剪速的关系曲线　图4-21　20℃时生物柴油的黏度与剪速的关系曲线

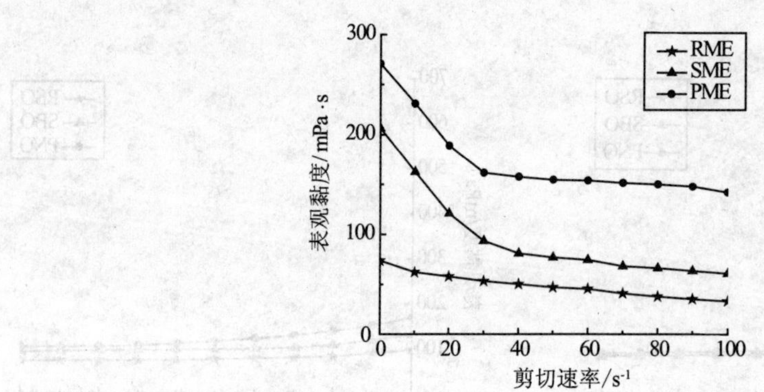

图4-22　-5℃时生物柴油的黏度与剪速的关系曲线

从图4-20~图4-22可以看出，不同温度时，RME、SME和PME的黏度与剪切速率的关系不同，RME、SME和PME的流体类型也有转变。

60℃时，RME、SME和PME的黏度与剪切速率的关系曲线近似平行于x轴，即剪切速率对三者的黏度几乎没有影响，此时RME、SME和PME呈现的是牛顿流体的特性。

20℃时，随剪切速率增大，RME、SME和PME的黏度缓慢降低，此时RME、SME和PME具有一定的剪切稀释性，三者的流体类型可能开始发生转变。

零下5℃已低于RME、SME和PME的冷滤点，此时，低剪切速率时，随剪切速率增大，RME、SME和PME的黏度降低较快，达到一定剪切速率后，随剪切速率增大，RME、SME和PME的黏度几乎不再变化，此时RME、SME和PME呈现非牛顿流体的特性，主要原因可能是温度低于生物柴油冷滤点时，油样中析出固态物质，逐渐联结成网状结构，此时油样不再是液态单相体系，转变为液固两相混合体系，剪切稀化作用的效果增强，表现为低剪切速率时的暂时黏度下降和高剪切速率时网状结构被破坏形成的永久黏度下降，其结果就是低剪切速率时，随剪切速率增大，RME、SME 和 PME 的黏度降低较快，达到一定剪切速率后，随剪切速率增大，RME、SME 和 PME 的黏度降低较慢。

由此推断，温度高于生物柴油冷滤点时，生物柴油中的高熔点组分溶解于液态生物柴油组分中，此时生物柴油呈现牛顿流体的特性；当温度低于生物柴油冷滤点时，生物柴油中的高熔点组分析出，以颗粒的形式悬浮于低熔点的生物柴油组分中，温度继续降低，析出的高熔点组分数量增多，并逐渐联结成网状结构，将低熔点的生物柴油组分吸附于其中，使生物柴油整体上失去流动性，此时生物柴油表现出拟塑性等非牛顿流体的特性。

二、植物油及其生物柴油的相变分析

1. DSC 分析在石油产品中的应用概况

热分析是在程序控制温度下，测量物质的物理性质与温度关系的一种技术。在加热或冷却的过程中，随着物质的结构、相态和化学性质的变化都会伴有相应的物理性质的变化。这些物理性质包括质量、温度、尺寸和声、光、热、力、电、磁等性质。热分析方法的种类是多种多样的，其中示差扫描量热法应用得较为广泛。

在石油产品的研究中，DSC 提供了很多有价值的信息，包括样品相变的表征，使得一系列热力学参数的相对准确的测定变为可能。DSC 在油样的相变、油样在氧化环境下的稳定性和石蜡的相变研究中都有广泛的应用。

Pierre Claudy 等用 DSC 方法测定了不含添加剂的柴油的浊点、冷滤点和凝点。EL – Heino 用 DSC 方法对两组性质差别很大的石油中间馏分油进行了浊点测定，并和 ASTM 方法测得的结果进行了对比。Judith Stank 等人提出了用 DSC 分析得到微晶石蜡/正构石蜡矿物油三元混合物中各组分含量的方法。Handoo. J 等对不同组成的石蜡进行了升温 DSC 分析。

Asger B. Hansen 等人用 DSC 方法非常全面地研究了北海原油的相转变性质。通过 DSC 分析，用玻璃化温度、石蜡沉淀温度、石蜡溶解温度、石蜡沉淀焓变和石蜡溶解焓变表征了一系列北海原油中沉淀出来的石蜡。

Redelius. P 用 DSC 方法测定了矿物油中石蜡的含量和类型，并试着将 DSC 用于预测一些矿物油（如变压器油和发动机油）的低温性质。认为 DSC 是一种非常好的分析工具。Pierre Claudy 等用 DSC 方法分析表征了原油及其馏分。测定了原油的玻璃化温度、开始结晶温度和原油中石蜡的含量。

Srivastava. S. P 等用 DSC 方法研究了降凝剂对中间馏分油中石蜡的相变行为的影响。对添加降凝剂前后的石蜡的熔化 DSC 曲线形状进行了比较，并比较了各个相变的峰值温度和热焓。

André L. C. Machado 等用 DSC 方法对添加了乙烯 – 醋酸乙烯酯共聚物（EVA）前后的含石蜡模拟系统中沉淀出来的沉淀物进行了分析。Lilianna Z. Pilon 用 DSC 方法研究了基础油在不同温度下的石蜡含量，并研究了降凝剂对基础油和润滑油的降凝机理。

Jean Marie Létoffé 等用 DSC 和热显微镜方法对原油在冷却过程中石蜡的沉淀进行了表征。Jean Marie Letoffe 等人用 DSC 和热显微镜法对柴油中降冷滤点剂和降浊剂的对抗作用进行了研究，提出了比以前更为合理的理解。

DSC 分析所反映的是柴油在匀速降温或升温的情况下，不同温度时柴油组分因相变而产生的放热或吸热情况。柴油在降温过程中有石蜡结晶、晶形转变、柴油中其他组分的玻璃化转变等相变。柴油在升温过程中有玻璃化转变、少量石蜡结晶、石蜡晶体溶解等相变。

2. 植物油及其生物柴油的 DSC 分析

采用德国 204F1 示差量热扫描分析仪研究菜籽油（RSO）、大豆油（SBO）、花生油（PNO）、菜籽油生物柴油（RME）、大豆油生物柴油（SME）和花生油生物柴油（PME）在低温下的相变过程，得到 RSO 与 RME、SBO 与 SME 和 PNO 与 PME 在一定冷却速率下的放热速率随温度变化的曲线，即降温 DSC 曲线。

RSO 与 RME、SBO 与 SME 和 PNO 与 PME 的降温 DSC 曲线如图 4－23～图 4－25 所示。

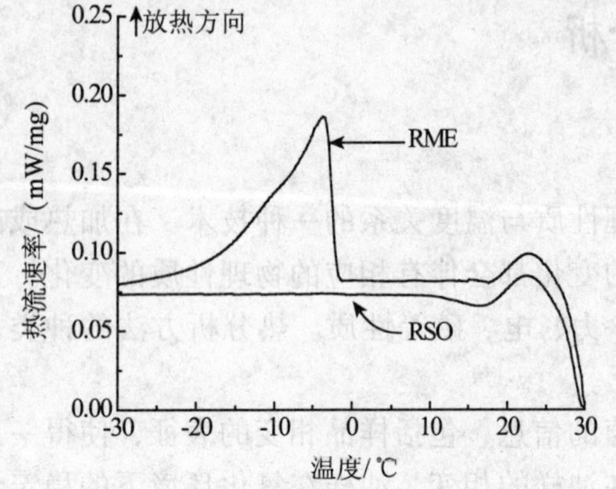

图 4－23　RSO 与 RME 的降温 DSC 曲线

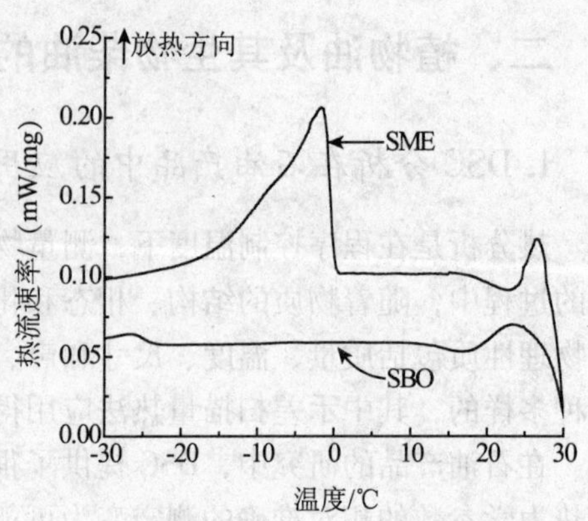

图 4－24　SBO 与 SME 的降温 DSC 曲线

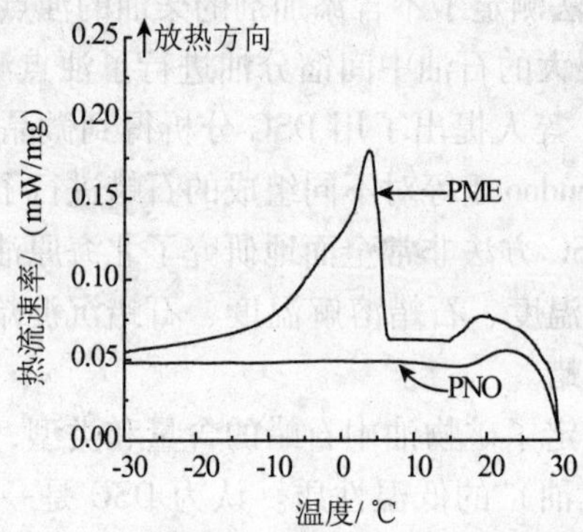

图 4－25　PNO 与 PME 的降温 DSC 曲线

降温 DSC 曲线纵坐标是热流速率，其单位是 mW/mg，显示了放热速率，放热量和蜡晶结晶的数量是相对应的，因此纵坐标也显示了蜡晶的结晶速率。通过降温 DSC 曲线中放热峰的出峰温度、峰值温度、峰的形状及峰面积（对应于放热量）可以得到很多与柴油低温流动性质和相转变情况有关的有用信息。

晶体析出过程是分子由液相转变为固相，熵减小并放出热量的过程。降温 DSC 曲线中向上凸起部分表示放热峰，若降温 DSC 曲线上出现了放热峰，说明降温过程中油样析出了蜡晶。

从图 4－23～图 4－25 可以看出，RSO、SBO 和 PNO 的降温 DSC 曲线始终近似平行于 *X* 轴，无放热峰出现，说明随温度降低，RSO、SBO 和 PNO 中无蜡晶析出，而 RME、SME 和 PME 的降温 DSC 曲线中均出现了一个放热峰，说明随温度降低，RME、SME 和 PME 有一个结晶过程，即冷却过程中，三种生物柴油中析出了蜡晶。各生物柴油 DSC 曲线中最右侧较小的向上凸起可能是刚开始降温时的过冷现象造成的。

为了对 RME、SME 和 PME 相变过程进行综合比较，将三者的降温 DSC 曲线叠加，结果如图 4－26 所示。

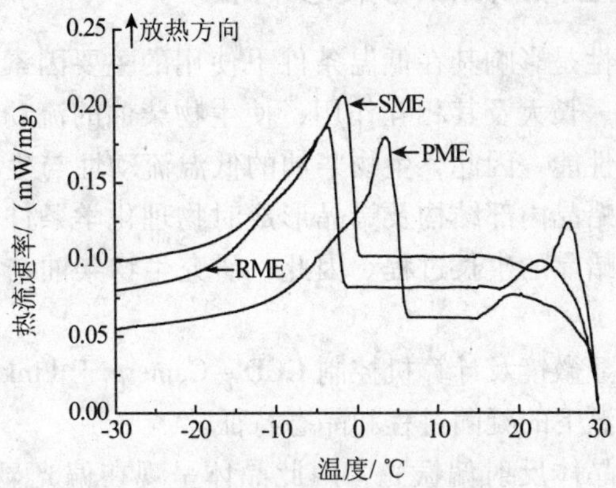

图 4－26　不同原料生物柴油的降温 DSC 曲线

从图 4－26 可以看出，RME、SME、PME 的降温 DSC 曲线的放热峰形状相似，放热峰位置不同，放热峰开始端坡度非常陡而结束端坡度较平缓。由此可知，随温度降低，RME、SME、PME 的结晶过程是一致的。降温过程中，生物柴油经过一个过饱和温度，晶核形成前产生过冷现象，当晶核形成后，结晶才开始发生，此时由于过饱和没有析出的蜡晶快速地结晶，导致生物柴油的降温 DSC 曲线放热峰开始端坡度较陡；温度继续降低，生物柴油中蜡晶的结晶速度减慢，导致其降温 DSC 曲线的放热峰结束端坡度较平缓。

从图 4－26 可以看出，RME、SME、PME 的降温 DSC 曲线的放热峰出峰温度由高到低顺序为 PME＞SME＞RME，说明 PME 最先析出蜡晶，SME 次之，RME 最后析出蜡晶。这与第三章气相色谱分析中 RME、SME、PME 的饱和脂肪酸脂含量由高到低顺序一致，PME 中含有较多的花生酸甲酯和山嵛酸甲酯等饱和脂肪酸酯，而 RME 中含有较多的芥酸甲酯、亚麻酸甲酯和二十碳烯酸甲酯等不饱和脂肪酸酯，由于碳链越长或不饱和程度越低的脂肪酸酯的结晶温度越高，因此，PME 最先析出蜡晶，SME 次之，RME 最后析出蜡晶。

将 RME、SME 和 PME 的降温 DSC 曲线的关键数据：放热峰的出峰温度 T_O（onset），峰值温度 T_P（peak）以及相变潜热△H 进行比较，如表 4－12 所示。

表 4－12　不同原料生物柴油的降温 DSC 曲线的关键数据

油　样	T_O/℃	T_P/℃	ΔH/(J/g)	油　样	T_O/℃	T_P/℃	ΔH/(J/g)
RME	−1.4	−3.7	28.08	SME	0.7	−1.8	27.78
PME	6.6	3.8	26.21				

由表 4－12 可见，RME、SME 和 PME 的降温 DSC 曲线放热峰的出峰温度与 RME、SME 和 PME 的冷滤点较为接近。RME、SME、PME 的结晶焓变相近，即三者的降温 DSC 曲线放热峰涵盖的温度范围内放出的热相近，由此推断 RME、SME、PME 的结晶量相近。

随温度降低，生物柴油中的蜡晶达到其浊点时开始结晶，当温度进一步降低，蜡晶析出量增大。示差扫描量热分析仪依靠热电偶提供信息，具有一定的灵敏度，生物柴油中的蜡晶刚开始析出时，蜡晶析出量非常小，所放出的热不足以使 DSC 曲线发生变化，只有当蜡晶析出量达到一定值时，在DSC曲线上才会有反映，因此，可以用DSC曲线的开始结晶温度快速推测生物柴油的冷滤点。

三、植物油及其生物柴油的晶态特征

生物柴油的低温流动性是影响其在低温条件下使用的主要因素。随温度的降低，生物柴油中析出蜡晶，蜡晶生成、长大及其相互作用，使生物柴油的流动性变差，甚至凝固，严重影响生物柴油的低温使用性能。因此，生物柴油的低温流动性与生物柴油中蜡晶生长和凝聚等密切相关。蜡晶形态是蜡晶内部结构及蜡晶形成时物理化学条件的综合反映，通过对蜡晶形态的研究，有助于了解蜡晶的生长过程。因此，研究生物柴油结晶形态对研究生物柴油低温流动性具有重要意义。

采用DMLP热台偏光显微镜及计算机控制CCD－Camera于Linkam TM 6 00型热台上研究大豆油及其生物柴油在低温下的凝固过程和晶态特征。

在偏光显微分析中，晶体反射偏振光，因此晶体呈现在偏光显微照片中的图像为白色；非晶体不反射偏振光，因此非晶体呈现在偏光显微照片中的图像为黑色。

10～－20℃时SBO与SME的晶态特征如图4－27～图4－33所示。

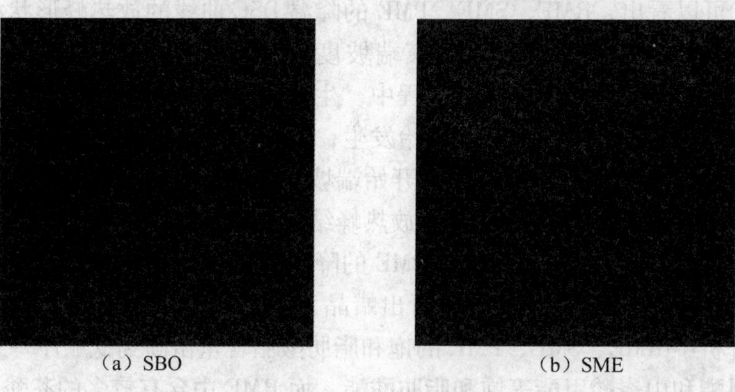

(a) SBO　　(b) SME

图4－27　10℃时SBO与SME的偏光显微照片（×400）

由图4－27可见，10℃时，SBO与SME偏光显微照片全部为黑色，此时SBO和SME中均无蜡晶析出，为单相液态体系。

(a) SBO　　(b) SME

图4－28　0℃时SBO与SME的偏光显微照片（×400）

0℃已达到SBO与SME的冷滤点。图4－28中（a）全部为黑色，而（b）中出现少许白色图像，由此可知，此时 SBO 中无蜡晶析出，SME 中析出少许晶粒。

（a）SBO　　（b）SME

图 4－29　－1℃时 SBO 与 SME 的偏光显微照片（×400）

由图 4－29 可见，零下 1℃时，（a）全部为黑色，而（b）中出现少许白色针状图像，此时 SBO 无蜡晶析出，仍为单相液态体系；SME 中析出了少量的针状蜡晶，此时 SME 转变为固液两相混合体系。

（a）SBO　　（b）SME

图 4－30　零下 2℃时 SBO 与 SME 的偏光显微照片（×400）

由图 4－30 可见，零下 2℃时，（a）全部为黑色；与图 4－29（b）相比，图 4－30（b）中白色针状图像数量增多，此时 SBO 中仍无蜡晶析出，而 SME 中针状蜡晶的析出量增多。

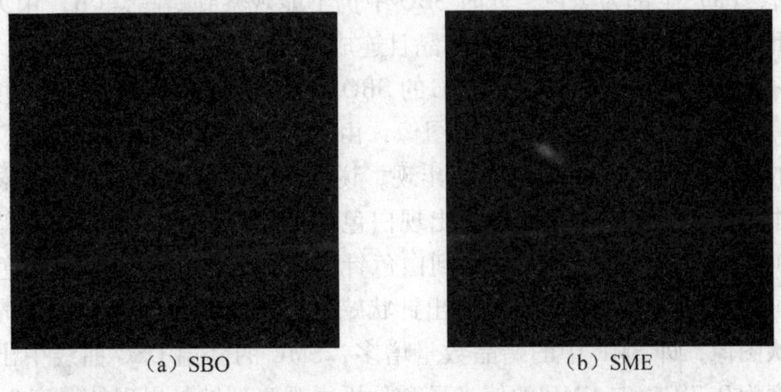

（a）SBO　　（b）SME

图 4－31　零下 4℃时 SBO 与 SME 的偏光显微照片（×400）

由图 4－31 可见，零下 4℃时，（a）全部为黑色；与图 4－30（b）相比，图 4－31（b）

中白色针状图像数量增加较多，此时 SBO 中仍无蜡晶析出，而 SME 中针状蜡晶的析出量增多，有逐渐连成一片的趋势。

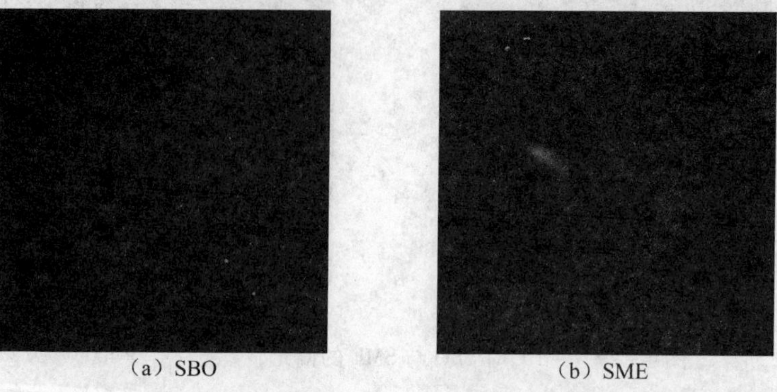

（a）SBO　　（b）SME

图 4－32　零下 10℃时 SBO 与 SME 的偏光显微照片（×400）

对比图 4－32 和图 4－31 可知，零下 10℃时，SBO 中仍无蜡晶析出，而 SME 中析出的针状蜡晶连成一片。

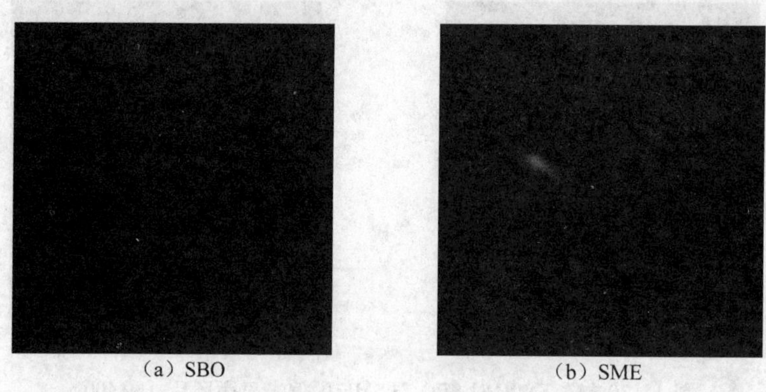

（a）SBO　　（b）SME

图 4－33　零下 20℃时 SBO 与 SME 的偏光显微照片（×400）

零下 20℃已远低于 SBO 与 SME 的冷滤点和凝点。此时 SBO 和 SME 应已全部凝固。从图 4－33 可以看出，（a）全部为黑色，此时 SBO 中仍不能观察到蜡晶，（b）中大部分为白色针状图像，说明此时 SME 中析出较多针状蜡晶且连成一片。

图 4－27～图 4－33 描绘了 10～－20℃的 SBO 和 SME 的凝固过程。随温度降低，SBO 的偏光显微图像一直为黑色，观察不到白色图像，由此可知，随温度降低，SBO 中一直无蜡晶析出，植物油的降温 DSC 曲线中无放热峰出现，说明 DSC 分析与偏光显微分析结果一致；温度降低到 0℃时，SME 的偏光显微照片中出现白色图像，说明 0℃时 SME 有蜡晶析出，零下 1℃时，SME 的偏光显微照片中明显观察到白色针状图像，随温度降低，白色针状图像的数量增多，由此可知，零下 1℃时 SME 中析出针状蜡晶，继续降温，SME 的偏光显微照片大部分呈现白色针状图像，即 SME 中的蜡晶数量增多，SME 的降温 DSC 曲线中出现了一个放热峰，其出峰温度为 0.7℃，与 SME 的偏光显微分析中观察到结晶出现的温度 0℃较为接近。

四、植物油及其生物柴油低温下凝固机制分析

由植物油及其生物柴油黏度的自然对数与绝对温度的倒数关系曲线和植物油及其生物柴

油的黏度与剪切速率的关系曲线可知：随温度降低，植物油一直呈现牛顿流体的特性，而生物柴油由牛顿流体转变为非牛顿流体。

由植物油及其生物柴油的降温 DSC 曲线可知，植物油的降温 DSC 曲线无放热峰出现，随温度降低，植物油未发生相变；生物柴油的降温 DSC 曲线中出现了放热峰，放热峰的出峰温度与生物柴油的冷滤点非常接近，说明温度降低到生物柴油的冷滤点附近时，生物柴油的组分由液相转变为固相，即析出蜡晶；生物柴油中饱和脂肪酸酯含量越高，其降温 DSC 曲线放热峰出峰温度越高。

由植物油及其生物柴油的偏光显微分析结果可知：随温度降低，植物油一直观察不到蜡晶，而生物柴油在温度降低到其冷滤点附近时有蜡晶析出，进一步降温，蜡晶数量增多且逐渐连成一片。由此推断出植物油及其生物柴油在低温下失去流动性的原因。

只有一种化学成分的物质所组成的系统称为单元系。对于单元系物质来说，固、液、气三相在发生相变时具有两个普遍特征：一是相变时系统体积发生变化；二是产生相变潜热。比如水，温度低于其凝固点时，立即失去流动性而凝为固体。两种或两种以上化学成分的物质组成的混合物质系统称为多元系。比如植物油和生物柴油属于多元系，发生相变的过程与单元系不同，随温度降低，植物油和生物柴油逐渐失去流动性而凝固。

植物油主要由棕榈酸甘油酯、硬脂酸甘油酯、油酸甘油酯、芥酸甘油酯、亚油酸甘油酯、亚麻酸甘油酯等多种饱和与不饱和脂肪酸甘油酯组成。随温度降低，植物油黏度迅速增大，当黏度增大到一定程度时，脂肪酸甘油酯形成无定形黏稠玻璃状物质，使植物油整体上失去流动性，属于黏温凝固。

生物柴油主要由棕榈酸甲酯、硬脂酸甲酯、油酸甲酯、亚油酸甲酯、亚麻酸甲酯等多种饱和与不饱和脂肪酸甲酯组成。生物柴油在低温下的凝固过程实际上是生物柴油中由饱和脂肪酸酯分子至不饱和脂肪酸酯分子依次由液态转变为固态的相变过程，属构造凝固。

与其他溶液中晶体生长相同，生物柴油中蜡晶的生长也包括成核、长大和聚集过程。随温度降低，生物柴油中蜡晶－蜡晶分子间相互作用逐渐增强，当蜡晶－蜡晶分子间吸引力大于蜡晶－溶剂分子间相互作用力时，蜡晶分子将相互联结形成晶核，这一过程为成核过程；晶核形成后，其他分子将不断覆盖在晶核格点上而成为逐渐生长的薄片的一部分，这一过程为生长过程；此时的蜡晶形状不规则，比表面积较大，蜡晶间的范德华力可能使蜡晶相互聚结形成网状结构，这一过程为聚集过程。在低温下，生物柴油由于析出蜡晶而转变为结构性流体，此时生物柴油表现出非牛顿流体特性，温度进一步降低，蜡晶相互联结形成网状结构，将处于液态的低熔点生物柴油组分吸附于其中，从而使生物柴油整体上失去流动性，即产生了生物柴油的构造凝固。

植物油及其生物柴油在低温下的凝固过程如图 4－34 和图 4－35 所示。

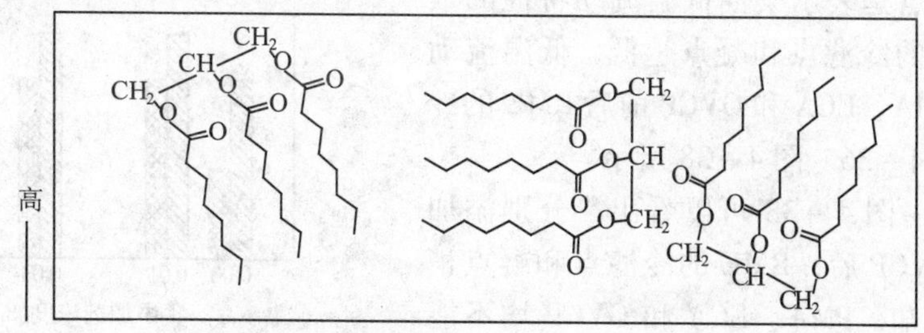

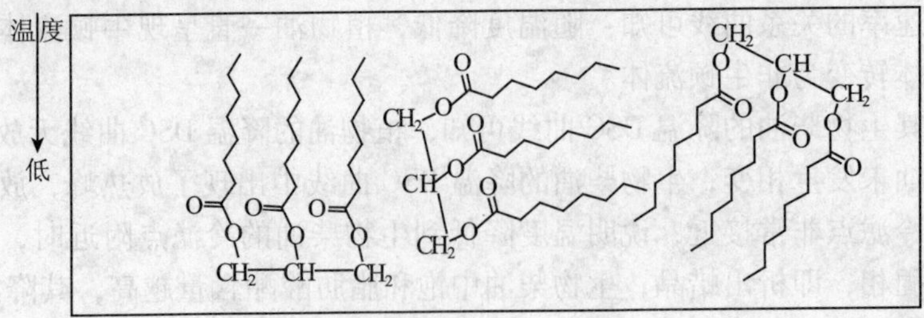

图4－34　植物油的凝固示意图

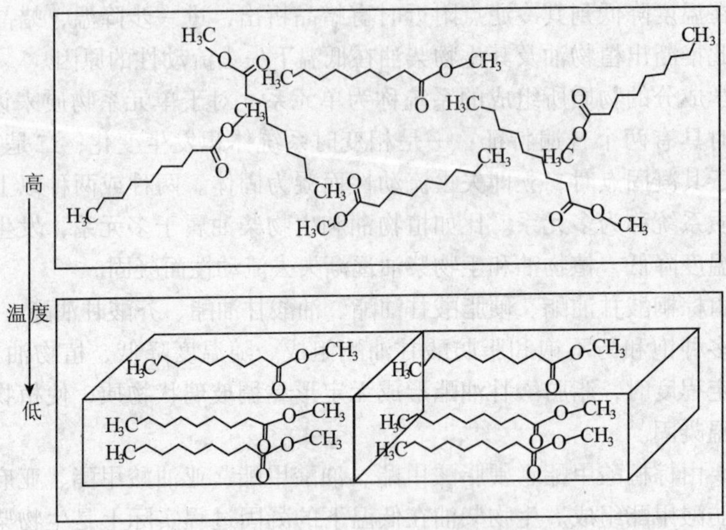

图4－35　生物柴油凝固过程理示意图

五、添加剂对生物柴油低温流动特性的影响

添加剂选用聚甲基丙烯酸酯（PMA）、乙烯－醋酸乙烯酯共聚物（ECA）、烯烃－醋酸乙烯酯混合聚合物（OVCP），将其添加到菜籽油生物柴油（RME）、大豆油生物柴油（SME）、花生油生物柴油（PME）中考察对低温流动性的影响。

1. 添加剂对菜籽油生物柴油低温流动性的影响

1）添加剂对冷滤点和凝点的影响

冷滤点和凝点是表示柴油低温流动特性的最重要指标，柴油的冷滤点和凝点越低，低温流动性越好。添加PMA、ECA和OVCP前后RME的冷滤点和凝点如图4－36～图4－38所示。

从图4－36～图4－38可以看出，分别添加PMA、ECA和OVCP后，RME的冷滤点和凝点稍有升高，由此可知，PMA、ECA和OVCP均不能降低RME的冷滤点和凝点。

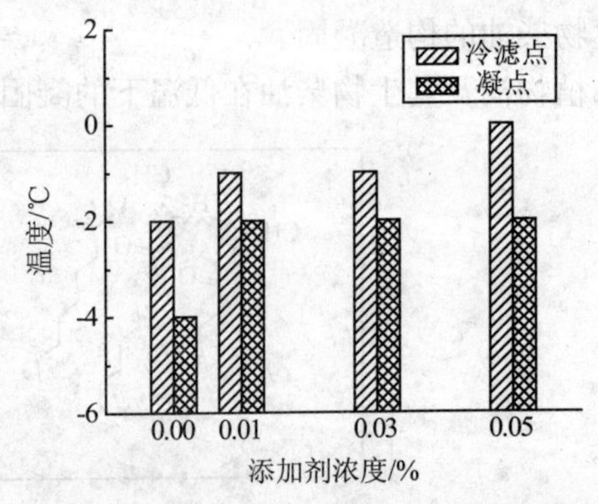

图4－36　PMA对RME冷滤点和凝点的影响

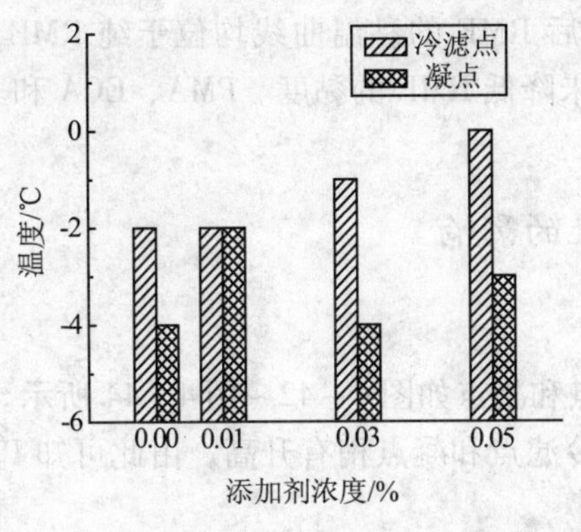

图 4－37　ECA 对 RME 冷滤点和凝点的影响

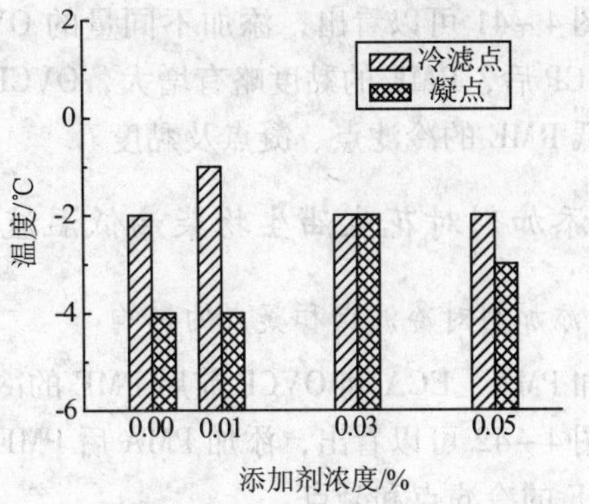

图 4－38　OVCP 对 RME 冷滤点和凝点的影响

2）添加剂对黏度的影响

黏度是反映柴油流动性的重要参数，黏度越大，柴油流动性越差。分别添加 PMA、ECA 和 OVCP 前后 RME 的黏度随温度的变化如图 4－39～图 4－41 所示。

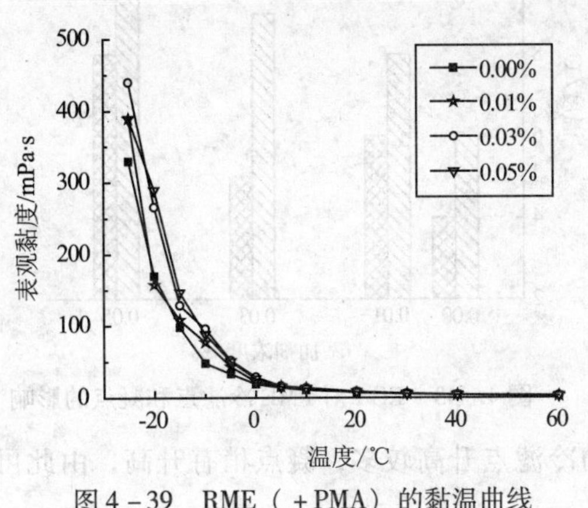

图 4－39　RME（＋PMA）的黏温曲线

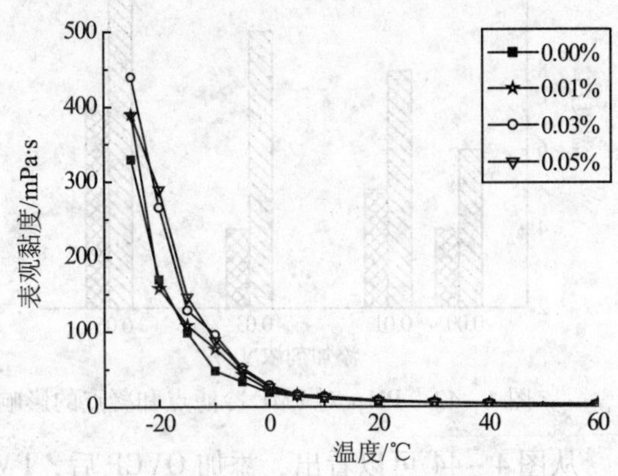

图 4－40　RME（＋ECA）的黏温曲线

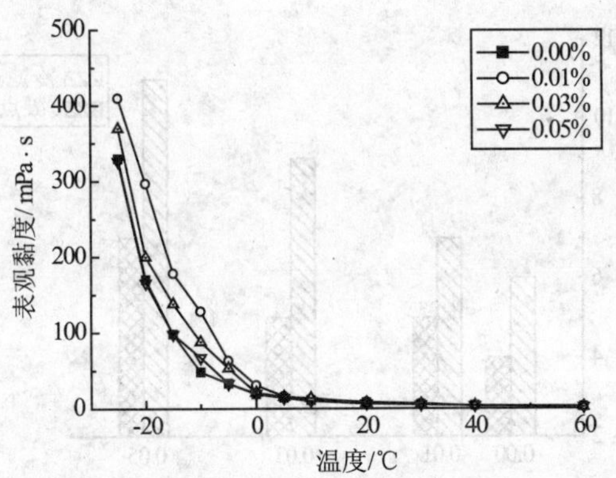

图 4－41　RME（＋OVCP）的黏温曲线

从图 4－39 可以看出，添加 PMA 后 RME 的黏温曲线位于纯 RME 黏温曲线的上方，添加 PMA 后 RME 的黏度高于纯 RME 的黏度。

从图 4－40 可以看出，加入不同量的 ECA 后，RME 的黏度略有升高，且随温度降低，此现象稍微明显。

从图4－41可以看出，添加不同量的OVCP后RME的黏温曲线均位于纯RME的上方，添加OVCP后，RME的黏度略有增大，OVCP并未降低RME的黏度。PMA、ECA和OVCP均不能降低RME的冷滤点、凝点及黏度。

2. 添加剂对花生油生物柴油低温流动性的影响

1）添加剂对冷滤点和凝点的影响

添加PMA、ECA和OVCP前后PME的冷滤点和凝点如图4－42～图4－44所示。

从图4－42可以看出，添加PMA后PME的冷滤点和凝点稍有升高，由此可知PMA不能降低PME的冷滤点和凝点。

从图4－43可以看出，添加ECA后PME的冷滤点和凝点有所升高，由此可知ECA不能降低PME的冷滤点和凝点。

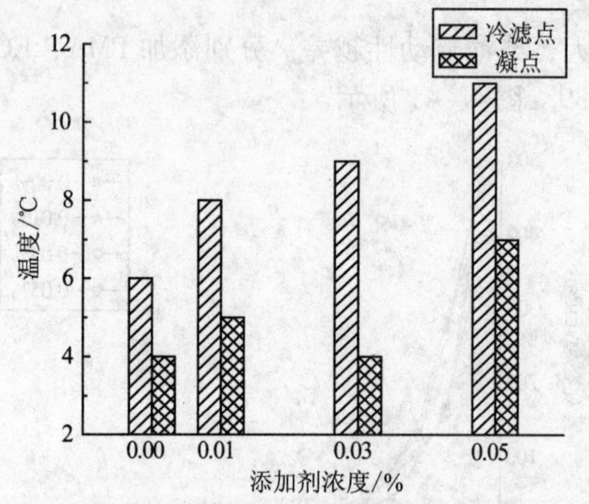

图4－42　PMA对PME冷滤点和凝点的影响

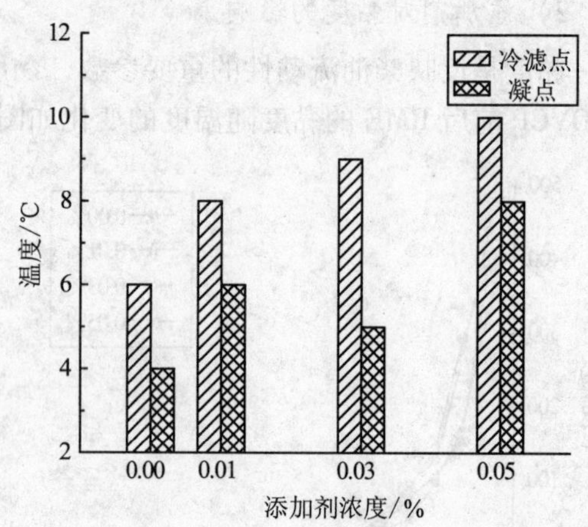

图4－43　ECA对PME冷滤点和凝点的影响

从图4－44可以看出，添加OVCP后，PME的冷滤点升高较多，凝点稍有升高，由此可知OVCP不能降低PME的冷滤点和凝点。

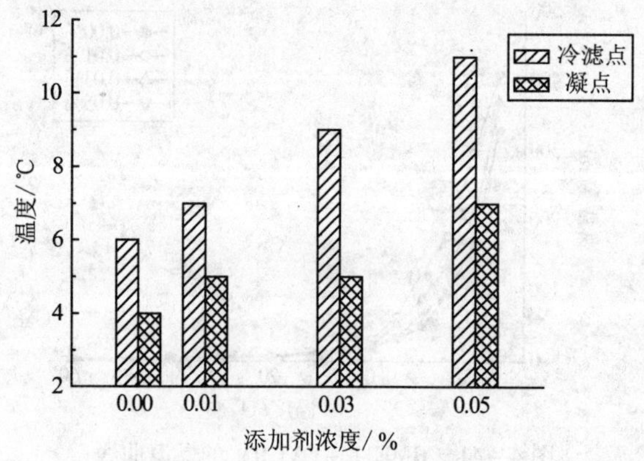

图4－44　OVCP对PME冷滤点和凝点的影响

2）添加剂对黏度的影响

添加PMA、ECA和OVCP前后PME的黏度随温度的变化如图4－45～图4－47所示。

从图 4－45 可以看出，添加不同量的 PMA 后 PME 的黏温曲线均位于纯 PME 的上方，添加 PMA 后 PME 的黏度大于纯 PME 的黏度，且随温度降低，此现象更为明显；PMA 添加量增大，PME 的黏度随温度降低增大较多，由此可知 PMA 不能使 PME 的黏度降低。

从图 4－46 可以看出，添加不同量的 ECA 后 PME 的黏温曲线均位于纯 PME 的上方，添加 ECA 后 PME 的黏度大于纯 PME 的黏度，且随温度降低，此现象更为明显；ECA 添加量增大，PME 的黏度随温度降低增大更多，由此可知 ECA 同样不能使 PME 的黏度降低。

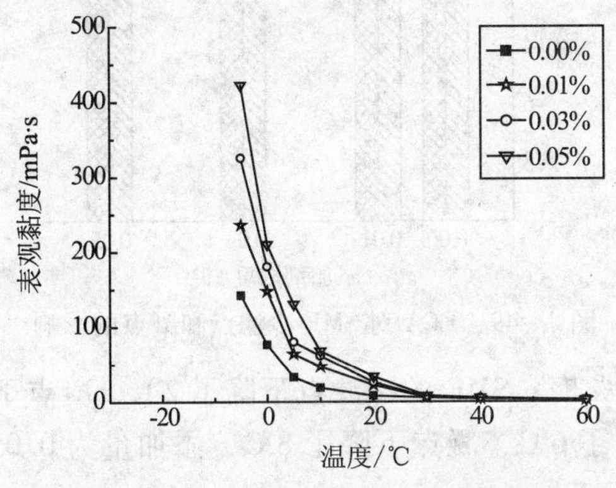

图 4－45　PME（＋PMA）的黏温曲线

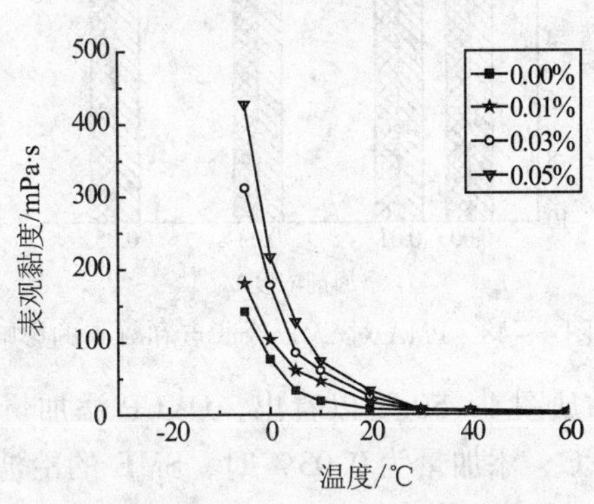

图 4－46　PME（＋ECA）的黏温曲线

从图 4－47 可以看出，添加不同量的 OVCP 后 PME 的黏温曲线均位于纯 PME 的上方，添加 OVCP 后 PME 的黏度大于纯 PME 的黏度，且随温度降低，此现象更为明显；OVCP 添加量增大，PME 的黏度随温度降低增大更快，由此可知 OVCP 不能降低 PME 的黏度。PMA、ECA 和 OVCP 不能降低 PME 的冷滤点、凝点和黏度。

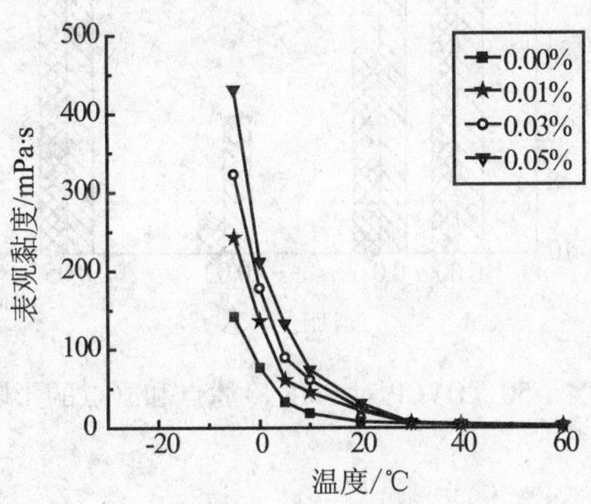

图 4－47　PME（＋OVCP）的黏温曲线

3. 添加剂对大豆油生物柴油低温流动性的影响

1）添加剂对冷滤点和凝点的影响

分别添加 PMA、ECA 和 OVCP 前后 SME 的冷滤点和凝点如图 4－48～图 4－50 所示。

从图 4－48 可以看出，PMA 添加量为 0.01% 时，SME 的冷滤点和凝点未发生变化，添加量为 0.03% 时，SME 的冷滤点和凝点稍有升高，添加量为 0.05% 时，SME 的凝点下降了 1℃，冷滤点未发生变化。

从图 4－49 可以看出，ECA 添加量为 0.01% 时，SME 的冷滤点下降了 1℃，凝点未发生变化，添加量为0.03%时，SME的冷滤点和凝点未发生变化，添加量为0.05%时，SME的冷滤点和凝点稍有升高。

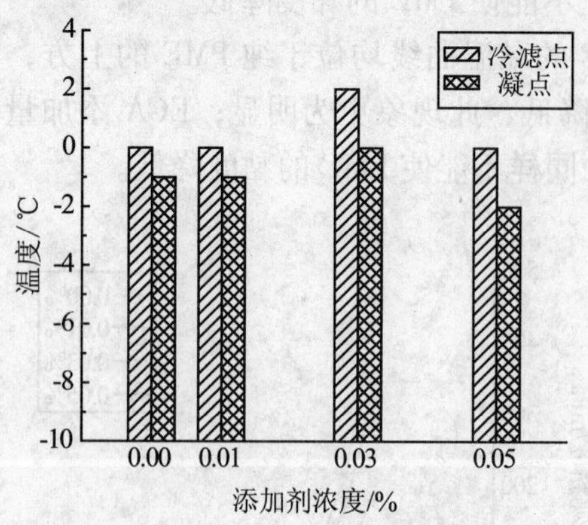

图4-48　PMA对SME冷滤点和凝点的影响

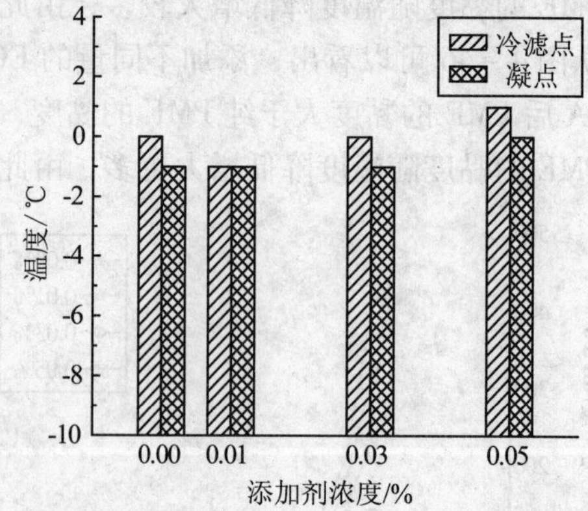

图4-49　ECA对SME冷滤点和凝点的影响

从图4-50可以看出，OVCP添加量为0.01%时，SME的冷滤点下降了2℃，凝点下降了3℃，添加量为0.03%时，SME的冷滤点下降了6℃，凝点下降了8℃，添加量为0.05%时，SME的冷滤点下降了1℃，凝点下降了1℃。

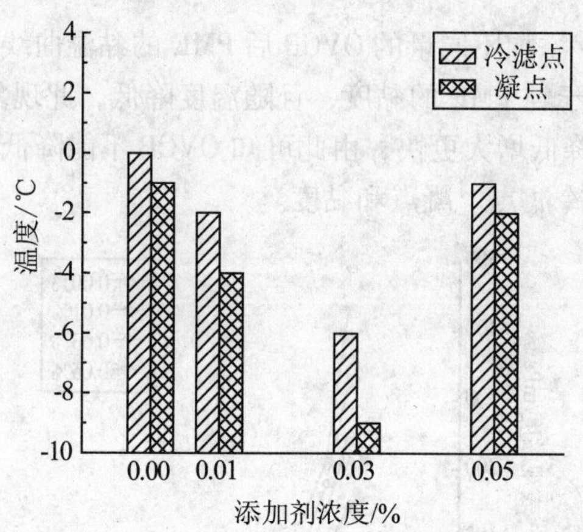

图4-50　OVCP对SME冷滤点和凝点的影响

2）添加剂对黏度的影响

分别添加PMA、ECA和OVCP前后SME的黏度随温度的变化如图4-51～图4-53所示。

从图4-51可以看出，添加不同量的PMA后SME的黏温曲线与纯SME黏温曲线在坐标中的位置变化较小，由此可知添加PMA后SME的黏度变化较小，PMA添加量为0.01%和0.05%时，SME的黏度略有降低。

从图4-52可以看出，ECA添加量为0.01%和0.03%时，SME的黏温曲线位于纯SME的下方，而ECA添加量为0.05%的SME黏温曲线位于上方，由此可知ECA添加量为0.01%和0.03%时，SME的黏度略有降低。

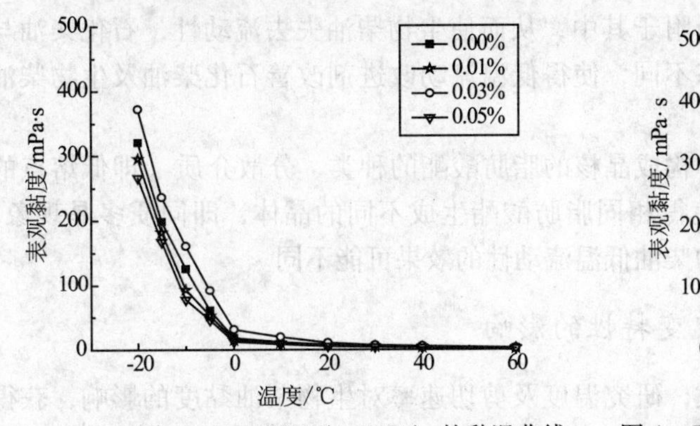

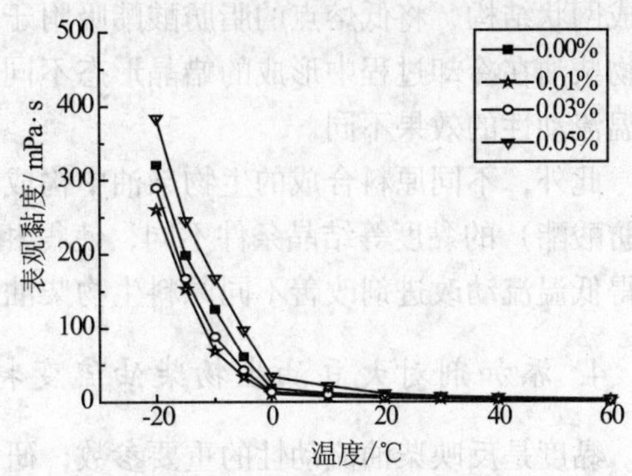

图4-51　SME（+PMA）的黏温曲线　　图4-52　SME（+ECA）的黏温曲线

从图4-53可以看出，添加OVCP后SME的黏温曲线均位于纯SME的左下方，OVCP添加量为0.03%时，SME的黏温曲线位于该组黏温曲线的最下方，由此可知添加OVCP后，SME的黏度降低，OVCP添加量为0.03%时SME的黏度降低较为明显。每条黏温曲线有两个区域，分界点在0℃附近，区域1中，添加OVCP前后SME的黏度变化较小，区域2中，添加OVCP后SME的黏度低于纯SME的黏度，由此可知，温度低于分界点时，OVCP使SME的黏度降低较为明显。

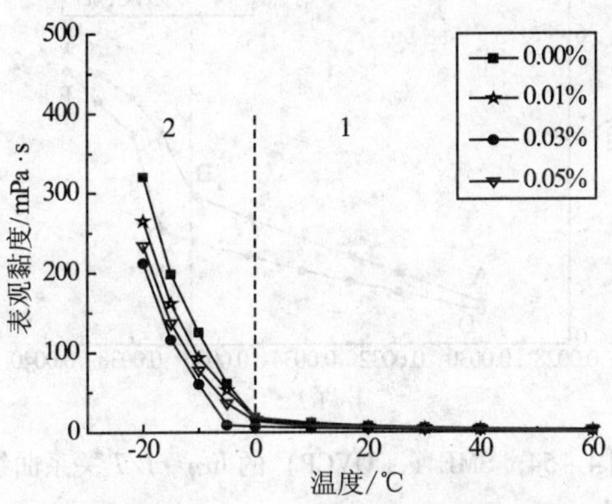

图4-53　SME（+OVCP）的黏温曲线

PMA使SME的冷滤点、凝点稍有升高，黏度稍微降低；ECA使SME的冷滤点和黏度略有降低，凝点稍有升高；OVCP使SME的冷滤点、凝点及黏度显著降低。

烯烃-醋酸乙烯酯混合聚合物、乙烯-醋酸乙烯酯共聚物和聚甲基丙烯酸酯均为降凝效果较好的矿物油低温流动性改进剂。低温流动改进剂并不能阻止柴油中的蜡晶生成结晶，而是使蜡晶不在少数几处长大并联结在一起，低温流动改进剂一般不能改变柴油的析蜡温度，即柴油的浊点，也不能改变某一温度下柴油的析蜡量，只能改变蜡晶的形状、大小，阻止其生成网状结构，低温流动改进剂的作用机理类似于表面活性剂理论中的相似相溶以及极性吸附的概念。

石化柴油主要成分为正构烷烃，也有少量异构烷烃、带长侧链的环烷烃及少量带长侧链的芳香烃，石化柴油低温下流动性变差甚至失去流动性，主要是正构烷烃在低温下首先析出、成长变大并逐渐形成网状结构，将低熔点柴油组分吸附于其中，从而使柴油失去流动性；而生物柴油主要成分为棕榈酸、硬脂酸、油酸、亚油酸等长链饱和与不饱和脂肪酸与醇类反应形成的脂肪酸酯，生物柴油低温下失去流动性的主要原因是饱和脂肪酸酯首先析出，逐渐联结成网状结构，将低熔点的脂肪酸酯吸附于其中，从而使生物柴油失去流动性，石化柴油与生物柴油在冷却过程中形成的蜡晶形态不同，使得低温流动改进剂改善石化柴油及生物柴油低温流动性的效果不同。

此外，不同原料合成的生物柴油中构成晶核的脂肪酸酯的种类、分散介质（即低熔点的脂肪酸酯）的黏度等结晶条件不同，使得相同脂肪酸酯生成不同的晶体，即同质多晶现象，使得低温流动改进剂改善不同原料生物柴油低温流动性的效果可能不同。

4. 添加剂对大豆油生物柴油流变特性的影响

黏度是反映柴油流动性的重要参数，研究温度及剪切速率对生物柴油黏度的影响，获得加低温流动改进剂前后生物柴油的流变特性信息，有助于探索添加剂影响生物柴油低温流动性的规律，解析添加剂与生物柴油的相互作用机制。

1）添加剂对黏度与温度关系的影响

将图4－53中纯SME和加0.03%OVCP的SME黏温曲线转化为黏度的自然对数与绝对温标倒数的关系曲线，结果如图4－54所示。

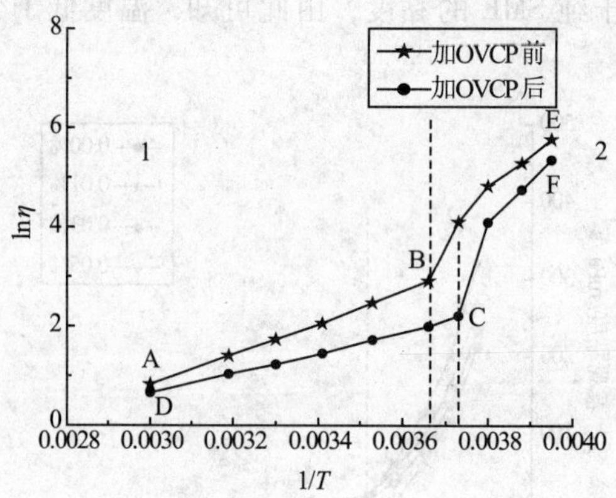

图4－54 SME（＋OVCP）的$\ln\eta \sim 1/T$关系曲线

从图4－54可以看出，添加0.03%OVCP前后SME的$\ln\eta \sim 1/T$曲线形状相似，均有两个区域，说明OVCP并未改变SME在低温下的凝固过程。B点对应温度0℃为纯SME黏温曲线的分界点，接近于纯SME的冷滤点，C点对应温度－5℃为添加0.03%OVCP后SME黏温曲线的分界点，接近于添加OVCP后SME的冷滤点。

$\ln\eta \sim 1/T$曲线的*AB*段和*CD*段为直线，此时纯SME和添加0.03%OVCP后SME的黏度与温度的关系均符合Arrhenius方程，由此可知，区域1中，纯SME和添加0.03%OVCP后的SME均呈现牛顿流体的特性。根据$\ln\eta \sim 1/T$曲线的斜率可以计算出油样的流动活化能，结果如表4－13所示。

表4－13 $\ln\eta \sim 1/T$曲线的斜率及加OVCP前后SME的流动活化能

油样	线段	斜率	流动活化能$\Delta E\eta$/（kJ/moL）
纯SME	*AB*	3.150×10^3	26.188×10^3
加OVCP后SME	*CD*	2.127×10^3	17.681×10^3

从表4－13可以看出，加OVCP后SME的流动活化能低于纯SME的流动活化能，根据式

（4－1）可知，OVCP 使牛顿流体温度范围内 SME 的流动性得到改善。

$\ln\eta \sim 1/T$ 曲线的 BE、CF 段不再是直线，由此可知，区域 2 中，纯 SME 和添加 0.03% OVCP 后 SME 的黏度与温度的关系不符合 Arrhenius 方程，此时添加 0.03% OVCP 前后的 SME 均为非牛顿流体，C 点对应温度低于 B 点对应温度，由此可知，OVCP 使 SME 呈现牛顿流体特性的温度范围向低温方向扩展，使 SME 呈现非牛顿流体特性的温度范围变窄，非牛顿流体温度范围内 SME 的黏度降低，SME 的低温流变性得到改善。

2）添加剂对黏度与剪切速率关系的影响

不同温度时，纯 SME 和添加 0.03% OVCP 后 SME 的黏度与剪切速率的关系曲线如图 4－55～图 4－60 所示。

从图 4－55～图 4－57 可以看出，温度高于冷滤点时，如 60℃、40℃和 10℃，纯 SME 和加 OVCP 后 SME 的黏度与剪切速率的曲线几乎平行于 x 轴，说明剪切速率对二者黏度的影响较小，此时纯 SME 和加 OVCP 的 SME 呈现牛顿流体特性，二者的黏度非常相近，说明温度高于冷滤点时，OVCP 对 SME 黏度的作用效果不明显。

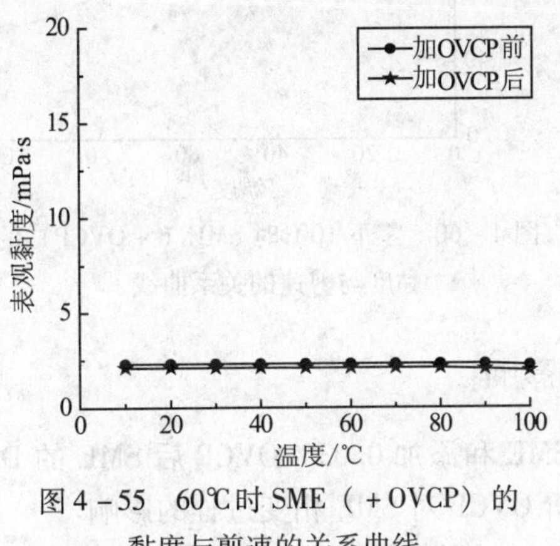

图 4－55　60℃时 SME（＋OVCP）的黏度与剪速的关系曲线

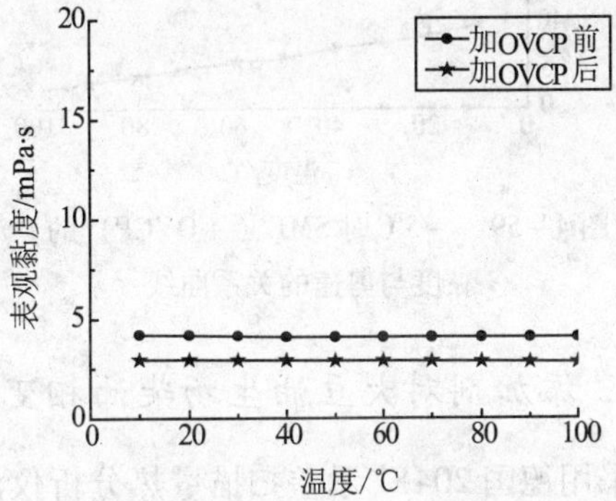

图 4－56　40℃时 SME（＋OVCP）的黏度与剪速的关系曲线

从图 4－58 可以看出，随剪切速率增大，纯 SME 黏度降低速率大于加 OVCP 后 SME 黏度降低速率，0℃已达到纯 SME 的冷滤点，纯 SME 因析出固态物质而转变为液固两相体系，剪切稀化作用效果明显使其黏度降低较快，0℃未达到加 OVCP 后 SME 的冷滤点，加 OVCP 后 SME 仍为单相液态体系，剪切稀化作用对其黏度影响较小。

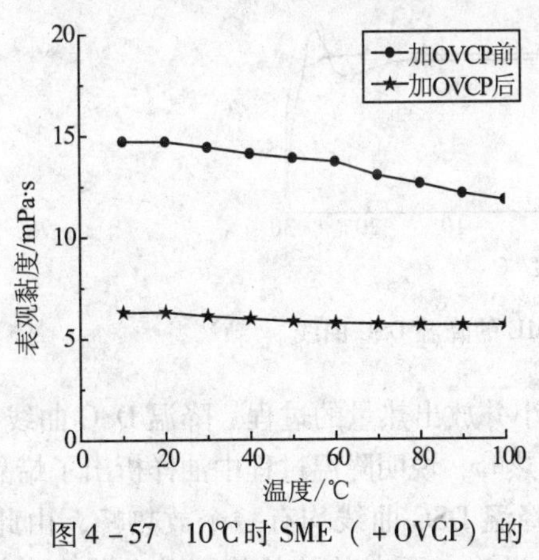

图 4－57　10℃时 SME（＋OVCP）的黏度与剪速的关系曲线

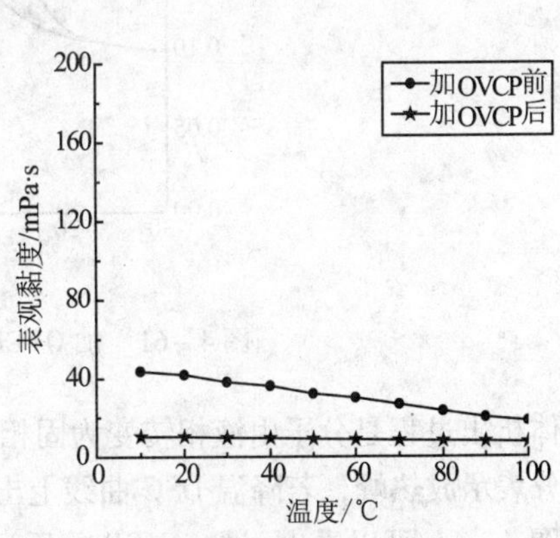

图 4－58　0℃时 SME（＋OVCP）的黏度与剪速的关系曲线

从图4－59可以看出，随剪切速率增大，纯SME黏度降低速率与加OVCP后SME黏度降低速率相近，零下5℃已低于纯SME的冷滤点，纯SME因析出固态物质而转变为液固两相体系，零下5℃已接近加OVCP后SME的冷滤点，加OVCP后SME中可能析出少许固态物质，剪切稀化作用使得加OVCP前后SME的黏度随剪切速率增大而降低的速率相近。

从图4－60可以看出，随剪切速率增大，纯SME黏度降低速率与加OVCP后SME黏度降低速率相近，－10℃已低于纯SME和加OVCP后SME的冷滤点，二者因析出固态物质而转变为液固两相体系，剪切稀化作用对二者黏度的影响相近，使得纯SME和加OVCP的SME的黏度与剪速关系曲线斜率相近。

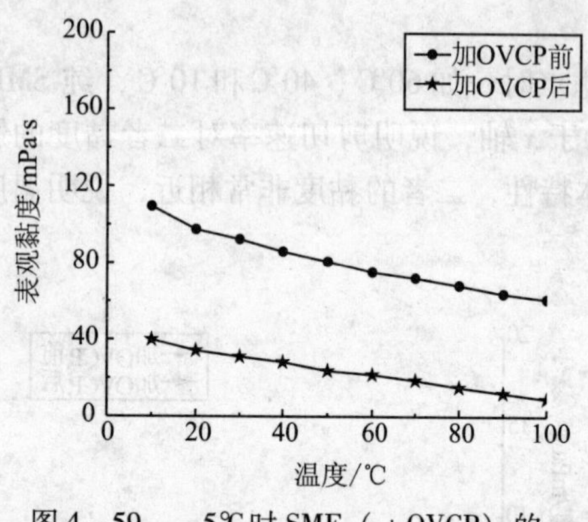

图4－59　－5℃时SME（＋OVCP）的黏度与剪速的关系曲线

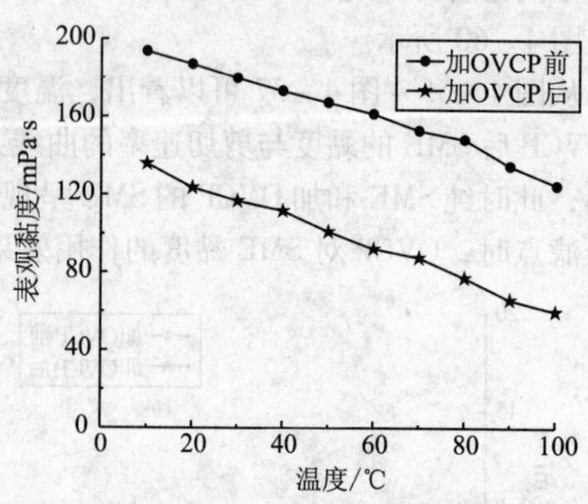

图4－60　零下10℃时SME（＋OVCP）的黏度与剪速的关系曲线

5. 添加剂对大豆油生物柴油相变过程的影响

采用德国204F1示差扫描量热分析仪测定纯SME和添加0.03%OVCP后SME的DSC曲线，研究加OVCP前后SME的相变过程，进而分析OVCP对SME相变过程的影响。

纯SME和添加0.03%OVCP后SME的降温DSC曲线如图4－61所示。

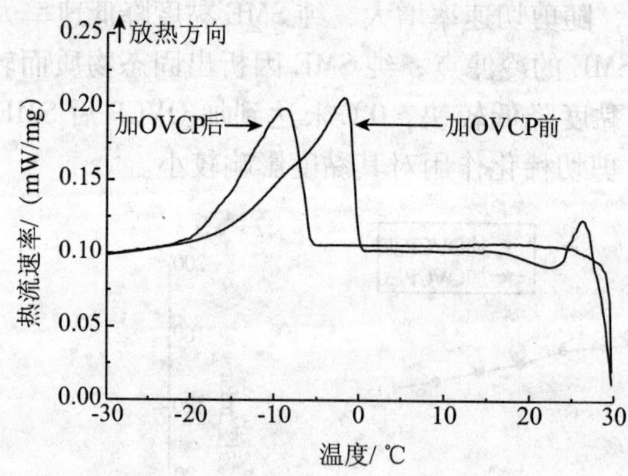

图4－61　加OVCP前后SME的降温DSC曲线

晶体析出过程是分子由液相转变为固相，熵减小并放出热量的过程。降温DSC曲线中向上凸起部分表示放热峰，若降温DSC曲线上出现了放热峰，说明降温过程中油样析出了蜡晶。

从图4－61可以看出，加OVCP前后SME的降温DSC曲线均有一个放热峰，由此可知，随温度降低，加OVCP前后的SME均有一个结晶过程，两者的放热峰形状非常相似，说明

OVCP 没有改变 SME 中蜡晶的结晶速率；加 OVCP 前后 SME 的降温 DSC 曲线放热峰开始端斜率略有不同，由此可知，降温过程中，OVCP 没有起到晶核作用。

加 OVCP 后 SME 的 DSC 曲线中放热峰的出峰温度和峰值温度比纯 SME 的向低温方向偏移，即加 OVCP 后 SME 的开始结晶温度和结晶峰值温度均比纯 SME 的低，由此可知，OVCP 主要是通过与 SME 中的脂肪酸酯形成共结晶而降低 SME 的冷滤点和凝点；加 OVCP 后 SME 的降温 DSC 曲线放热峰比纯 SME 的稍微变窄，说明 OVCP 对 SME 中蜡晶的吸附作用较小。

OVCP 主要是通过与大豆油生物柴油中的脂肪酸甲酯形成共结晶改变蜡晶的结晶习性而改善大豆油生物柴油的低温流动性。

为了对加 OVCP 前后 SME 的降温 DSC 曲线有更清楚的把握，将加 OVCP 前后 SME 的降温 DSC 曲线的关键数据：放热峰的出峰温度 T_O（onset），峰值温度 T_P（peak）以及相变潜热 ΔH 进行比较，如表 4－14 所示。

表 4－14　加 OVCP 前后 SME 的降温 DSC 曲线的关键数据

油　样		T_O/℃	T_P/℃	ΔH/（J/g）
SME	加 OVCP 前	0.7	－1.8	27.78
	加 OVCP 后	－5.5	－8.8	27.13

由表 4－14 可见，纯 SME 和加 OVCP 后 SME 的降温 DSC 曲线放热峰的开始结晶温度与纯 SME 和加 OVCP 后 SME 的冷滤点较为接近。加 OVCP 后 SME 的相变潜热稍有降低，即加 OVCP 前后 SME 的降温 DSC 曲线放热峰涵盖的温度范围内放出的热量非常相近，由此可知，OVCP 的加入几乎没减少 SME 的结晶量。

6. 添加剂对大豆油生物柴油结晶过程的影响

采用 DMLP 热台偏光显微镜研究纯 SME 与 OVCP 添加量为 0.03% 的 SME 在低温下的晶态特征。在偏光显微分析中，晶体可反射偏振光，因此晶体呈现在偏光显微照片中的图像为白色；非晶体不反射偏振光，因此非晶体呈现在偏光显微照片中的图像为黑色。

加 OVCP 前后 SME 在 10～零下 20℃的结晶过程如图 4－62～图 4－63 所示。

图 4－62 直观地表现了 10～零下 20℃时纯 SME 的结晶过程，从图 4－62 可以看出，温度降低到 0℃时，SME 中出现少量蜡晶，此时纯 SME 达到冷滤点，温度降低到 －2℃时，已低于纯 SME 的凝点，SME 中析出蜡晶数量较多，相互联结呈网状结构，将低熔点的脂肪酸甲酯吸附于网状结构内，使 SME 整体上失去流动性，继续降温，SME 中析出蜡晶数量及微观形态变化不大，温度低于零下 2℃后，SME 已全部凝固，外观呈膏状。

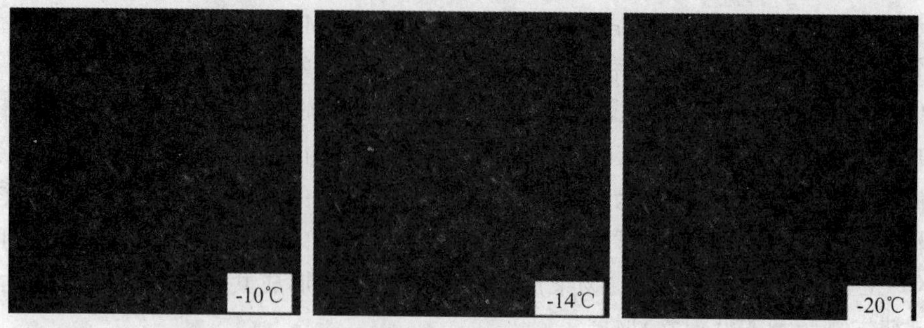

图 4-62　纯 SME 的偏光显微照片（×400）

图 4-63 直观地表现了 10～零下 20℃时加 OVCP 后 SME 的结晶过程，从图 4-63 可以看出，温度降低到 -4℃时，SME 中析出少许蜡晶，此时加 OVCP 后的 SME 已达到浊点；继续降温，加 OVCP 后 SME 中继续析出蜡晶，温度降低到 -6℃时，加 OVCP 后的 SME 中析出了一定量的蜡晶且分布较均匀，此时加 OVCP 后的 SME 达到了冷滤点；继续降温，加 OVCP 后 SME 中析出蜡晶数量明显增多，温度降低到 -9℃时，析出的蜡晶相互连成一片，此时达到了加 OVCP 后 SME 的凝点；零下 10～零下 20℃加 OVCP 后 SME 的偏光显微照片可以看出，SME 中析出蜡晶的数量增多不明显，蜡晶表面晶须增多，使得蜡晶逐渐连成一片，此时加 OVCP 后的 SME 可能已全部凝固。

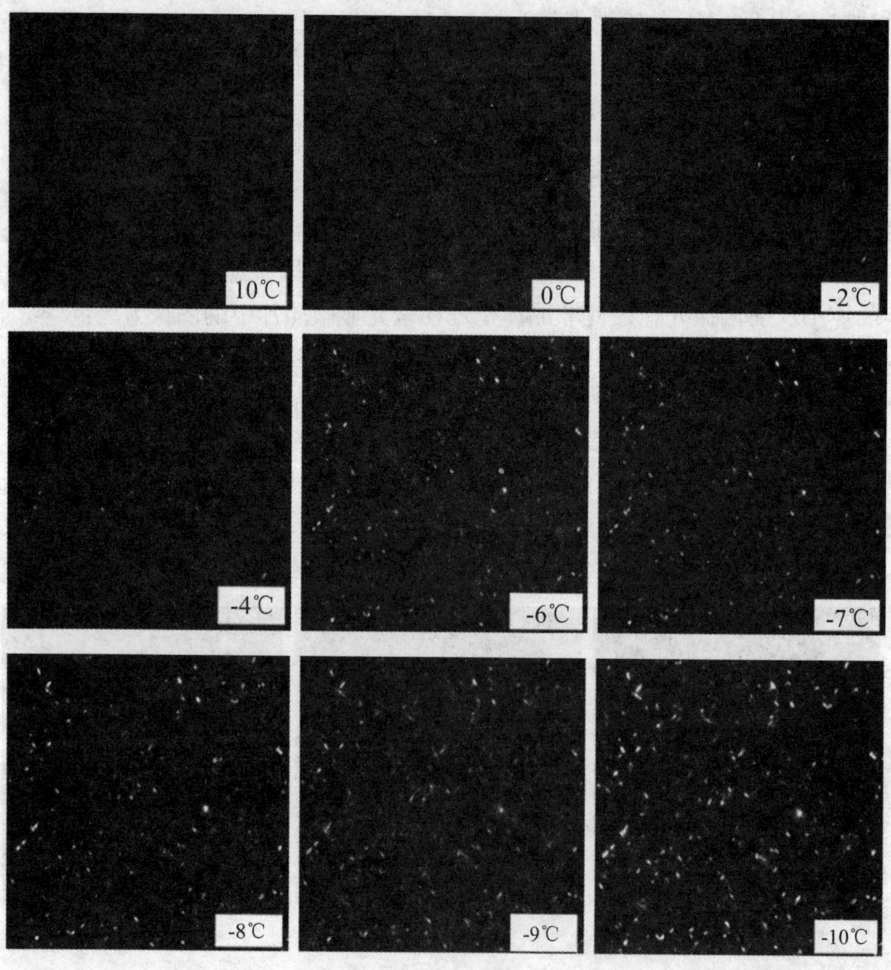

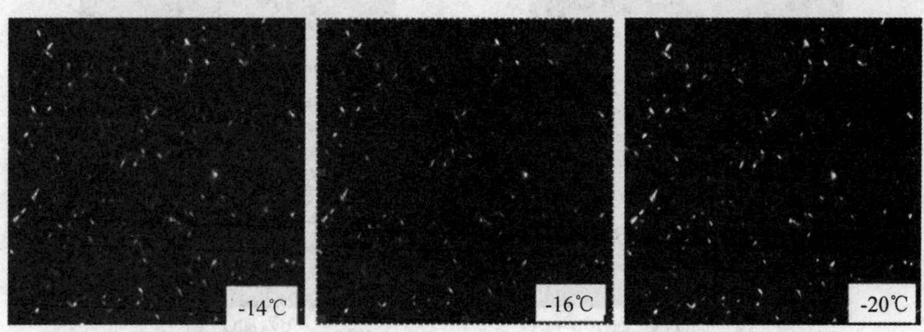

图 4－63　加 OVCP 后 SME 的偏光显微照片（×400）

10～零下 20℃，加 OVCP 前后 SME 低温下的晶态特征如图 4－64～图 4－73 所示。

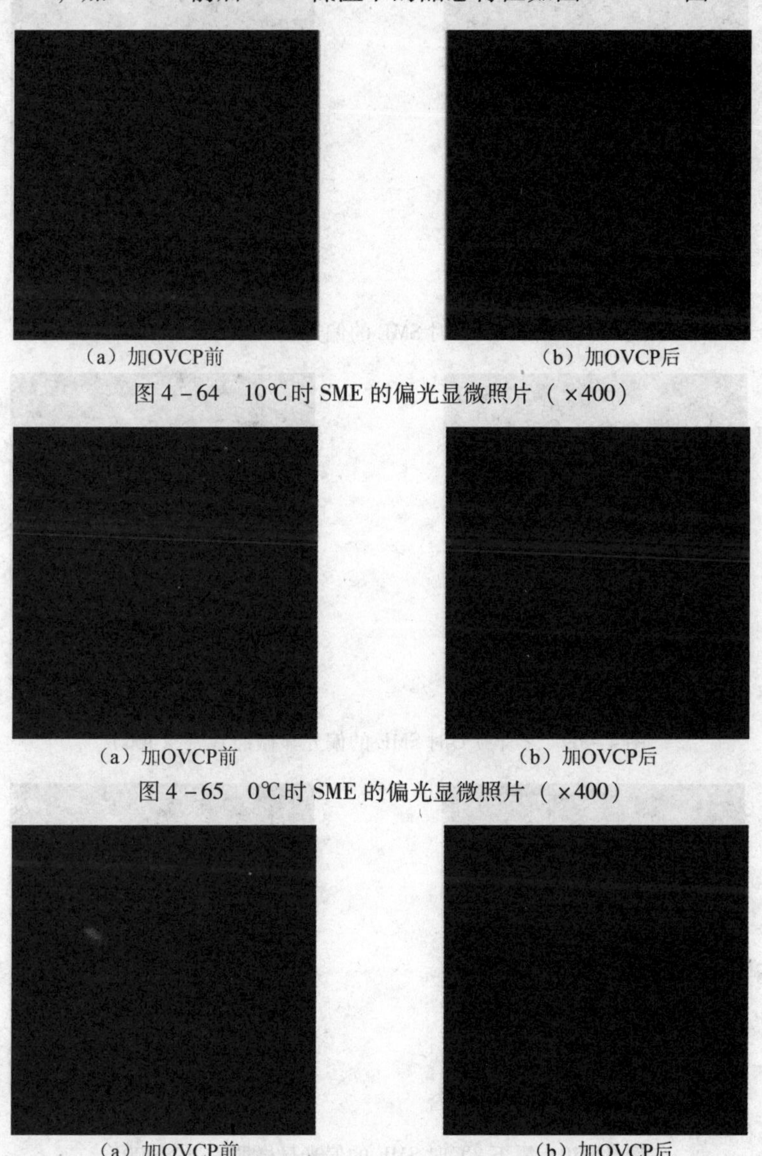

（a）加OVCP前　（b）加OVCP后

图 4－64　10℃时 SME 的偏光显微照片（×400）

（a）加OVCP前　（b）加OVCP后

图 4－65　0℃时 SME 的偏光显微照片（×400）

（a）加OVCP前　（b）加OVCP后

图 4－66　零下 2℃时 SME 的偏光显微照片（×400）

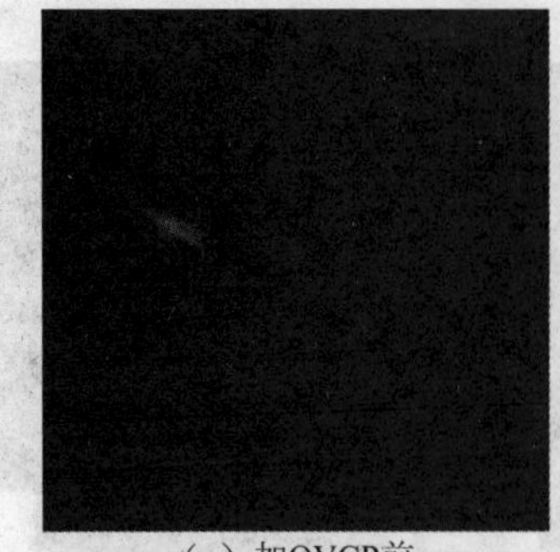

（a）加OVCP前

（b）加OVCP后

图 4－67　零下 4℃时 SME 的偏光显微照片（×400）

（a）加OVCP前

（b）加OVCP后

图 4－68　零下 6℃时 SME 的偏光显微照片（×400）

（a）加OVCP前

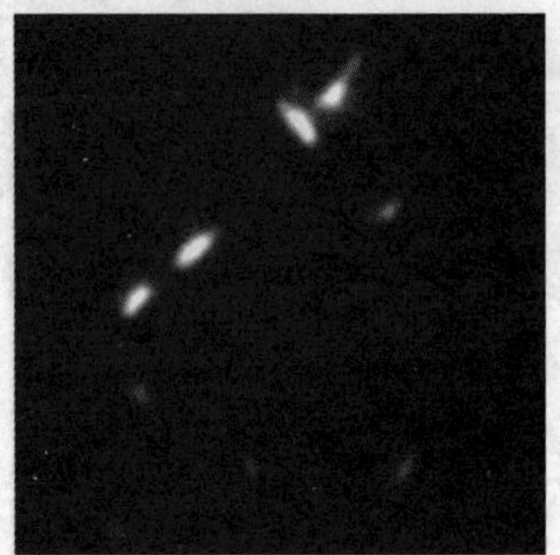

（b）加OVCP后

图 4－69　零下 7℃时 SME 的偏光显微照片（×400）

（a）加OVCP前

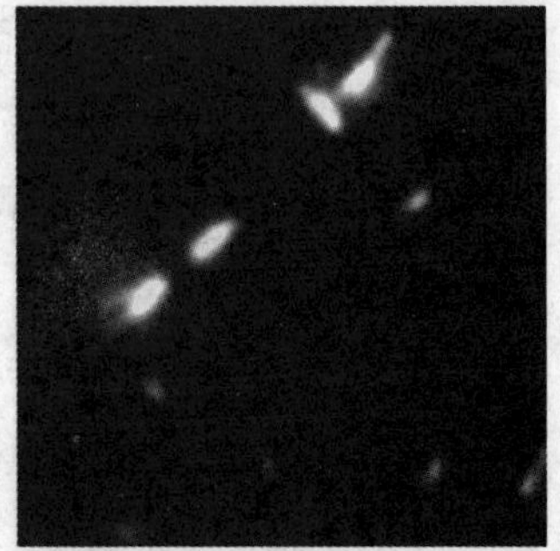

（b）加OVCP后

图 4－70　零下 8℃时 SME 的偏光显微照片（×400）

（a）加OVCP前

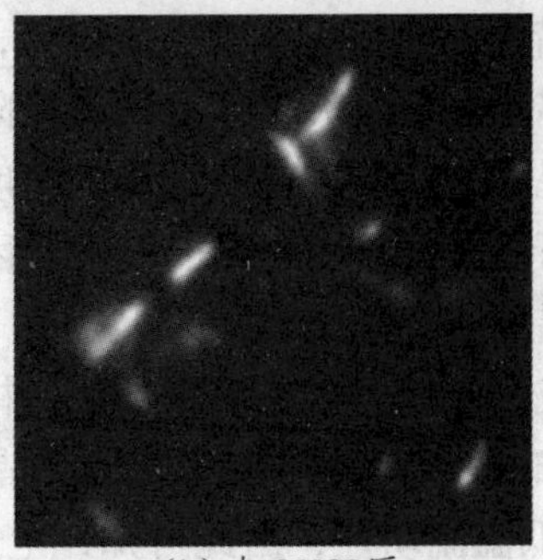

（b）加OVCP后

图 4－71　零下 9℃时 SME 的偏光显微照片（×400）

（a）加OVCP前

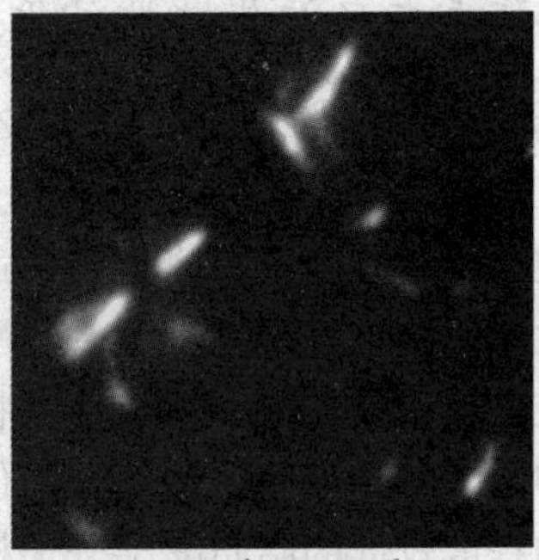

（b）加OVCP后

图 4－72　零下 10℃时 SME 的偏光显微照片（×400）

（a）加OVCP前

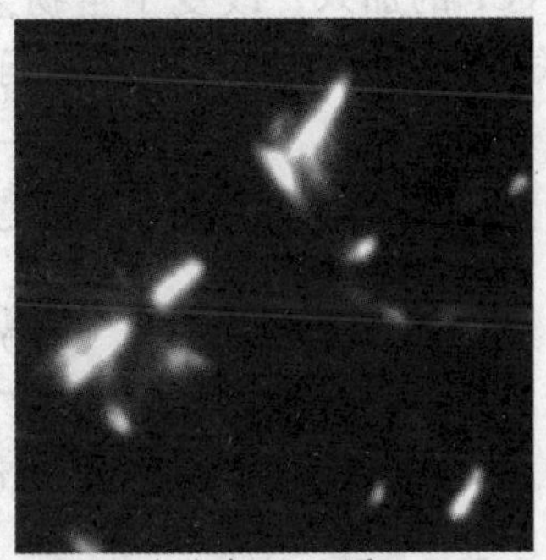

（b）加OVCP后

图 4－73　零下 20℃时 SME 的偏光显微照片（×400）

对比图 4－64～图 4－73 可知，加 OVCP 前的 SME 中析出针状蜡晶，较紧密地聚集，而加 OVCP 后的 SME 中析出絮凝状类球形蜡晶，分散在油相体系中，且随温度降低，蜡晶形状和大小变化较小，只是蜡晶周围的刺状晶须增多。

温度较高时，SME 中蜡晶分子处于不断的热运动中，随温度降低，在范德华力、共价键和氢键等结合力的作用下，蜡晶分子碰撞频率大大增加，极易相互联结形成大的聚集体而析出，使得 SME 成为固、液并存的悬浮体系。从结晶学角度来看，由于蜡晶分子处于溶液体系中，蜡晶在析出过程中结合溶剂成分，而不可能是蜡晶的完美晶体，因此未加剂 SME 中的蜡晶呈针状结晶形态。

OVCP 的加入，使 SME 中蜡晶表面产生刺状晶须，形成絮凝状晶体，继续降温，类球形蜡晶表面的刺状晶须继续生长，使蜡晶逐渐相互联结，最终使 SME 失去流动性。与类球形蜡晶相比，针状蜡晶表面积与体积之比较大，具有较大的比表面能，易联结成网状结构，而絮凝状的类球形蜡晶体积较大，体系的能量降低，蜡晶间的距离相应增大，蜡晶间的相互作用减弱，使得蜡晶相互联结成网状结构的温度降低，SME 的黏度降低，低温流动性得到改善。

以上现象可能是由于 OVCP 的极性基团与生物柴油中的脂肪酸酯形成共结晶，通过空间位阻作用阻碍蜡晶相互联结形成网状结构，另外，OVCP 的非极性部分起屏蔽作用，阻碍蜡晶相互聚结形成网状结构，使生物柴油保持较好的低温流动性，对比加 OVCP 前后 SME 的降温 DSC 曲线可知，OVCP 的加入没有起到晶核作用，而是与 SME 中的脂肪酸甲酯形成共结晶而改善 SME 的低温流动性，由此可知，上述示差扫描量热分析结果与加 OVCP 前后 SME 的偏光显微分析结果一致。

7. 添加剂改善大豆油生物柴油低温流动性作用机制分析

根据本章研究结果，推断烯烃－醋酸乙烯酯混合聚合物改善大豆油生物柴油低温流动性的作用机理：

烯烃－醋酸乙烯酯混合聚合物主要通过与生物柴油中的脂肪酸酯形成共结晶改善生物柴油的低温流动性。降温过程中，烯烃－醋酸乙烯酯混合聚合物分子中的极性部分与生物柴油中的饱和脂肪酸酯分子共结晶，形成絮凝状类球形蜡晶，烯烃－醋酸乙烯酯混合聚合物分子的非极性部分伸向蜡晶的外侧，通过空间位阻作用阻碍蜡晶分子相互缔合形成网状结构；随温度降低，饱和程度较低的脂肪酸酯分子析出并附着在蜡晶表面的刺状晶须上，使独立运动的固相颗粒总数量减少，使蜡晶不易相互聚结，从宏观上来看，OVCP 使生物柴油的冷滤点和凝点降低，OVCP 的加入，改变了生物柴油中蜡晶的大小、形态和聚结程度及表面性质，阻止蜡晶相互联结成网状结构，从而改善了生物柴油的低温流动性，如图 4－74 所示。

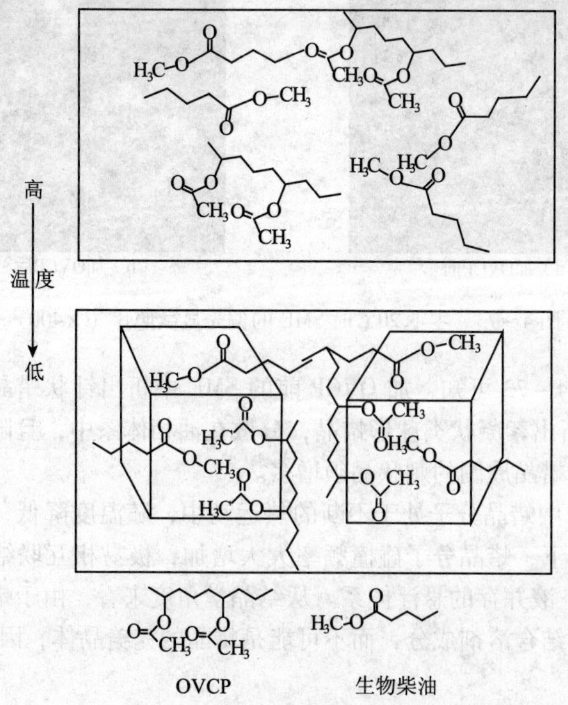

图 4－74　加 OVCP 后 SME 的凝固过程示意图

六、生物柴油/石化柴油混合燃料的低温流动特性

大豆油生物柴油分别以0%、20%、50%、80%、100%（体积分数）与0号柴油进行调合（以下简称B0、B20、B50、B80、B100）。

1. 冷滤点和凝点

混合燃料B0、B20、B50、B80、B100的冷滤点和凝点如图4－75所示。

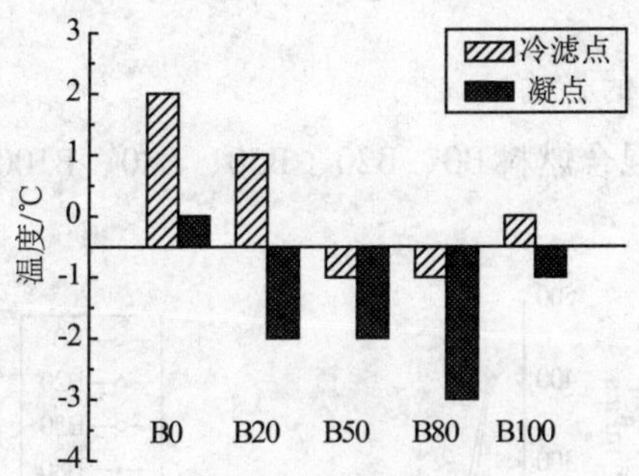

图4－75 混合燃料的冷滤点和凝点

从图4－75可以看出，B20、B50、B80的冷滤点和凝点均低于B0、B100的冷滤点和凝点，说明生物柴油与0号柴油混合后，混合燃料的低温流动性优于单一生物柴油或石化柴油，尤其混合燃料中生物柴油体积分数为80%时，混合燃料的冷滤点和凝点较低。

2. 运动黏度

混合燃料B0、B20、B50、B80、B100的40℃运动黏度如图4－76所示。

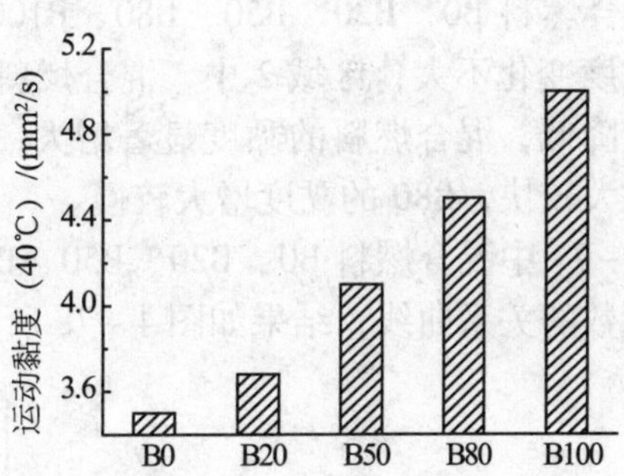

图4－76 混合燃料的运动黏度（40℃）

从图4－76可以看出，B20、B50、B80、B100的40℃运动黏度高于0号柴油的运动黏度，随生物柴油体积百分含量增大，混合燃料的运动黏度逐渐增大，这与生物柴油的运动黏度高于0号柴油的运动黏度有关。

混合燃料作为石化柴油的替代燃料，应当满足柴油发动机用燃料油的使用要求。将低温流动性较好的混合燃料B80与0号柴油的低温流动性能进行对比，结果如表4－15所示。

表 4-15　混合燃料的低温流动性能

指　标	混合燃料 B80	0 号柴油
黏度（40℃）/（mm^2/s），	4.5	3.5
冷滤点/℃	-1	2
凝点（℃）	-3	0

从表 4-15 可以看出，混合燃料 B80 与 0 号柴油的低温流动性能相近。

3. 混合燃料的流变特性

1）温度对混合燃料黏度的影响

采用 QUAD 黏度计研究混合燃料 B0、B20、B50、B80、B100 的黏度与温度的关系。结果如图 4-77 所示。

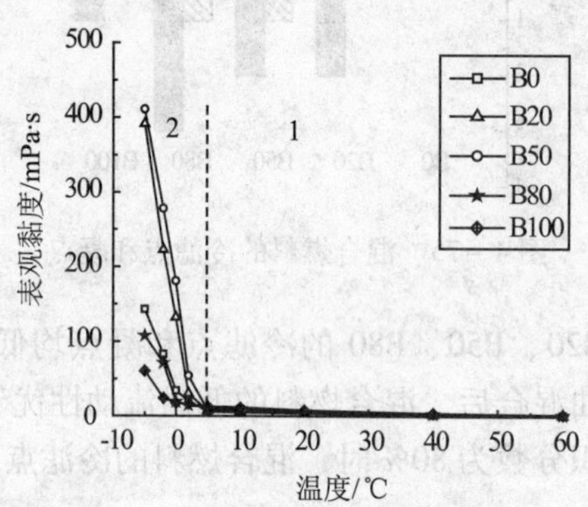

图 4-77　混合燃料的黏温曲线

从图 4-77 可以看出，混合燃料 B0、B20、B50、B80、B100 黏温曲线有两个区域，分界点在 5℃附近。区域 1 中，混合燃料 B0、B20、B50、B80、B100 黏温曲线近似平行于 x 轴，即随温度降低，混合燃料的黏度变化不大；区域 2 中，混合燃料 B0、B20、B50、B80、B100 黏温曲线逐步升高，即随温度降低，混合燃料的黏度显著增大；从图 4-77 可以看出，随温度降低，B20 和 B50 的黏度增大较快，B80 的黏度增大较慢。

根据流变学原理，将图 4-77 中混合燃料 B0、B20、B50、B80、B100 的黏温曲线转变为黏度的自然对数与绝对温标倒数的关系曲线，结果如图 4-78 所示。

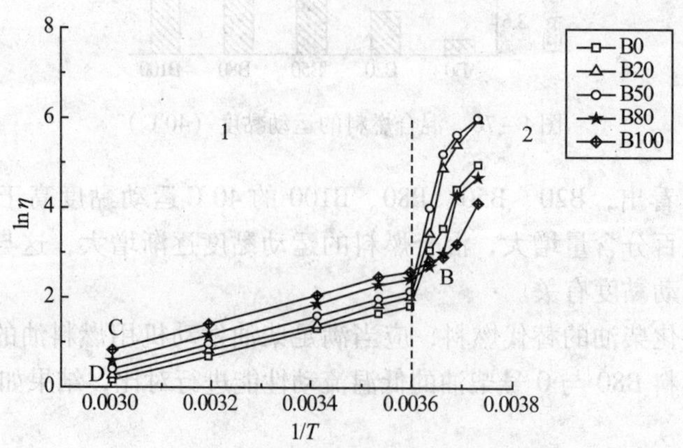

图 4-78　混合燃料的 $\ln\eta \sim 1/T$ 关系曲线

从图4－78可以看出，各混合燃料的 $\ln\eta \sim 1/T$ 曲线形状相似，均有两个区域，由此可知，B0、B20、B50、B80、B100的凝固过程相似，A点为B0、B20、B50黏温曲线的分界点，B点为B80、B100黏温曲线的分界点。

区域1中，混合燃料的 $\ln\eta \sim 1/T$ 曲线 *AD* 和 *BC* 段为直线，此时混合燃料的黏度与温度的关系均符合 Arrhenius 方程，由此可知，区域1中，混合燃料均呈现牛顿流体的特性。根据 *AD* 和 *BC* 段斜率计算出油样的流动活化能，结果如表4－16所示。

表4－16　$\ln\eta \sim 1/T$ 曲线的斜率及混合燃料的流动活化能

油　样	斜　率	流动活化能 $\Delta E\eta$/（kJ/moL）	油　样	斜　率	流动活化能 $\Delta E\eta$/（kJ/moL）
B0	2.577×10^3	21.421×10^3	B20	2.891×10^3	24.036×10^3
B50	2.920×10^3	24.279×10^3	B80	2.920×10^3	24.279×10^3
B100	2.970×10^3	24.692×10^3			

从表4－16可以看出，区域1中各混合燃料的流动活化能相近，由此可知，牛顿流体温度范围内，各混合燃料的流动性相近。

区域2中，各混合燃料的 $\ln\eta \sim 1/T$ 曲线不再为直线，由此可知，此时各混合燃料呈现非牛顿流体特性。*B* 点横坐标对应温度低于 *A* 点横坐标对应温度，由此可知，随生物柴油体积百分含量增大，混合燃料呈现牛顿流体的温度范围向低温方向扩展，对比B20、B50和B80，B80处于牛顿流体的温度范围较宽，处于非牛顿流体温度范围内时，B80的黏度较小，因此，B80的黏温性能优于B20和B50。

2）剪切速率对混合燃料黏度的影响

60℃～－5℃时混合燃料的黏度与剪切速率的关系曲线如图4－79～图4－82所示。

从图4－79可以看出，温度较高时，随剪切速率增大，混合燃料B0、B20、B50、B80、B100的黏度几乎无变化，且相同剪速时，混合燃料的黏度随生物柴油体积百分含量的增加而增大，由此可知，此时剪切速率对混合燃料的黏度几乎无影响，混合燃料显示牛顿流体的特征。

从图4－80可以看出，20℃时，随剪切速率增大，混合燃料B0、B20、B50、B80、B100的黏度略有降低，且相同剪切速率时，混合燃料的黏度随生物柴油体积百分含量的增加而增大，此时混合燃料B0、B20、B50、B80、B100的流体类型可能开始发生转变。

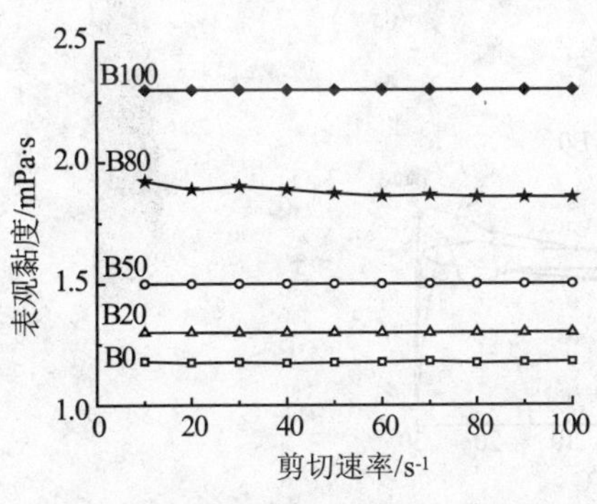

图4－79　60℃时混合燃料的黏度与剪速的关系曲线

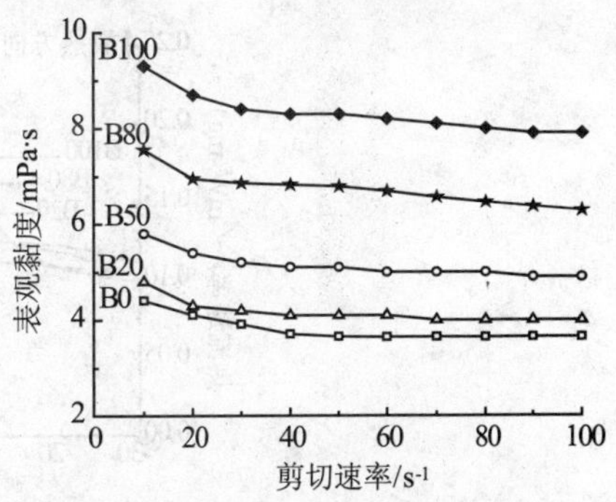

图4－80　20℃时混合燃料的黏度与剪速的关系曲线

从图 4 - 81 可以看出，0℃时，随剪切速率增大，混合燃料 B20、B50 的黏度降低较快，达到一定剪切速率时，混合燃料的黏度随剪切速率增大变化很小，说明此时 B20、B50 具有一定的非牛顿流体特性；B0、B80、B100 的黏度随剪切速率增大略有降低；混合燃料的黏度大小顺序发生了改变，B20 和 B50 的黏度较高。

从图 4 - 82 可以看出，-5℃时，随剪切速率增大，B20 和 B50 的黏度显著降低，低剪切速率时，B0、B80 和 B100 的黏度随剪切速率增大而降低，达到一定剪切速率后，B0、B80 和 B100 的黏度随剪切速率增大变化较小，-5℃时，B0、B20、B50、B80 和 B100 可视为非牛顿流体。

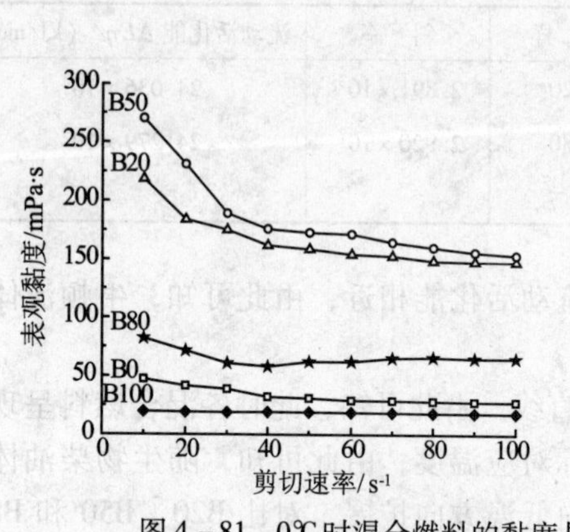

图 4 - 81　0℃时混合燃料的黏度与剪速的关系曲线

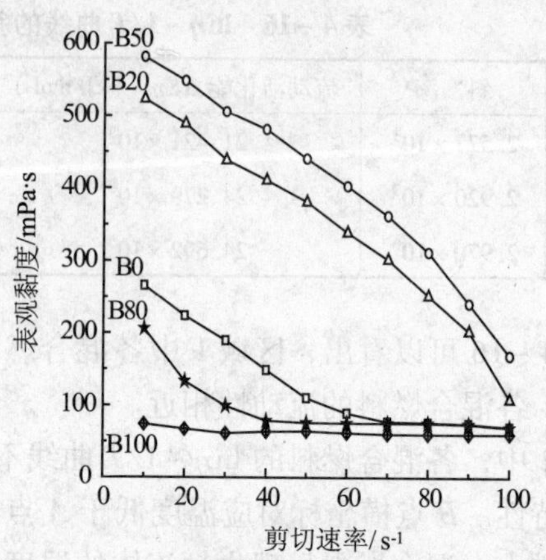

图 4 - 82　-5℃时混合燃料的黏度与剪速的关系曲线

不同温度时，混合燃料黏度与剪切速率的关系曲线形状不同，即不同温度时剪切速率对混合燃料黏度的影响不同。温度高于冷滤点时，曲线几乎与 x 轴平行，说明剪切速率对混合燃料的黏度几乎无影响，此时混合燃料呈现牛顿流体特性；温度低于冷滤点时，随剪切速率增大混合燃料的黏度降低，混合燃料的黏度不再是温度的单一函数，此时混合燃料呈现非牛顿流体特性。

4. 混合燃料的相变分析

采用德国 204F1 示差量热扫描分析仪测定混合燃料 B0、B20、B80 和 B100 在一定冷却速率下的 DSC 曲线，研究混合燃料的相变过程。B0、B20、B80 和 B100 的降温 DSC 曲线如图 4 - 83所示。

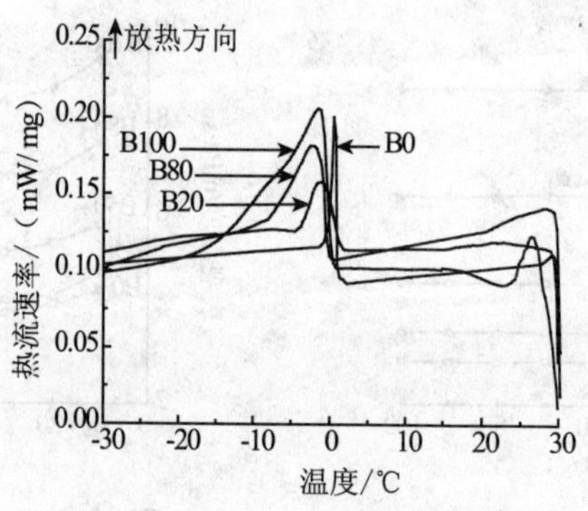

图 4 - 83　混合燃料的降温 DSC 曲线

晶体析出过程是分子由液相转变为固相，熵减小并放出热量的过程。降温 DSC 曲线中出现放热峰，说明油样中有蜡晶析出。

从图 4－83 可以看出，在降温过程中，B0、B20、B80 和 B100 的降温 DSC 曲线中出现一个放热峰，说明降温过程中 B0、B20、B80 和 B100 有一个结晶过程。与 B0 和 B100 相比，B20 和 B80 的 DSC 曲线放热峰开始端坡度较平缓，斜率较大，这可能是由于 SME 与 0 号柴油混合后，SME 中的脂肪酸酯和 0 号柴油中的石蜡形成共结晶，增大了两种物质在混合燃料中的溶解度，形成的新蜡晶在过饱和度较低的情况下结晶出来，不会造成大量过饱和的蜡晶在开始结晶后迅速析出的现象，使得 B20 和 B80 的 DSC 曲线放热峰开始端坡度略微平缓。降温过程中，B0 和 B100 经过一个过饱和温度，在晶核形成前必然会产生过冷，当晶核形成以后，结晶才开始发生，使得 B0 和 B100 的 DSC 曲线放热峰开始端较陡。

从图 4－83 可以看出，B0、B20、B80 和 B100 的降温 DSC 曲线放热峰结束端坡度比其开始端坡度平缓，这可能是由于温度继续降低，B0、B20、B80 和 B100 的结晶速率逐渐降低，使得 B0、B20、B80 和 B100 的 DSC 曲线放热峰结束端坡度比放热峰开始端坡度平缓。

从图 4－83 可以看出，随生物柴油体积百分含量增加，B0、B20、B80 和 B100 的降温 DSC 曲线放热峰变宽，放热峰面积增大。这可能与生物柴油和 0 号柴油混合后，晶核及分散介质的种类和性质有所变化，改变了 0 号柴油中石蜡及生物柴油中的脂肪酸酯结晶的生长习性、表面性质及在混合燃料中的溶解度等性质有关。

为了对各 DSC 曲线有更清楚的把握，将 B0、B20、B80 和 B100 的 DSC 曲线中关键数据：放热峰的出峰温度 T_O（onset），峰值温度 T_P（peak）以及相变潜热 ΔH 如表 4－17 所示。

表 4－17　混合燃料降温 DSC 曲线中的关键数据

油　样	T_O/℃	T_P/℃	Δh/（J/g）	油　样	T_O/℃	T_P/℃	Δh/（J/g）
B0	1.9	0.4	4.97	B20	1.7	－1.3	4.78
B80	－0.6	－2.6	11.35	B100	0.7	－1.8	27.78

从图 4－75 和表 4－17 可以看出，混合燃料 DSC 曲线中的放热峰出峰温度与混合燃料的冷滤点接近，随生物柴油体积百分含量增加，混合燃料放热量增大，说明随温度降低，混合燃料析出晶体的数量随生物柴油体积百分含量的增加而增多。

5. 混合燃料的结晶形态

采用 DMLP 热台偏光显微镜及计算机控制 CCD－Camera 于 Linkam TM 600 型热台上研究混合燃料 B0、B80、B100 低温下的结晶过程和晶态特征。

在偏光显微分析中，晶体可反射偏振光，因此晶体呈现在偏光显微照片中的图像为白色；非晶体不反射偏振光，因此非晶体呈现在偏光显微照片中的图像为黑色。10～－20℃时 B0、B80、B100 的结晶过程如图 4－84～图 4－87 所示。

从图 4－84 可以看出，10℃时，混合燃料偏光显微照片全部为黑色，此时 B0、B80 和 B100 无蜡晶析出，均为液态单相体系。

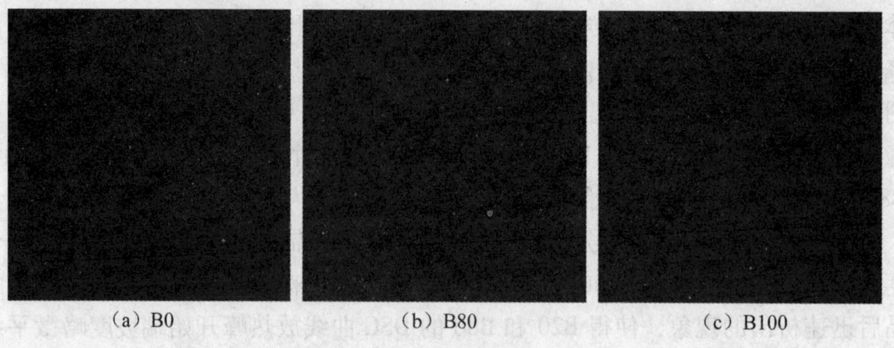

(a) B0　　(b) B80　　(c) B100

图 4－84　10℃时混合燃料偏光显微照片（×400）

从图 4－85 可以看出，B0 析出片状蜡晶，零散分布在油中，B80 无蜡晶析出，B100 中析出少许微小蜡晶，此时 B0 和 B100 成为液固两相混合体系，而 B80 仍为液态单相体系。

(a) B0　　(b) B80　　(c) B100

图 4－85　0℃时混合燃料偏光显微照片（×400）

从图 4－86 可以看出，B0 析出较多片状蜡晶，形状不规则，分布较杂乱；B80 中析出少许棒状蜡晶，与 B0 中的片状蜡晶相比，B80 中的蜡晶形状较规则，分布均匀；B100 中析出少许针状蜡晶，但蜡晶边界不明显，类似熔融态物质。

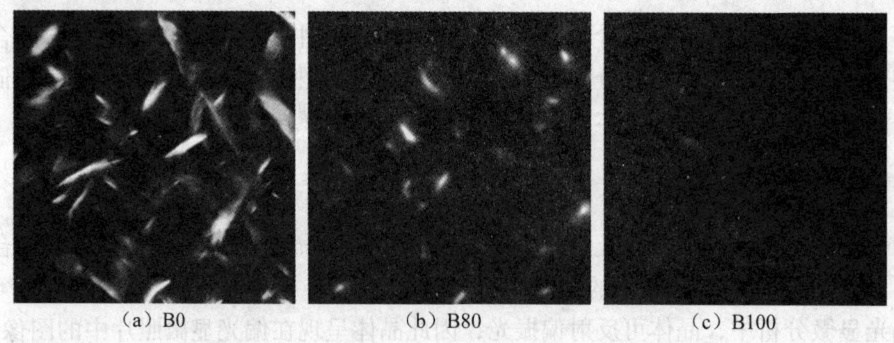

(a) B0　　(b) B80　　(c) B100

图 4－86　－10℃时混合燃料偏光显微照片（×400）

从图 4－87 可以看出，此时与－10℃时情况类似，B0 析出的片状蜡晶数量增多，体积增大，连成了一片；B80 中析出棒状蜡晶数量增多；B100 中析出针状蜡晶数量变化较小，但相互连成一片形成类似膏状物质。

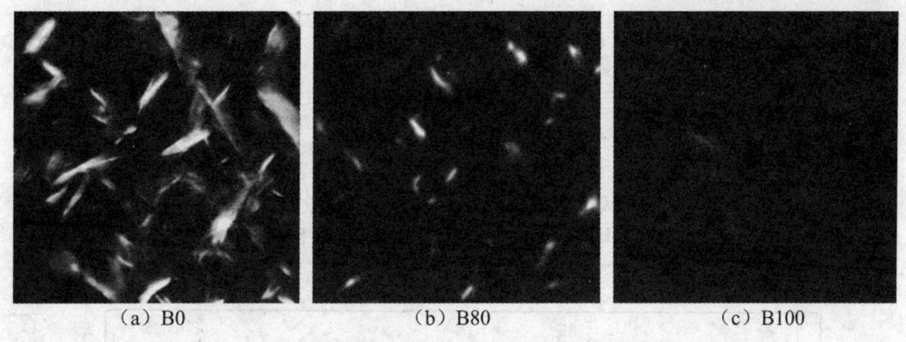

（a）B0　　（b）B80　　（c）B100

图 4－87　－20℃时混合燃料偏光显微照片（×400）

对比片状晶体、棒状晶体和针状晶体，棒状晶体比表面能较小，根据能量最低原理，棒状晶体较稳定，不易相互聚结，因此，混合燃料 B80 的低温流动性优于纯石化柴油 B0 及纯生物柴油 B100。

6. 混合燃料的低温凝固机制分析

石化柴油主要成分为正构烷烃，也有少量异构烷烃、带长侧链的环烷烃及少量带长侧链的芳香烃，生物柴油主要成分为棕榈酸、硬脂酸、油酸、亚油酸等长链饱和与不饱和脂肪酸与醇类反应形成的脂肪酸酯。

石化柴油低温下失去流动性的主要原因是其中的正构烷烃在低温下析出、成长变大并逐渐形成网状结构，将低熔点石化柴油组分吸附于其中，使石化柴油整体上失去流动性。

生物柴油低温下失去流动性的主要原因是其中的饱和脂肪酸酯在低温下析出、成长变大并逐渐形成网状结构，将低熔点生物柴油组分吸附于其中，使生物柴油整体上失去流动性。

混合燃料中，生物柴油中的脂肪酸酯的非极性端与石化柴油的石蜡形成共结晶，而脂肪酸酯的极性基团起屏蔽作用，使蜡晶不易相互联结形成网状结构，改变了蜡晶的表面性质、发育习性等，使混合燃料的低温流动性优于纯生物柴油及纯石化柴油。

生物柴油低温下的凝固过程如图 4－88 所示，石化柴油低温下的凝固过程如图 4－89 所示，混合燃料低温下的凝固过程如图 4－90 所示。

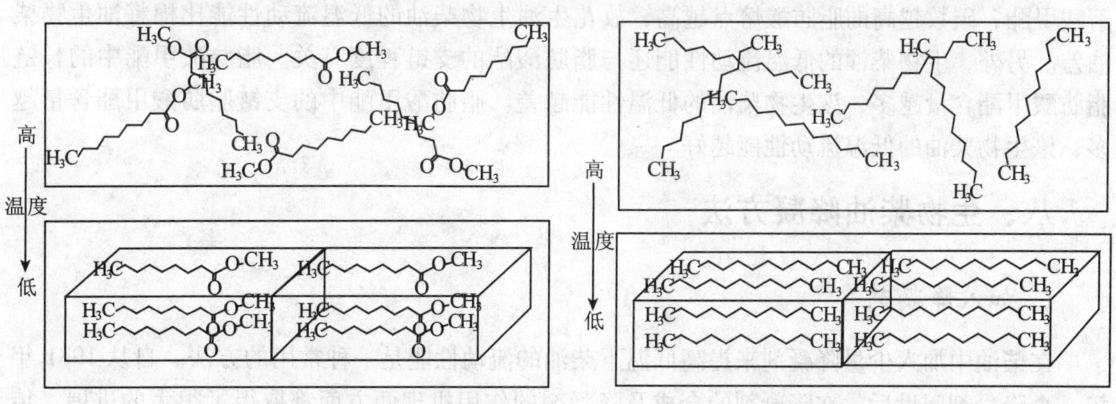

图 4－88　生物柴油凝固过程示意图　　图 4－89　石化柴油凝固过程示意图

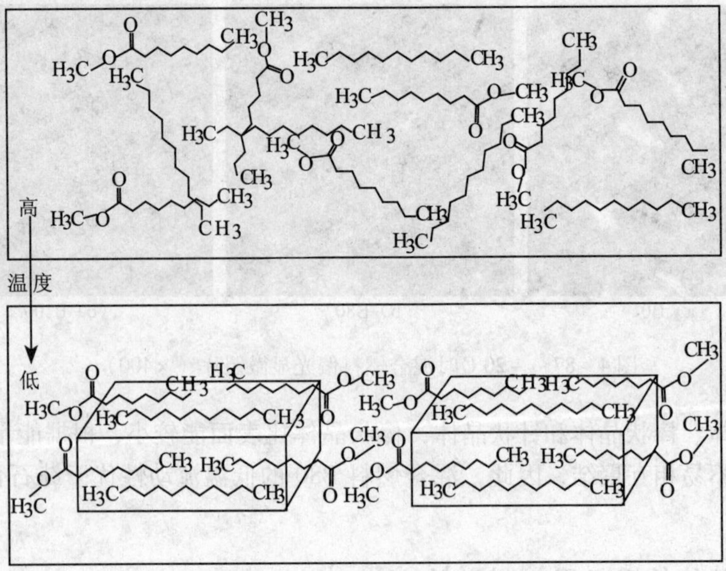

图 4-90　混合燃料凝固过程示意图

七、生物柴油低温流动性能与脂肪酸甲酯的不饱和度、碳数和支链的关系

生物柴油的主要成分是混合脂肪酸甲酯，因此脂肪酸甲酯的分布与生物柴油的低温流动性能关系密切。生物柴油中脂肪酸甲酯的熔点随碳链长度的增加而增加，并随其不饱和度的增加而减少。如碳数都为 18 的硬脂酸甲酯（饱和脂肪酸甲酯）和油酸甲酯（含一个双键）的熔点分别为 39.1℃和 -19.8℃，两者的熔点相差约 59℃。因此，生物柴油中脂肪酸甲酯的不饱和度含量对生物柴油的低温流动性能起决定作用。

生物柴油的低温流动性能除了与脂肪酸甲酯的不饱和度有关外，还与碳数和支链有密切关系。如花生油生物柴油的不饱和度比棉籽油生物柴油中的低，但其低温流动性能明显比棉籽油生物柴油的差。这主要是由于花生油生物柴油中存在较多的碳数较大的花生酸甲酯和山萮酸甲酯，碳数越高的脂肪酸熔点越高，故花生油生物柴油的低温流动性能比棉籽油生物柴油差。另外，生物柴油的低温流动性能还与脂肪酸酯的支链程度有关。脂肪酸甲酯中的长链脂肪酸甲酯含量越多，该生物柴油的低温性能越差。脂肪酸甲酯中的支链脂肪酸甲酯含量越多，该生物柴油的低温流动性能越好。

八、生物柴油降凝方法

1. 加入降凝剂

在柴油中加入少量降凝剂来提高低温下柴油的流动性能是一种常用的方法。自从 1931 年第一个降凝剂问世后，在降凝剂的合成及降凝剂的作用机理两方面都取得了很大的进展。传统的柴油降凝剂按其原料可分为乙烯-醋酸乙烯酯共聚物、烯基二酰胺酸盐类、醋酸乙烯酯-富马酸酯共聚物、马来酸酐共聚物、丙烯酸酯类共聚物、烯基芳烃、极性含氮化合物等。

有关这些降凝剂对生物柴油的低温性能的影响在前面章节已做了较为详细的论述。除了我们的研究之外，Chuang - Wei Chiu 等对 Bio - Flow - 870、Bio Flow - 875 加入到生物柴油中考察了其对生物柴油浊点、冷凝点的影响。实验表明：Bio Flow - 875、Bio - Flow - 870 在加入量为 0.1% 时可以分别使冷凝点从 -6℃降低到 -9℃和 -18℃，但对冷滤点几乎没有影响。

Soriano Jr. 等分析了生物柴油自身的特点，采用臭氧化处理的植物油作为纯生物柴油的抗凝剂。实验表明：1% ~1.5%（质量分数）的臭氧化植物油对降低生物柴油的冷凝点有很好的效果，可使由葵花籽油、大豆油和菜籽油制备的生物柴油的冷凝点分别降低 -24℃、-12℃、-30℃，而对冷滤点的影响不大。

2. 加入柴油

在生物柴油中加入一定量的精制柴油或低硫柴油是冷凝点降低的另一种方法。这种方法研究的比较多，但该方法冷凝点降幅不大。有研究表明，加入 50% ~70%（体积分数）的柴油可使生物柴油的冷凝点降低 7 ~10℃。

3. 混合降凝法

该方法是在生物柴油中加入一定量精制柴油或低凝点柴油的基础上，再加入少量降凝剂，共同作用使生物柴油的凝点降低。Chuang - Wei Chiu 等将生物柴油与一定量的低硫柴油添加降凝剂 OS - 110050，考察了生物柴油冷凝点和冷滤点的影响，发现生物柴油的冷凝点随着低硫柴油和降凝剂的加入而降低，但冷滤点的变化不大。

此外，天气寒冷时加入乙醇可以阻止生物柴油结冰堵塞油管和过滤器，最大加入量为 1L 燃料中加入 1.25mL 乙醇。Van Genpen 研究了杂质对低温性能的影响，发现不皂化物如甾醇、生育酚等，含量达 2% 也不会对低温性能产生影响，而含有饱和脂肪酸的甘一酯、甘二酯含量低至 0.05% 就能显著改变凝点，虽然 1% 的含量对倾点影响极小，不饱和甘一酯对低温性能没有影响。

4. 改变生物柴油的结构

在合成生物柴油时，用不同的醇作原料改变生物柴油中的酯基，合成不同结构的酯，利用空间结构的不同改变生物柴油的冷凝点。Lee 等采用含有支链的醇与植物油或动物油脂交换合成生物柴油，并对其产物和由甲醇与植物油或动物油脂交换合成生物柴油的低温性能做了比较。研究表明：含支链的醇合成的纯生物柴油或生物柴油与柴油混合物的结晶温度明显降低，异丙基和 2 - 丁基大豆油脂与大豆油甲酯相比，结晶温度分别降低了 7 ~11℃和12 ~14℃。

总的来看，传统的柴油降凝剂对生物柴油的降凝效果并不理想，其主要原因是生物柴油的组成和结构与石化柴油不同，因此加强对生物柴油的组成、组分结构等的基础研究，探讨生物柴油的降凝机理，开发研制新型生物柴油降凝剂，降低生物柴油的凝点，提高生物柴油的低温流动性，是目前生物柴油研究的另一个热点课题。

第四节 生物柴油对柴油机油的影响

生物柴油对柴油机油的影响这里指生物柴油进入发动机润滑油内，对其性能造成的影响。生物柴油作为一种优质的生物质可再生能源，具有环境友好、在使用过程中有害物排放少等优点。但是，与石化柴油相比，生物柴油氧化安定性和低温流动性差等诸多燃料特性缺陷是制约其广泛应用的技术瓶颈。此外，发动机在工作过程中，由于少部分燃料可通过渗流或燃气夹带进入曲轴箱，造成发动机油污染，劣化发动机油质量，影响发动机润滑油的理化性能、氧化安定性、清净分散性以及抗磨性能。据文献报道，废航空润滑油中平均含有2% ~3% 的航空汽油，废车用润滑油中平均含有10% ~15% 的车用汽油，拖拉机润滑油中平均含有30% 以上柴油。因此，发动机燃用生物柴油时，由于生物柴油进入曲轴箱所造成的对发动机油的不良影响，也是生物柴油应用中必须考虑和解决的重要技术问题之一，而目前有关生物柴油对发动机油品质影响的研究国内外鲜有报道。作者研究了生物柴油存在条件下柴油机油的黏度、酸碱值、腐蚀性、氧化安定性、高温清净性以及抗磨减摩性能的变化规律。

在柴油机油中分别加入不同质量分数的 SME、WME 及脂肪酸甲酯组分作为试验油样组，将0 号柴油按相同的质量分数加入到柴油机油中，作为参比油样组。在规定的条件下将柴油机油样品氧化，然后考察氧化前后柴油机油的物化性能、氧化安定性、高温清净性、抗磨减摩性能等的变化情况。

一、生物柴油对柴油机油理化性能的影响

1. 黏度

黏度的变化可反映润滑油的氧化、聚合、轻组分挥发、燃油稀释和机械剪切等综合情况。表4 – 18 为含不同质量百分比柴油的 CD 15W – 40 柴油机油氧化前运动黏度。

表4 – 18　油样氧化前的黏度

油　样	40℃黏度/（mm^2/s）	油　样	40℃黏度/（mm^2/s）
CD 15W – 40	107.91	CD 15W – 40 + 5% 0 号柴油	84.91
CD 15W – 40 + 10% 0 号柴油	61.22	CD 15W – 40 + 20% 0 号柴油	38.97
CD 15W – 40 + 5% SME	84.82	CD 15W – 40 + 10% SME	66.79
CD 15W – 40 + 20% SME	42.25	CD 15W – 40 + 5% WME	82.43
CD 15W – 40 + 10% WME	64.65	CD 15W – 40 + 20% WME	43.84

从表4 – 18 可以看出，柴油机油混入柴油后，运动黏度下降，柴油含量越多，黏度越小。柴油机油中 SME、WME 及0 号柴油的质量分数相同时，其运动黏度值也比较接近。这表明氧化前柴油机油的运动黏度下降主要是由柴油稀释造成的，且生物柴油和0 号柴油对柴油机油黏度影响无明显差异。

试验发现，含 SME 及 WME 的两组 CD 15W – 40 柴油机油在高温氧化试验过程中，颜色由浅至深变化较快，反应过程用于催化的铅片受到较严重的腐蚀，其表面有一层较厚的氧化物，且有部分脱落产生较多的颗粒沉积物，这些沉积物会堵塞黏度计的毛细管，从而无法准确测得其黏度。含0 号柴油的柴油机油在整个试验过程中颜色变化相对较慢，油样氧化变稠及黏度增加不是很明显，氧化后沉积物的生成量较少。图4 – 91 所示为含不同质量分数（从左至右依次为0%、5%、10%、20%，下同）SME 和0 号柴油的 CD 15W – 40 柴油机油氧化后的油样照片。

(a) CD 15W- 40+SME

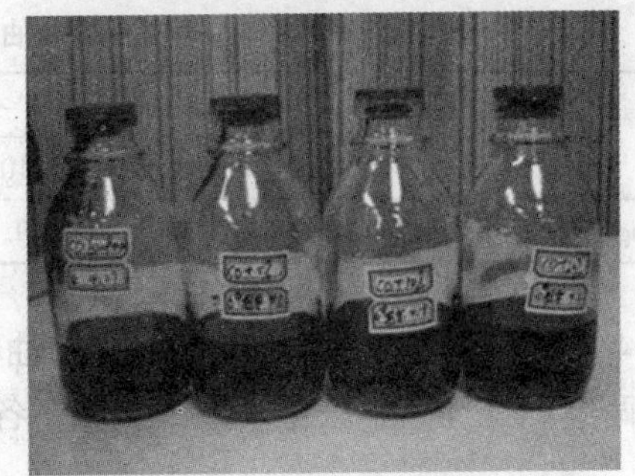

(b) CD 15W/40+0号柴油

图 4－91　油样氧化后照片

2. 酸值

酸值表示润滑油中无机酸和有机酸的总含量，是衡量润滑油氧化变质程度的指标之一，润滑油氧化后酸值越大，变质程度越大。图 4－92 所示为含有不同比例柴油的 CD 15W－40 柴油机油经高温氧化模拟试验后的酸值变化情况。

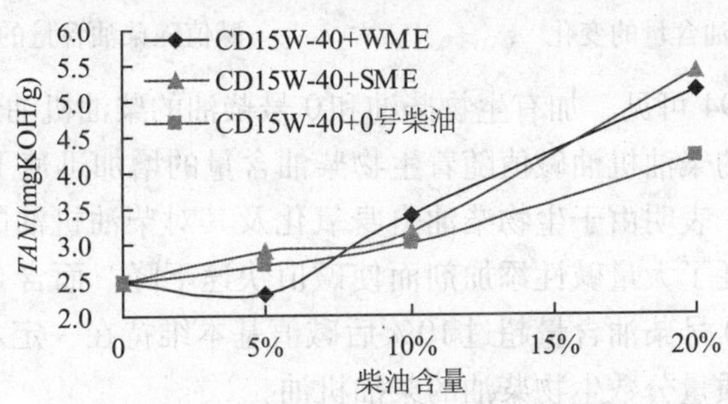

图 4－92　氧化后酸值随柴油含量的变化

从图 4－92 可以看出，高温氧化后三组油样的酸值均随柴油含量增加而增大，但含 0 号柴油的柴油机油酸值增加较为平缓，含生物柴油的柴油机油酸值增加较为明显，尤其是当柴油机油中 WME 含量大于 5%、SME 含量大于 10% 后，酸值增大更为明显，说明生物柴油比 0 号柴油更易促进柴油机油氧化衰变，且生物柴油含量越大，柴油机油氧化衰变程度也越大，这可能是因为生物柴油中含有大量不饱和脂肪酸甲酯：一方面不饱和脂肪酸甲酯在高温条件下易氧化生成酸性氧化产物；另一方面生物柴油氧化产物进一步加速了柴油机油的氧化变质，从而使含有生物柴油的柴油机油高温氧化后酸值明显增大。

3. 碱值

碱值（TBN）是表示机油中碱性物质含量的指标，通常反映发动机油中碱性添加剂（主要是清净分散剂）含量的多少。发动机油中的碱性添加剂可中和机油酸性氧化产物，起到减缓机油氧化缩合以及减少发动机沉积物、降低腐蚀和磨损等作用。因此，发动机油使用过程中碱值的变化反映了机油中碱性添加剂的消耗情况，也间接地反映了机油氧化变质情况。表 4－19 为 CD 15W－40 柴油机油以及在 CD 15W－40 柴油机油中加入不同质量分数的 WME 及 0 号柴油，所得油样的碱值测定结果。

表 4－19　油样氧化前的碱值

油　样	CD 15W－40	CD 15W－40＋WME			CD 15W－40＋0 号柴油		
		5%	10%	20%	5%	10%	20%
TBN/（mgKOH/g）	9.41	9.35	9.23	9.17	9.39	9.30	9.21

从表 4－18 可以看出，CD 15W－40 柴油机油中加入生物柴油和 0 号柴油后，碱值变化不大。上述两组油样经高温氧化模拟试验后，各油样的碱值变化情况见图 4－93、图 4－94。

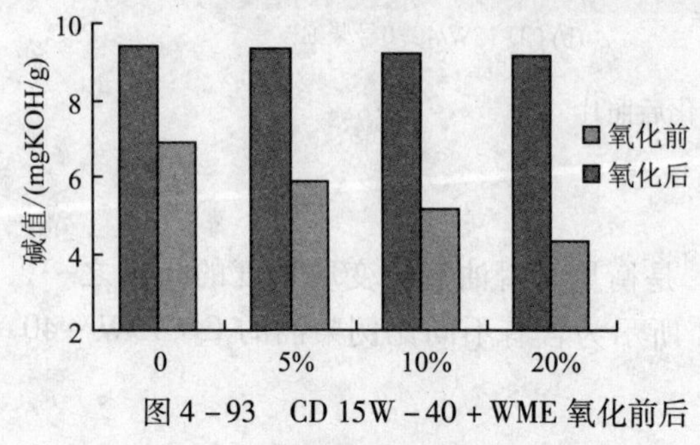

图 4－93　CD 15W－40＋WME 氧化前后碱值随柴油含量的变化

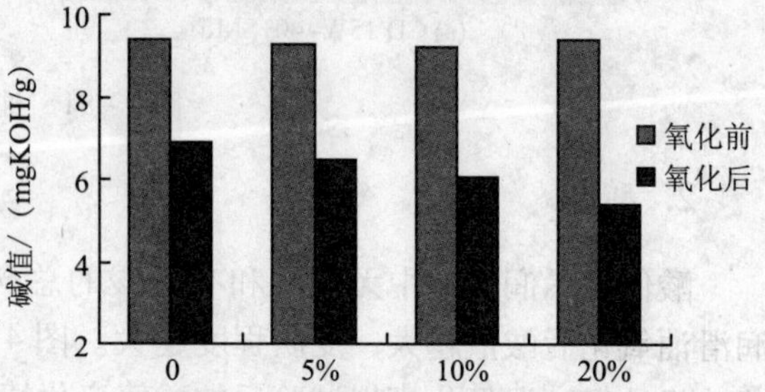

图 4－94　CD 15W－40＋0 号柴油氧化前后碱值随柴油含量的变化

由图 4－93、图 4－94 可见，加有生物柴油和 0 号柴油的柴油机油经高温氧化后，碱值降低。其中，含生物柴油的柴油机油碱值随着生物柴油含量的增加迅速下降，当含量大于 10% 后，碱值降低更为明显，表明由于生物柴油自身氧化及其对柴油机油的氧化促进作用，酸性氧化产物显著增多，消耗了大量碱性添加剂而使碱值快速下降。而含 0 号柴油的柴油机油碱值下降比较缓慢，且当 0 号柴油含量超过 10% 后碱值基本维持在一定水平范围之内，其碱值控制能力明显优于含同质量分数生物柴油的柴油机油。

4. 不溶物含量

不溶物主要是由机油氧化缩合产生的高分子不溶解物质以及磨屑和腐蚀产物组成的复杂混合物，是表征发动机油氧化变质程度的参数之一。图 4－95～图 4－97 所示为含有不同比例柴油的基础油和柴油机油经高温氧化后正戊烷不溶物含量变化情况。

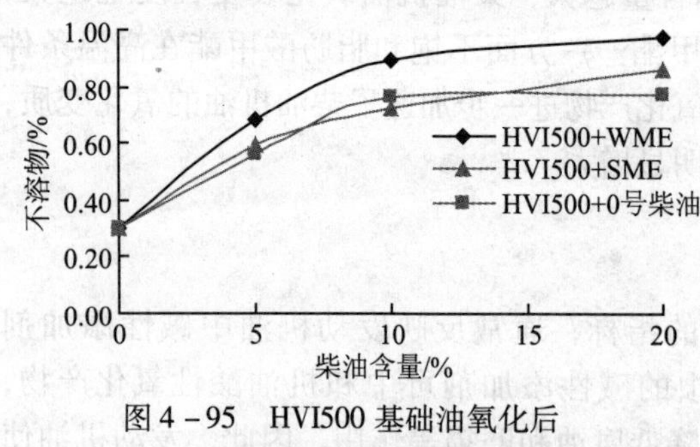

图 4－95　HVI500 基础油氧化后不溶物随柴油含量的变化

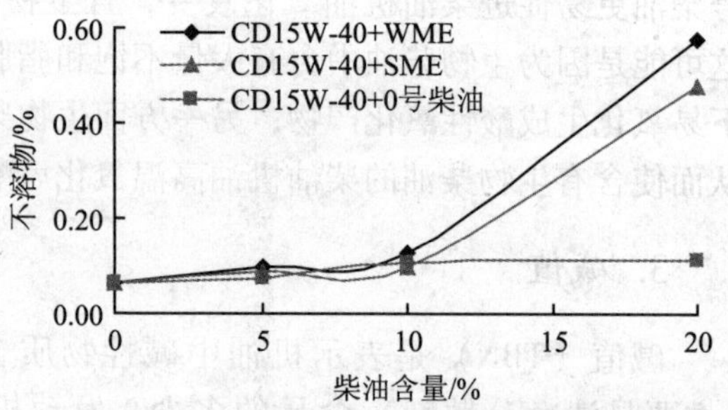

图 4－96　CD 15W－40 柴油机油氧化后不溶物随柴油含量的变化

从图 4－95～图 4－97 可以看出，无论是基础油或柴油机油，加入生物柴油和 0 号柴油并经高温氧化后，正戊烷不溶物含量均增加，且含生物柴油的柴油机油氧化后不溶物的生成量比含等质量分数 0 号柴油的柴油机油大，这可能是由于生物柴油脂肪酸甲酯分子中含有不饱和双键，不饱和脂肪酸甲酯易氧化降解，生成包括过氧化物、醛类和游离低分子脂肪酸等在内的氧化产物，这些氧化产物进一步缩合形成极性高分子不溶物；另一方面，生物柴油的氧化在一定程度上也加速了柴油机油的氧化及添加剂消耗。

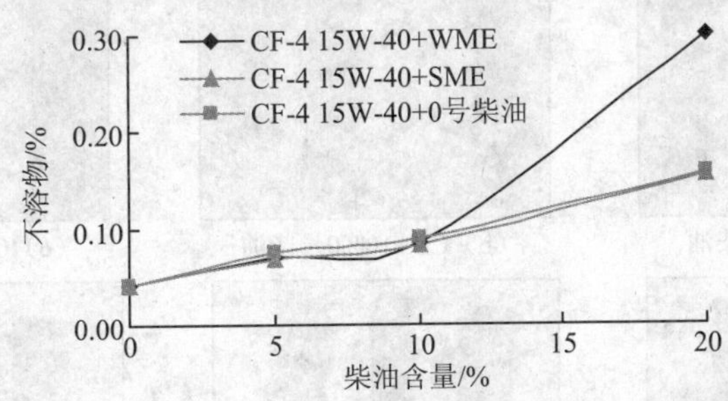

图 4-97 CF-4 15W-40 柴油机油氧化后不溶物随柴油含量的变化

从图 4-95 ~ 图 4-97 还可看出，不同原料制备的生物柴油对柴油机油正戊烷不溶物的生成影响不同，含有 WME 的柴油机油不溶物含量较含有 SME 的柴油机油高，这可能是不同原料制备的生物柴油不饱和脂肪酸组成及含量不同，氧化安定性不同所致。此外，相同试验条件下，基础油中正戊烷不溶物含量明显较 CD 15W-40 及 CF-4 15W-40 柴油机油中不溶物含量高，且较高质量等级的 CF-4 15W-40 柴油机油中不溶物含量最小，这可能是柴油机油中的抗氧剂抑制了柴油机油氧化，碱性清净分散剂中和了部分酸性氧化产物所致。

5. 金属片腐蚀试验

润滑油氧化会生成腐蚀性物质，因此在润滑油氧化试验中通过金属腐蚀评定可以反映润滑油的氧化程度。图 4-98 ~ 图 4-100 分别是 HVI500、CD 15W-40、CF-4 15W-40 柴油机油氧化试验后铜片、铁片、铅片的实物照片。

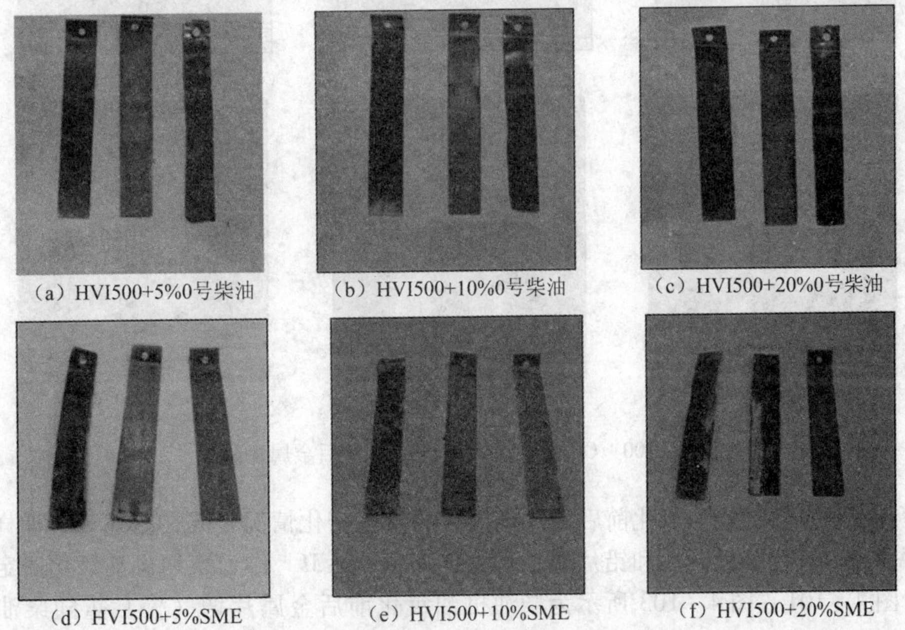

（a）HVI500+5%0号柴油　（b）HVI500+10%0号柴油　（c）HVI500+20%0号柴油

（d）HVI500+5%SME　（e）HVI500+10%SME　（f）HVI500+20%SME

图 4-98 HVI500 基础油氧化试验后金属片照片

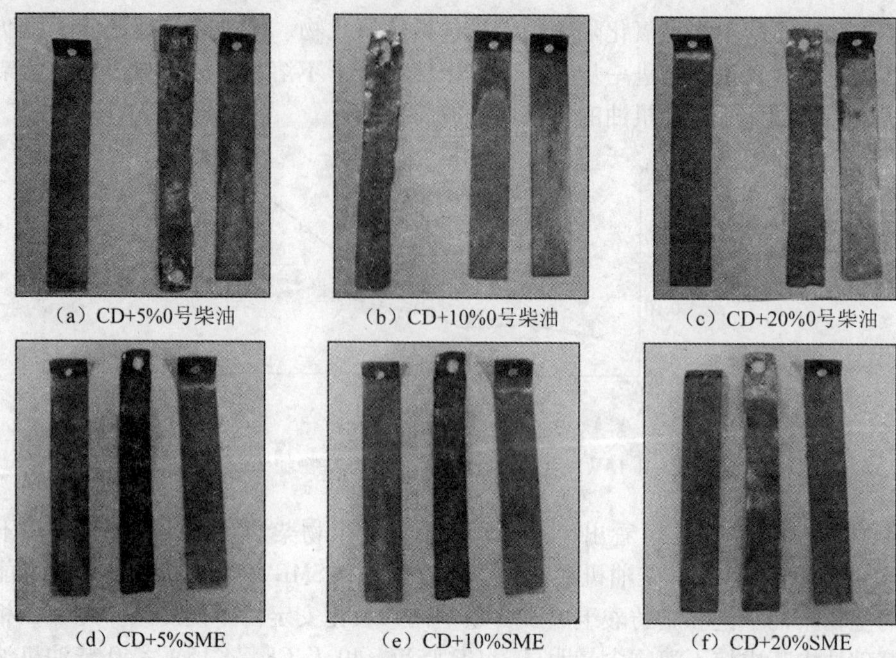

（a）CD+5%0号柴油　（b）CD+10%0号柴油　（c）CD+20%0号柴油

（d）CD+5%SME　（e）CD+10%SME　（f）CD+20%SME

图4－99　CD 15W－40 氧化试验后金属片照片

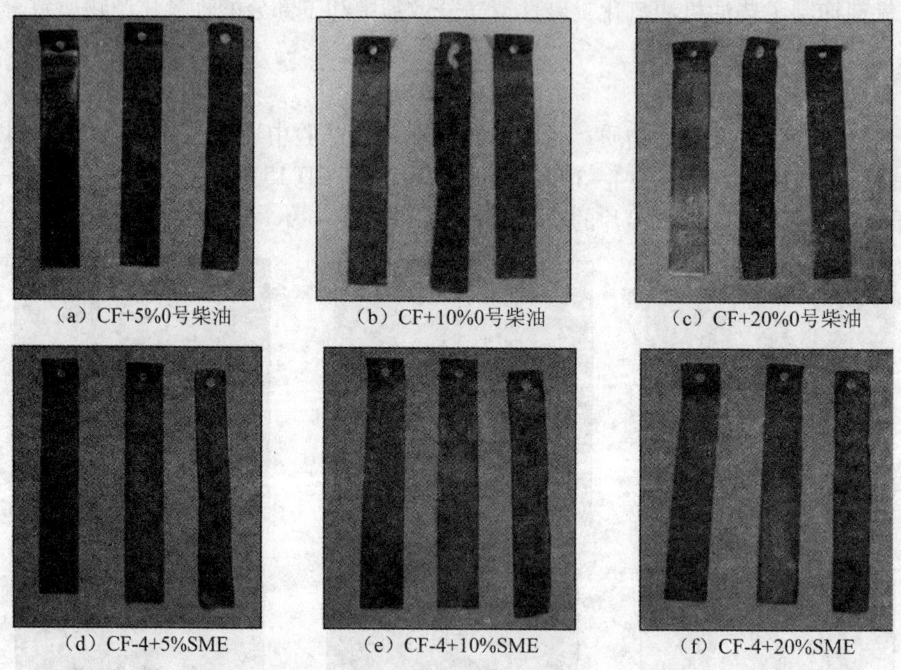

（a）CF+5%0号柴油　（b）CF+10%0号柴油　（c）CF+20%0号柴油

（d）CF-4+5%SME　（e）CF-4+10%SME　（f）CF-4+20%SME

图4－100　CF－4 15W－40 氧化试验后金属片照片

实验还考察了柴油机油氧化前后铅片及铜片的质量变化情况，并在后述章节油样的氧化安定性评分中以氧化前后铜片和铅片质量变化绝对值 $|\Delta M|$ 作为柴油机油氧化安定性的评分指标。图4－101～图4－103所示为柴油机油氧化前后金属片增（失）重随柴油含量的变化情况。

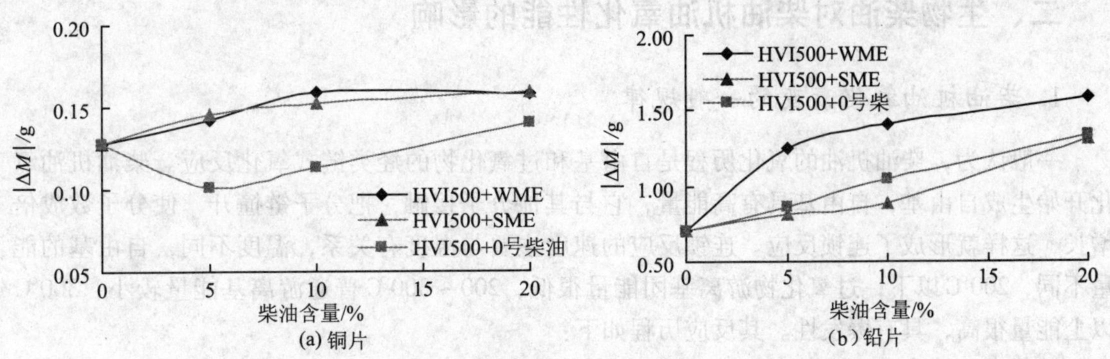

图 4－101 HVI500 基础油氧化试验后金属片质量随柴油含量的变化

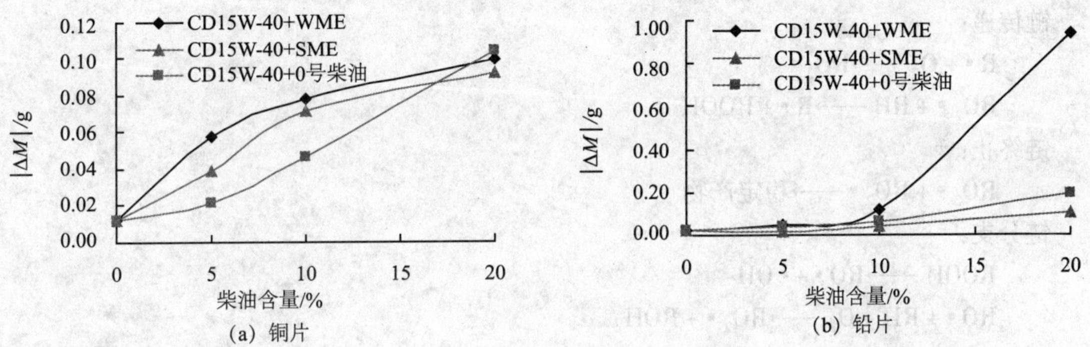

图 4－102 CD 15W－40 氧化试验后金属片质量随柴油含量的变化

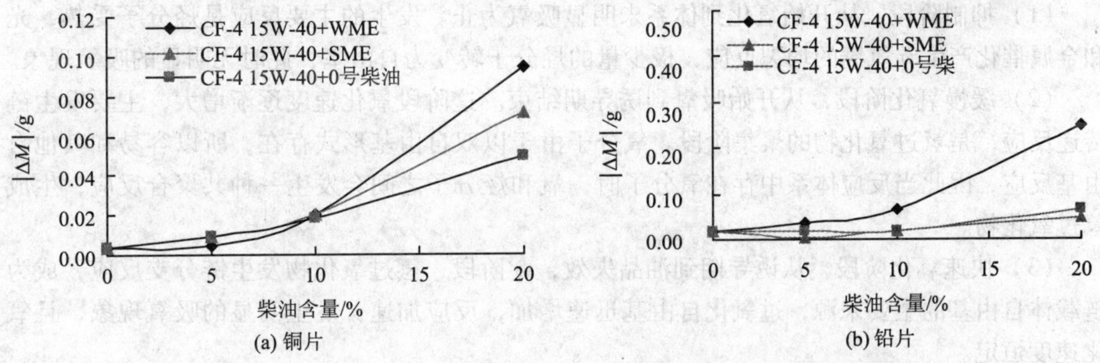

图 4－103 CF－4 15W－40 氧化后金属片质量随柴油含量的变化

从图 4－101～图 4－103 可以看出，在基础油和柴油机油中加入柴油后，氧化产物对铜片和铅片的腐蚀性增强，且随柴油含量增加，金属片质量变化增大，其中 HVI500 基础油的腐蚀性最为明显，铜片和铅片的质量变化最大。此外，含生物柴油的柴油机油金属片质量变化随生物柴油含量的增加上升较快，生物柴油含量高于 10% 时，铜、铅片质量变化更明显，表明柴油机油深度氧化，生成了大量腐蚀性物质。比较而言，含 0 号柴油的柴油机油氧化后金属片质量变化较为平缓。

二、生物柴油对柴油机油氧化性能的影响

1. 柴油机油氧化衰变的一般规律

一般认为，柴油机油的氧化历程是自由基和过氧化物的烃类链式氧化反应。柴油机油氧化开始生成自由基，自由基具有高能量，它与其他分子接触，把分子链撞开，使分子数成倍增长，这样就形成了连锁反应。连锁反应的速度主要与温度有关系，温度不同，自由基的能量不同，200℃以下，过氧化物游离基团能量很低，200～300℃普通游离基能量较小，300℃以上能量很高，具有爆发性。其反应历程如下：

链引发：

$$RH \longrightarrow R\bullet$$

链传递：

$$R\bullet + O_2 \longrightarrow RO_2\bullet$$

$$RO_2\bullet + RH \longrightarrow R\bullet + ROOH$$

链终止：

$$RO_2\bullet + RO_2\bullet \longrightarrow \text{稳定产物}$$

链分支：

$$ROOH \longrightarrow RO\bullet + \bullet OH$$

$$RO\bullet + RH + O_2 \longrightarrow RO_2\bullet + ROH$$

$$\bullet OH + RH + O_2 \longrightarrow RO_2\bullet + H_2O$$

根据吸氧速度柴油机油的氧化过程分为三阶段：

（1）抑制阶段，从开始氧化到体系未明显吸氧为止。发生的主要反应是烃分子受热，光和金属催化产生碳氢键的均裂反应，极少量的烃分子转变为自由基，此时无明显的吸氧现象。

（2）缓慢氧化阶段，从开始吸氧到诱导期结束。这阶段氧化速度逐渐增大，主要发生链传递反应，是氢过氧化物的聚集阶段。氧分子由于以双自由基形式存在，所以容易和其他自由基反应，因此当反应体系中存在氧分子时，氧和烃分子之间会发生一种共聚合反应，生成氢过氧化物。

（3）快速氧化阶段，从诱导期到油品失效，此阶段，氢过氧化物发生链分支反应，成为链载体自由基的主要来源，过氧化自由基迅速增加，反应加速，发生明显的吸氧现象，且氧化速度恒定。

2. 生物柴油对柴油机油氧化安定性的影响

柴油机油的氧化安定性评定主要是依据 SH/T 0299—92 方法进行，总评分越低，氧化安定性越好。总评分用下式计算：

$$\text{总评分} = \text{铅片评分} + \text{铜片评分} + \text{氧化后正戊烷不溶物评分}$$

其中：铅片评分 $= \dfrac{|\Delta M|_{Pb}}{10}$；铜片评分 $= \dfrac{|\Delta M|_{Cu}}{1}$；正戊烷不溶物评分：正戊烷不溶物百分数达到 0.1% 计 5 分，每增加 0.1% 加 1 分。本试验中试验油样为 5g，正戊烷不溶物百分数 $= \dfrac{\Delta G\ (g)\ \times 100}{5}$。表 4－20～表 4－22 所示为几组油样氧化安定性评分结果。

表 4－20　HVI500 系列油样的氧化安定性评分结果

试验油样		铅片腐蚀		铜片腐蚀		正戊烷不溶物		总评分
		$\lvert\Delta M\rvert_{Pb}$/mg	评分	$\lvert\Delta M\rvert_{Cu}$/mg	评分	ΔG/g	评分	
HVI500		702.5	70.25	127.6	127.6	0.2993	64	261.85
HVI500	5%	1247.9	124.79	142.7	142.7	0.6790	140	407.49
+	10%	1408.7	140.87	158.8	158.8	0.8969	183	482.67
地沟油生柴	20%	1584.3	158.43	157.5	157.5	0.9764	199	514.93
HVI500	5%	813.4	81.34	145.7	145.7	0.5915	122	349.04
+	10%	886.3	88.63	152.4	152.4	0.7211	148	389.03
大豆油生柴	20%	1311.7	131.17	158.4	158.4	0.8602	176	465.57
HVI500	5%	866.4	86.64	100.6	100.6	0.5643	117	304.24
+	10%	1040.6	104.06	113.0	113.0	0.7674	157	374.06
0 号轻柴	20%	1333.6	133.36	139.6	139.6	0.7719	158	430.96

表 4－21　CD 15W－40 系列油样的氧化安定性评分结果

试验油样		铅片腐蚀		铜片腐蚀		正戊烷不溶物		总评分
		$\lvert\Delta M\rvert_{Pb}$/mg	评分	$\lvert\Delta M\rvert_{Cu}$/mg	评分	ΔG/g	评分	
CD 15W－40		25.1	2.51	12.0	12.0	0.0642	17	31.51
CD 15W－40	5%	50.3	5.03	58.0	58.0	0.0962	23	86.03
+	10%	117.9	11.79	77.8	77.8	0.1245	29	118.59
地沟油生柴	20%	939.4	93.94	99.4	99.4	0.5741	119	312.34
CD 15W－40	5%	18.1	1.81	38.8	38.8	0.0864	21	61.61
+	10%	43.3	4.33	71.3	71.3	0.0985	24	99.63
大豆油生柴	20%	103.4	10.34	91.7	91.7	0.4772	99	201.04
CD 15W－40	5%	42.9	4.29	21.5	21.5	0.0753	19	44.79
+	10%	66.3	6.63	46.9	46.9	0.1056	25	78.53
0 号轻柴	20%	192.6	19.26	103.8	103.8	0.1128	27	150.06

表 4－22　CF－4 15W－40 系列油样的氧化安定性评分结果

试验油样		铅片腐蚀		铜片腐蚀		正戊烷不溶物		总评分
		$\lvert\Delta M\rvert_{Pb}$/mg	评分	$\lvert\Delta M\rvert_{Cu}$/mg	评分	ΔG/g	评分	
CF－4 15W－40		20.6	2.06	3.3	3.3	0.0422	12	17.36
CF－4	5%	38.7	3.87	5.0	5.0	0.0703	18	26.87
15W－40 +	10%	72.6	7.26	20.2	20.2	0.0841	21	48.46
地沟油生柴	20%	266.7	26.67	94.8	94.8	0.3003	64	185.47
CF－4	5%	4.4	0.44	8.8	8.8	0.0685	18	27.24
15W－40 +	10%	18.7	1.87	20.1	20.1	0.0813	20	41.97
大豆油生柴	20%	51.2	5.12	71.1	71.1	0.1542	35	111.22

续表

试验油样		铅片腐蚀		铜片腐蚀		正戊烷不溶物		总评分
		$\|\Delta M\|_{Pb}$/mg	评分	$\|\Delta M\|_{Cu}$/mg	评分	ΔG/g	评分	
CF-4 15W-40 + 0号轻柴	5%	20.0	2.00	9.6	9.6	0.0756	19	30.60
	10%	20.8	2.08	18.1	18.1	0.0887	22	42.18
	20%	69.3	6.93	49.3	49.3	0.1566	35	91.23

从表4-20~表4-22可以看出，基础油和柴油机油中加入生物柴油和0号柴油后，柴油机油的氧化评分结果差别较大，表明柴油机油氧化安定性明显不同，并呈现以下规律：

（1）柴油机油中加入同种柴油且添加比例相同时，氧化安定性总评分由高到低的顺序为：HVI500基础油 > CD 15W-40柴油机油 > CF-4 15W-40柴油机油。

（2）柴油机油中加入同种柴油但添加比例不同时，氧化安定性总评分随柴油加入量增多而升高。

（3）柴油机中加入不同柴油但添加比例相同时，氧化安定性总评分为生物柴油高于石化柴油。

3. 生物柴油作用下柴油机油氧化衰变机理

利用红外光谱对柴油机油的氧化进行表征，是根据氧化产物的特征吸收峰来表示的。

1590cm^{-1}处的吸收峰表示皂化物，为初始氧化产物；

1700~1730cm^{-1}吸收峰表示羰基化合物，为中间氧化产物；

1770cm^{-1}处的吸收峰表示有机酸类，为深度氧化产物；

670cm^{-1}处的吸收峰表示抗氧抗磨剂ZDDP的S═P键；

990cm^{-1}处的吸收峰表示ZDDP的P—O—C键。

图4-104所示为CD15W-40柴油机油以及在CD15W-40柴油机油中分别加入10%棕榈酸甲酯、硬脂酸甲酯、油酸甲酯、亚麻酸甲酯的油样经氧化试验后的红外谱图。

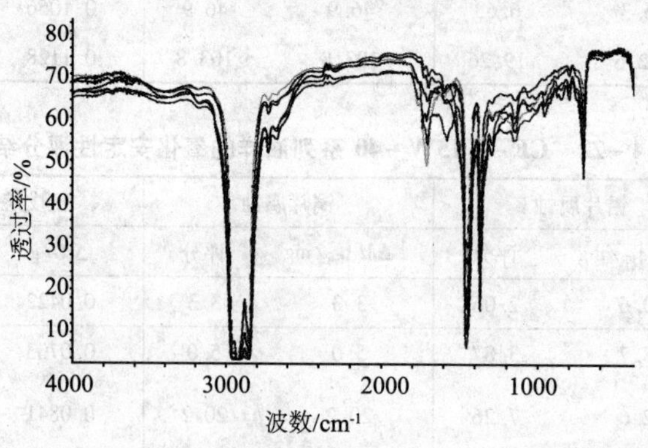

图4-104　不同脂肪酸甲酯存在条件下柴油机油氧化前后的红外谱图

从图4-104可以看出，CD 15W-40柴油机油具备一定的氧化抑制能力，油样中加入脂肪酸甲酯后，在代表初始氧化产物、中间氧化产物及深度氧化产物的1590cm^{-1}、1710m^{-1}及1770m^{-1}处的吸收峰均不同程度增强，说明油品的氧化程度加深。分析不同油品在同一波数处的吸收峰强度，呈现以下变化规律：含脂肪酸甲酯油品的吸收值高于CD 15W－40柴油机油；含不饱和甲酯的油样吸收值值高于含饱和甲酯的油样；含多个双键不饱和甲酯油样吸收值高于含单烯键不饱和甲酯油样的吸收值。结果表明：脂肪酸甲酯的存在加速了柴油机油的氧化，且不同甲酯对机油氧化速率影响程度不同，其大小顺序依次为CD 15W－40＋亚麻酸甲酯＞CD 15W－40＋油酸甲酯＞ CD 15W－40＋硬脂酸甲酯＞ CD 15W－40＋棕榈酸甲酯＞ CD 15W－40。

ZDDP的二硫代磷酸根基团在960cm^{-1}和670cm^{-1}两处有明显的红外吸收。在990cm^{-1}处的吸收来自P—O—C的伸缩振动，在670cm^{-1}处的吸收来自S＝P的伸缩振动，因此可由这两处的吸收峰变化看ZDDP的消耗情况。从图4－104可以看出，加入脂肪酸甲酯后的油样，在670cm^{-1}和990cm^{-1}的吸收峰明显减弱，其中CD 15W－40＋亚麻酸甲酯在670cm^{-1}处的吸收几乎为零，ZDDP消耗殆尽。各油样的吸收峰强度依次为：CD 15W－40＋亚麻酸甲酯＜CD 15W－40＋油酸甲酯＜CD 15W－40＋硬脂酸甲酯＜CD 15W－40＋棕榈酸甲酯＜ CD 15W－40。

将大豆油生物柴油（SME）、地沟油生物柴油（WME）以10％的量加入到CD 15W－40柴油机油中，图4－105所示为CD 15W－40及含生物柴油的柴油机油氧化前后的红外谱图。

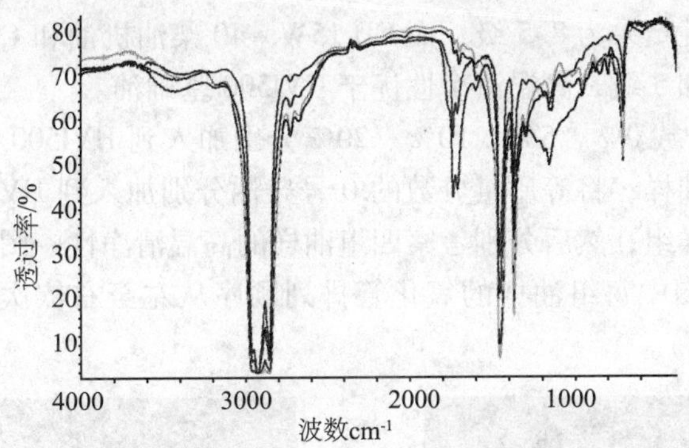

图4－105 不同生物柴油存在条件下柴油机油氧化前后红外谱图

从图4－105可以看出，含生物柴油的柴油机油在1590cm^{-1}、1710m^{-1}及1770m^{-1}处的吸收峰增强，氧化程度加深，在670cm^{-1}和990cm^{-1}的吸收峰减弱，ZDDP的降解加速。分析发现含WME的柴油机油氧化程度比含SME的油样高，WME中不饱和脂肪酸甲酯的总含量为92.2％，要高于SME（85％），且WME中具有多个双键的亚油酸甲酯和亚麻酸甲酯的含量比SME高2.3％，不饱和甲酯尤其是含多双键的不饱和甲酯的含量决定了生物柴油对柴油机油的氧化影响程度。

从图4－104和图4－105还可以看出，在3100 cm^{-1}、3010 cm^{-1}、970 cm^{-1}及1740cm^{-1}处有代表脂肪酸甲酯氧化所含—OOH、C＝C双键顺式结构、C＝C双键反式结构以及—OOH的分解产物的吸收峰存在。由此我们可以推测，生物柴油虽然促进了柴油机油的氧化衰变，但并没有改变其氧化衰变的反应途径。可以认为，燃料组分把油分子中的氧取走而优先氧化，进而加速了柴油机油的氧化衰变。

三、生物柴油对柴油机油高温清净性的影响

1. 生物柴油对柴油机油清净性影响

图4－106所示为HVI500基础油、CD 15W－40柴油机油和CF－4 15W－40柴油机油的

热管氧化试验结果。

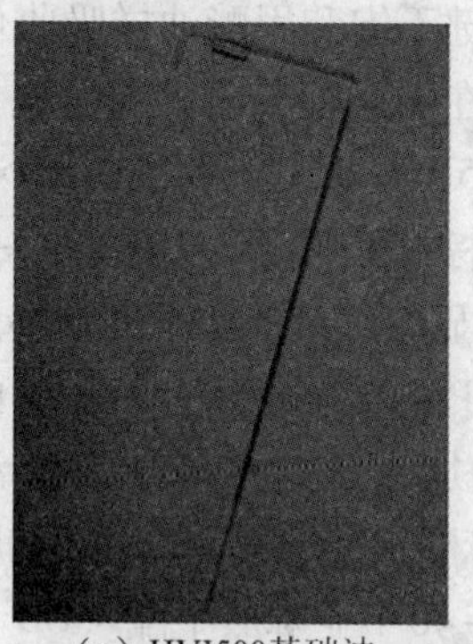
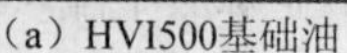
（a）HVI500基础油

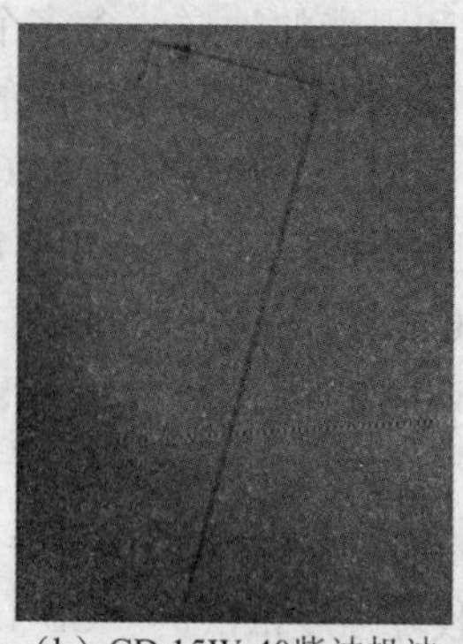
（b）CD 15W-40柴油机油

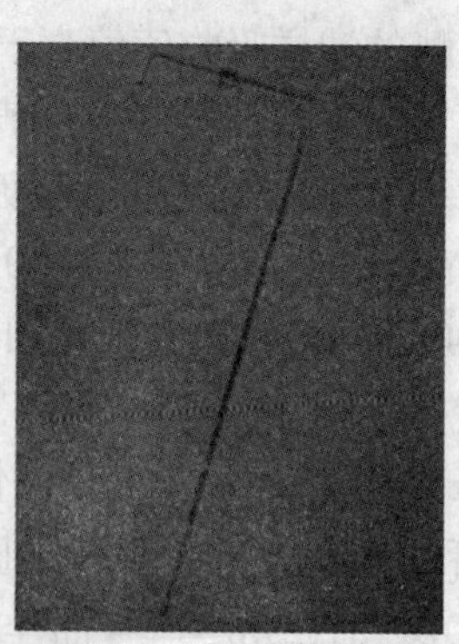
(c)CF-4 15W-40柴油机油

图 4－106　不同柴油机油的高温清净性试验结果

从图 4－106 可以看出，HVI500 基础油在高温条件下氧化管中形成较多的黑色积炭，高温清净性能较差，清净性结果为 8.5 级，而 CD 15W－40 柴油机油和 CF－4 15W－40 柴油机油评级结果分别为 3 级和 5 级，高温清净性优于 HVI500 基础油。

将 WME 按照质量分数 0%、5%、10%、20% 分别加入到 HVI500 基础油、CD 15W－40 柴油机油中，配制两组油样；将等质量分数的 0 号柴油分别加入到 HVI500、CD 15W－40 柴油机油中，作为参比油样组，然后分别考察四组油样的高温清净性。图 4－107 所示为各组油样热管氧化试验结果（图中每组油样的氧化管排列顺序从左至右依次对应柴油含量为 0%、5%、10% 和 20%，下同）。

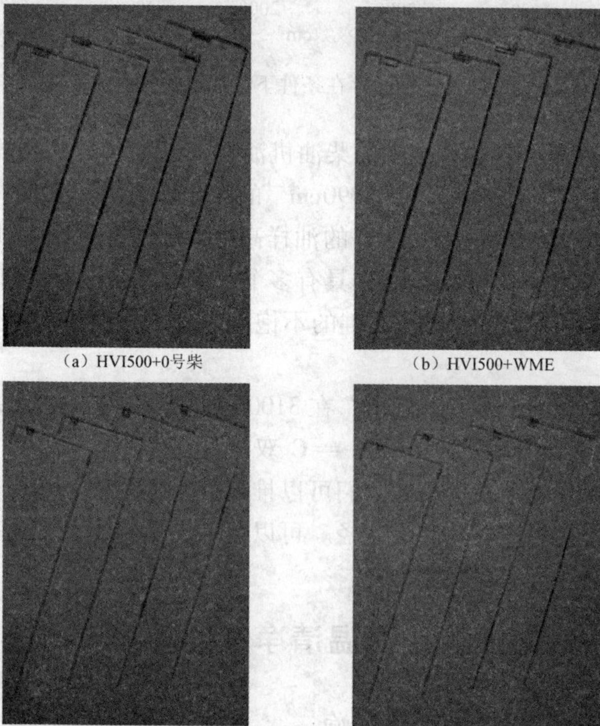
（a）HVI500+0号柴　（b）HVI500+WME

（c）CD 15W-40+0号柴　（d）CD 15W/40+WME

图 4－107　柴油机油高温清净性随柴油含量的变化情况

由图 4－107（a）～（d）可以看出，HVI500 基础油、CD 15W－40 柴油机油中加入生物柴油后，其高温清净性能变差，主要表现在高温氧化后生成的沉积物增加，且随生物柴油在机油中含量增加，沉积物的量也逐渐增大，热管评级结果递增。对比四组油样高温清净性试验结果，可以发现含生物柴油的柴油机油比含有等质量分数 0 号柴油的柴油机油的热管评级结果大，高温清净性较差。这可能是因为生物柴油中存在大量不饱和的脂肪酸甲酯，较 0 号柴油易氧化，生物柴油氧化产物如过氧化物、醛类和游离的低分子脂肪酸等进一步促进柴油机油氧化，使沉积物增加，清净性变差。

2. 不同原料的生物柴油对柴油机油清净性影响

将 WME 按质量分数 0%、5%、10%、20% 分别加入到 CF－4 15W－40 柴油机油中，作为一组油样；将等质量分数的 SME 分别加入到 CF－4 15W－40 柴油机油中，作为另一组油样，然后分别考察两组油样的高温清净性。两组油样的热管氧化试验结果见图 4－108。

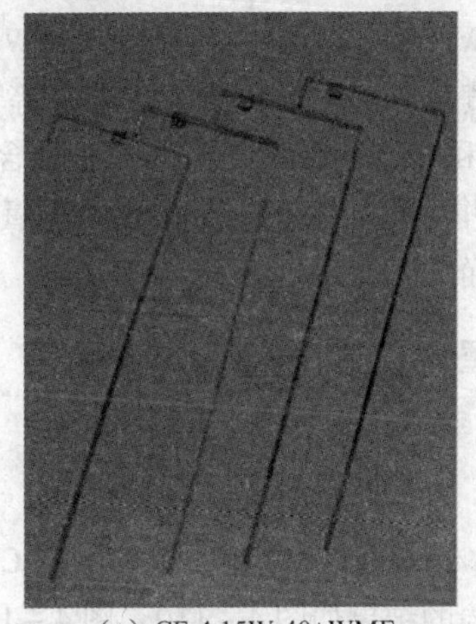

（a）CF-4 15W-40+WME

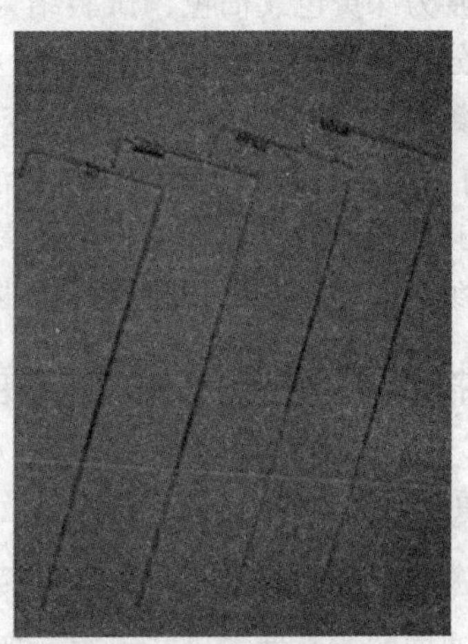

（b）CF-4 15W-40+SME

图 4－108　柴油机油的高温清净性随不同原料生物柴油含量的变化

从图 4－108 可以看出，随着生物柴油含量的增加，两组油样的沉积物逐渐增加，高温清净性能逐渐变差。比较两组油样的试验结果，发现两种不同来源的生物柴油对柴油机油清净性的影响程度不一样，含 5%、10%、20% SME 的柴油机油热管评级分别为 5 级、6 级、7 级，而含等质量分数 WME 的柴油机油试验后沉积物生成量相对较多，热管评级分别为 5.5 级、7 级、8.5 级，这主要是不同原料制备的生物柴油其脂肪酸甲酯组成和结构不同所致。

3. 生物柴油对不同质量级别柴油机油清净性影响

在 HVI500 基础油、CD 15W－40 柴油机油和 CF－4 15W－40 柴油机油中按照不同的比例分别加入大豆油制生物柴油，然后将三组油样进行热管氧化试验。图 4－109 所示为三组油样热管氧化试验结果。

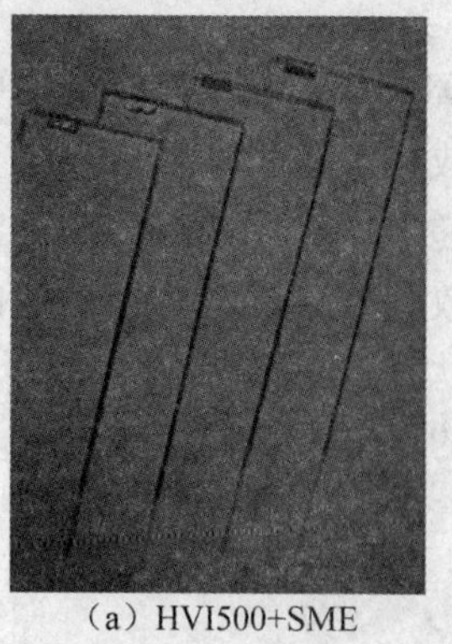

（a）HVI500+SME

（b）CD 15W-40+SME

（c）CF-4 15W-40+SME

图 4－109　不同质量等级柴油机油高温清净性随生物柴油含量的变化

从图 4－109 可以看出，HVI500 基础油加入生物柴油后，沉积物的生成量最多，颜色由浅黄色迅速过渡为深黄色、褐色，试验结束后变为黑色，当生物柴油含量为 10% 和 20% 时，热管氧化评级分别达到 9.5 级和 10 级。而 CD 15W－40 柴油机油和 CF－4 15W－40 柴油机油沉积物较少，颜色变化也较小（浅黄色变为深黄色），清净性明显好于含等量生物柴油的 HVI500 基础油，这是因为 CD 15W－40 柴油机油和 CF－4 15W－40 柴油机油含有抗氧剂和碱性清净剂，能够抑制柴油机油和生物柴油氧化，并中和酸性氧化产物，阻止氧化产物进一步缩合，从而使颜色变化小，沉积物生成量少，清净性变化小。

四、生物柴油对柴油机油抗磨减摩性能的影响

1. 磨斑直径

将 WME、SME 及 0 号柴油分别按质量分数 1%、3%、5%、10% 加入到 CD 15W－40 柴油机油中，对油样的抗磨性能进行考察，四球试验的结果如图 4－110、图 4－111 所示。

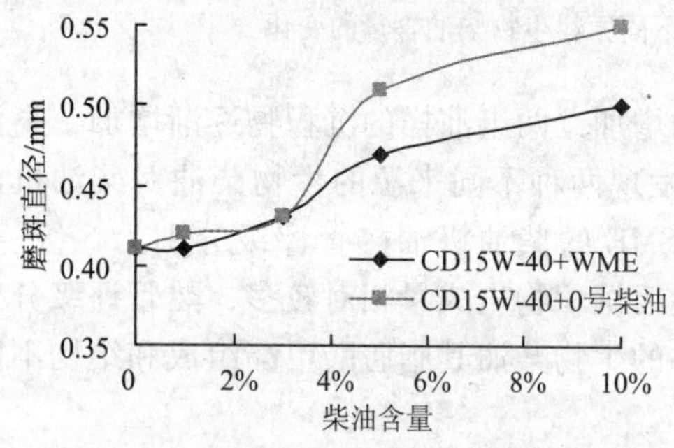

图 4－110　磨斑直径随柴油含量变化

图 4－111　磨斑直径随不同原料生物柴油含量的变化

从图 4－110 可以看出，CD 15W－40 柴油机油试验后钢球的磨斑直径为 0.41mm，加入 WME 和 0 号柴油后磨斑直径变大。当柴油机油中加入的燃料油质量分数小于 3% 时，CD 15W－40＋WME 与 CD 15W－40＋0 号柴油油样试验后钢球的磨斑直径大小接近；质量分数大于 3% 时，含 WME 的柴油机油钢球磨斑直径要明显小于含等质量分数 0 号柴油的柴油机油。分析原因，主要因为当生物柴油和 0 号柴油含量较低时，燃料对柴油机油的抗磨性能影响不大，抗磨减摩性主要取决于柴油机油自身的化学组成及抗磨添加剂的含量；当生物柴油和 0 号柴

油含量增大时，柴油机油的黏度降低较明显，从而导致抗磨性能下降幅度较大。此外，相对于0号柴油而言，生物柴油的运动黏度较高，且具有较好的润滑性能，因此在同等条件下，生物柴油对柴油机油的抗磨性能影响要小于0号柴油。

图4－111所示为钢球磨斑直径随不同原料（大豆油、地沟油）生物柴油含量的变化情况。

从图4－111可以看出，柴油机油中加入WME和SME后，钢球的磨斑直径变大，当柴油机油中所含WME和SME质量分数相同时，钢球的磨斑直径大小接近，柴油机油的抗磨性能没有明显差异。

将含WME和0号柴油的CD 15W－40柴油机油氧化，氧化前后的试样进行四球试验。图4－112、图4－113所示为柴油机油氧化前后磨斑直径变化情况。

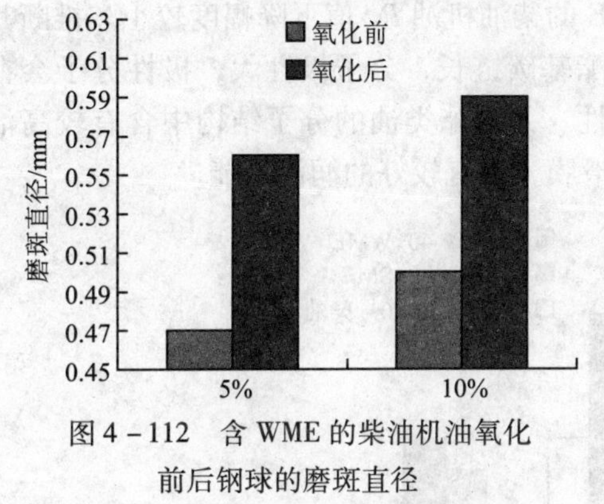

图4－112　含WME的柴油机油氧化前后钢球的磨斑直径

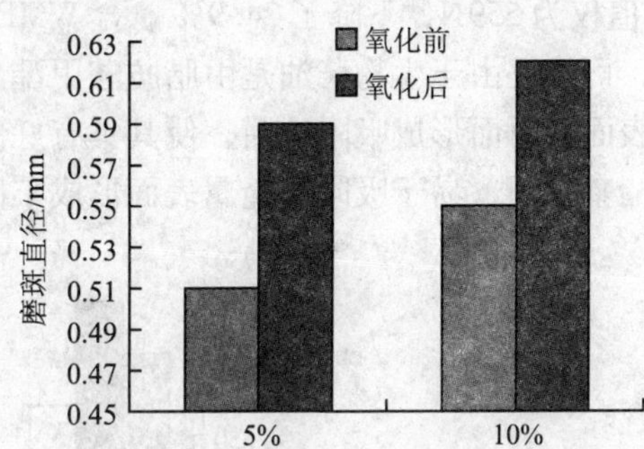

图4－113　含0号柴油的柴油机油氧化前后钢球的磨斑直径

从图4－112、图4－113可以看出，含生物柴油和0号柴油的柴油机油高温氧化后钢球磨斑直径明显增大，抗磨减摩性能进一步下降。其中，含生物柴油的柴油机油试验后钢球的磨斑直径增幅更大，但磨斑直径仍小于含0号柴油的柴油机油，抗磨性能要好一些。这可能是因为生物柴油是富氧燃料，主要组分是不饱和脂肪酸甲酯，不饱和度较高，比0号柴油更容易氧化。因此在上述高温、通氧条件下，生物柴油的氧化安定性变差，一方面加速了柴油机油的氧化变质，消耗其抗氧抗磨添加剂；另一方面生物柴油自身的氧化产物与柴油机油中的抗磨组分在摩擦副表面竞争吸附，削弱了燃机油中抗磨添加剂的抗磨减摩作用，导致柴油机油抗磨性能下降更为明显。

2. 摩擦系数

图4－114所示为柴油机油四球试验过程中摩擦系数随生物柴油含量变化的情况。

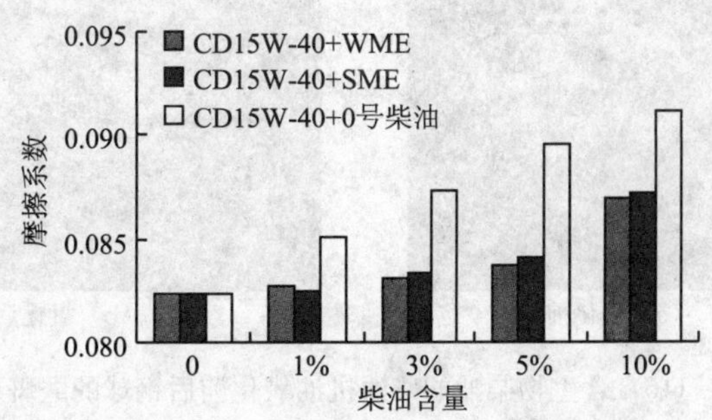

图4－114　摩擦系数随柴油含量的变化

图4－114可以看出，随着柴油含量的增加摩擦系数值逐渐增大，柴油机油的减摩性能变差。相比较而言，当质量分数相同时，含0号柴油的柴油机油摩擦系数更大，含WME和SME的柴油机油摩擦系数值十分接近。

3. P_B 值

P_B 值表征油品的极压性能，图4－115所示为CD 15W－40柴油机油中加入生物柴油和0号柴油后的油膜承载能力 P_B 值。

从如图4－115可以看出，CD 15W－40柴油机油的 P_B 值为745N，加入生物柴油和0号柴油后，油样的极压性能变差。含0号柴油的柴油机油 P_B 值降幅最大，其含量为20%时，P_B 值仅为559N，下降了24.9%。含WME和SME的柴油机油 P_B 值下降幅度较小。推断其原因，可能是由于生物柴油是由脂肪酸甲酯组成，酯基碳链长，分子极性大，极性分子会在金属表面吸附而形成吸附油膜，使其具有好的抗磨性。并且酯类油的分子结构中含有较高活性的酯基基团，易于吸附在金属表面形成牢固的润滑膜，具有较好的润滑性能。

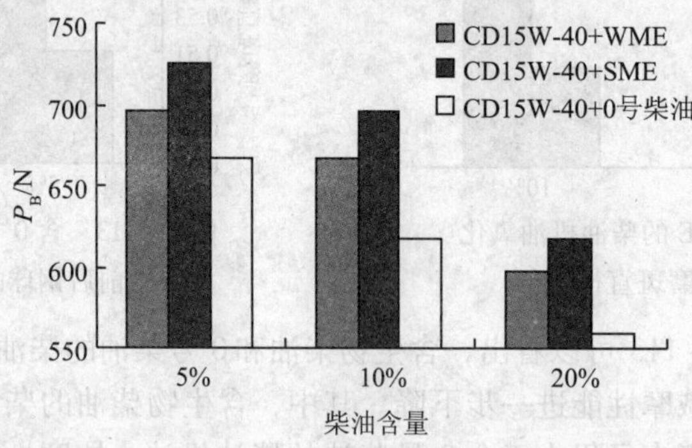

图4－115　P_B 值随柴油含量的变化

4. 磨斑表面形貌分析

将四球实验后的钢球在光学显微镜下放大40倍，观察其表面形貌，通过磨斑形貌分析，可以更加直观地了解柴油机油在氧化前后抗磨减摩性能的变化情况。图4－116、图4－117所示为含10%生物柴油和10%0号柴油的柴油机油氧化前后钢球的磨斑形貌。

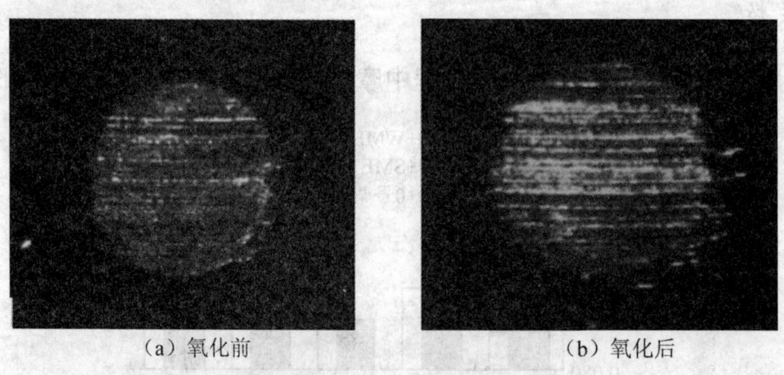

（a）氧化前　（b）氧化后

图4－116　含生物柴油的柴油机油氧化前后钢球的磨斑形貌

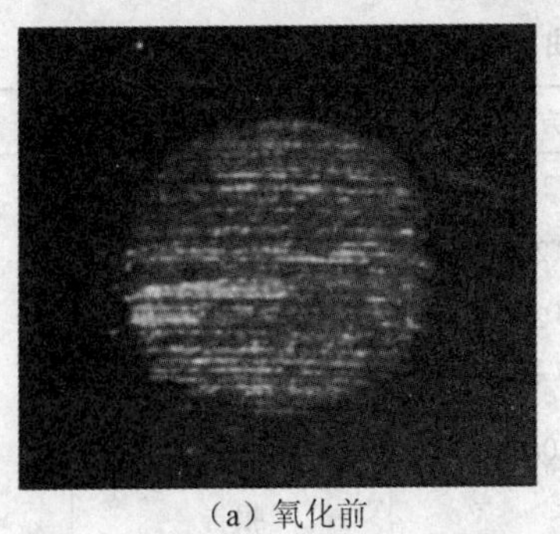
（a）氧化前

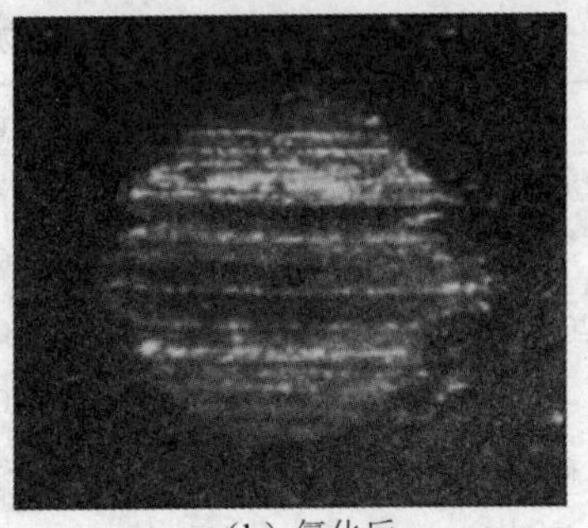
（b）氧化后

图 4－117　含 0 号柴油的柴油机油氧化前后钢球的磨斑形貌

对比图 4－116、图 4－117 所示四球试验后钢球的磨斑照片，可以发现，含生物柴油和 0 号柴油的柴油机油，氧化前钢球的磨痕形状规则平整，磨痕边界较清晰，表面犁沟较浅。其中含生物柴油柴油机油试样钢球的磨痕周围和磨痕表面之上覆盖一层浅色薄膜，这可能是脂肪酸甲酯极性分子在表面形成的吸附膜，起到一定的抗磨作用。氧化后柴油机油的抗磨减摩性能降低，钢球磨痕粗糙，边界相对模糊，表面犁沟较深，其中含 0 号柴油的柴油机油摩擦磨损试验后钢球磨痕表面有较明显的擦伤。

五、生物柴油发动机试验

柴油机油在使用过程中，长期处于较高的温度，不可避免地发生氧化变质，导致内燃机油黏度增加、磨损加剧、沉积物生成，从而影响发动机的正常运行，降低发动机使用寿命。柴油机油质量衰变的影响因素有很多，其中燃料对发动机润滑的影响主要表现为三方面：即预燃与燃烧产物、燃料添加剂、燃油稀释等。预燃及燃烧产物的影响，主要指 CO、CO_2、H_2O、NO_x 及低分子含氧化物等通过活塞环区渗漏窜气进入曲轴箱，使润滑油污染老化；燃料添加剂的影响主要指添加剂中的含氮化合物与燃料一起燃烧时，会形成 NO_x，增加 NO_x 浓度，对润滑油的高温、低温硝化造成影响。因此，考察生物柴油燃料对柴油机油质量衰变的影响，应从上述三个方面进行综合考虑。而基于实际工况运行的发动机台架试验则满足了这样的考察要求，它不同于模拟试验，反映的是油品实际运行中的变化情况，且同时兼顾多个影响因素及各因素间的交互作用。而且，本文在台架实验过程中除了所使用的燃料不同外（生物柴油和 0 号柴油），其他试验条件均设置一致，因此柴油机油的质量变化主要由燃料性质的差异决定，这样就使得比较不同的燃料对柴油机油的影响成为可能。

以 R165 型柴油机作为试验机，分别以 B100 生物柴油和 0 号石化柴油为燃料，进行 200h 台架试验，并就以下几个方面的内容进行探讨。

1. 发动机试验台架的建立

1）试验油样

（1）生物柴油　试验所用生物柴油是以大豆油酸化油为原料制取的，由重庆华正生物能源开发有限公司提供，其性能指标达到 GB/T 20828—2007 柴油机燃料调合用生物柴油（BD100）的要求，主要性能指标见表 4－23。

表 4-23 生物柴油主要理化指标

项　目	试验方法	质量指标	分析结果
密度（20℃）/（kg/m^3）	GB/T 2540	820~900	878
运动黏度（40℃）/（mm^2/s）	GB/T 265	1.9~6.0	4.65
闪点（开口）/℃	GB/T 261	≥130	163
凝点/℃	GB/T 510	报告	-6
硫含量/%	SH/T 0689	≤0.005	<0.001
氧含量/%	—	报告	10
十六烷值	GB/T 386	≥49	56
酸值/（mgKOH/g）	GB/T 264	≤0.8	0.31

（2）0 号石化柴油　由于试验中所需燃油的量较大，为了能够较好地保证试验用油的质量，对所取 0 号柴油油样的主要性能指标进行了分析，结果表明 0 号柴油的各项相关指标都已经达到要求，主要指标分析结果见表 4-24。

表 4-24　0 号柴油主要理化指标

项　目	试验方法	质量指标	分析结果
密度（20℃）/（kg/m^3）	GB/T 1884	820~860	833
运动黏度（20℃）/（mm^2/s）	GB/T 265	3.0~8.0	3.27
闪点（开口）/℃	GB/T 261	≥55	60
凝点/℃	GB/T 510	≤0	0
硫含量/%	GB/T 380	≤0.05	<0.04
十六烷值	GB/T 386	≥49	49
50%馏出温度/℃	GB/T6536	≤300	269
90%馏出温度/℃	GB/T6536	≤355	310
95%馏出温度/℃	GB/T6536	≤365	315

（3）柴油机油　长城牌 CD 15W-40 柴油机油，主要性能指标见表 4-25。

表 4-25　柴油机油主要理化性能

项　目	试验方法	指标要求	分析结果
密度/（kg/m^3）	GB/T 1884	报告	882
40℃运动黏度/（mm^2/s）	GB/T 265	实测	107.9
开口闪点/℃	GB/T 3536	≮215	227
倾点/℃	GB/T 3535	≯-23	-27
机械杂质/%	GB/T 511	报告	0.003
水分/%	GB/T 260	痕迹	痕迹

2）台架试验装置

图 4-118 所示为发动机台架实验装置示意图。该装置包括一个用来给发动机加载和控制转速的水力测功机，测功机通过联轴器与发动机相连；为了测量排气温度，在排气管内安装

了一个温度传感器，并与显示温度的排温表相连；转速仪用于实时检测发动机的转速；流量传感器用于测量燃油的消耗量，由数字流量计显示测量结果；尾气分析仪用于实时测量发动机运行时的尾气排放值。

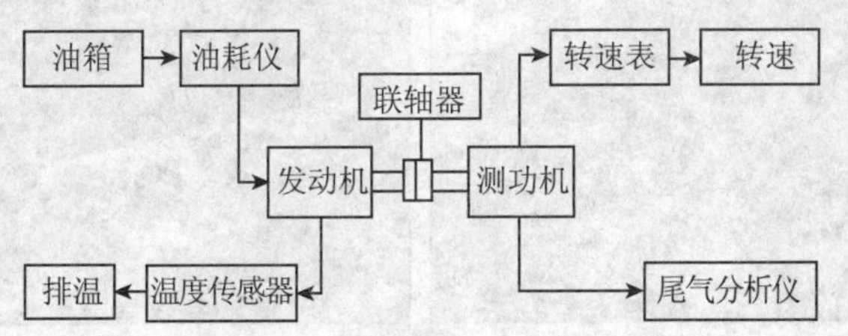

图 4－118　实验装置示意图

图 4－119（a）～（d）所示为台架试验装置实物照片。

（a）试验台架正视图　（b）水力测功机

（c）试验台架侧视图　（d）联轴器

图 4－119　发动机台架实物照片

2. 试验过程

首先将发动机解体，活塞与活塞环、气缸盖等用溶剂油清洗，清理掉活塞顶、内腔及活塞环槽内的污染物。解体后发动机如图 4－120（a）～（f）所示。

试验是在除燃油以外，其他条件均相同的条件下进行的。将磨合后的两台发动机分别安装在两个试验台架上，分别以大豆油生物柴油和 0 号柴油为燃料，在发动机的标定工况下进行平行试验。发动机上装有专用仪表测量发动机油耗、转速、油温、功率、进气温度等。实验过程中，记录大气压、相对湿度和室温。每隔 2h 记录一次转速、扭矩和油耗。现场以分析油品黏度（40℃）和油斑来观察控制油品的衰变情况。台架试验时间共计 200h，实验结束后放出机油，放至液流成滴状为止。同时取样分析，称量废机油总重，算出机油消耗率。

（a）拆解中　（b）拆解后

（c）主机　（d）活塞、汽缸盖等

（e）进排气机构　（f）喷油机构

图 4－120　发动机主要部件实物图

试验后，拆开发动机，用溶剂油清洗活塞和气缸盖，将活塞放在滤纸上晾干，称量其质量，记录数据。对试验前后的零部件外观进行观测，对主要摩擦副的表面拍摄局部清晰照片。主要摩擦副有轴颈/轴瓦、缸套/活塞（裙部）/活塞环、凸轮/挺杆/摇臂、气门/气门座等，其拆检的零部件外观照片在后续章节中柴油机摩擦副表面磨损程度评价中进行分析。试验前后各部件拆检所得到的试验结果都能表现出柴油机摩擦副的表面磨损程度，从前后的磨损对比来判断其磨损情况。

3. 活塞清净性分析

1）清净性

图 4－121～图 4－125 所示为试验前后汽缸盖、活塞、喷油嘴等部件的实物照片。

如图 4－122 所示为柴油机活塞顶部实物照片。可以看出，试验后活塞顶部均有不同程度的积炭生成。生物柴油机活塞顶部积炭的生成量大，且致密厚实。而 0 号柴油机活塞顶部的积炭生成量相对要少，质地松软。

(a) 试验前

(b) 0号柴油机

(c) 生物柴油机

图4－121　缸盖台架试验前后照片

(a) 试验前

(b) 0号柴油机

(c) 生物柴油机

图4－122　活塞顶部台架试验前后照片

(a) 试验前

(b) 0号柴油机

(c) 生物柴油机

图4－123　活塞侧面台架试验前后照片

(a) 试验前

(b) 0号柴油机

(c) 生物柴油机

图4－124　活塞前部台架试验前后照片

图4－123、图4－124所示为柴油机活塞侧面及前部实物照片。可以看出，台架试验后活塞侧部台肩及环槽部位均有积炭生成，活塞第一台肩及第一、二环槽处积炭更加明显。相比较而言生物柴油的积炭生成量要高于0号柴油。

图4－125所示为喷油嘴的实物照片。可以看出，生物柴油发动机试验后喷油嘴处有一层深黑色致密的积炭生成，比0号柴油机喷油嘴的积炭生成量多。测定实验前后喷油嘴压力的变化，结果如表4－26所示。

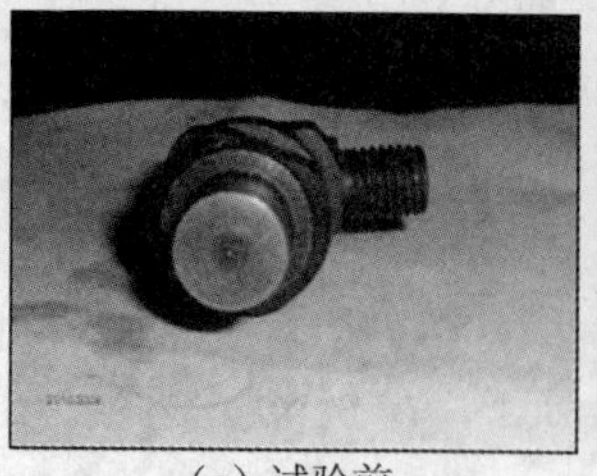
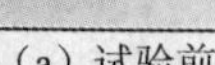
(a) 试验前

(b) 0号柴油机

(c) 生物柴油机

图 4－125　喷油嘴台架试验前后照片

表 4－26　喷油嘴压力变化

kgf/cm^2

喷油压力	生物柴油发动机	0 号柴油机	喷油压力	生物柴油发动机	0 号柴油机
试验前	135	135	试验后	123	132
降幅	8.9%	2.3%			

从表 4－25 可以看出，生物柴油和 0 号柴油喷油嘴的压力分别下降了 8.9% 和 2.3%，喷油压力的变化从侧面反映积炭生成量的多少。由于生物柴油积炭生成较多，喷油嘴部分的磨损加剧，导致喷油压力下降幅度较大。

上述检测结果表明，与试验前相比，燃用生物柴油和 0 号柴油的发动机活塞虽然未出现明显划痕或者擦伤，零部件的磨损量不大。但是试验后活塞、缸套等部位的清净性却不同，总体而言，生物柴油发动机部件的清净性比 0 号柴油机差。

2）结焦量

活塞结焦量是考察清净分散剂在燃烧室中的结焦情况。用试验后洗净、晾干的活塞重量减去试验前干净活塞的重量，即为活塞的结焦量。生物柴油和 0 号柴油发动机活塞结焦量检测结果如表 4－27 所示。

表 4－27　活塞活塞结焦量

g

活塞称重	生物柴油发动机	0 号柴油机	活塞称重	生物柴油发动机	0 号柴油机
试验前	201.8993	200.3571	试验后	202.6795	200.8492
结焦量	0.7802	0.4921			

从表 4－26 可以看出，生物柴油机的活塞结焦量要大于 0 号柴油机，进一步验证其清净性比 0 号柴油差。造成这一现象可能有如下几个原因：

（1）生物柴油的黏度比 0 号石化柴油大，（生物柴油为 4.68mm^2/s，0 号柴油为 3.27mm^2/s），燃烧过程中不易充分雾化，从而使发动机易形成积炭。

（2）生物柴油易氧化，形成胶质状物质。由于胶质是一种不稳定组分，即使在常温下也可被空气氧化缩合为沥青质。在隔绝空气情况下，升温至 260～300℃时，胶质亦可转变为沥青质；当升温至 300℃以上，沥青质则可分解生成焦炭状物，这也是导致生物柴油比 0 号柴油积炭增多的原因之一。

（3）生物柴油为含氧燃料（氧含量约为 10%），生成包括过氧化物、醛类和游离低分子脂肪酸等在内的氧化产物，这些氧化产物进一步发生缩合反应，生成不溶性的树脂状的深色物质，最终成为沉积物。

4. 发动机部件的磨损分析

1）摩擦副表面宏观形貌

将进行完200h台架试验的柴油机进行拆检，对部分零部件的表面宏观形貌进行了分析，并与试验前进行对比。

图4－126为柴油机的缸套拆检照片，内表面的交叉线纹是在加工过程中形成的清晰磨损纹理，细微的纹面对保持油膜分布及防止油耗过多是很有必要的。但当柴油机活塞形成过量沉积物时，则可抹掉上述的纹面，形成被磨光的表面，而将难以保持油膜，加之活塞头部过量沉积物可起到类似刮油环的作用，很容易把油向上推入燃烧室内烧掉，这样就会造成油耗的增长。

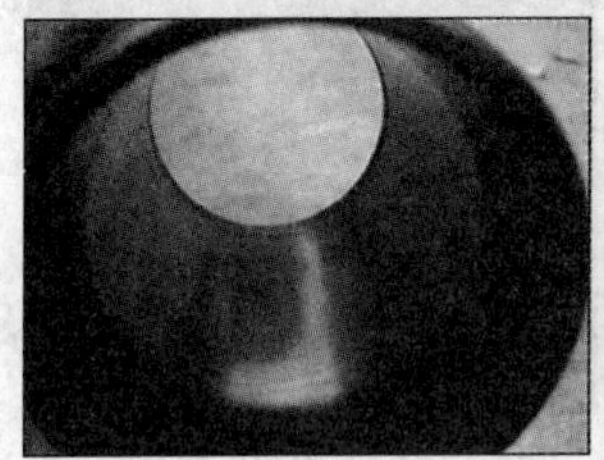

（a）试验前

（b）0号柴油机

（c）生物柴油机

图4－126 缸套台架试验前后照片

从图4－126的试验结果来看，生物柴油机和0号柴油机试验后缸套的交叉纹线均很清晰，缸筒无明显拉缸、划痕现象。结合前面活塞清净性分析结果可以说明，发动机燃用生物柴油虽然会造成积炭量在一定程度上的增加，但是不会对发动机磨损造成明显影响。

（a）试验前

（b）0号柴油机

（c）生物柴油机

图4－127 连杆轴瓦台架试验前后照片

（a）试验前

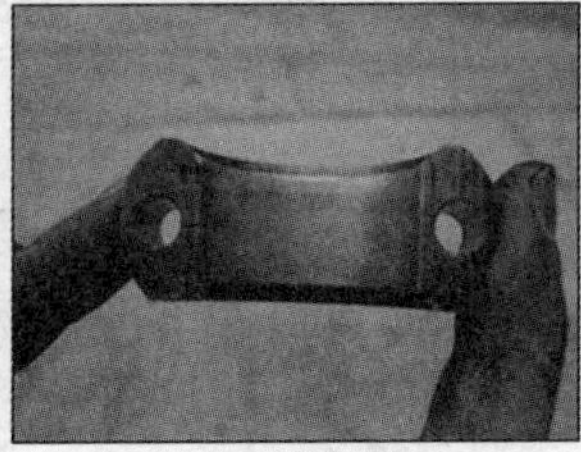

（b）0号柴油机

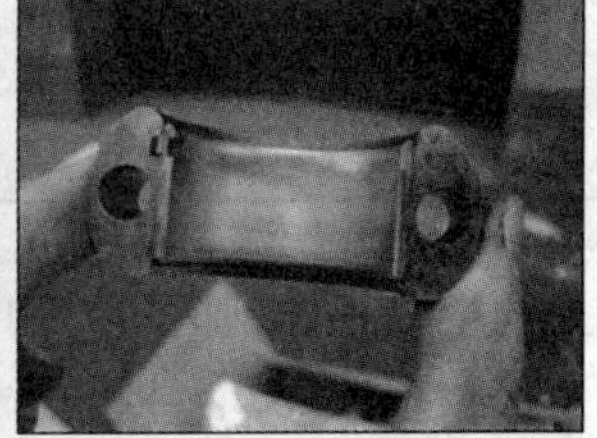

（c）生物柴油机

图4－128 连杆盖台架试验前后照片

图4－127、图4－128分别为拆检的柴油机连杆轴上的轴瓦及连杆盖。可以看出，0号柴油机连杆轴瓦的下半部分有一道划伤的痕迹，表面变颜色、局部出现细小光亮，但没有出现材料转移的现象，用手触摸有轻微擦伤，这属于柴油机稳定磨损阶段的正常情况，一般认为

是由于制造过程中表面加工不良造成的，不会对柴油机造成危害。生物柴油机连杆轴瓦试验后无明显划痕，两台发动机的连杆盖也未出现明显磨损。

（a）0号柴油机

（b）生物柴油机

图4－129　曲轴台架试验前后照片

（a）试验前

（b）0号柴油机

（c）生物柴油机

图4－130　凸轮轴台架试验前后照片

图4－129、图4－130分别为拆检柴油机的曲轴及凸轮轴。曲轴、凸轮轴是发动机的主要摩擦副，在使用过程中容易出现磨损。从试验结果看，生物柴油机和0号柴油机的曲轴经200h试验后表面光亮，未出现明显擦伤。

其他摩擦副的拆检情况具体如表4－28所示。

表4－28　主要部件拆检情况

部　件	生物柴油机外观	磨损情况	0号柴油机外观	磨损情况
缸　盖	良好	正常	良好	正常
活　塞	头部较重积炭，无划伤痕迹，贴合较好	正常	头部轻微积炭，无划伤痕迹，贴合较好	正常
活塞环	良好，无剥落、擦伤	正常	良好，无剥落、擦伤	正常
活塞销	良好	正常	良好	正常
连　杆	良好	正常	良好	正常
喷油泵	良好	正常	良好	正常

从以上的主要摩擦副拆检后的宏观形貌可以看出，生物柴油机和0号柴油机在台架试验过程中的工作状态良好，磨损正常。

2）摩擦副磨损量分析

经200h发动机台架试验后，两台发动机主要摩擦副的磨损数据见表4－29和表4－30。

表 4-29　生物柴油发动机各摩擦副的磨损量

摩擦副		试验前	试验后	磨损量
缸套直径/mm		上部 φ65 +0.025 下部 φ65 +0.028	上部 φ65 +0.041 下部 φ65 +0.043	0.016 0.015
活塞裙部/mm		长端 φ65 -0.12 短端 φ65 -0.21	长端 φ65 -0.19 短端 φ65 -0.30	0.07 0.09
曲轴轴颈/mm		φ35 -0.01	φ35 -0.03	0.02
连杆轴颈/mm （孔与连杆瓦配合尺寸）		大头 φ35 +0.05 小头 φ19 +0.02	大头 φ35 +0.13 小头 φ19 +0.05	0.08 0.03
活塞销/mm		φ19 -0.005	φ19 -0.016	0.011
活塞环开口间隙/mm	第一环（镀铬）：气环	0.35	0.36	0.01
	第二环（铸铁）：气环	0.25	0.26	0.01
	第三环（铸铁）：气环	0.30	0.32	0.02
	第四环（铸铁）：油环	0.25	0.26	0.01
活塞环质量/g	一环	7.4997	6.9181	0.5816
	二环	7.5012	6.8373	0.6639
	三环	7.5039	6.8521	0.6518
	四环	10.5107	9.8376	0.6731
活塞槽宽度/mm	第一槽	2.031	2.032	0.01
	第二槽	2.030	2.033	0.03
	第三槽	2.029	2.031	0.02
	第四槽	4.032	4.033	0.01

表 4-30　0 号柴油发动机各摩擦副的磨损量

摩擦副		试验前	试验后	磨损量
缸套直径/mm		上部 φ65 +0.021 下部 φ65 +0.015	上部 φ65 +0.041 下部 φ65 +0.033	0.020 0.018
活塞裙部/mm		长端 φ65 -0.08 短端 φ65 -0.23	长端 φ65 -0.14 短端 φ65 -0.32	0.06 0.09
曲轴轴颈/mm		φ35 -0.015	φ35 -0.017	0.02
连杆轴颈/mm （孔与连杆瓦配合尺寸）		大头 φ35 +0.06 小头 φ19 +0.02	大头 φ35 +0.14 小头 φ19 +0.06	0.08 0.04
活塞销/mm		φ19 -0.001	φ19 -0.014	0.013
活塞环开口间隙/mm	第一环（镀铬）：气环	0.38	0.41	0.03
	第二环（铸铁）：气环	0.45	0.47	0.02
	第三环（铸铁）：气环	0.52	0.54	0.02
	第四环（铸铁）：油环	0.40	0.44	0.04

续表

摩擦副		试验前	试验后	磨损量
活塞环重量/g	一环	7.5109	6.8557	0.6552
	二环	7.5057	6.8356	0.6701
	三环	7.4897	6.7795	0.7102
	四环	10.4362	9.7127	0.7235
活塞槽宽度/mm	第一槽	2.022	2.023	0.01
	第二槽	2.025	2.027	0.02
	第三槽	2.030	2.032	0.02
	第四槽	4.027	4.030	0.03

将表4－28、表4－29的测量数据与R165型柴油机说明书中各摩擦副的配合间隙和有关指标进行比对，发现以上各摩擦副的最大磨损量均在规定允许的范围内，柴油机磨损正常。其中燃用生物发动机缸套的最大磨损量为0.016mm，0号柴油发动机的最大磨损量为0.020mm，要稍大一些。从外观形貌来看，发动机缸套均无刮痕、拉毛及腐蚀现象，两台发动机的磨损量均在正常范围。

活塞环的质量变化反映了试验过程活塞环的磨损情况，生物柴油发动机的四个环失重依次为0.5816g、0.6639g、0.6518g、0.6731g；0号柴油机四个环失重依次为0.6552g、0.6701g、0.7102g、0.7235g，这说明生物柴油机的磨损情况要稍好于0号柴油机。

表4－28、表4－29中两台发动机1～4活塞环的开口间隙增量分别为生物柴油机：0.01mm、0.01mm、0.02mm、0.01mm；0号柴油机：0.03mm、0.02mm、0.02mm、0.04mm，说明0号柴油机的磨损量要稍大于生物柴油机，与前面试验结果一致。

3）活塞环－缸套SEM分析

利用扫描电子显微镜（SEM）分析生物柴油机和0号柴油机活塞环和缸套的磨损情况，磨痕形貌如图4－131～图4－134所示。

图4－131为活塞第一环形貌，可以看出，由于活塞一环铸铁表面镀铬，其抗磨性较好，试验后活塞环表面纹路清晰，凹坑小，无凸起。尤其是生物柴油发动机活塞环，部分区域甚至看得出留有较明显的加工痕迹。

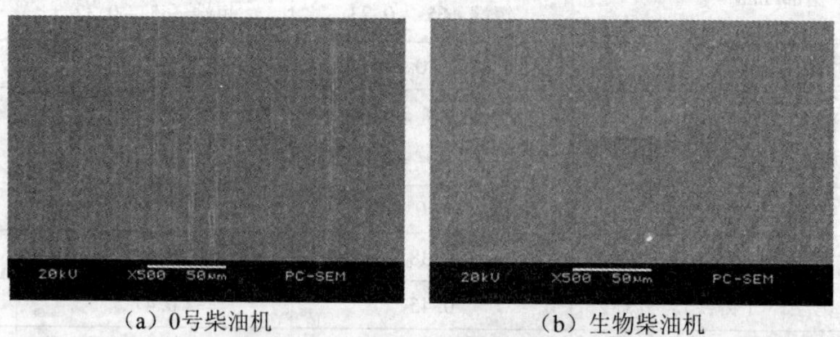

（a）0号柴油机　　（b）生物柴油机

图4－131　活塞一环SEM照片

图4－132、图4－133为活塞二、三环形貌，可以看出活塞环的磨损较一环明显，摩擦表面有凸起凹坑，能看出试件磨损的方向，0号柴油机的活塞第三环甚至有较明显的犁沟状磨

痕。相比较而言，生物柴油发动机活塞二、三环的磨损程度要小一些。

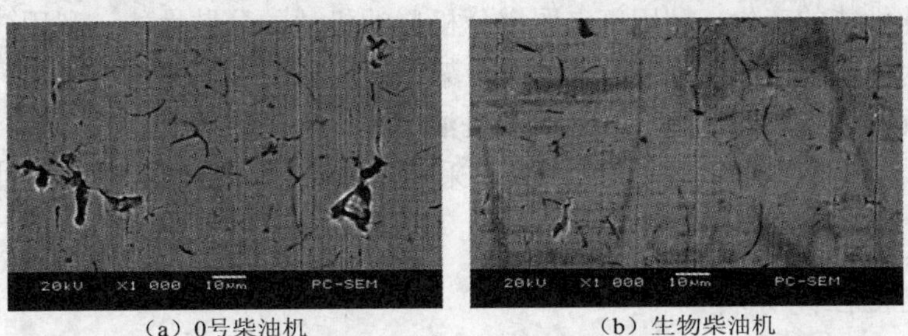

（a）0号柴油机　（b）生物柴油机

图 4－132　活塞二环 SEM 照片

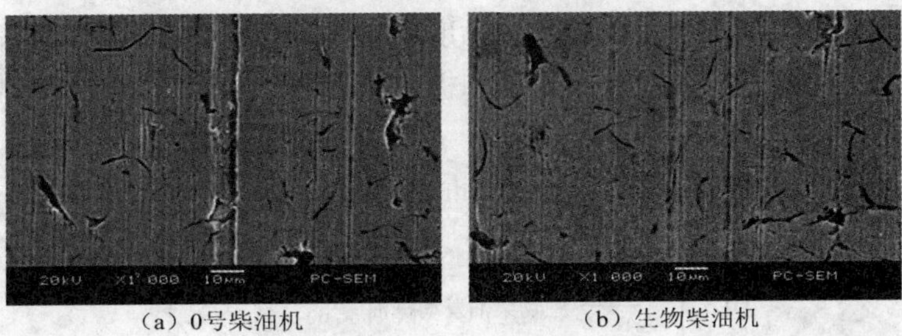

（a）0号柴油机　（b）生物柴油机

图 4－133　活塞三环 SEM 照片

图 4－134 是发动机缸套的形貌，通过比较可以发现，生物柴油机的磨损状况优于 0 号柴油机，其表面的加工网纹［如(b)图所示,纵向纹路］比 0 号柴油机清晰，缸套表面的磨痕较浅。

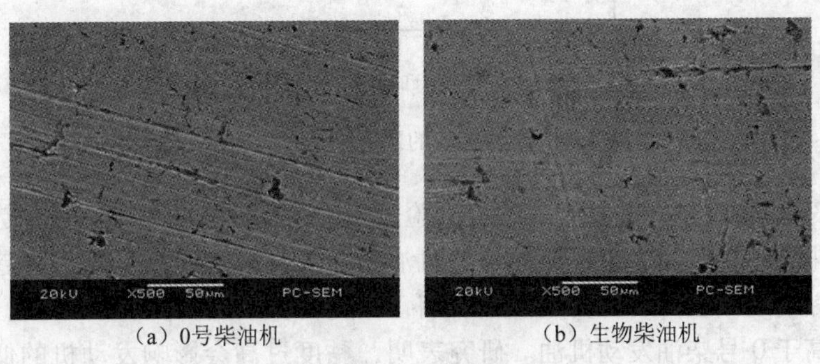

（a）0号柴油机　（b）生物柴油机

图 4－134　缸套 SEM 照片

从上述摩擦副磨损量及摩擦表面形貌分析可以看出，生物柴油发动机的磨损率要低于 0 号柴油发动机。分析其原因，主要是由于燃料的差异造成的：一方面，0 号柴油由于含硫，燃料硫燃烧时会生成 SO_2、SO_3，遇水易生成硫酸，硫酸能与润滑油作用生成沉积物并导致活塞环和气缸的磨损。而生物柴油几乎不含硫，由 SO_2、SO_3 带来的影响则可以排除；另一方面，生物柴油比石化柴油具有相对较高的运动黏度，这使得生物柴油在不影响燃油雾化的情况下，更容易在汽缸内壁形成一层油膜，从而提高运动机件的润滑性，降低机件磨损，延长使用寿命。

六、台架试验柴油机油品质衰变特性

本部分在前述台架试验的基础上，对采集的柴油机油样品进行分析，考察生物柴油及 0

号石化柴油发动机润滑油在使用过程中的衰变情况。分析比较柴油机油的黏度、酸值、碱值及不溶物等理化性能的变化；利用斑点图谱分析柴油机油的分散性能；利用硅胶－离子交换树脂色谱法，对生物柴油和0号柴油发动机台架试验不同时段油样进行分离，并分析各组分含量的变化情况；采用红外光谱法，将柴油机油的衰变程度用烟炱、氧化值、硝化值、硫化值、燃料水平、ZDDP含量等指标值来衡量；采用油料光谱分析法对柴油机油中金属元素的含量进行检测，考察发动机的磨损状况。

1. 常规理化性能分析

1）黏度

黏度是机油的主要特性参数之一，运动黏度的变化反映了油品发生深度氧化、聚合、轻组分挥发生成油泥以及受燃油稀释、水污染和机械剪切的综合结果，黏度的增长会增加动力消耗，从而影响油品的润滑性能。

对生物柴油发动机油的黏度变化进行分析，并与0号柴油发动机油进行对比，结果如图4－135所示。

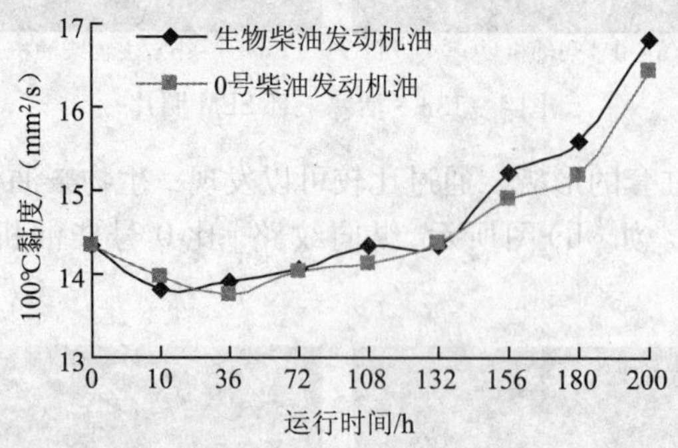

图4－135　柴油机油的黏度随运行时间的变化

从图4－135可以看出，在整个发动机试验过程中两组油样的黏度增长趋势大体一致。试验初期黏度变化较平稳，其中生物柴油发动机油的黏度在前36h内呈先下降趋势。随着试验的进行，机油黏度逐渐上升，在台架试验后期，黏度增长幅度较大。132h后，生物柴油发动机油的黏度要高于0号柴油发动机油。研究表明，黏度过高会影响发动机的低温起动，增大能耗，黏度过低会减小油膜承载能力，增大发动机磨损，影响发动机使用性能。

2）酸值

酸值的变化主要和机油氧化程度有关，随添加剂的消耗，机油逐渐氧化，产生酸性物质，酸值越大，表明氧化越厉害，对发动机的腐蚀越大。台架试验柴油机油酸值随运行时间的变化如图4－136所示。

从试验结果看，柴油机油的酸值均随运行时间同步增大。比较而言，生物柴油发动机油在72h后的酸值相对0号柴油机油高一些，这可能是由于生物柴油在燃烧过程中的部分高温氧化产物窜气至曲轴箱，导致发动机油的氧化程度有所增大所致。

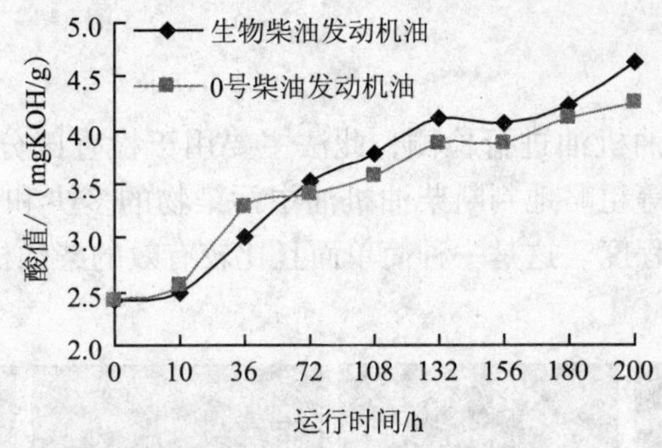

图 4－136　柴油机油的酸值随运行时间的变化

3）碱值

碱性添加剂靠消耗自己而与机油的酸发生中和反应来减缓机油的氧化、缩合，从而起到减少发动机部件的漆膜和积炭，降低腐蚀和磨损的作用，碱值大小主要反映了碱性添加剂的变化情况。

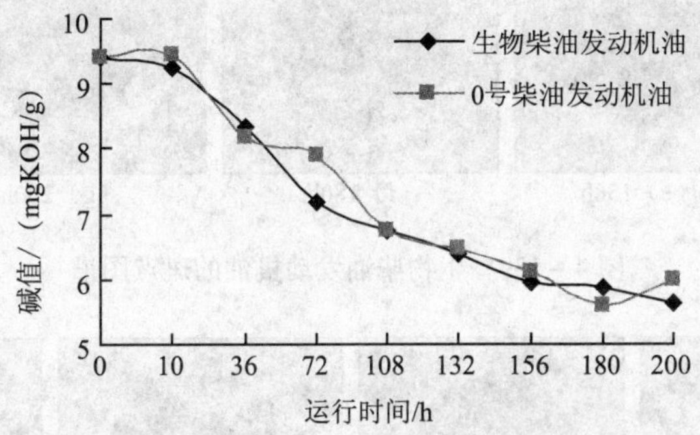

图 4－137　柴油机油的碱值随运行时间的变化

由图 4－137 可知，随着发动机运行时间的增加，两组油样的碱值变化总趋势是下降的，且变化比较平缓。

4）不溶物

不溶物主要由烟炱和硝基化合物组成，当油品衰变受燃料燃烧影响较大时，机油中不溶物含量较多。由于润滑油中清净分散剂的作用，此类污染物会分散在机油中，当达到溶污点时，将沉积在发动机部件上。

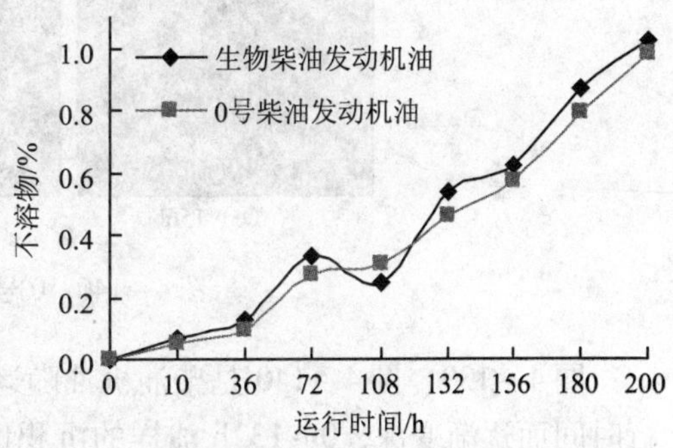

图 4－138　柴油机油的不溶物随运行时间的变化

图 4－138 是发动机润滑油中不溶物含量随运行时间的变化。试验结果表明：在试验期间不溶物含量均随运行时间呈上升趋势。生物柴油发动机油的不溶物含量要高于 0 号柴油发动机油，根据前面的分析可以推断，这是生物柴油的高温氧化及燃烧产物加剧了柴油机油的氧化所致。

2. 斑点图谱分析

采用滤纸斑点法对柴油机油进行检测，此法主要用于检查区分柴油机油的剩余清净性，同时也可以从斑点的颜色等粗略地判断柴油机油中污染物的多少和机油被氧化的程度，从而了解柴油机油的污染变质程度。这是一种简单而且比较有效的柴油机油检验方法，操作容易，适合现场使用。

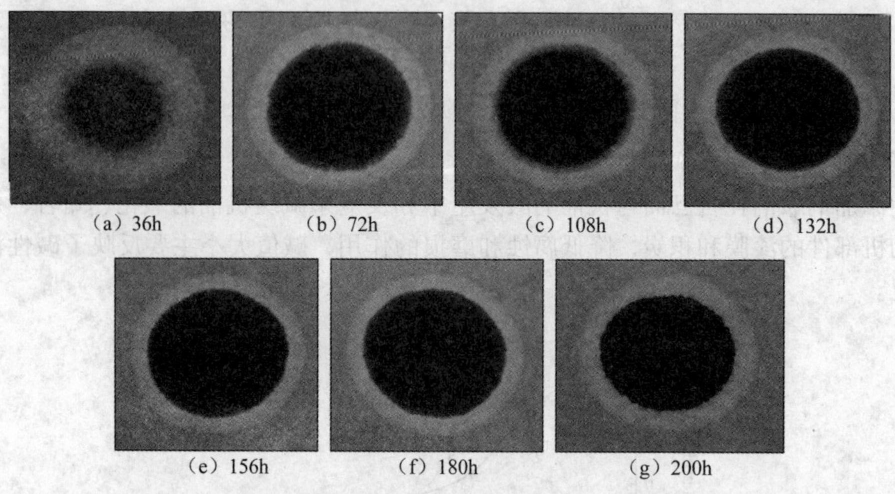

（a）36h （b）72h （c）108h （d）132h

（e）156h （f）180h （g）200h

图 4－139　生物柴油发动机油的斑点图谱

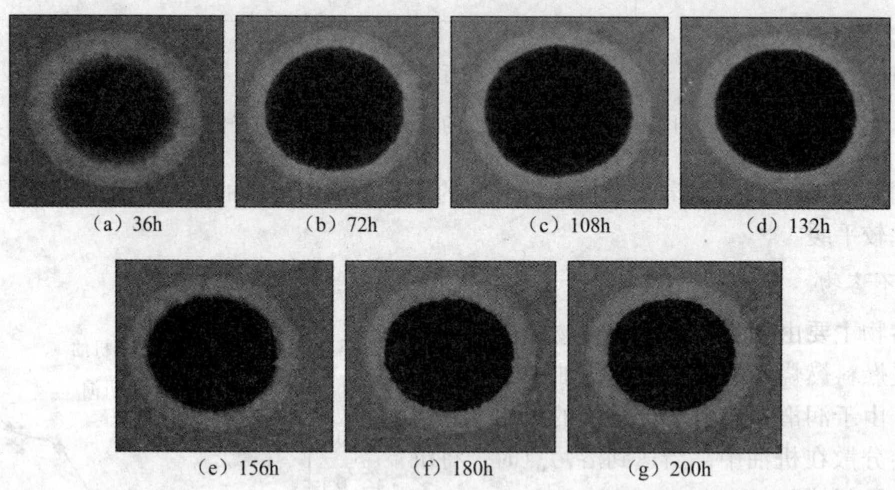

（a）36h （b）72h （c）108h （d）132h

（e）156h （f）180h （g）200h

图 4－140　0 号柴油发动机油的斑点图谱

图 4－139、图 4－140 是柴油机油随运行时间的斑点图谱。可以看出，油样斑点颜色随运行时间而逐渐变深，0～132h 油样的沉积区和扩散区的颜色较浅。这表明，此时机油具有良好的溶污能力，即良好的分散性。156h 以后油斑的沉积区颜色变化明显，但扩散环不是很明显，这说明机油的溶污能力既分散性变差。相比较而言，运行时间相同时，0 号柴油发动机油的油斑颜色比生物柴油发动机油的油斑深，从前面章节的试验结果得知，0 号柴油发动机的磨损状况相对严重，磨损可能导致柴油机油中的铁、铜、铝等金属磨粒含量较高，造成柴

油机机油杂质多，斑点图分散性差且中心区、扩散区颜色更深。

3. 柴油机油组分分离分析

利用硅胶－离子交换树脂色谱法，对生物柴油和0号柴油发动机台架试验不同时段油样进行分离，将油样分成饱和组分、酸性组分、碱性组分和中性组分，分析了发动机油的氧化衰变情况。

表4－31、表4－32分别为生物柴油发动机油和0号柴油发动机油色谱分离结果。

表4－31　生物柴油发动机油分离组分　%

油样	硅胶色谱分离组分		离子交换色谱分离组分		
	饱和组分	极性组分	酸性组分	碱性组分	中性组分
10h	95.68	4.32	1.05	0.66	2.61
36h	94.29	5.71	1.23	0.79	3.69
72h	93.46	6.54	1.58	0.95	4.01
108h	90.73	9.27	1.93	2.03	5.31
132h	90.35	9.85	2.22	2.14	5.49
156h	85.79	14.21	3.26	2.99	7.96
180h	79.58	20.41	4.75	7.29	8.37
200h	72.61	27.39	8.09	8.33	10.97

表4－32　0号柴油发动机油分离组分　%

油　样	硅胶色谱分离组分		离子交换色谱分离组分		
	饱和组分	极性组分	酸性组分	碱性组分	中性组分
10h	96.02	3.98	0.95	0.71	2.32
36h	94.67	5.33	1.16	0.81	3.36
72h	93.92	6.08	1.79	1.07	3.22
108h	89.87	10.13	2.17	2.25	5.71
132h	87.59	12.41	2.57	3.01	6.83
156h	84.23	15.77	3.73	3.78	8.26
180h	80.11	19.89	4.62	6.59	8.68
200h	73.43	26.57	8.13	8.02	10.42

图4－141、图4－142所示为两组油样中的饱和组分、极性组分随时间变化趋势。可以看出，生物柴油发动机油和0号柴油发动机油的变化趋势基本一致。随着试验时间增加，油样中的极性组分不断增加，饱和组分含量则呈下降趋势，从宏观上来看，上述变化导致了油品黏度的逐步增长，这一变化也表明柴油机油烃类组成经历了氧化缩聚反应，油品品质逐步衰变。

图4－143、图4－144是两组油样的极性组分经离子交换树脂分离后的酸性分、碱性分和中性分的变化情况。可以看出，随着时间的增加，三种组分的含量均呈逐步上升趋势。文献研究表明，发动机油分离的酸性分主要富集物为羧酸、过氧化物、酯类；碱性分包括酰胺、

胺类、硝酸酯、亚硝酸酯、亚砜类化合物；中性组分主要为烃类（芳香烃）、酮类等物质，ZDDP 的降解产物也在中性分当中，这就进一步说明了发动机油在使用过程中，随着时间的增加氧化衰变也在不断加剧。

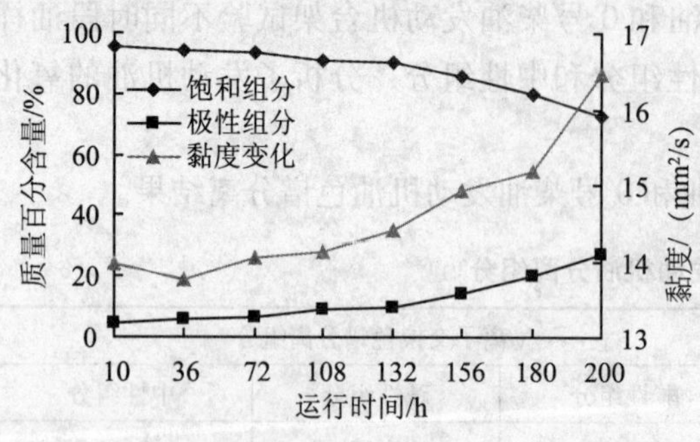

图 4－141　生物柴油发动机油分离组分随时间变化

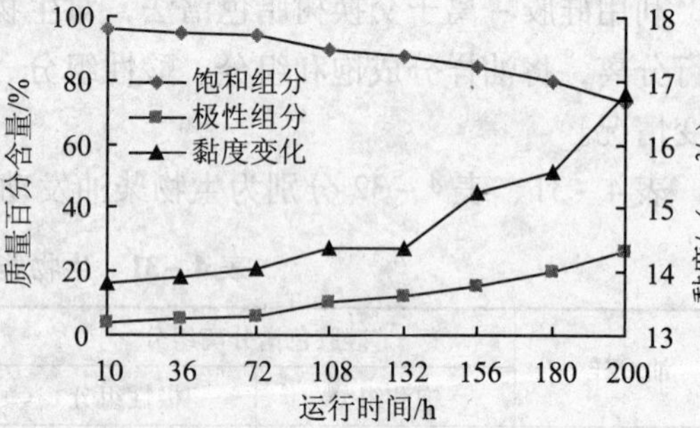

图 4－142　0 号柴油发动机油分离组分随时间变化

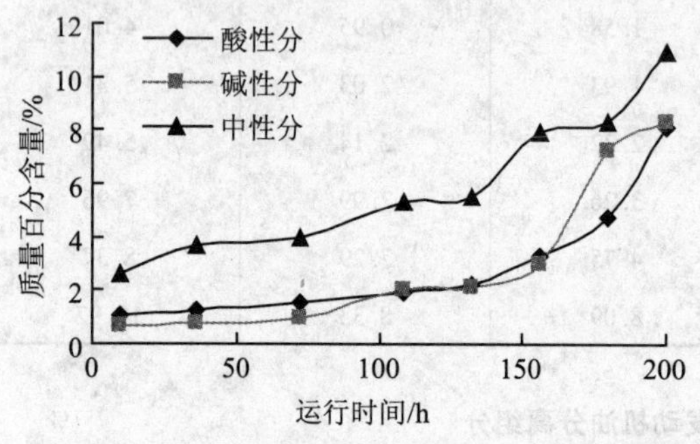

图 4－143　生物柴油发动机油极性组分随时间变化

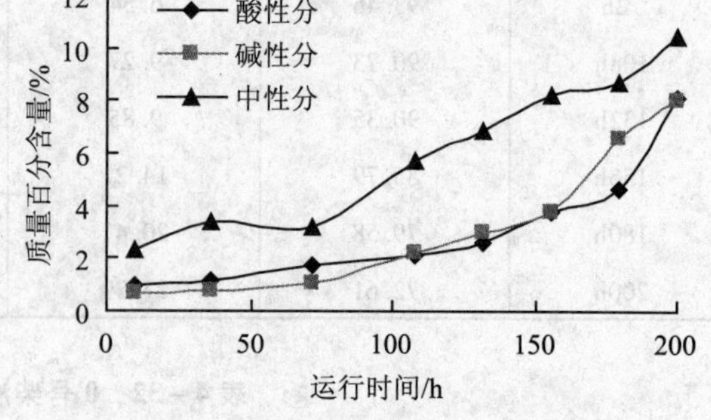

图 4－144　0 号柴油发动机油极性组分随时间变化

4. 柴油机油的红外光谱分析

1）定性分析

利用红外光谱可以得到润滑油在使用过程中分子官能团变化信息，通过官能团的变化可以了解机油氧化衰变情况。柴油机油在使用过程中，烃类发生自动氧化和催化氧化，生成一系列氧化产物。初始氧化产物一般是皂化物，皂化物进一步氧化成羰基化合物（中间氧化产物是醇、醛、酮等），羰基化合物经高温作用深度氧化成有机酸类。氧化产物在红外光谱谱图上具有强烈的特征吸收峰：

$1590m^{-1}$	皂化物，初始氧化产物；
$1700 \sim 1730cm^{-1}$	羰基化合物，中间氧化产物；
$1770cm^{-1}$	有机酸类，深度氧化产物；
$1630cm^{-1}$，$1270cm^{-1}$	硝酸酯（$RONO_2$）；
$1560m^{-1}$	硝化物（RNO_2）；
$1870cm^{-1}$	烟炱；
$670cm^{-1}$	抗氧抗磨剂 ZDDP　S ═P 键；
$990m^{-1}$	抗氧抗磨剂 ZDDP　P—O—C 键。

图 4－145、图 4－146 列出了生物柴油和 0 号柴油在不同运行时间（10h、36h、72h、

108h、132h、156h、180h、200h）的柴油机油红外光谱谱图。可以看出，随着运行时间的增加，CD15W－40 柴油机油的红外光谱在 1900～1500cm^{-1}区间和 1300～1000cm^{-1}区间吸收峰的强度逐渐提高，说明柴油机油在使用过程中逐步降解变质，氧化产物逐渐增多；在 1000～650cm^{-1}区间的吸收峰强度逐渐减弱，说明柴油机油的添加剂在逐步消耗，抗磨抗氧水平下降。

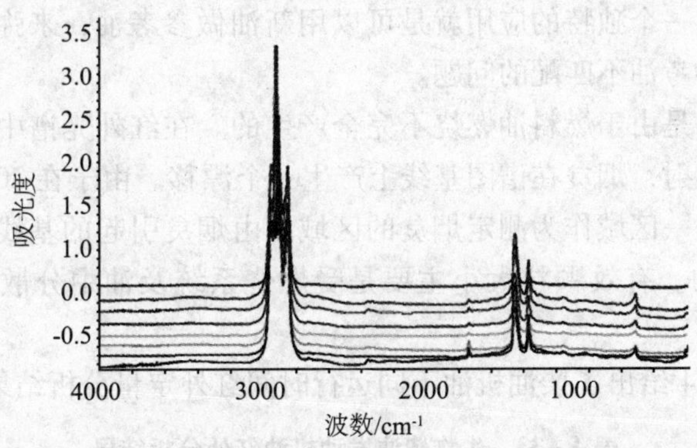

图 4－145　不同运行时间生物柴油发动机油的红外谱图

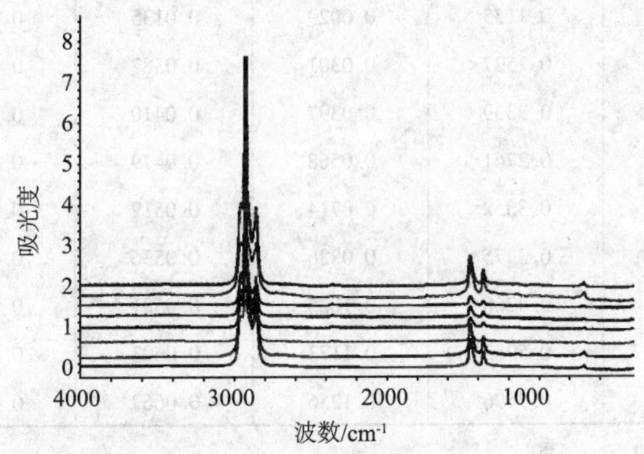

图 4－146　不同运行时间 0 号柴油发动机油的红外谱图

2）定量分析

对于使用过的柴油机油中的生成物、污染物以及添加剂的消耗量只给出它们的有关特征吸收峰还是不够的，因为它尚未具体给出机油衰变的幅度，缺少衡量的尺度。本文用新油与使用过的柴油机油相比较，然后通过光谱差减，根据各物质在红外光谱上反映出的特征峰来计算生成的各氧化物和油样里存在的污染物的量及添加剂降解的情况。柴油机油的衰变程度用烟炱、氧化值、硝化值、硫化值、燃料水平、ZDDP 含量等指标值来衡量。

氧化值：氧化值是根据油中的羰基物质在 1730cm^{-1}附近产生的吸收峰值而测定的。它们由内酯、酯类、醛、羧酸、酮和盐及其他物质产生。峰的宽度由所产生的物质的多少而定。最大强度峰位置是根据油的不同以及油所使用的条件的不同而不同。

硝化值：由于油中氮化物氧化产生的物质在 1630cm^{-1}附近产生了吸收峰，主要是由硝酸酯产生的。

硫化值：这是另一个特征谱带，在 1150cm^{-1}附近。这一谱带是由含硫物质及其氧化产物所产生的。这些物质是由柴油机油和基础油及添加剂中的硫氧化后所产生的。

燃料水平：以前用其他方法测定燃料水平比较难。燃料油和基础油的主要差别是分子量、馏程和芳烃含量的不同。燃料油馏程范围比较窄，而芳烃含量比较高。通常的方法是利用测馏程，同时用红外方法测定芳烃含量来确定是否存在燃料油。特征谱带在 800cm^{-1}附近。用其他技术测量的精确度都受所用校正仪器的标准物质影响，并且在发动机曲轴箱内的燃料油是挥发的。红外光谱有一个独特的应用就是可以用新油做参考油，来弥补由于基础油中的芳烃含量的改变而引起参考油不匹配的问题。

烟炱：悬浮的烟炱是由于燃料油燃烧不完全产生的。在红外光谱中它没有特定的吸收谱带。由于光的吸收和散射，烟炱在谱图基线上产生一个漂移。由于在 2000cm^{-1}附近没有一个特定的谱带区，那么这一区域作为测定烟炱的区域。由烟炱引起的基线漂移是受烟炱的含量和有效颗粒大小决定的。有效颗粒大小主要是受燃烧系统及油中分散剂、扩散剂的特性决定的。

表 4－33、表 4－34 给出了柴油机油不同运行时间红外定量分析结果。

表 4－33　生物柴油发动机油红外分析结果

运行时间	烟　炱	氧化值	硝化值	硫化值	燃料水平	ZDDP
0	0.0013	0.1135	0.0029	0.0135	0.0531	0.3185
10h	0.0259	0.1527	0.0301	0.0387	0.0726	0.3016
36h	0.0317	0.2339	0.0397	0.0410	0.0719	0.2985
72h	0.0463	0.2761	0.0568	0.0479	0.0658	0.2579
108h	0.0689	0.3352	0.0714	0.0512	0.0817	0.2234
132h	0.0802	0.3775	0.0826	0.0536	0.0750	0.2067
156h	0.1028	0.4268	0.1025	0.0581	0.0642	0.1785
180h	0.1159	0.5983	0.1173	0.0603	0.0635	0.1803
200h	0.1421	0.7596	0.1256	0.0662	0.0711	0.1724

表 4－34　0 号柴油发动机油红外分析结果

运行时间	烟　炱	氧化值	硝化值	硫化值	燃料水平	ZDDP
0	0.0009	0.1021	0.0031	0.0131	0.0371	0.2978
10h	0.0287	0.1435	0.0276	0.0322	0.0413	0.3112
36h	0.0356	0.2210	0.0339	0.0403	0.0382	0.3001
72h	0.0503	0.2593	0.0482	0.0437	0.0396	0.2716
108h	0.0687	0.3078	0.0657	0.0485	0.0425	0.2385
132h	0.0858	0.3514	0.0776	0.0518	0.0438	0.2107
156h	0.1436	0.3993	0.0975	0.0590	0.0505	0.1946
180h	0.1559	0.5467	0.1088	0.0575	0.0489	0.1854
200h	0.1754	0.7102	0.1203	0.0624	0.0477	0.1831

图 4－147～图 4－149 所示为从表 4－32 和表 4－33 选取的三个具有代表性的质量指标随运行时间的变化情况。

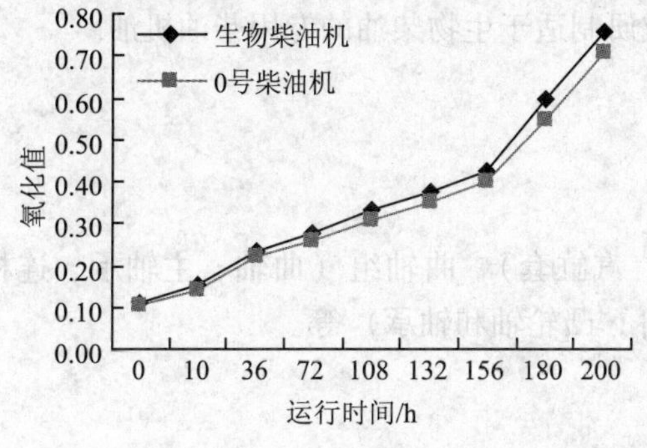

图 4－147 氧化值随运行时间的变化情况

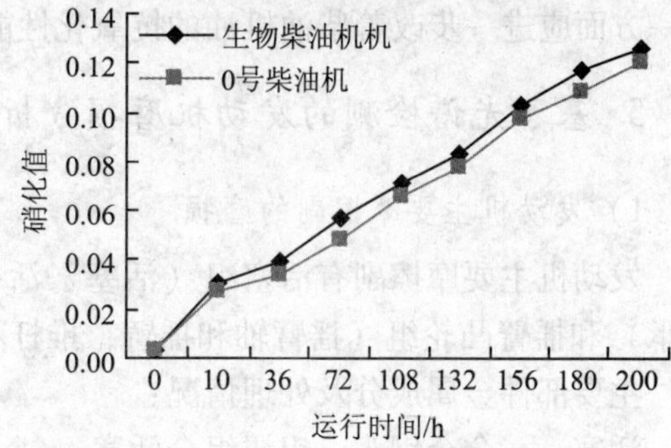

图 4－148 硝化值随运行时间的变化情况

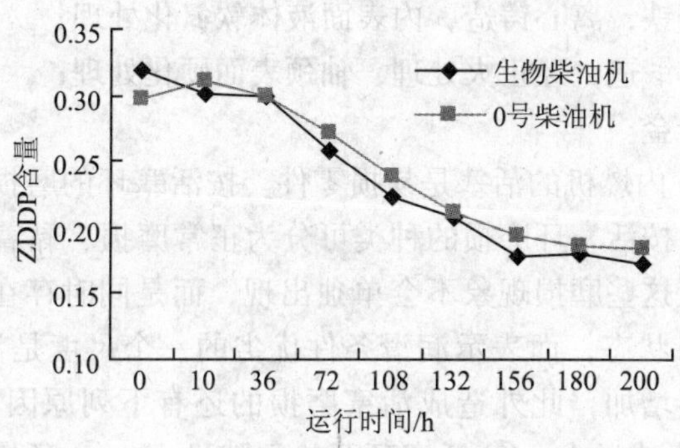

图 4－149 ZDDP 含量随运行时间的变化情况

从图 4－147 ~ 图 4－149 可以看出，柴油机油的氧化值、硝化值随运行时间逐渐增大，油品的氧化程度逐渐加深；ZDDP 值则随时间变化逐渐降低，表明添加剂逐渐消耗，这与常规理化分析获得的结论是一致的。由此可见，红外光谱包含的信息能正确地从微观角度反映柴油机油在使用过程中氧化衰变的真实情况。

综合上述分析结果可以看出，生物柴油发动机油比 0 号柴油发动机油更容易老化，造成这一现象可能有如下几个原因：

（1）生物柴油比 0 号柴油更容易侵入润滑油中，造成机油稀释。主要原因有两个：① 与黏度相当的碳氢化合物相比，甲酯油一般具有较强的渗透能力，这导致较多未燃的生物柴油侵入发动机机油。② 与 0 号柴油相比，生物柴油具有较高沸点，侵入发动机机油的这部分生物柴油就留在机油之中，并导致持续稀释。

（2）生物柴油燃烧产物的影响。燃用生物柴油时 NO_x 的生成量比 0 号柴油多，如果随窜气进入润滑油，则会对润滑油高、低温硝化有一定影响，易生成沉积物。

（3）生物柴油的氧化加速了柴油机油的老化。发动机机油在使用中承受高温、剪切力、漏气窜入和燃油进入等负担，且侵入机油的生物柴油特别容易因氧化、温度、水解而老化，但最初是一个缓慢的过程，因为在机油中仅有少量的自由基，且有足够的抑制剂。机油的氧化聚合以大量引发含双键或多双键的不饱和脂肪酸甲酯的氧化开始，在机油老化的过程中，由于反应中心越来越多和抑制剂的浓度下降，从而使机油老化越来越快。

鉴于发动机燃用生物柴油时加速柴油机油氧化衰变、质量劣化，建议加强对柴油机油的质量监控，做到科学换油。此外，可从两方面着手克服生物柴油带来的不利影响：一方面对生物柴油进行改性或者研制针对生物柴油的抗氧添加剂，改善生物柴油自身的氧化安定性能；

另一方面应进一步改善柴油机油的抗氧化性能，或研制适于生物柴油的专用柴油机油。

5. 基于光谱检测的发动机磨损分析

1）发动机主要摩擦副的磨损

发动机主要摩擦副有活塞组（活塞、活塞环、汽缸套），曲轴组（曲轴、主轴承、连杆轴承）和摇臂凸轮组（摇臂轴和摇臂，推杆和挺杆，凸轮轴和轴承）等。

主要部件金属成分及处理情况：

活塞——合金钢头，铝裙组合活塞；

活塞环——高强度可锻铸铁，表面镀铬；

汽缸套——高强度铸铁，离心铸造，内表面液体软氮化处理；

曲轴——合金钢整体锻造，经正火处理，轴颈表面硬化处理；

轴瓦——钢背铜铅合金。

（1）活塞环的磨损　内燃机的活塞是易损零件。按活塞环的磨损部位可分为滑动表面的磨损和上下端面的磨损；按活塞环磨损的种类可分为正常磨损、黏着磨损（划伤擦伤、磨料磨损、腐蚀磨损，实际上这些磨损现象不会单独出现，而是同时存在而又互相影响的。活塞环的磨损主要取决于润滑状态，而表示润滑条件优劣的一个尺度是活塞环的最小油膜厚度，油膜厚度小，磨损率就会增加，此外造成活塞磨损的还有下列原因：① 燃烧不良，积炭增加；② 活塞环的表面过大或过小；③ 活塞环开口间隙过小；④ 环槽中上下间隙不适当环在环槽中发生振动等；⑤ 使用劣质燃油产生腐蚀磨损等。

（2）汽缸套的磨损　正常磨合后，汽缸套在使用中的磨损类型有：① 正常磨损；② 腐蚀磨损，这种磨损占主导地位，在活塞环上止点位置的磨损量大，几乎为正常磨损的1~2倍，这种现象出现在燃烧高馏分燃料，低温启动又很频繁以及冷却液温度较低的发动机中，这时燃料生成物中的酸性成分极易凝结引起汽缸套上部的腐蚀磨损；③ 磨料磨损，吸入汽缸的空气中含有灰尘以及燃料中含有杂质而又没有很好滤清时都会引起磨料磨损。由于空气从上部吸入，所以汽缸的上部磨损较大，磨料颗粒在汽缸套内表面产生于平行于汽缸中心线的拉痕，个别大颗粒的磨料也会造成拉缸。④ 黏着磨损：当活塞在润滑不良的汽缸表面滑动时，两者有极微小部分的金属直接接触，摩擦形成局部高温，使之熔融黏着、脱落，逐步扩大即产生黏着磨损，这种磨损与腐蚀磨损和磨料磨损相比，是一种破坏性更大的异常磨损。在实际工作中，上述各种磨损往往是同时存在的，而又相互影响。如内燃机汽缸上部因腐蚀性磨损产生的颗粒会引起汽缸套中部的磨料磨损，由于磨料磨损使汽缸套和活塞环磨损更加严重，造成大量漏气，又会引起黏着磨损。因此，实际磨损情况是比较复杂的，常常是上述典型磨损的组合，只是因使用条件和工况不同各种磨损在程度上存在差别。

（3）轴承磨损　发动机中最主要的是曲轴主轴承、连杆轴承和凸轮轴轴承，它们都是发动机的关键部件，轴承在使用中所发生的事故在发动机中所占有的比率较大，其中由杂质进入发动机嵌入轴承里造成的损伤事故较多。轴瓦的早期磨损是指在使用中非正常磨损破坏，这种损坏包括刮伤、疲劳、腐蚀、穴蚀、烧伤、早期磨损，轴瓦和轴承座之间产生相对运动等。

2）润滑油中磨损元素的来源

油中的金属元素来自三方面：① 油品添加剂自身带来的金属元素如Ca、Ba、P、Zn、

Mg，这类金属来源于油中极压或清净分散剂或抗磨剂等。② 外界污染物携入的，如 V、Na、Si 等，V 来自于燃油泄露，Na 来自于冷却水系统的渗入，Si 是尘埃、砂石携入；③ 摩擦副表面产生的磨粒，混入油中使油 Fe、Al、Pb、Cr、Cu 等元素明显增加。

新油的金属元素含量是一定的。当污染或磨损加剧时，就会使油中某些金属元素含量明显上升。因此监测油中的金属元素含量是设备状态监测的必需而重要的手段之一。有时某些元素也可能同时来自其中的两个或三个方面。发动机油中常见磨损元素及来源如下所示：

铁（Fe）——机体、缸套、轴颈、活塞环、活塞头部、活塞销；

铜（Cu）——主轴承、连杆轴承，凸轮轴衬套；

铝（Al）——活塞裙部，污染物、凸轮轴承等；

铅（（Pb）——主轴承、连杆轴承；

铬（Cr）——活塞环、主轴等；

银（Ag）——轴承保护器、柱塞泵、齿牙、主轴、往复式发动机的轴承、柴油发动机的活塞销、用银制作的部件；

硅（Si）——硅酸盐和氧化硅是发动机的外界污染物，一般代表各种粒径的磨粒，由于润滑油中加有防起泡添加剂，会存在少量的有机硅；

锡（Sn）——主轴承覆盖层，连杆轴承覆盖层；

钠（Na）——冷却液，大量钠混合物的存在，表示工厂在新发动机中使用的保护层，润滑油中少量这种成分，对发动机的运行并无损害；

锌（Zn）——黄铜部件、氯丁橡胶密封件、油脂；

钙（Ca）——油添加剂、油脂、一些轴承；

硼（B）——硼和钠的同时存在，可能表示冷却液泄漏到润滑油中，光有硼而没有钠则可能认为是油中的添加剂。

3）油样的光谱分析

润滑油的光谱分析是指用光谱分析的方法，鉴别润滑油中污染物及添加剂元素的成分和数量，据此监测设备和润滑油的状态。油料光谱分析的应用始于 20 世纪 40 年代，美国的 Denver&Riogard 铁路公司率先对内燃机车用润滑油成功地实施了油料光谱分析，50 年代美国海军航空站在对飞机发动机的监测中也采用了光谱技术，而且取得了明显的效果。经过 60 多年的发展，油料光谱分析技术目前已相当成熟。

油料光谱分析主要运用发射光谱分析法和红外光谱分析法。油料发射光谱仪是目前国内外广泛应用的润滑油光谱分析设备，其操作简便，分析速度快（30s）、精度高（10^{-6} 级），分析容量大（20 余种元素），适用的设备范围广，可根据油液中磨损、腐蚀等污染物及添加剂元素的种类、含量及其变化趋势，对机械设备的运行状态分析。本文采用 MOA 型多元素油料分析光谱仪对柴油机油样进行检测，该仪器属原子发射光谱仪。对发动机台架试验不同时段所取油样的 Ag、Al、Ca、Cr、Cu、Fe、Si、Zn 等元素含量进分析，表 4－35、表 4－36 所示为检测结果。

表 4－35　0 号柴油发动机油样金属元素分析　　10^{-6}

运行时间	Ag	Al	Ca	Cr	Cu	Fe	Si	Zn
0	0.0	1.0	1473	0.0	0.0	1.2	3.9	440
10h	0.4	8.1	1415	6.8	9.3	55.0	9.0	408

续表

运行时间	Ag	Al	Ca	Cr	Cu	Fe	Si	Zn
36h	0.3	15.3	1678	11.7	10.6	94.9	8.0	443
72h	0.0	22.8	1902	12.6	14.1	159.0	16.5	492
108h	1.7	23.9	1773	11.8	13.6	164.0	20.8	479
132h	0.7	24.4	1610	11.0	12.9	215.0	23.0	477
156h	2.0	22.2	1821	12.8	13.8	233.0	20.8	506
180h	1.6	18.7	1860	11.6	13.1	240.0	22.6	510
200h	1.8	15.4	1581	10.3	11.3	245.0	18.7	489

表 4-36 生物柴油发动机油样金属元素分析 10^{-6}

运行时间	Ag	Al	Ca	Cr	Cu	Fe	Si	Zn
0	0.0	1.0	1473	0.0	0.0	1.2	3.9	440
10h	1.2	12.1	1391	5.7	13.2	101.0	11.7	409
36h	0.0	22.1	1730	11.0	10.7	182.0	11.6	449
72h	0.2	35.0	1752	10.7	16.3	268.0	36.7	460
108h	0.4	27.2	1873	10.0	15.6	245.0	43.6	469
132h	1.0	22.1	1893	8.5	13.2	231.0	32.8	455
156h	1.8	19.9	1874	7.8	12.4	208.0	27.6	462
180h	0.0	16.4	1876	6.2	11.4	177.0	23.0	480
200h	0.4	10.6	1561	7.0	9.1	131.0	17.5	457

图 4-150 ~ 图 4-157 为各金属元素含量随运行时间变化的趋势图。

图 4-150 中所示为台架试验后的发动机油中铁元素含量随时间变化情况，虚线为元素含量变化的趋势线（下同）。从铁元素浓度变化趋势图中可以看出，生物柴油机在试验初期铁元素上升幅度较大，在 72h 左右达到曲线峰值，随后又逐渐降低，提示台架试验初期至 72h 期间钢铁件磨损较大，其后磨损趋于缓和。0 号柴油发动机在在 132h 前铁元素含量比生物柴油机相对较少，但是至整个试验结束，铁元素含量仍然出现上升趋势，磨损程度不断加剧。

从图 4-151 和图 4-152 中铜、铝元素浓度变化趋势中可以看出，生物柴油发动机润滑

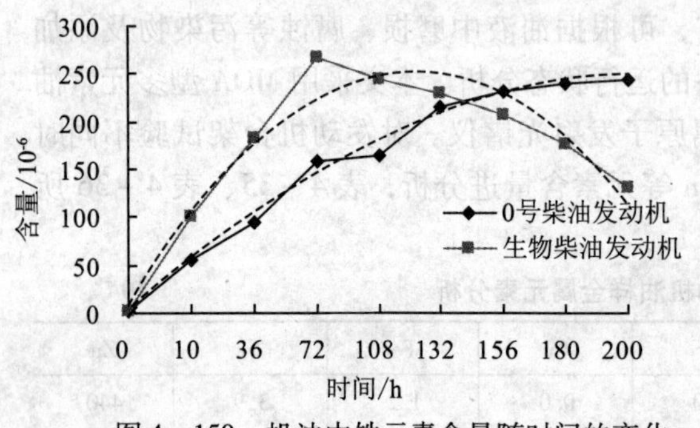

图 4-150 机油中铁元素含量随时间的变化

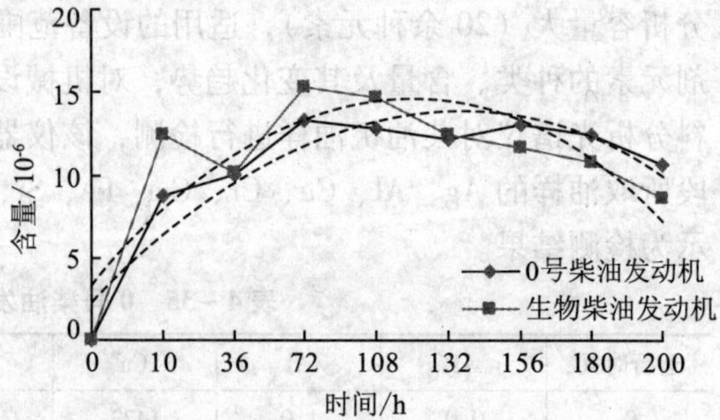

图 4-151 机油中铜元素含量随时间的变化

油和0号柴油发动机润滑油中金属元素的浓度变化趋势基本相同，元素含量逐步增加，在72h左右出现峰值，然后逐步递减，变化趋势较为平稳。在132h以前，生物柴油发动机油中的铜、铝元素含量高于0号柴油机，此后的元素含量则低于0号柴油机。

图4-153为硅元素浓度变化趋势，检测结果表明生物柴油中Si元素的含量在整个试验过程中均高于0号柴油发动机油，并且在108h达到最大。相比较而言，0号柴油发动机油中Si元素变化趋势平缓，幅度不大。硅（Si）主要来自空气带进来的灰尘等，从它们的变化趋势可以看出，可以看出生物柴油发动机在运转的开始100h受到外界的污染或添加剂发挥了加速磨损的作用，这可能与装配清洁度有关，之后又恢复到稳定状态，这一现象也解释了为什么试验初期生物柴油发动机中的铁、铝、铜等主要金属元素的含量较0号柴油发动机高。

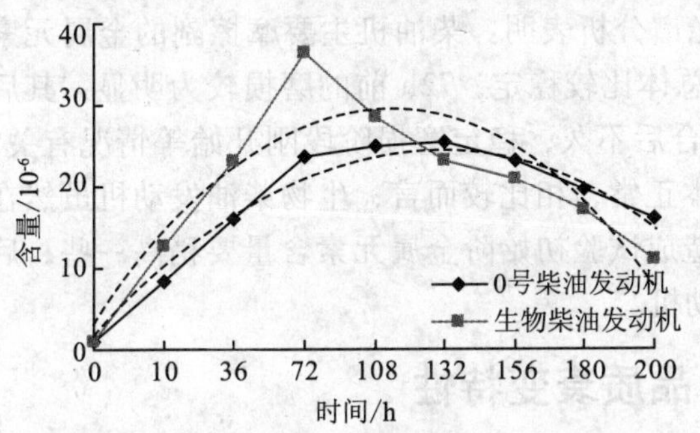

图4-152　机油中铝元素含量随时间的变化

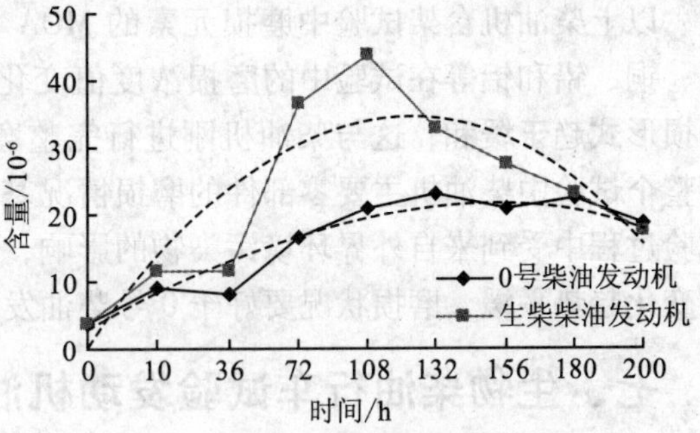

图4-153　机油中硅元素含量随时间的变化

图4-154为铬元素浓度变化趋势，可以看出Cr元素在试验初期第36h即达到最大值，随后趋于平稳，有逐步下降的趋势。Cr主要来自活塞环，这说明发动机在整个试验过程中的运行状况良好，未出现异常磨损。相比较而言，生物柴油发动机油中铬元素的含量要小一些，这说明生物柴油发动机活塞环缸套的磨损相对要小。

图4-155为Ag元素的浓度变化曲线，可以看出，在试验过程中其浓度出现了几次没有规律的跳跃，但从其变化的趋势线可以大致判断，生物柴油发动机油中的Ag元素变化平稳，先升高再降低；0号柴油发动机油中的Ag元素则呈逐步增大的趋势。

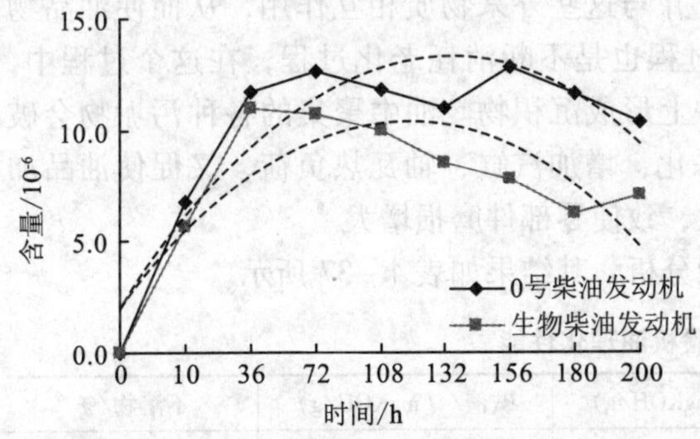

图4-154　机油中铬元素含量随时间的变化

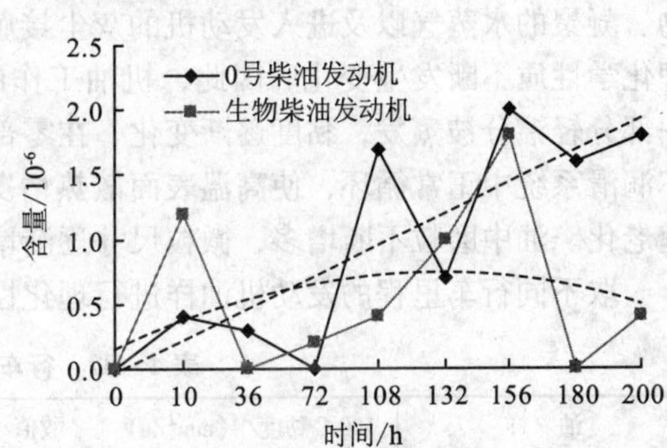

图4-155　机油中银元素含量随时间的变化

图4-156、图4-157为钙、锌元素变化趋势曲线。Ca、Zn等元素主要来自润滑油的添加剂，可以看出生物柴油发动机油和0号柴油发动机油中两种元素的变化趋势基本一致，元素含量也差不多，说明发动机工作状况比较稳定，润滑油添加剂的消耗速度也基本一致。

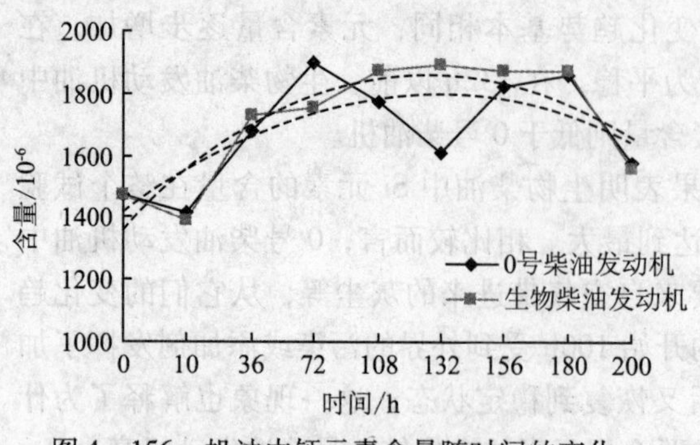

图 4-156 机油中钙元素含量随时间的变化

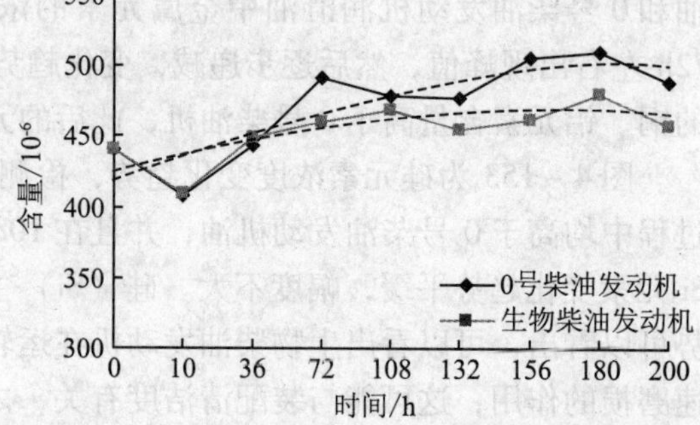

图 4-157 机油中锌元素含量随时间的变化

以上柴油机台架试验中磨损元素的 MOA 光谱分析表明：柴油机主要摩擦副的金属元素铁、铜、铅和铝等在试验中的磨损浓度值变化总体比较稳定，72h 前的磨损较为明显，其后磨损形式趋于缓和，这与柴油机刚进行完整磨合后不久，稳定磨损阶段刚开始等情况有关。在整个试验中柴油机主要零部件的磨损情况基本正常，相比较而言，生物柴油发动机虽然在试验过程中受到来自外界环境污染物的影响，造成试验初始阶金属元素含量要稍高一些，后期变化趋势平缓，磨损状况要好于 0 号柴油发动机。

七、生物柴油行车试验发动机油品质衰变特性

行车试验是评定润滑油性能最直接可靠的方法，它可以全面地反映油品的使用性能。行车试验可从两方面考察油品的性能：一是看油品的衰变情况，二是对发动机润滑部位的磨损情况和沉积物情况进行综合评定。科研团队以 B100 生物柴油为燃料进行行车试验，考察了发动机燃用生物柴油时柴油机油的理化性能变化情况；利用红外光谱六水平指标考察了柴油机油的衰变程度；利用 MOA 元素分析法对柴油机油中金属元素的含量进行检测，考察发动机的磨损状况。

1. 理化性能分析

内燃机油在工作过程中受高温高压作用，而且与空气、燃料的凝聚物和不完全燃烧的产物、凝聚的水蒸气以及进入发动机的灰尘接触，并与这些外来物质相互作用，从而使油品物理化学性质不断发生变化。因此，机油工作的过程也是不断消耗老化过程，在这个过程中，一部分轻馏分被蒸发，黏度逐渐变化，在零部件上形成沉积物。油中聚集的各种污垢物会破坏润滑系统中正常循环，使高温表面散热情况恶化，增加汽缸、轴瓦热负荷，又促使油品加速老化。油中磨粒不断增多，微粒尺寸逐渐增大，致使零部件磨损增大。

取不同行车里程的发动机油样进行理化性能分析，其结果如表 4-37 所示。

表 4-37 行车试验机油理化性能

油 样	100℃黏度/（mm^2/s）	酸值/（mgKOH/g）	碱值/（mgKOH/g）	不溶物/%
0km	14.35	2.43	9.41	0
2000km	14.27	2.67	9.13	0.09
4000km	14.93	3.39	8.25	0.12
6000km	14.58	3.79	7.02	0.62
8000km	14.71	4.58	6.27	0.59
10000km	15.56	5.27	5.81	1.16

1）流变特性

油品的流变性能直接影响其作为润滑介质的基本特性，是润滑油的一项基本质量指标，影响润滑油使用过程中黏度特性的因素很多，如蒸发损失、聚合物的热降解和机械降解、油品氧化缩合变稠、油品对烟炱和油泥的分散能力、柴油稀释等。在油品的使用过程中，为了达到最佳的润滑效果，油品的黏度应该保持不变或变化很小。图 4 – 158 所示为柴油机油的黏度随行驶里程的变化情况（虚线所示为变化趋势线，下同）。

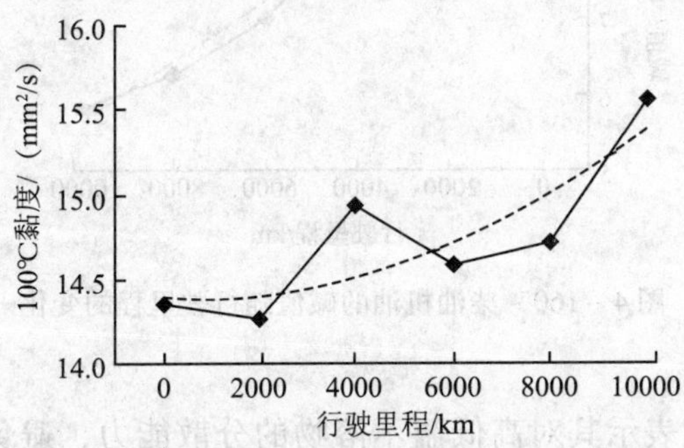

图 4 – 158 柴油机油的黏度随行驶里程的变化

从图 4 – 158 可看出，试验开始阶段黏度小幅下降，这是由于油中黏度指数改进剂受机械剪切影响所引起。随着行驶里程的增加，黏度逐步增大，且趋于稳定。整个试验过程，黏度值由初始的 14.35 到达试验结束时的 15.56，增幅为 8.43%。

2）酸值（TAN）

酸值是反映油品抗氧化性能的重要指标，酸值的变化反映了润滑油氧化衰变和有关添加剂消耗降解状况。图 4 – 159 所示为柴油机油的酸值随行驶里程的变化情况。

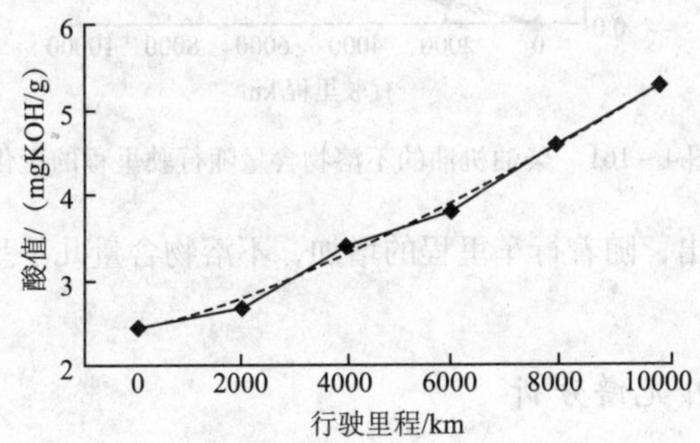

图 4 – 159 柴油机油的酸值随行驶里程的变化

在高温条件下，机油因氧化而产生的酸性产物不断增加，使酸值不断增大，另一方面因 ZDDP 的消耗引起酸值下降，酸值的变化是这两种作用的综合反映。从图 4 – 159 可以看出，试验油的酸值随行驶里程的增加逐步增大，抗氧化性能逐步减弱。

3）碱值（TBN）

总碱值是柴油机油中碱性添加剂的量度，碱性添加剂主要用于改善机油的高温清净性。机油的碱值反映了油品配方清净剂的大致加入量。在行车过程中，会因中和酸性氧化物而使油品碱值逐步下降。图 4－160 所示为柴油机油的碱值随行驶里程的变化情况。

从图 4－160 可以看出，碱值随行驶里程逐步降低，试验结束时，柴油机油的碱值由开始的 9.41 mg KOH/ g 降至 5.81 mg KOH/g，降幅为 38.3%。

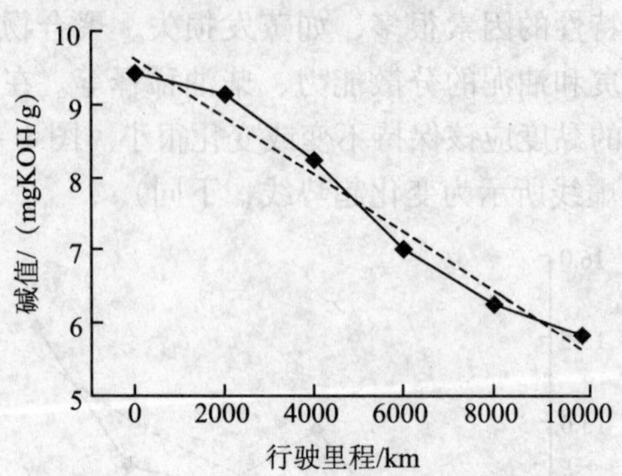

图 4－160　柴油机油的碱值随行驶里程的变化

4）分散性能

发动机油的分散性能表示其对高低温不溶物的分散能力，避免发动机高、低温部位沉积，可用不溶物含量来评定。图 4－161 所示为柴油机油的不溶物含量随行驶里程的变化情况。

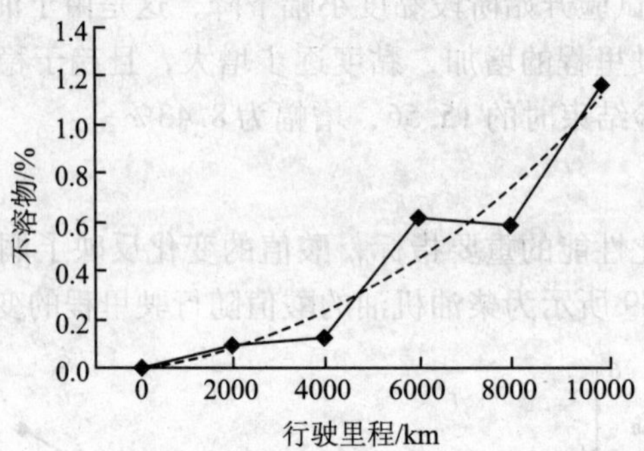

图 4－161　柴油机油的不溶物含量随行驶里程的变化

从图 4－161 可以看出，随着行车里程的增加，不溶物含量几乎呈线性增长，柴油机油的分散性能逐步减弱。

2. 柴油机油的红外光谱分析

前述章节的分析表明，红外光谱包含的信息能正确地从微观角度反映柴油机油在使用过程中氧化衰变的真实情况。图 4－162 所示为行车试验不同里程（0km、2000km、4000km、6000km、8000km、10000km）采集的 CD 15W－40 柴油机油的红外谱图。

从图 4－162 可以看出，随着行驶里程的增加，CD 15W－40 柴油机油红外光谱在 1900～1500cm^{-1}和 1300～1000cm^{-1}区间吸收峰强度逐渐提高，说明柴油机油在使用过程中逐步降解变质，氧化产物逐渐增多。在 1000～650cm^{-1}区间吸收峰强度逐渐减弱，说明柴油机油添加剂在逐步消耗，抗磨抗氧水平下降。

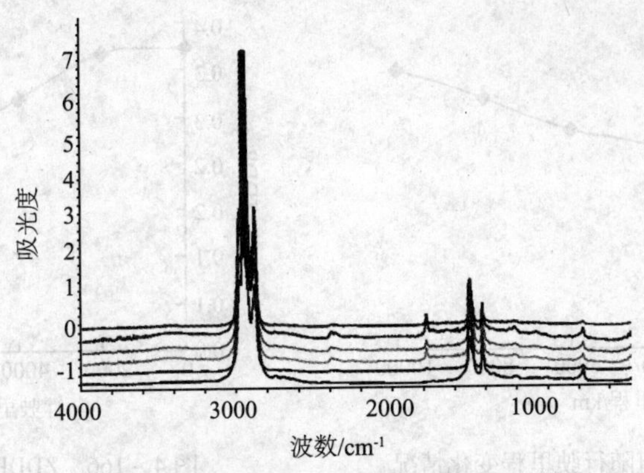

图 4-162 不同行驶里程的红外光谱

根据前面的分析知道，红外光谱经差谱法计算出的烟炱、氧化值、硝化值、硫化值、燃料水平、ZDDP 含量等指标值能够较好地反映出柴油机油的衰变程度。表 4-38 给出了经差谱计算后的指标值。

表 4-38 生物柴油行车试验柴油机油红外分析结果

行驶里程	烟炱	氧化值	硝化值	硫化值	燃料水平	ZDDP
0km	0.0015	0.1095	0.0021	0.0121	0.0515	0.3226
2000km	0.0271	0.1531	0.0297	0.0405	0.0689	0.3179
4000km	0.0477	0.2863	0.0559	0.0486	0.0712	0.2688
6000km	0.0833	0.3690	0.0827	0.0531	0.0738	0.2113
8000km	0.1158	0.6007	0.1175	0.0610	0.0695	0.1810
10000km	0.1419	0.7584	0.1262	0.0676	0.0723	0.1685

图 4-163 ~ 图 4-166 所示为表 4-36 中主要指标随行驶里程的变化情况。

从图 4-163 ~ 图 4-166 可以看出，由红外谱图差谱计算所得柴油机油的硝化值、氧化值及硫化值随行车里程的逐步增加，ZDDP 含量随行驶里程逐步降低，其变化趋势与发动机台架试验获得的结论一致。

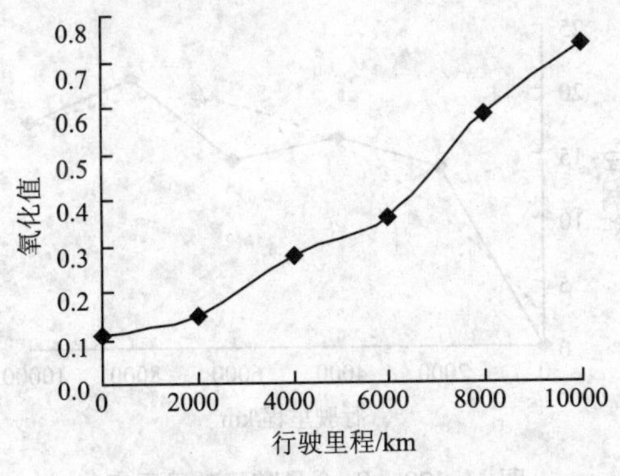

图 4-163 氧化值随行驶里程变化情况

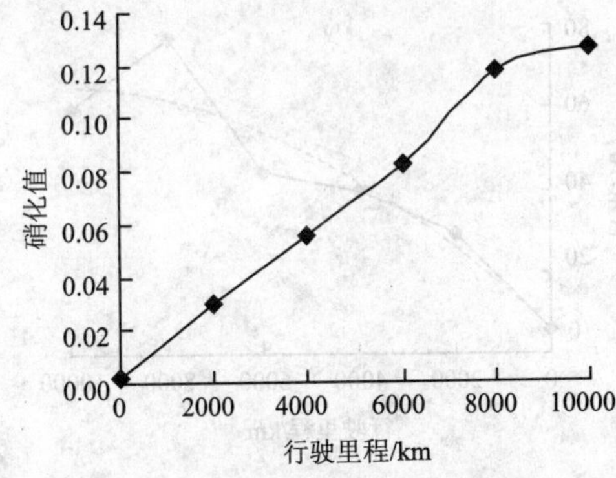

图 4-164 硝化值随行驶里程变化情况

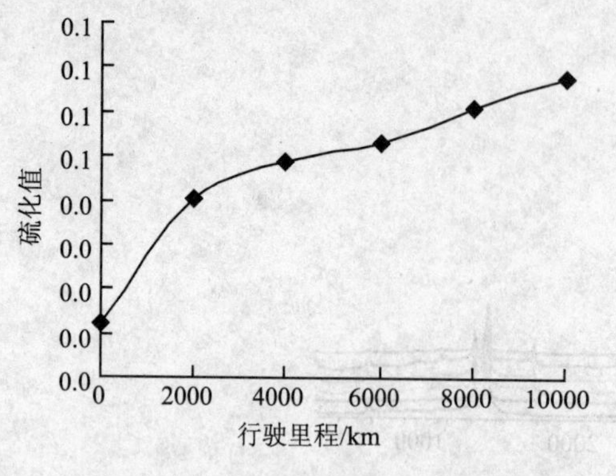

图 4-165　硫化值随行驶里程变化情况

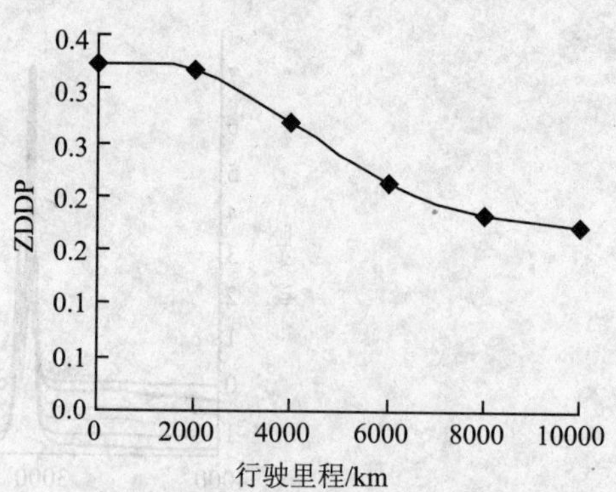

图 4-166　ZDDP 随行驶里程变化情况

3. 基于光谱检测的发动机磨损分析

通过分析油中的金属含量来评价发动机的磨损情况。主要分析柴油机油中 Fe、Al、Cu、Cr、Si、Ag、Ca、Zn 的含量，关于发动机润滑油中主要摩擦副及金属元素来源前面已做详细阐述，此处不赘述。金属含量达到一定数值时，表明机油润滑性能明显下降，发动机的磨损程度加剧。柴油机油各金属元素的含量随行驶里程的变化情况如图 4-167～图 4-174 所示。

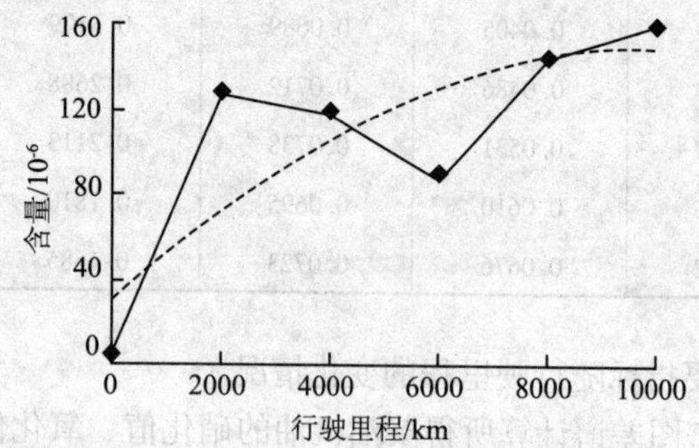

图 4-167　Fe 含量随行驶里程变化

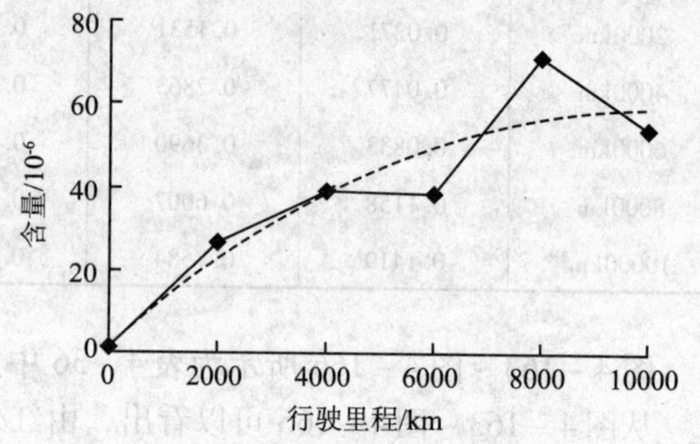

图 4-168　Al 含量随行驶里程变化

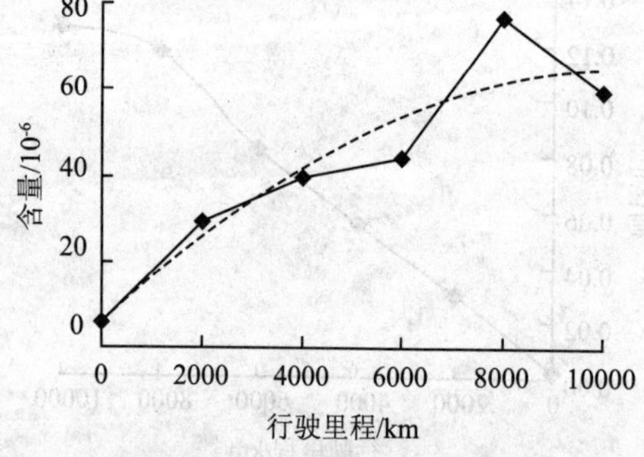

图 4-169　Cu 含量随行驶里程变化

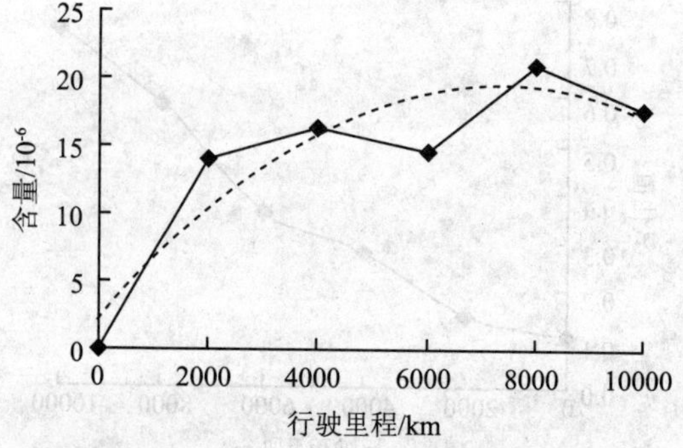

图 4-170　Cr 含量随行驶里程变化

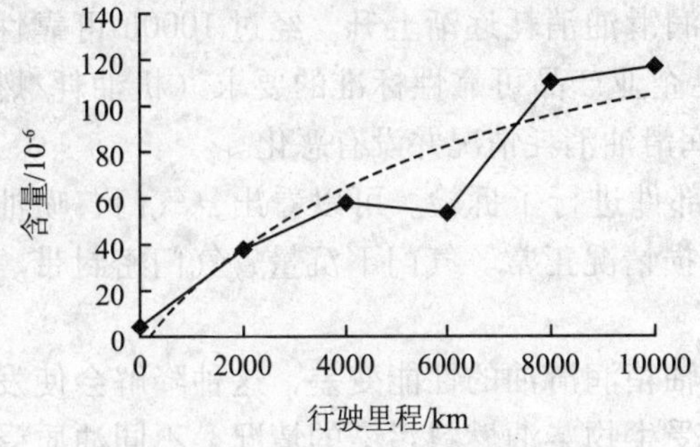

图 4－171 Si 含量随行驶里程变化

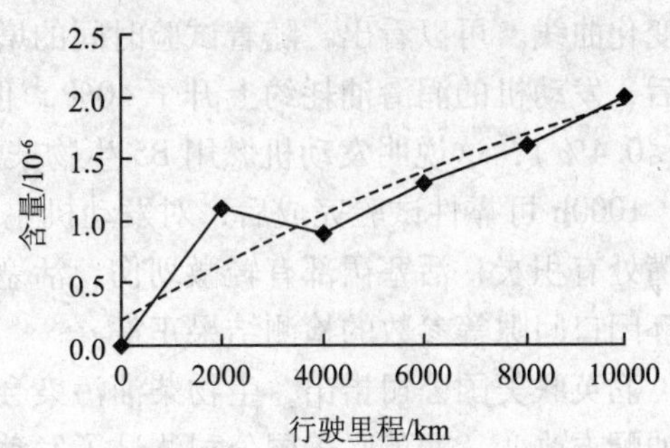

图 4－172 Ag 含量随行驶里程变化

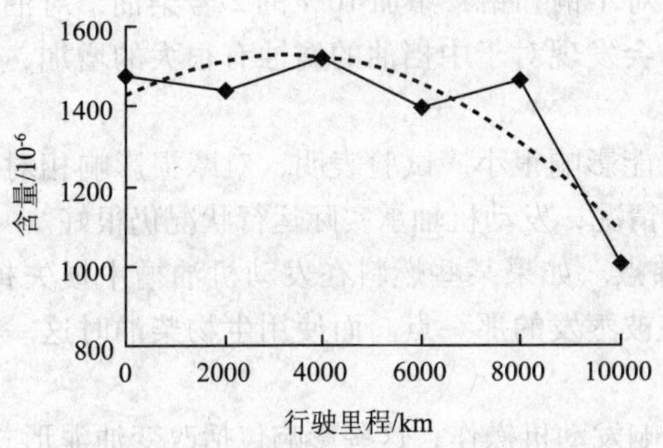

图 4－173 Ca 含量随行驶里程变化

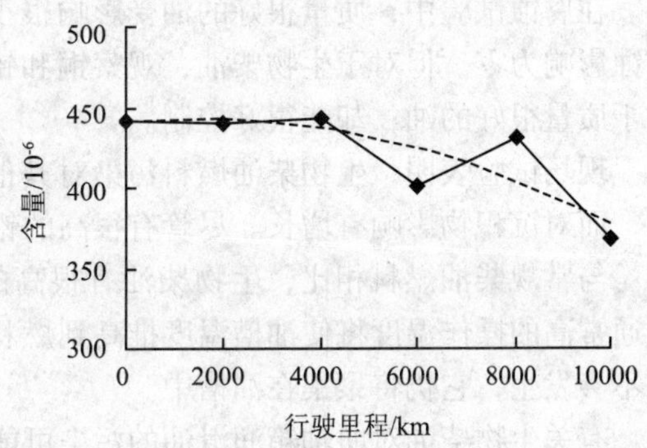

图 4－174 Zn 含量随行驶里程变化

从图 4－167～图 4－174 可以看出，行车用油中的 Fe、Al、Cu 等主要金属元素的含量随行驶里程而增加，但其含量均在正常范围值之内，发动机磨损正常。Cr 元素含量在试验初期增长较快，后期变化较为平稳，这说明经过磨合阶段的活塞环－缸套摩擦副的磨损状况较好。Si 元素的含量在整个试验过程中逐步增加，这与发动机台架试验的情况也很相似，这说明生物柴油发动机运行过程中受外界环境因素影响较大，具体原因还有待进一步分析。添加剂元素 Ca、Zn 的含量随行程的增加而逐步降低，其中 Ca 元素的下降趋势更明显，说明随着试验的进行，发动机油不断氧化变质，机油中的添加剂也在逐步消耗。

八、生物柴油对润滑油使用性能影响的其他研究成果

色谱分析结果表明：润滑油中混有少量不饱和脂肪酸甲酯。这是由于生物柴油的密度较大，相同体积油滴的质量和沿喷射方向的动量大于石化柴油，喷雾贯穿距离也大于石化柴油，喷射到壁面的油量多，壁面上的未燃燃料容易窜入曲轴箱内。

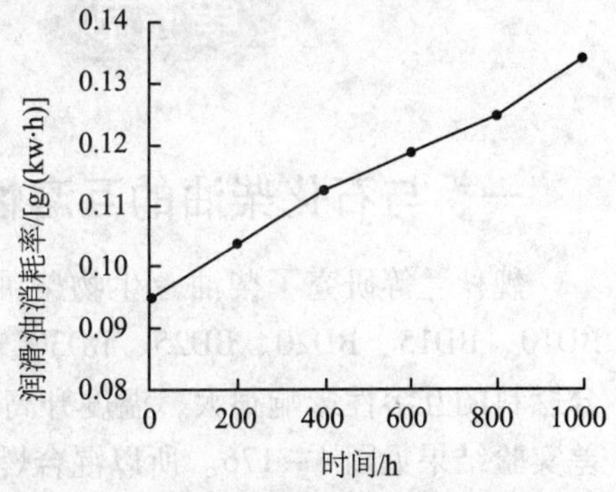

图 4－175 润滑油消耗率随可靠性试验时间的变化曲线

润滑油的工作环境十分恶劣，高温高压下不饱和脂肪酸甲酯易发生氧化和聚合反应形成凝胶。凝胶不能充分燃烧，引起润滑油变质和润滑油路堵塞，造成各摩擦副表面供油不足，加速机件的磨损，因此发动机燃用生物柴油时润滑油的更换周期应适当缩短。

图 4－175 为发动机可靠性试验期间润滑油消耗率

的变化曲线。可以看出，随着试验时间的增加，润滑油消耗逐渐上升。经过 1000h 可靠性试验后，发动机的润滑油耗约上升了 40%，但满足企业产品可靠性标准的要求（机油耗/燃油耗≤0.4%），这说明发动机燃用 B5 生物柴油时润滑油消耗情况并没有恶化。

1000h 可靠性试验完成后，对发动机主要零部件进行了拆检。可以看出，气门、喷油器喷嘴处有积炭，活塞裙部有轻微划伤，活塞环磨损情况正常。气门下沉量、气门密封带、活塞环闭口间隙等参数的检测结果正常。

润英联美国公司指出，生物柴油污染会使曲轴箱润滑油的性能变差，这种降解会使发动机油配方改变。润英联美国公司测试了发动机油受生物柴油燃料污染的情况，不同油质受影响也各不相同。对于受生物柴油污染的情况，质量很好的油通常比中档油的黏度控制要好得多。在腐蚀试验中，质量很好的油受影响很小。对于铜和铅，添加 10% 的 2 号柴油，对油的腐蚀影响为零。但对于生物柴油，观察铜和铅，会发现对于中档油的腐蚀有很大的增加，而对于质量很好的油，却能很好控制。

现场试验表明，生物柴油燃料污染对其他性能影响很小。试验表明，对摩损影响相对很小，而对沉积物影响有增长。尽管有很高的铅量情况，发动机轴承实际运行状况仍很好。

与常规柴油燃料相比，生物柴油有很高的沸点。如果某些燃料在发动机油槽中损失掉，则通常高的操作温度将使油槽温度推高到燃料将被蒸发的那一点。而使用生物柴油时这一情况不会发生，它仍将聚集在油槽中。

有关生物柴油对曲轴箱润滑油的污染可能影响发动机操作，这些影响包括改变油泥形式、轴承腐蚀、活塞清洁度和黏环等。标准试验并未显示出这些影响。如果试验生物柴油的影响，需要进行实际考察。

现场试验用车队包括 11 Mack E7 427 发动机和 10 Cummins 1SX 450 发动机。采用 2 号柴油燃料运行 14 个月和约 22.5 万公里，然后将卡车切换使用 B20 生物柴油燃料。B20 生物柴油由约 20% 生物柴油与 80% 石油基燃料调合而成。

对油的烟炱、黏度、碱值与基准情况进行了比较。采用生物柴油，使油泥控制稍差，但仍能很好工作。尽管轴承中有较高的铅而无铜，活塞沉积物情况尚好。美国生物柴油管理局已同意采用 20% 生物柴油按 Mack T－12、Cummins ISB 和 Caterpillar C－13 发动机程序试验进行相应的发动机试验。2007 年的数据表明，这三个试验的费用在 30 万美元。

第五节 生物柴油的其他应用性能

一、与石化柴油的互溶性

魏秋兰等研究了柴油－生物柴油混合燃料互溶性。研究确定的掺混比例为 BD0、BD5、BD10、BD15、BD20、BD25、BD30、BD50、BD80 和 BD100。温度对石化柴油与生物柴油混合燃料的互溶性影响很大，温度升高，混合燃料互溶性增强，温度降低，混合燃料互溶性变差实验结果见图 4－176。所以混合燃料温度高于互溶温度时，才能混合燃用。

由于生物柴油与石化柴油互溶，两者调合并不困难。在调合时要注意以下两点：① 生物柴油的调合量越大越容易混合好；② 生物柴油的密度比石化柴油略大。在此基础上可以选择自己喜欢的调合方式。在较冷的季节调合生物柴油和石化柴油要注意低温性问题，尤其是在柴油的温度低于生物柴油的浊点时更应注意，因为这会导致柴油混合不均匀，这就需要对柴油进行保温和搅拌。混合好的柴油在储存过程中也应注意低温性问题，混合柴油的储存温度最好比其浊点高 3 ~8℃。

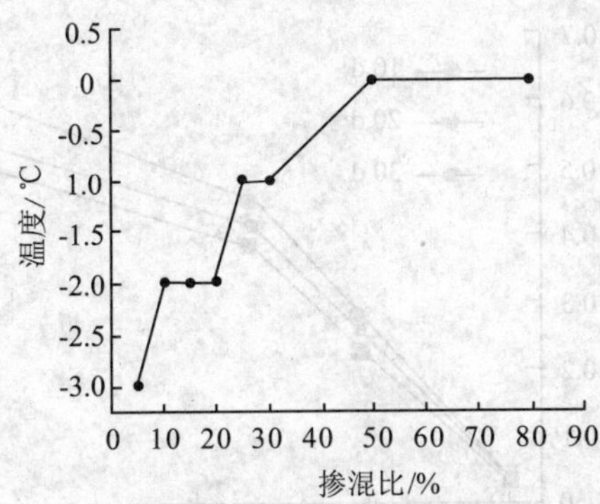

图 4 – 176　温度对 0 号柴油与生物柴油互溶性的影响

通过以下方式可以确认是否混合均匀：

(1) 从罐子的上部、中部和下部分别取样并分析，比如通过红外光谱测试百分含量，或者比较它们的相对密度、密度。相对密度或密度可以通过常规方法测试，比如密度仪、比重计等。如果从最上面取的样品与下面取的样品相对密度不超过 0. 006，说明已基本混合均匀。

(2) 把取得的三个样品都放入冰箱或其他冷冻装置中，每一个样品中都插入一个温度计，每 5min 检查一下温度计读数。当样品开始结晶时记录温度计读数。然后每隔大约 1 ~ 2min 检查一下其他样品，直到所有样品都出现结晶并记录温度。比较一下三个样品开始结晶时的温度，如果在 3℃范围之内，则说明混合已基本均匀，否则还需要进一混合。生物柴油可以与航空燃料、煤油、石化柴油、军用燃料、加热炉燃料等互溶，一旦它们混合均匀，即使长期储存也不会分层。所以一旦混合好后，在储存、运输或使用 B2 ~ B20 柴油时，应尽可能与石化柴油的方式一致。

二、生物柴油对橡胶的溶胀性

生物柴油的应用刚刚起步，有必要就其对燃油系统密封材料性能的影响进行研究。Wimonrat 等研究发现生物柴油会使丁腈橡胶耐油密封件发生溶胀，但对氟橡胶的溶胀影响很小；周映等研究发现生物柴油对氟橡胶的影响与 0 号柴油相近，但对丁腈橡胶的影响略大于 0 号柴油，其中麻疯油生物柴油对丁腈橡胶的影响较小。莫桂娣等研究了多种不同材料的“O”型橡胶密封圈在生物柴油、混合柴油中的溶胀性能，并与 0 号柴油进行了对比。结果表明，氟橡胶密封圈在各种生物柴油中的溶胀性能接近于 0 号柴油，可以在生物柴油的燃油系统中使用；丁腈橡胶密封圈和天然橡胶密封圈在以植物油为原料制备的生物柴油中的溶胀性能也接近于 0 号柴油，可以在此燃油系统中使用，但不能在混有动物油制备的生物柴油的燃油系统中使用；氯丁橡胶密封圈和硅橡胶密封圈在各种生物柴油和 0 号柴油中的溶胀性能均很差，不能在此燃油系统中使用。

魏秋兰等研究了柴油 – 生物柴油混合燃料对橡胶件的溶胀作用。实验表明，随生物柴油掺混比例的增加逐渐增强（见图 4 – 177），所以混合燃料中生物柴油的掺混比例不应过大。

由于 B100 溶解性强，它会溶胀加油站或发动机内部的一些软管或垫圈，这可能导致发动机漏油，毁坏油泵，或者引起过滤器堵塞等。在使用 B100 之前，应该首先确认燃料系统的每一个部件都要与生物柴油兼容，不要被其溶胀。为此，需要对现有的柴油发动机适当进行改造。

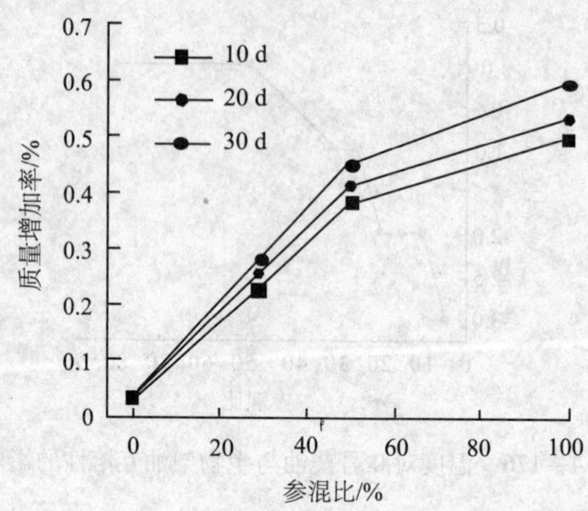

图 4－177　掺混比例对橡胶件溶胀性的影响

与 B100 生物柴油相比，B2～B20 生物柴油对橡胶部件的溶解性问题已大大缓解。国外在过去 10 年使用 B20 生物柴油的经验表明：B20 与柴油燃料系统中所有的橡胶部件兼容，即使那些对生物柴油含量高的混合柴油比较敏感的橡胶，如氰基橡胶，也与 B20 生物柴油的兼容性很好。但是对于橡胶部件的泄露问题还需要进一步观察研究。使用 B2～B5 生物柴油，不需要对现有的燃料系统进行任何改造，可直接使用。

三、生物柴油的储运

由于生物柴油中存在大量不饱和双键，铁、铜等金属离子、人造橡胶和塑料及其所含助剂会对其有催化作用，加快生物柴油氧化产生过氧化物，因此生物柴油不能用平常使用的铁制容器长期储存，而应采用不锈钢、碳钢、铝或聚乙烯材料的塑料桶储存。加热或有太阳光线也会加速生物柴油的氧化，因此生物柴油要避光储存。阻止或减少生物柴油与空气的接触，会拟制生物柴油的氧化分解，增加储存时间。在工业上，通常用氮气对生物柴油进行保护，隔绝与空气的接触。延长生物柴油储存时间的另一种方法就是添加抗氧化添加剂，可以是天然的也可以是合成的添加剂。有些油脂本身含有抗氧化剂，如果在制备生物柴油的过程中，能够部分保留这些化合物，可以提高生物柴油的氧化安定性，有利于长期储存。若需要较长期地保存生物柴油，油库温度应保持在 5～20℃之间，避免温度过低引起生物柴油凝固和高温变质，并控制油库湿度，避免生物柴油由于含水变酸碱性造成金属腐蚀和微生物的生长。

生物柴油的储存过程中的老化或氧化会增加生物柴油的酸值，提高生物柴油的黏度，并且增加不溶物的含量。因此，生物柴油储存过程中，检测是否发生氧化分解的一个简单方法就是定期测试其酸值和黏度，若有显著升高，说明生物柴油已经发生氧化分解，需要处理。

按照美国标准 ASTM D4625 对生物柴油的长期储存进行测试，发现安定性最差的生物柴油可以储存超过 8 个月，大多数生物柴油可以储存一年甚至更长时间。美国全国生物柴油协会推荐的 B100 生物柴油的储存时间是 6 个月。如果储存时间超过 6 个月，就需要添加抗氧化剂，并且要定期检测生物柴油的酸值、黏度和不溶物含量，以保证所储存的生物柴油仍符合相关生物柴油标准。在使用与储存时间的选择上生物柴油应尽快使用，减少生物柴油变质的可能性。如果长期储存，可以加抗氧化剂及抗泡沫剂，防止氧化及形成泡沫。

生物柴油与石化柴油的运输方法相近，在运输过程中要注意不要引进杂质。由于一些金属会促进生物柴油的氧化分解，因此运输容器尽可能地选择铝或铁制品。要保证容器内部的洁净，在第一次使用时，容器内的残留物只有柴油是可以接受的，其他化合物都要清洗出去；其他的物质如油脂、汽油、润滑油等虽然对油品的使用性能影响较小，但也尽可能不要残留。由于生物柴油具有较强的溶解性，对一些高分子化合物如聚乙烯、聚丙烯等的溶解性较强，对其他多种橡塑制品也具有一定的溶解性，因此所采用的软管及密封圈（一般选择氟化聚乙烯、氟化聚丙烯、特氟龙等材料）等要选好，不要被生物柴油溶解。生物柴油的低温流动性也比较差，在冬天运输时尤其要注意这个问题。运输过程中要注意保温，保证在达到终点后能够顺利卸载。另外，也可以与石化柴油先调合成 B2 ~ B20，然后再运输。当运输的生物柴油是为了与石化柴油调配使用时，为了防止在运输过程中结晶，可先往生物柴油中加入一定量的煤油，运到终点后再与石化柴油调配成 B2 ~ B20。煤油的作用是降低生物柴油乃至最终产品 B2 ~ B20 的冷滤点，提高其低温流动性。

四、生物柴油的的使用

由于生物柴油具有黏度大、碘值高、密度大、含氧高等特点，可直接应用于柴油机而不会对其性能造成太大的不利影响。若采取改进措施可进一步提高柴油机的燃烧及排放性能，从而满足排放法规的要求。

车用柴油机燃用生物柴油时需要注意以下问题：

1）尽可能使用低混比例的混合燃料

减少积炭和磨损。柴油机长期燃用生物柴油时，燃烧室积炭和喷油器针阀磨损的问题比较突出。这主要和生物柴油的密度大、热值低、黏度大、十六烷值高和抗氧化安定性差等性能参数有关。

由于生物柴油体积热值低于石化柴油 3% ~4% 。而进入柴油机缸内的能量正是以燃油系统每个循环所供给的燃油体积热值来计算的，燃油体积热值是指单位体积燃油所蕴含的燃烧热值。所以在每个循环供油量不变的情况下，燃用生物柴油的功率比燃用柴油略低，在要求发出同样功率的条件下需要燃烧较多的燃料。生物柴油密度较大，运动黏度较高，燃料从喷嘴喷出的射程远，雾化质量差，会使喷出的油滴直径大，油流射程长，油滴有效蒸发面积减少和蒸发速度减慢，从而引起混合气组成不均匀，燃烧不完全，但由于生物柴油含有 10% 左右的氧元素，其化学计量空燃比为 12.5 kg/kg（柴油的化学计量空燃比为 14.177 kg/kg），可以在一定范围内对雾化性能进行补偿。

纯生物柴油十六烷值较高，滞燃期短，燃烧提前，但瞬时放热率不及纯柴油。在燃烧室低温条件下（起动后短时间内和长期怠速情况下），由于喷油速率低，油滴破碎和蒸发速度慢，燃油与空气的混合不好，加之喷油器所处的中心位置附近的气旋作用最差，油气混合速度最慢，所产生的高温聚集在喷油器头部附近，并使流动性差的燃油形成碳化胶质，造成喷油器头部积炭严重，部分因黏度大未雾化的燃油会黏附在排气门上或燃烧室表面，形成积炭。严重时会顺着气缸套壁流至曲轴箱造成机油的过早变质。

生物柴油由于运动黏度大，运动表面更易形成润滑油膜并更持久，因此生物柴油应该具有比石化柴油更好的润滑性能，可以给油泵、油嘴等部件的运动件进行足够的润滑，减少磨损与划痕，降低柴油机的维护费用。但由于喷油器针阀偶件接近燃烧室，温度较高，加上生物柴油抗氧化安定性较差，产生的胶质沉积在针阀润滑油槽中，随着时间的推移和高温的不断作用而逐渐变稠和碳化，最终会造成针阀偶件磨损和卡滞。柱塞偶件和出油阀偶件也会出现这种情况。

在温度一定的条件下，生物柴油－柴油的混合燃料的密度随生物柴油体积百分比含量的增加而增大，体积热值随生物柴油体积百分比含量的增加而降低，十六烷值随生物柴油体积百分比含量的增加而增大。因此采用生物柴油混合浓度较低的混合燃料可以大幅降低燃用纯生物柴油时燃烧室积炭严重的问题，而柴油机的功率和扭矩没有太大的损失。欧盟的生物柴油添加量一般在2%～3%，很好地预防了积炭和结胶磨损现象。

2）防止生物柴油对塑胶件的腐蚀

生物柴油的碘值比柴油高，其分子的不饱和程度大，吸水后容易产生不饱和脂肪酸。生物柴油中含有的大量不饱和脂肪酸会与塑料和橡胶起化学反应，造成塑料和橡胶膨胀变形，形成溶胀现象。

生物柴油的高碘值特性和其中所含的微量甲醇与甘油，会使与之接触的橡胶零件如橡胶膜、密封圈、燃油管（即燃油系统中的各种橡胶配件）等逐渐降解。对于这些零件的材料，建议以聚四氟乙烯或常规橡胶与四氟乙烯共聚的材料进行替换。

在储存生物柴油时，如果不更改原设计，可通过密封保存和安放干燥剂的方法减少生物柴油的含水量，并可以使用抗氧化剂来降低不饱和脂肪酸的生成。原有的铜制密封件、塑料密封件和橡胶密封件（例如出油阀的塑料垫圈、回油管上的密封垫圈、燃油输送管路）尽可能采用铝或聚四氟乙烯材料代替。

船艇上的日常油柜通常为铁制，在燃用B20燃料时可以直接使用，燃用B100燃料时可涂抹TG001聚氨脂防水防腐胶。

3）燃油输送系统要适当加温和经常清洗，避免油路堵塞

生物柴油运动黏度大、冷滤点和凝固点比石化柴油高，因此低温流动性不如普通柴油。在严寒的情况下比柴油更容易形成凝胶或冻结。如果燃料形成凝胶，会阻塞过滤器，更严重时燃料会变得黏稠，使输送泵无法将其从油箱输送到发动机。并且由于生物柴油是一种甲脂，富有营养质，所以它非常利于微生物的滋生。微生物在燃油系统中大量滋生，会形成胶质堵塞过滤器，使管路通径变窄，降低循环供油量，并造成燃油变质。随着油箱使用时间的延长，一些细微的重油脂会沉淀到油箱底部，如果不定期清洗，会越积越多，直至堵塞燃油过滤器。因此，在低温环境下使用时要使用预热装置，或采用燃油添加剂，或采用甲醇和乙醇等降低生物柴油的黏度和冷滤点，改善其低温流动性能。马来西亚大学试验研究的结果表明，采用两个并联的过滤器和将燃油箱的位置提高，可以在一定程度上解决油路中阻力变大的问题，并且随着温度的提高，生物柴油的运动黏度和体积密度降低，从而改善燃料的流动性，提高雾化质量，降低燃料束的贯穿长度。

微生物的防治可以采取的措施有：使用有除水功能的过滤器来滤水，使用生物杀虫剂来杀灭油箱内的细菌，每年冲洗两次油箱或加入100%的石化柴油来溶解沉淀物，适当缩短燃油过滤器的使用时间等。

4）采用高压喷射和减小供油提前角

由于生物柴油运动黏度大，油束贯穿长度长，容易造成雾化不完全。如果燃烧不完全的

生物柴油顺着缸壁向下流至曲轴箱，会使机油过早变质，影响润滑质量，造成拉缸和烧瓦等严重后果。尤其是康明斯 NTA855 柴油机，它采用开式喷油器的 PF 燃油系统，停机后经常有燃油从喷油器中滴落在活塞顶部，因此该型柴油机若需要使用生物柴油，最好在停机前使用纯石化柴油进行充分燃烧，降低燃油系统中的生物柴油残留。

适当提高喷油器的喷射压力可以提高混合燃料的雾化效果，从而提高燃烧的完全程度，减少由于燃油燃烧不充分而流入曲轴箱后对机油的污染。

在一些资料文献中提出由于生物柴油具有较高的 CN 值，着火延迟期较 0 号柴油短，两者相差约 1.0~2.0℃A。考虑到由于弹性模量引起的时间差，适当减小燃用生物柴油的柴油机的供油提前角应在 1.68~2.68℃A 之间，可以使气缸压力升高率的峰值相应降低，工作更平稳。供油时刻延迟在高速运转时还可以显著降低 NO_x 排放，这是因为：一方面燃烧过程避开上止点进行，燃烧等容度下降，因此燃烧温度降低；另一方面越接近上止点喷油，缸内温度越高，着火延迟期可以缩短，燃烧初期的放热速率降低，导致燃烧温度降低。这两种原因都起到了抑制 NO_x 生成的作用。

第六节 生物柴油及甘油的化工应用

一、生物柴油（脂肪酸甲酯）化工利用技术

生物柴油是以动植物油脂、餐饮业废油或工程微藻等为原料制成的高级脂肪酸甲酯，具有可再生、可生物降解、安全、污染少等优点，是一种环保的绿色能源，得到了世界各国的重视。但由于作为生产生物柴油原料的植物油价格居高不下，导致生物柴油的生产成本较高，单独生产生物柴油在经济上难以立足。为保障生物柴油产业的健康发展，一方面需要从植物育种、栽培开始，到收割、储存、榨油加工的每一步都要降低成本，力求取得低成本的原料油；另一方面，要用生物柴油（脂肪酸甲酯）和联产的甘油来生产高附加值的化工产品，以大幅度提高利润。如，美国利用大豆油生产的脂肪酸甲酯，成功开发了工业溶剂、表面活性剂、润滑剂、增塑剂、黏结剂等可生物降解的化工产品。下面主要介绍国内外利用脂肪酸甲酯为原料来生产高附加值化工产品的技术进展。

脂肪酸甲酯与油脂和脂肪酸相比有很多优点，如储存稳定性好、沸点低、分馏容易、腐蚀性小等。随着人们对脂肪酸甲酯的深入研究，其用途也在不断扩大，除直接作为柴油机燃料外，还被广泛应用于化工产品生产的原料。脂肪酸甲酯的化工利用包括精制加工（Refining Processing）的直接利用和化学加工（Chemical Processing）的间接利用。

1. 脂肪酸甲酯的直接利用

由于脂肪酸甲酯具有良好的润滑和溶解能力，可直接作为润滑剂和工业溶剂，主要包括石化柴油润滑性添加剂、铝箔轧制液、沥青释放剂、工业溶剂等。下面从利用脂肪酸甲酯来生产润滑剂和工业溶剂两个方面来介绍其应用和研究进展。

1）利用脂肪酸甲酯生产润滑剂

柴油在发动机中既作为燃料又作为输油泵和高压油泵的润滑剂，如果柴油的润滑性不好，就无法为油泵提供可靠的润滑，增加磨损，降低使用寿命，严重时可能引起油泵漏油。润滑

性的好坏是评价柴油品质的一个重要指标。一般来说，影响柴油润滑性的因素主要有三个：一是柴油中的微量含氮、氧的极性化合物，它们是柴油的天然润滑剂，对柴油的润滑性起决定性作用；二是柴油本身的黏度对柴油的润滑性有很大影响，黏度越大的柴油润滑性越好；三是柴油的组成也影响着柴油本身的润滑性，多环芳烃要比单环芳烃和链烷烃的润滑性好。由于环保的要求，柴油中的硫含量必须越来越低，目前最主要的脱硫手段是加氢脱硫。加氢脱硫不仅会把柴油中的硫给脱除，也会把微量的润滑性物质给脱除，导致柴油润滑性降低；另外，低硫低芳柴油是柴油发展的趋势，芳烃尤其是多环芳烃含量的降低会进一步降低柴油的润滑性。因此，从近期和长远来看，柴油（主要是深度加氢精制柴油）的润滑性都会逐步降低。

为了提高柴油的润滑性，国内外用的最多的方法是加入润滑添加剂。常用的润滑添加剂包括含氮的胺类、含氧的酯/酸类等，其中在酯类化合物中，植物油及其衍生物由于具有比较好的润滑性而被重视。

目前，脂肪酸甲酯的工业润滑剂产品生产、销售主要集中在美国和欧洲，原料多以大豆油和菜籽油为主。在美国生产和销售以脂肪酸甲酯为原料生产润滑剂产品的公司众多，产品应用范围包括石化柴油润滑剂、食品机械润滑剂、日用除锈润滑剂等。表 4 - 39 给出了部分美国生产润滑剂产品的公司和产品牌号，但在美国主要以大豆油为原料生产石化柴油润滑添加剂。

表 4 - 39　美国部分以脂肪酸甲酯为原料生产润滑剂的公司和产品牌号表

公　司	产品牌号
Ag Environmental Products, L. L. C.	SoyGold
Archer Petroleum	Archer Soy Guard Archer Soy T - Drip
Schaeffer Manufacturing Company	SoyShield
Bi - O - Kleen Industries, Inc.	Soy Lube SL - 100
CHS Lubricants	Cenex Biomax BPL
Desilube Technology, Inc.	Desigreen Penetrant
Environmental Lubricants Manufacturing, Inc.	Coolway 46 Slideway Lubricant Cotton Picker Spindle Gerase Multi - purpose Gear Lubricant
Fluid Sciences, L. L. C.	Soy - 20 Multilube
Gemtek	SL - Bar SL - Gear Lubes SL - Wire Rope Lubes
Renewable Lubricants, Inc.	BIO - 80W/90 Gear Oil BIO - Air Compressor Fluid BIO - Food - Grade Gear Oil
International Lubricants, Inc.	Lubegard Bio Switch Lubricant

脂肪酸甲酯具有比较好的润滑性，其来源广泛，具有可生物降解性，是一种很好的石化

柴油润滑性添加剂。

Anastopoulos 等将葵花籽油、橄榄油、玉米油和煎炸油的甲酯加入低硫柴油中，加入量低于0.15%（质量分数）时效果不明显，加入量在0.25%以上时磨斑直径显著降低，但超过1%的加入量后，磨斑直径渐趋于常数（图4－178）。

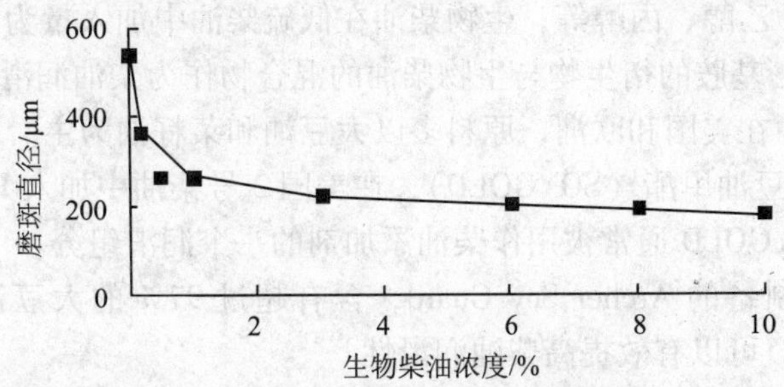

图4－178 生物柴油含量对石化柴油润滑性的影响图

美国西南研究院和爱达荷州州立大学的 Drown 等研究了以大豆油、菜籽油、椰子油和蓖麻油为原料生产的生物柴油对低硫石化柴油润滑性的促进作用，结果表明：添加0.5%以上的上述生物柴油，就能使硫含量为0.07%的石化柴油满足润滑性能要求。

Jon H. Van Gerpen 等比较了大豆油及其甲酯的润滑促进性。结果表明：当加入1.0%大豆油后，ETS 煤油的磨斑直径从675μm 降到468μm，D2 柴油的磨斑直径从531μm 降到303μm；而加入1.0%的大豆油甲酯后，ETS 煤油的磨斑直径从675μm 降到294μm，D2 柴油的磨斑直径从531μm 降到233μm。因此，Jon H. Van Gerpen 等认为大豆油甲酯的润滑促进性能要优于大豆油。

Anastopoulos 等将葵花籽油、橄榄油、玉米油和煎炸油的甲酯加入低硫柴油中，加入量低于0.15%时效果不明显，加入量在0.25%以上时磨斑直径显著降低，但超过1%的加入量后，磨斑直径渐趋于常数。

加拿大萨斯喀彻温省立大学的 Jason W. Munson 等人用 M－ROCLE 仪器评估了不同植物油制备的生物柴油对柴油润滑性的影响。用 M－ROCLE 可以获得无单位的燃料润滑值 LN（Lubricity Number），LN 越大，柴油的润滑性越好。LN 超过1.0的柴油润滑性才合格。他们采用的参考油的润滑值为0.81，没有达到仪器对润滑值的要求，而当加入1%（体积比）的生物柴油后，柴油的润滑值显著增加，超过1.0，已经达到要求。

D. C. Drown 等研究了不同植物油制备的甲酯及乙酯对喷气燃料润滑性的促进作用。他们认为，植物油乙酯的润滑促进性要优于植物油甲酯，但是脂肪酸链的长短对生物柴油的润滑促进性没有明显影响。他们的研究也表明，蓖麻油制备的生物柴油润滑促进性最好，但他们不能确认是游离甘油在起作用，还是所含的羟基在起作用。对此，John W. Goodrum 等进行了研究，结果表明，植物油中所含的羟基对制备的生物柴油润滑促进性起重要的作用，大大提高了生物柴油的润滑促进性。另外，John W. Goodrum 等还研究了单个的脂肪酸甲酯的润滑促进性。他们认为，脂肪酸链的长短对其甲酯的润滑促进性影响较小，没有发现明显的关联，但认为脂肪酸链的饱和性对甲酯的润滑促进性有影响，越不饱和的脂肪酸甲酯润滑促进性越好；植物油中占多数的脂肪酸的甲酯比植物油甲酯的润滑促进性要差，且不同植物油甲酯润滑促进性的好坏与相应占多数的单个脂肪酸的甲酯润滑促进性的好坏顺序一致，认为脂肪酸甲酯的组成是影响生物柴油润滑促进性的重要因素。除此之外，A. K. Dalai 等也认为植物油脂肪酸的分布以及醇的种类对所制备生物柴油润滑促进性有较大的影响。

在国外，生物柴油作为柴油的润滑添加剂已有专利（美国专利 US 5730029），专利中要求作为添加剂的脂肪酸酯（即生物柴油）由植物油与醇通过酯交换制备，植物油中一元不饱和酸的含量占60%以上，多元不饱和酸含量不超过15%，脂肪酸含6～24个碳；所用的醇为碳数不超过6的甲醇、乙醇、丙醇等；生物柴油在低硫柴油中加入量为（200～5000）μL/L。US 5891203 是有关二乙基胺的衍生物与生物柴油的混合物作为柴油润滑添加剂的美国专利。

工业产品主要集中在美国和欧洲，原料多以大豆油和菜籽油为主。Ag Environmental Products，L. L. C 制备的大豆油甲酯（SOYGOLD），在美国2号柴油中加入10000μL/L，可使柴油润滑性增加69%。SOYGOLD 通常被用作柴油添加剂的一个润滑组分。

Archer Petroleum 制备的 Archer Soy Guard，含有超过97%的大豆油甲酯，加入量为1：300（约 3300×10^{-6}），可以有效提高柴油润滑性。

Schaeffer Manufacturing Company 的产品 SoyShield，含有49%～51%大豆油甲酯，除了提高柴油的十六烷值外，可有效提高柴油的润滑性，对2号柴油最多可以提高30%。

West Central Soy 制备的生物柴油 SOYPOWER 含80%～90%的（亚）油酸甲酯和10%～15%的棕榈酸甲酯，由其制备的润滑添加剂在2号柴油的添加量为1：400，精制柴油（Premium diesel fuel）添加量为1：1000，可以有效提高柴油的润滑性。

实际上，生物柴油的润滑性能远不如工业润滑添加剂，在柴油中的加入量一般都较高。在美国应用脂肪酸甲酯的地区集中在中部，应用最多的是含2%脂肪酸甲酯的石化柴油（即B2），在B2中，生物柴油主要用作柴油的润滑添加剂。而东部和西部地区应用较多的是B5、B10、B20（弗吉尼亚州主要用B2）。在法国，销售的所有车用柴油燃料中都含1%～5%的用菜籽油生产的脂肪酸甲酯，有些市内公交车用的柴油中脂肪酸甲酯含量高达30%。

以脂肪酸甲酯为原料生产的润滑剂产品功能并不单一，脂肪酸甲酯往往只是其中的一个组分。如，脂肪酸甲酯生产的石化柴油润滑性添加剂，不仅可以改善润滑性，还可以改进十六烷值、提高燃烧效率等。

2）利用脂肪酸甲酯生产工业溶剂

工业上所指的溶剂一般是有机溶剂，指能够溶解油脂、蜡或树脂（这一类物质多数在水中不溶解）而形成均匀溶液的单一化合物或两种以上组成的混合物，按化学结构可分为石油烃类溶剂和化学类溶剂。

溶解能力是工业溶剂最重要的性质。工业上评价溶剂溶解能力高低的方法主要有苯胺点法、贝壳松脂丁醇值法和溶解参数法。石化行业原来多采用苯胺点法，后来增加了贝壳松脂丁醇值法。

工业溶剂在各个工业领域中都发挥了越来越大的作用，同时，它对环境的污染也日益成为人们关注的焦点，如它可能引起温室效应、破坏臭氧层、造成大气污染、水质污染、土壤污染等。随着人类对环保的呼声越来越高，工业溶剂也在向安全环保型发展，除了要求溶剂有合适的溶解能力外，还要求有高的闪点和燃点、低的毒性、低含量的可挥发性有机物（VOCs）、低气味、易降解等。

常用的工业溶剂都难以完全达到环境友好这个要求。大多数工业溶剂都容易挥发，造成大气污染，有些溶剂还具有比较大的毒性，如卤素类溶剂，而且它们的闪点都较低，在大气或土壤中不易降解等等。为了达到环保的要求，国内外很多研究者都在寻找符合环境友好特点的溶剂。乳酸乙酯和植物油甲酯作为工业溶剂就引起人们的注意。它们的原料都来自自然界，具有可再生性，而且它们本身具有环境友好的特性。两者相比，乳酸乙酯的溶解能力强，但挥发性有机物含量高，闪点低；植物油甲酯的溶解能力相对较弱，但挥发性有机物含量低、闪点高、原料来源丰富。

脂肪酸甲酯作为工业溶剂具有如下性质：

（1）溶解性　脂肪酸甲酯具有相对较强的溶解能力，其贝壳松脂丁醇值（KB值）一般在47~66之间。清洗溶剂的KB值一般在30~50之间，溶解性要比脂肪酸酯差一些。对石油烃类溶剂来说，链烷烃的KB值最小，环烷烃的较大，芳烃的KB值最大。脂肪酸甲酯的溶解能力与环己烷接近，比链烷烃强，但要低于芳烃和氯代烃。

（2）安全性　安全性主要指毒性、可燃性和爆炸性。脂肪酸甲酯用作工业溶剂的安全性比较高。脂肪酸甲酯是无毒的，急性口服毒性致死量>17.4g/kg体重，是食盐毒性的十分之一；溶于水中的毒性，96h致命浓度试验>1000mg/L，远远低于美国国家职业安全与卫生所规定的化学物质毒性底线；对人体皮肤的刺激性，以未稀释的脂肪酸甲酯对人体进行膜片28h人体皮肤刺激性试验，只有轻微的刺激性，比4%肥皂水的刺激性还小；植物油甲酯的闪点比较高，超过110℃，不必考虑为易燃物。

（3）环保性　脂肪酸甲酯也是一种环境友好型溶剂。脂肪酸甲酯易生物降解，降解速度比石化柴油快4倍，经过28d脂肪酸甲酯在水中可降解85%~88%，与葡萄糖降解率相同，因此即使因事故撒到土地上或水中也不会带来危害；脂肪酸甲酯难挥发，可挥发性有机物含量不超过50g/L，对大气没有污染，也不是臭氧层破坏物质。也就是说，脂肪酸甲酯不会构成大气污染、土壤污染、水污染等，是现有的石油烃类溶剂与化学类溶剂所无法比拟的，是一种环境友好型溶剂。

在工业应用上，脂肪酸甲酯主要用作工业清洗和脱脂剂。虽然脂肪酸甲酯的溶解能力比较强，但用做工业清洗剂时它通常不单独使用。这是因为脂肪酸甲酯挥发比较缓慢，当挥发完后会在被清洗的表面形成一层膜。虽然残留膜可以在一定程度上起到保护被清洗表面的作用，但是它会增加进一步加工的难度，这就要求被清洗表面要彻底清洗干净。大多数情况下，脂肪酸甲酯和其他溶剂或表面活性剂一起使用，以提高其性能及满足特殊的工业要求。

脂肪酸甲酯用作工业溶剂的主要应用领域包括：工业零件的清洗，主要是脱油脂，如用在航空航天和电子工业的清洗上；用做树脂洗涤和脱除剂，如代替二氯甲烷用作脱漆剂，代替甲苯用作印刷油墨清洗剂，代替丙酮用作黏合剂脱除剂，代替矿物油精用作涂鸦清除剂等；用来收集洒落的石油，这是Cyto Culture International开发的，用大豆油甲酯收集海岸线上或内地水域中洒落的石油，被加利福尼亚指定为唯一的海岸线清洁剂。另外，脂肪酸甲酯可以用作涂料、防腐添加剂等的载体溶剂，还可以作为共溶剂的一个组分。如脂肪酸甲酯与乳酸乙酯组成的溶剂，可以发挥各自的优点而同时又能弥补对方的缺点，是一种优秀的可再生环境友好溶剂，其市场正在迅速增加。

除此之外，在美国专利中初步查到的应用领域还包括：农药溶剂；颗粒状化肥的涂层，以延缓肥效释放；感光性树脂印刷版（photopolymer printing plates）的显影溶剂，生成的影像比目前所用溶剂生成的好；金属涂料溶剂；油墨溶剂等。植物油甲酯用作溶剂的新用途在美国正在不断被开发出来，而在我国，此方面的研究和应用都很少，有很大的开发空间。

国外基于脂肪酸甲酯的清洗或脱脂剂的公司有：Columbus Foods，Cargill Industrial Oils & Lubricants，Cognis Corporation，Vertec BioSolvents，Inc.，Lambent Technologies Corp.，Chemol Company，Inc.，Ag Environmental Products，Stepan Company等。

Vertec BioSolvents，Inc. 基于其专利生产的工业溶剂含大豆油甲酯10% ~90%，乳酸乙酯10% ~90%，30d 之内 100% 降解，KB 值比大豆油甲酯高，挥发性有机物含量低，闪点65℃，LD_{50} >4g/kg。Ag Environmental Products 生产了 SOYGOLD 系列产品，以大豆油甲酯为主，闪点超过 150℃，LD_{50} >17.4g/kg，土壤中 28 天降解 95%，可挥发性有机物含量 34 ~64g/L 之间，KB 值为 56 ~61；另外还以菜籽油甲酯为主制备 CE110 溶剂，性质同 SOYGOLD 系列。Stepan Company 以大豆油甲酯为主生产 Steposol 系列溶剂 SB - D、SB - W、SC，其中 SC 含甲酯 40% ~70%，乳酸乙酯 40% ~70%，另外两个甲酯含量都在 99% 以上。

2. 脂肪酸甲酯的间接利用

脂肪酸甲酯的间接利用主要是作为生产表面活性剂的中间体原料。目前，常用的表面活性剂主要来源于石油、天然气和煤等不可再生资源，不仅难以生物降解，而且易造成环境污染。因此，以天然可再生资源为原料生产表面活性剂已经成为近年来表面活性剂工业的主要发展方向。以脂肪酸甲酯为原料生产的表面活性剂产品种类很多，如通过加氢生产脂肪醇，通过磺化中和生产脂肪酸甲酯磺酸盐（MES），与蔗糖反应生产蔗糖酯（SE）、蔗糖聚酯(SPE)，与环氧乙烷反应合成乙氧基化脂肪酸甲酯（FMEE），经氨化加氢制备脂肪胺，与乙二醇胺热缩合反应生产烷醇酰胺等。下面对一些以脂肪酸甲酯为原料生产的重要化工原料和产品的技术进展进行介绍。

1）脂肪醇

脂肪醇是表面活性剂工业的重要原料，也是脂肪酸甲酯化工利用的主要途径之一。目前，国内 80% 的脂肪酸甲酯用于脂肪醇的生产。由脂肪醇可衍生出多种表面活性剂，如经硫酸化反应再中和生产脂肪醇硫酸盐（AS）；与环氧乙烷加成制备非离子表面活性剂脂肪醇醚(AEO)，并进一步可生产性能优良的温和型表面活性剂脂肪醇醚硫酸盐（AES）和脂肪醇醚羧酸盐（AEO）；与葡萄糖糖苷反应制备性能温和的非离子表面活性剂烷基多糖苷(APG) 等。

目前脂肪酸甲酯催化加氢制脂肪醇工艺普遍采用铜铬催化剂，反应压力在 16 ~30MPa，反应温度为 150 ~300℃，反应为气 - 液 - 固多相体系。在上述工艺条件下，脂肪酸、脂肪酸甲酯的转化率为 80% ~90%，对脂肪醇的选择性也在 80% ~90% 之间，同时产物中含有 2% ~3% 由副反应生成的烷烃。另外，传统油脂加氢生产脂肪醇工艺中，油脂在催化剂表面形成的液膜较厚，氢气在油脂中溶解度较低，导致传质阻力大，使油脂加氢的宏观反应速率低。为提高油脂加氢反应速率和油脂转化率，抑制副反应的发生，国外已开展了在超临界条件下的油脂加氢制脂肪醇的研究。

美国国家农作物利用研究中心（National Center for Agricultural Utilization Research）开展了以 CO_2 为超临界溶剂，在反应压力 25MPa、反应温度 230℃ 的条件下，脂肪酸甲脂在铜铬催化剂的作用下制备脂肪醇的研究，研究结果表明：在以 CO_2 为溶剂的超临界反应条件下，不仅脂肪酸甲酯加氢制脂肪醇的反应速率提高，而且副反应明显减弱，在反应产物中没有发现烷烃；而瑞典 Chalmers 科技大学以 C_3H_8 为超临界介质，采用恩格哈德公司的 Cu - 1985T 催化剂，在反应压力 15MPa、反应温度 250℃ 的条件下，研究了脂肪酸甲酯加氢制脂肪醇，发现采用 C_3H_8 为溶剂的脂肪酸甲酯加氢超临界反应与传统反应相比，反应速率明显提高，产物中由副反应生成的烷烃由 2% ~3% 下降至 1% 以下，与传统脂肪酸甲酯加氢工艺相比，氢气与脂肪酸甲酯的进料比下降了 92% ~98%，脂肪酸甲酯转化率与对目标产品脂肪醇的选择性均在99%以上。

2）脂肪酸甲酯磺酸盐

脂肪酸甲酯磺酸盐（MES）是由饱和脂肪酸甲酯经磺化、中和、漂白产生的，主要用于肥皂粉、钙皂分散剂、洗涤剂和乳化剂。在MES分子结构中，由于采用酯化的方法封闭了羧基，使其水溶解性较好，而相邻的磺酸基对羧酸酯基团具有保护作用，使其具有较强的水解稳定性。因此，与烷基苯磺酸盐（LAS）相比，耐硬水性、增溶性、乳化性、无磷性好，对人体刺激性小，而且性能温和、无毒、可生物降解，是一种环保型绿色产品。

MES的研发历史长达半个多世纪，几十年来，几乎所有著名的洗涤剂公司都曾在MES上花费过不少心力。如美国Stepan公司、德国Henkel公司、日本洗涤剂株式会社、油脂株式会社、Lion公司、法国UGS公司等，其中法国UGS公司于1985年以罐组式连续磺化，用脂肪酸甲酯生产MES皂基洗衣粉投放市场。但由于关键技术未解决，工业生产中难以达到像产品色泽好且副产物少的要求，而未大力发展。直到1989年，日本Lion公司提出了解决工业化生产MES的技术措施：① 使用薄膜式等温（TO）反应器，以使磺化反应温和化；② 应用新型漂白技术、改进色泽、抑制副反应产物（α－磺酸二钠盐）的产生；③ 在粒状洗涤剂生产过程中，通过与超浓缩型洗涤粉结合，抑制MES水解成α－磺酸二钠盐。1991年，日本Lion公司在上述技术措施的基础上建设了一套1×10^4t/a MES生产装置，用于无磷浓缩洗衣粉的生产。近年来，随着环保要求的日益严格，MES作为一种绿色洗涤剂引起了各国的重视。休斯洗涤剂公司（Huish Detergents Inc.）在美国得克萨斯州休斯顿市的一套大规模脂肪酸甲酯磺化装置于2002年5月建成投产。

该厂采用了德国鲁奇（Lurgi）公司的技术制造甲酯（ME），采用美国凯密松（Chemithon）公司的降膜式反应器磺化技术进行甲酯的磺化。全厂总投资近1亿美元，MES生产能力为82kt/a。

我国对MES的关注也已近20年，在“七·五”期间就有无锡轻工业学院，中国日用化学工业研究院等单位进行了合成工艺及其性能方面的研究，也有一些厂家如成都蓝风公司等希望通过引进技术来生产MES。但长期以来，由于制备工艺不成熟及油脂价格偏高，导致市场竞争力不强等方面的影响，MES一直未在国内规模化生产。近几年来，由于石油价格猛涨，表面活性剂工业又把油脂基表面活性剂的发展作为主攻以满足市场需求，特别是有可能作为主表面活性剂的MES又被重新给予高度的关注，多家单位如中国日用化学工业研究院、中轻物产化工有限公司、浙江赞成化工公司等都在致力于MES的产品开发，以期在短期内形成规模化生产能力。由于MES制备工艺的复杂性及产品质量、生产工艺及安全等方面都有较多的问题，因此高质量MES产品的安全制备工艺的开发还有许多工作要做，但由于市场需求的推动，MES有望在较短时期内发展起来。

3）蔗糖聚酯

脂肪酸甲酯与蔗糖在催化剂作用下可生成蔗糖酯（Sucrose esters of fatty acides，SE）。当蔗糖分子上有6个以上的羟基被脂肪酸基取代时，得到的产品为蔗糖聚酯（Sucrose polyesters，SPE），其结构见图4－179。它是近年开发的具广泛发展前途的“绿色”化工产品。蔗糖聚酯的应用范围包括低热量脂肪替代品、消除放射性污染（解毒）试剂和人类腹部磁性共振影象（MRI）的口腔对比试剂等。SPE也是保健产品，可以用作低能量食品，不但可以满足人们日常对食品色、香、味的需要，而且可以减少脂肪摄入量，从而有效地预防和减轻高血脂、肥胖症等慢性疾病的困扰。

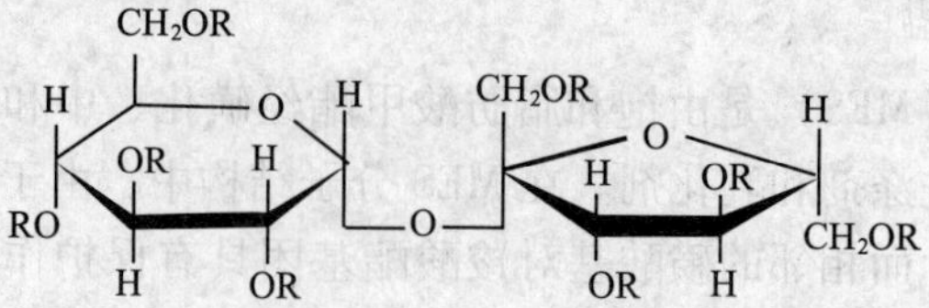

CH₂OR ... 其中：R ═ H 或 $CH_3(CH_2)_N$—C(=O)—

图 4 – 179　蔗糖聚酯结构图

SPE 在我国仍处于刚刚起步阶段，市场潜力巨大。

工业上合成 SPE 一般用两步法。P&G 公司已应用两步酯交换法生产取代度在 6 以上的 SPE。其工艺过程如下：在蔗糖 – 脂肪酸甲酯 – 皂化物混合物中，加入碱金属（如 K – Na 合金）或碱金属氢化物（如 NaH），在 1.33 ~ 2kPa、130 ~ 150℃下反应。反应分两步进行，第一步，在钾皂存在下，脂肪酸甲酯同蔗糖以摩尔比 3：1 进行反应，生成主要含蔗糖低酯的熔融相；第二步，补加脂肪酸甲酯进一步反应以生成蔗糖多酯，收率可高达 90%。另外，国内正研究利用相转移法催化合成 SPE，将蔗糖、脂肪酸甲酯、相转移催化剂溴化四丁基胺、碱性催化剂 K_2CO_3 一起混匀、搅拌，控制体系温度为 100℃左右，在较高的真空度下进行酯交换反应，SPE 的产出率达到 80%，平均酯化度 7.54。

生物柴油是一种环境友好型的替代能源，其发展受到了世界各国的重视。但由于植物油料价格居高不下，制约了生物柴油产业的发展。天然油脂与石油作为有机化学工业的主要碳元素来源各有所长，若利用部分生物柴油（脂肪酸甲酯）来生产高附加值的大宗化工产品和精细化学品，不仅可以提高生物柴油产业的经济效益，促进生物柴油这一新兴产业的健康发展，而且可以替代部分石油资源，生产可生物降解的绿色产品，回归自然。这对促进化学工业的可持续发展具有战略性意义。

目前，国外脂肪酸甲酯的化工利用技术的开发已取得一定进展，如美国利用脂肪酸甲酯优异的润滑性能和溶解性生产多种润滑剂和工业溶剂产品，并形成了产业集群。我国脂肪酸甲酯直接利用技术尚处在研发阶段，刚刚起步。在脂肪酸甲酯间接化工利用方面，油脂化工行业虽然具有一定的基础，但整体的技术水平较低。

我国是脂肪醇等产品的消费大国，每年都需大量进口以弥补国内生产的缺口。脂肪酸甲酯作为一种可再生资源，环境友好。随着人们环境意识的不断增强，不可再生资源的日趋枯竭，利用脂肪酸甲酯合成大宗化工产品和精细化学品将越来越显示出其强劲的发展潜力，也适合我国国情，顺应世界化工行业发展的趋势。但从脂肪酸甲酯和甘油来生产何种大宗化工产品，要从三个因素来考虑：① 与石油原料对比，生物质原料价格要低，越低越好；② 从生物质来生产的工艺比从石油路线来生产更具有优势，即工艺流程短、投资少、成本低、对环境更友好；③ 化工产品市场价格高，容易进入销售渠道。

二、生物柴油副产物甘油的高附加值利用

甘油是一种重要的轻化工原料，广泛应用于化妆品、牙膏、烟草、香精、水性油墨、印染纺织、涂料、合成树脂、皮革、造纸、制药、食品和国防等各个领域的 1700 多种产品。具

体用于气相色谱固定液及有机合成，也可用作溶剂、气量计及水压机减震剂、软化剂、抗生素发酵用营养剂、干燥剂等。食品加工中业中通常使用的甜味剂和保湿剂。

甘油以淀粉类或糖类物质为原料或某些含淀粉、含糖的副产物为原料经发酵而制得，或以丙烯为原料合成甘油。主要生产工艺：反复分批发酵工艺、连续发酵工艺和固定化发酵工艺。

1779 年，斯柴尔（Scheel）首先发现甘油。1823 年，人们认识到油脂成分中含有 Chevreul，希腊语为甘甜的意思，因此命名为甘油（Glycerine）。一战期间，作为制造火药的原料，产量大增。1919 年，Eoff. Linder and Beyer 用微生物发酵的方法生产出了甘油。

虽然现在许多国家都在积极研究和生产生物柴油，但对它的副产物甘油的研究和开发还远远不够。甘油的产量随着生物柴油大规模生产在急剧增加，将大量的副产物甘油与饲料混合喂猪等情况的出现，不仅资源浪费，而且造成生物柴油生产的高成本阻碍其产业化进程。高纯度甘油的精制及其高附加值产品的开发势在必行。

根据副产物甘油的特点：杂质多、价格低廉、产量规模大，它的再开发利用途径主要分为 3 大类：

副产物甘油经过精制后进入传统的甘油市场，但由于规模巨大，迫使许多传统的甘油生产企业停产关闭，如美国陶氏化学（Dow Chemical）公司已于 2006 年 1 月底关闭了在美国德克萨斯州 Freeport 的甘油生产装置，宝洁化学公司在英国 West Thurrock 的天然甘油生产厂也于 2006 年 3 月底停产；

进入规模巨大但附加值较低的动物饲料市场或生物燃料市场，此方面研究还正处在实验阶段；

开发以甘油为原料的高附加值化工产品，如 1,3 - 丙二醇和环氧氯丙烷。

前两者受市场规模或附加值低的影响，现在对副产物甘油的研究热点主要集中于后者。下面围绕副产物甘油在这些方面的应用研究和产业化进展进行相关介绍。

1）1,3 - 丙二醇

1,3 - 丙二醇（1，3 - Propanediol）具有与甘油类似的分子结构和性质，同时在 1 和 3 位点的 2 个羟基又赋予它在聚酯行业的独特应用。1,3 - 丙二醇是一种重要的化工原料，可作为溶剂用于油墨、印染、药物、润滑剂、抗冻剂等，还可作为二醇用于合成杂环、药物中间体。

1,3 - 丙二醇作为单体合成的聚酯材料显示出比乙二醇、丁二醇和 1,2 - 丙二醇等单体合成的聚酯材料更好的性能和稳定性，尤其是以 1,3 - 丙二醇为单体合成的聚对苯二甲酸丙二醇酯［Poly（trimethylene terephthalate），PTT］比以乙二醇和丁二醇为单体合成的聚对苯二甲酸乙二醇酯［Poly（ethylene terephthalate），PET］和聚对苯二甲酸丁二醇酯［Poly（butylene terephthalate），PBT］具有许多优越性能，如耐化学性、优良的弹性和印染特性，故 PTT 被视为一种极有发展前景的新型聚酯材料，1998 年被美国评为六大石化新产品之一。

1,3 - 丙二醇的主要生产方法包括化学合成法和生物合成法。化学法生产 1,3 - 丙二醇主要有英荷 Shell 公司以环氧乙烷为原料的工艺路线和德国 Degussa 公司以丙烯醛为原料的工艺路线；生物法生产 1,3 - 丙二醇是以葡萄糖或甘油为底物的微生物发酵路线。

微生物歧化甘油生产 1,3 - 丙二醇的研究较早在西方国家开展。在 19 世纪就已经发现微生物可以代谢甘油生成 1,3 - 丙二醇。甘油作为发酵的唯一碳源和能源物质，经过微生物代谢后除产生目的产物 1,3 - 丙二醇外，还可能产生乙酸、乙醇、丁酸、2,3 - 丁二醇、乳酸、琥珀酸等副产品。现已报道很多种属的细菌可以利用甘油生产 1,3－丙二醇，包括克雷伯氏肺炎杆菌 Klebsiella pneumoniae，早先被称为产气杆菌 Aerobacter aerogenes、克雷伯氏产酸杆菌 Klebsiella oxytoca、克雷伯氏植生杆菌 Klebsiella planticola、絮凝肠杆菌 Enterobacter agglomerans、弗氏柠檬酸杆菌 Citrobacter freundii、多营养泥杆菌 Ilyobacter polytropus、丁酸梭菌 Clostridium butyricu、巴斯德梭菌 Clostridium Pasteurianum、短乳杆菌 Lactobacillus brevis、布氏乳杆菌 Lactobacillus buchneri、罗伊氏乳杆菌 Lactobacillus reuteri 等。

Cameron 等用肺炎克氏杆菌 ATCC 25995 在 5L 发酵罐中进行批次添加培养发酵，20h 后 1,3－丙二醇浓度为 50g/L，最终 1,3－丙二醇浓度可达 73.3g/L，生产前 20h 达 2.5g/(L·h)，但后期明显下降，1,3－丙二醇对甘油的得率为 0.48 mol/mol。Amans 等研究了丁酸梭菌 VPI 3266 批次发酵过程，以检测尾气中的 CO_2 浓度来控制底物流加的速率，使发酵过程中甘油处于稳定的微过量状态，防止底物抑制的出现。发酵液 1,3－丙二醇浓度可达65g/L，生产强度为 1.21g/(L·h)，1,3－丙二醇得率为 0.56mol/mol。Reimann 等在对丁酸梭菌 DSM 5431 发酵研究中，根据 KOH 和底物甘油消耗的关系，通过 pH 值来调节添加甘油量，确保发酵液中甘油浓度处于稳定的微过量，结果 1,3－丙二醇浓度达 70g/L。Biebl 等对巴斯德梭菌在厌氧条件下利用甘油的情况进行了研究，主要代谢产物是丁醇，同时还有 1,3－丙二醇、丁酸、乙酸和乙醇生成，批次添加实验的结果与批次发酵结果类似；在恒化培养中主要发酵产物也是丁醇，同时 1,3－丙二醇的产量相对增加；在恒定 pH 连续发酵中，在甘油过量的情况下，甘油的主要代谢产物是 1,3－丙二醇。

国内生物法生产 1,3－丙二醇的研究起步较晚，主要是利用 Klebsiella pneumoniae 在厌氧或微氧条件下将甘油转化为 1,3－丙二醇。

2）环氧氯丙烷

环氧氯丙烷（Epichlorohydrin，ECH）又名表氯醇，是一种重要的有机化工原料和精细化工产品，用途十分广泛。它是环氧树脂、氯醇橡胶、硝化甘油炸药、玻璃钢、电绝缘制品的主要原料，可用于生产胶黏剂、阳离子交换树脂等，还可用作增塑剂、稳定剂、表面活性剂、医药及纤维素酯、纤维素醚和树脂的溶剂等。环氧树脂需求量的快速增长促进了全球 ECH 生产的发展。据国外咨询公司统计，2005 年全球 ECH 总生产能力约为 1.45Mt，产量约 1Mt，预计世界 ECH 产量年均增长率为 5.0%～6.0%，到 2008 年全球 ECH 年总消费量达到 1.45Mt。2006 年以来，国际市场 ECH 价格基本在 1400 美元/t 左右，国内市场则在 20000 元/t 以上，2008 年 5 月份的报价大概在 14500 元/t 左右。

目前，国外 ECH 的工业化生产方法主要有 2 种：一是 1948 年 Shell 公司开发的丙烯高温氯化法，国际上现有93%以上的 ECH 采用这种工艺技术生产，但该工艺存在能耗高、原料消耗大、副产物多、设备腐蚀严重、三废治理难度大等缺点；二是日本昭和电工开发并工业化的醋酸丙烯酯法，现全球也有几家工厂采用。一个比较有趣的现象是在大规模生物柴油副产物甘油出现以前，ECH 是化学法生产甘油的中间产物，现在以大量低价格的粗甘油为原料生产 ECH 成为研究热点并开始产业化。

根据文献报道每生产 1t ECH 需要 1.4t 甘油和 1.5t 氯化氢，以甘油价格 5000 元/t 为例，其生产成本约 12000 元/t。故该技术路线是很有竞争力的，同时相对传统技术路线，它的反应条件更加温和、安全可靠、污染程度低。近几年国内外相继对该路线进行研究并进入初步产业化阶段。比利时苏威（Solvay）公司开发了由甘油生产 ECH 的 Epicerol 工艺，借助专有的催化剂，通过甘油与氯化氢反应，用一步法制取中间体二氯丙醇，无需用氯气；此外，改进的工艺路线产生极少量氯化副产物，并大大减少了水的消耗。

该公司在法国的 Tavaux 生产基地建设 10kt/aECH 新装置，于 2007 年上半年投产，这是 Epicerol 工艺的首次工业应用。苏威公司已计划进一步在泰国投资建设 100kt/a 装置，以满足全球尤其是亚洲对 ECH 快速增长的需求。Epicerol 工艺是苏威公司的八大创新之一。美国陶氏化学公司将在上海漕河泾建设 150kt/a ECH 装置和 100kt/a 液体环氧树脂装置，将是陶氏化学生物柴油的副产物甘油利用新技术的首次应用。

我国从 40 多年前开始研究甘油法生产 ECH 技术，1965 年广州助剂厂率先采用甘油法生产 ECH，1968 年之后无锡树脂厂、沈阳化工厂等建成丙烯高温氯化法装置。由于当时甘油紧张、甘油法甘油消耗较高，该工艺逐步淡出视野。生物柴油产业的快速发展带来了大量廉价的甘油，甘油法又重新被提上日程。目前上海试剂厂运行甘油法生产试剂级 ECH 装置，质量远优于工业级装置，虽然放大到万吨以上还需做工作，但总体上已掌握了这一技术。广西壮族自治区田东石化工业园区计划建设年产 50kt 规模的甘油法生产环氧氯丙烷装置，宁波将投资 2 亿元采用意大利 Conser 公司的甘油法生产 ECH 工艺建立年产 30kt 规模的生产装置。甘油法制备环氧氯丙烷已成为业界的热点，随着去年陶氏化学、苏威公司几乎同时宣布建设甘油法环氧氯丙烷大型生产装置，及多家厂商在华实施或推出采用甘油法工艺的环氧氯丙烷建设计划，一个全球性的甘油法环氧氯丙烷发展高潮正在形成。

3）乳酸

乳酸（Lactic acid）是 21 世纪最具有发展前景的有机酸之一，广泛应用于食品、饮料、化工、医药保健等领域。随着乳酸及其衍生物应用领域的不断扩大和消费量的增加，乳酸的需求量也不断增加。特别是由乳酸聚合成的聚乳酸（Polylactic Acid，PLA），作为无毒、可降解、具有生物相容性的高分子材料，已广泛应用于制造生物可降解塑料、绿色包装材料和药用修复材料，而且产品向高质量、高价格、高需求方向迈进，高档次的精制乳酸、聚乳酸、粉状乳酸的需求和应用领域将越来越广泛。

2003 年全球乳酸的需求量约为 100kt，2008 年估计将达到 390kt。

乳酸的生产方法主要有化学合成法、酶法和发酵法三种。1963 年美国 Monsanto 公司首先开始采用化学合成法生产乳酸。由化学合成法生产乳酸可通过多种途径，最常见的是乳腈法也叫乙醛氢氰酸法，该法主要由美国标准化学品公司和日本武藏野化学公司实施，由于原料价格低廉，国外合成乳酸主要采用此法。丙酸氯化水解法原料价格较贵，仅日本大赛路公司等少数厂家采用。日本东京大学的木畸等研究了用酶法生产乳酸，他们分别从恶臭假单孢菌和假单孢菌细胞中提取纯化 L－2－卤代酸脱卤酶（L－酶）和 DL－2－卤代酸脱卤酶（DL 酶），使之作用于底物 DL－2－氯丙酸，就可得到 L－乳酸或 D－乳酸。Humme 等从 D－乳酸脱氢酶活力最高的混乱乳杆菌 DSM 20196 菌体中得到 D－乳酸脱氢酶，催化无旋光性的丙酮酸加氢为底物得到 D－乳酸。现在工业生产中广泛采用微生物发酵法生产乳酸，可通过菌种和培养条件的选择得到具有专一性的 D－乳酸、L－乳酸或消旋 DL－乳酸。能发酵生产乳酸的细菌和霉菌种类很多，按微生物发酵糖类的代谢过程和生成产物的不同，可将乳酸发酵分为同型乳酸发酵（Homofermentation）、异型乳酸发酵（Heterofermentation）和混合酸发酵（Mixed acid fermentation）。

目前利用甘油发酵乳酸的研究还未见报道，随着生物柴油产业的规模化发展，利用甘油为主要原料发酵乳酸对生物柴油产业和聚乳酸产业都具有重要的现实意义。以甘油为原料发酵乳酸过程中，胞内较高的还原状态（即高浓度的 NADH）有利于乳酸合成，甘油比葡萄糖处在更高的还原状态，从此角度分析，以甘油为原料有利于乳酸的合成。

甘油的微生物利用首先经过两步酶催化反应（e1 和 e2，或 e3 和 e4）转化为磷酸二羟基丙酮（DHAP），再进入糖酵解代谢途径。在厌氧条件下，丙酮酸被 D－/L－乳酸脱氢酶催化生成 D－/L－乳酸。e2（甘油脱氢酶）和 e3（磷酸甘油脱氢酶）的催化反应是可逆的。

以葡萄糖和甘油为原料进行乳酸发酵，每生成 1 分子的乳酸前者比后者会多生成 1 分子的还原力（NADH），这有利于提供细胞内的还原电势。

从提供胞内还原力的角度分析，以甘油为原料更加有利于乳酸发酵。

4）聚羟基脂肪酸酯

近 20 年迅速发展起来的生物高分子材料——聚羟基脂肪酸酯（Polyhydroxyalkanoate，PHA）是原核微生物在碳、氮营养失衡的情况下，作为碳源和能源储存而合成的一类热塑性聚酯。PHA 不仅具有与化工合成高分子材料相近的物化性能，还具有后者所没有的生物可降解性、压电性、光学活性、气体阻隔性等优良性质，因而有望在绿色包装材料、容器、电器元件外壳等方面取代或部分取代化工合成材料。另外，PHA 具有生物相容性，且其最终降解产物 3－羟基脂肪酸对人体没有副作用，因而有望用于组织工程领域，如心脏阀门、心血管修补材料等。通过对 PHA 进行一些表面修饰后，其生物相容性等性能还可进一步提高，在组织工程及医疗领域的应用范围将进一步扩大。聚羟基丁酸酯（Polyhydroxybutyrate，PHB）是研究最广、结构最简单的一种 PHA，在自然界中可被多种微生物合成，聚羟基丙酸（Polyhydroxypropionate，PHP）是新兴的研究热点。

聚羟基脂肪酸酯的合成方法有生物合成法和化学合成法。微生物发酵合成 PHA 是近年来高分子材料合成领域的研究热点。与传统的化学合成高分子相比，微生物合成高分子具有微生物酶体系的高度选择性和专一性、反应条件温和、生产过程和产品对环境友好、材料的可降解性和生物相容性良好等特点。目前 ICI 公司已经生产出了 3－羟基丁酸和 3－羟基戊酸的共聚物 P（3HB－co－3HV），商品名为 Biopol。但 PHA 的大规模工业化生产还未能实现，原因在于用生物法合成 PHA 的生产成本比用化学法合成常规高分子塑料高得多。

5）氢

氢（Hydrogen）能作为洁净高效的二次能源，早在 20 世纪 70 年代已经受到高度重视。作为一种高能燃料，它的特点是燃烧时只生成水，不产生任何污染物，是一种十分理想的载能体，与传统能源相比，它的能量密度高、热转化效率高。其用途主要有以下几个方面：作为燃料用于航天飞机、火箭等航天行业；作为保护气用于电子行业；作为还原剂和原料用于金属冶炼和化工产品合成。随着燃料电池技术的迅猛发展及其制造技术的日趋成熟，高纯度的氢气还被广泛用于燃料电池。目前世界上氢的年产量在 36Mt 以上，其中的 4% 是由电解水方法制取，其余的是用化学法从石油、煤炭和天然气等化石燃料或工厂副产气转化制成的。这就要消耗大量的化石燃料或电能，经济实用性不强。

近 20 年来，随着能源和环境问题日益突出，生物制氢技术逐渐受到植物界、微生物界、能源界及相关专业研究人员的广泛关注。

英国 Leeds 大学工程系的 Dupont 等开发了全新的工艺，可使甘油转化为富氢的气体。新开发的工艺将甘油与蒸汽在受控温度和压力下进行混合，可将不同的组分分离成氢气、水和二氧化碳，无废弃残渣。用特定的吸附材料过滤掉二氧化碳，留下的就是大量较纯净的产品。该工艺易于放大至工业化生产，是一种可满足氢气需求增长的好方法。

马新宾等也开发了一种以生产生物柴油的副产物甘油蒸汽重整制氢气的方法，优点是原料可再生，清洁无污染，并且催化剂具有高活性和选择性，稳定性好。

6）乙二醇

戴维过程技术公司开发了一种独特的加工方法，可将生产生物柴油时不需要的副产物甘油用于生产乙二醇。新的催化剂体系使用可再生的、由糖衍生的进料，并将其转化为乙二醇。该催化剂为均相氢解催化剂，基于贵金属盐和有机膦配合基。原料包括糖醇（丙三醇）、醛式糖（葡萄糖）和醛式糖的聚合物（纤维素、淀粉等）。氢解时发生脱水和碳－碳链解离两种基础反应。过程使用串联操作的搅拌釜式反应器。氢、有机溶剂和糖如丙三醇加上催化剂进入反应器。反应在均一的液相下进行，转化率高达90%，对乙二醇和丙二醇有高的选择性。第二反应器的产品压力依次降低。粗产品送至分离罐，携带的氢气释放至火炬系统。产品液体加热并送至最后的闪蒸段，分离的催化剂溶液循环返回反应器。含有乙二醇产品的蒸气送至最终分离器然后进入三塔串联的蒸馏塔，重质馏分从塔底除去。

7）乙醇

美国Rice大学的研究人员提出用细菌使甘油发酵并生产常用的生物燃料乙醇。研究人员已鉴定了新陈代谢过程和条件使用称为E. coli的菌株可将甘油转化为乙醇。而且过程颇为高效。据估计，该操作成本比从谷物生产乙醇的方法要低约40%。在生物转化过程中，研究人员使微生物工程化，可吃掉特定的化学原料，并分泌出某些有用的物质。研究人员发现，使用E. coli菌株在厌氧条件下，可从甘油生产乙醇和其他产品与采用常规的糖基原料如葡萄糖和木糖相比，其产率高，而且成本低。

8）其他用途

利用甘油还可以合成1,3－二羟基丙酮（1,3－Dihydroxyacetone，DHA），它是一种大然存在的水溶性的酮糖，具有生物可降解性，可食用且对人体和环境无毒害，是一个重要的化学合成中间体，也是一种具有多种功能的添加剂。国外DHA已得到广泛的实际应用，被广泛用于化妆品中起保湿及防晒作用，在制革工业上被用作皮革制品的保护剂，在医药工业中还可作为一种抗病毒制剂和糖尿病人的食品添加剂。微生物转化甘油生产DHA的研究在国外历史悠久，自Bertrand发现某些微生物能将甘油转化为DHA并鉴定该微生物为醋酸杆菌后，醋酸杆菌中甘油的代谢途径及微生物（主要为醋酸杆菌）法生产DHA就开始被研究。到20世纪六、七十年代，微生物法生产DHA在国外已得到了大规模的工业应用，但在国内有关DHA的报道还很少。

密苏里州Columbia大学化学工程师Suppes因将甘油转化为1，2－丙二醇（Propylene glycol）而荣获2006年总统绿色化学挑战奖。丙二醇用于化妆品、食品和药物，全球需求量每年超过30亿磅（1磅=0.4536kg）。

Suppes公司用甘油生产纯丙二醇，可用作抗冻剂，这引来了化工巨头和农业化学公司如Dow和ADM的竞争。

粗甘油经过初步纯化后作为生物能源物质按照一定比例掺入动物饲料也引起了人们的极大兴趣，甘油作为一种无毒无味可食用的3碳物质，部分替代葡萄糖用于动物饲料行业是完全可能的，初步研究表明这种饲料用于动物饲养效果不错。

现在生物柴油产业已经逐步形成规模，并且日益扩大，但随之而来的大量副产物甘油带来了新的问题和机遇。副产物甘油的合理高效利用不仅有利于解决生物柴油产业环境问题，同时甘油转化为高附加值产物也能降低生物柴油产业的生产成本和促进其他以甘油为原料的化工产品的产业发展。

在甘油利用的各种工艺路线中，环氧氯丙烷的甘油法工艺路线最为成熟并已进入产业化阶段，粗甘油进行精制后通过两步化学反应制备环氧氯丙烷，转化率在70%以上，在原油价格飙升的环境下，该路线具有很高的竞争力和良好的前景，各大公司正加紧安装大规模的生产装置。生物法生产1,3－丙二醇的工艺路线也是生物柴油副产物甘油回收利用的一大研究热点，因为1,3－丙二醇作为高价值的聚酯材料具有潜在的巨大市场，能有效地消耗规模巨大的副产物甘油。该工艺路线的大规模产业化有待于生产成本的进一步降低和在此基础上1,3－丙二醇市场规模的形成，但鉴于1,3－丙二醇在聚酯合成方面的优越表现，该工艺路线具有非常好的研究价值和应用前景。

大规模生物柴油副产物甘油的出现引起了人们对以甘油为原料的各种工艺路线的研究兴趣，除了上述成熟的工艺外，还对甘油法生产乳酸、聚羟基脂肪酸酯、氢、1,3－二羟基丙酮和1，2－丙二醇等进行了初步研究，这些产品的附加值都远高于甘油，相关的研究必将受到越来越多研究机构和企业的青睐。这些工艺在产业上的成功应用将会展现出良好的经济效益和环境效益。

生产甘油是生物柴油工业的一大优点。大量的人力、物力和财力已经投入到如何利用好这一资源的研究中。今后，在现有技术水平和工艺路线的基础上，进一步降低各产品的生产成本、扩大其市场需求，是副产物甘油高附加值利用大规模发展的关键，也是整个生物柴油行业更经济、更环保发展的重要环节。

参 考 文 献

[1] 吴伟光，仇焕广，徐志刚．生物柴油发展现状、影响与展望［J］．农业工程学报，2009，25（3）：298－302.

[2] 吴谋成．生物柴油［M］．北京：化学工业出版社，2008.

[3] 鞠庆华，曾昌凤，郭卫军等．酯交换法制备生物柴油的研究进展［J］．化工进展，2004，23（10）：1053－1057.

[4] 金春英，肖春妹．生物柴油制备过程中反应器的研究进展［J］．化工生产与技术，2009，16（5）：33－35.

[5] 许赟珍，欧先金，郭妮妮，刘德华．生物柴油副产物甘油的高附加值利用［J］．过程工程学报，2008，8（4）：695－701.

[6] 何蕾，杨朝合．植物油催化裂化生成烃的研究进展［J］．炼油技术与工程，2007，37（1）：21－23.

[7] 赵晨，付玉杰，祖元刚，张乃静，王黎丽．研究开发燃料油植物生产生物柴油的几个策略［J］．植物学通报，2006，23（3）：312－319.

[8] 夏金兰，万民熙，王润民，刘鹏等．微藻生物柴油的现状与进展［J］．中国生物工程杂志，2009，29（7）：118－126.

[9] 王江薇，杨湄，刘昌盛，王明霞等．生物柴油氧化稳定性研究［J］．中国油料作物学报，2007，29（1）：74－77.

[10] 何延青，马立山，冀凯，李俊杰．生物柴油生产和利用的环境影响评价［J］．中国油脂，2008，33（8）：1－5.

[11] 吴江，陈波水，方建华，王九．生物柴油对内燃机油抗磨性能的影响研究［J］．润滑与密封，2008，33（12）：33－35.

[12] 孙剑萍，汤兆平．生物柴油的发展及其在发动机中的应用［J］．小型内燃机与摩托车，2009，38（1）：91－96.

[13] 白禹，李雪，章留留，王渊涛等．生物柴油的催化改性对其冷滤点的影响［J］．燃料化学学报，2009，37（1）：53－57.

[14] 周红茹，左贵宏．生物柴油达到 BDIO0 标准的生产工艺探讨［J］．中国油脂，2009，34（1）：59－62.

[15] 李长秀，杨海鹰，王丽琴，田松柏．气相色谱法在生物柴油生产工艺研究中的应用［J］．色谱，2006，24（5）：524－528.

[16] Schafer，A. Vegetable oil fatty acid methyl esters as alterative diesel fuels for commercial vehicles engines［J］. Plant Oil Fuel Proc. Symp. 1997：29－46.

[17] Rahman&Maizar. Biodiesel：a promising substitute energy for Indonesia［J］. Lembaran，P. L.，1995，1：9933－9938.

[18] 蔺建民，张永光．欧盟生物柴油标准的发展历程及未来趋势［J］．标准现在时，2008，（6）：50－59.

[19] Charles W. Schmidt. 生物柴油：寻找替代燃料［J］．环境与健康展望，2007，115（4C）：15－19.

[20] 陈锋亮，钟耕一，魏益民．废油脂预处理及制备生物柴油研究进展［J］．化工进展，2006，25（8）：871－874.

[21] Klopenstein，W. E. Vegetable oils as diesel fuel：Peoria. ILL.，US Department of Agriculture，Agricultural Research Service，Northern Agriculutral Energy Centre，1983，3：19－20.

[22] 阮榕生，白松，林向阳，刘玉环等．废油特性对生物柴油制备工艺和质量的影响［J］．中国油脂，2006，31（4）：65－68.

[23] Bagley，S. T. &Linda，D. G. &John，H. J. &a jaodrph，F. M. Effect of an Oxidation Catalytic Converter and a Biodiesel on the Chemical，Mutagenic and Particle Size Characteristics of Emissions from a Diesel Engine［J］.

Evviron, Sci &Technol, 1998, 9: 1183 - 1191.

[24] 巫森鑫，邬国英，宣慧，王达. 大豆油生物柴油低温流动性能影响的研究［J］. 燃料化学学报，2005，33（6）：698 - 702.

[25] 魏秋兰. 柴油 - 生物柴油混合燃料互溶性与溶胀性研究［J］. 公路与汽运，2008，（5）：11 - 12.

[26] 林培喜，揭永文，莫桂娣. 不同原料制备的生物柴油储存稳定性比较［J］. 新能源，2010，30（2）：1 - 3.

[27] Gerhard Knothe, Jon Van Gerpen, Jürgen Krahl. The Biodiesel Handbook. United States of America: AOCS Press, 2005.

[28] 姚志龙，闵恩泽. 生物柴油（脂肪酸甲酯）化工利用技术进展［J］. 新能源，2010，30（1）：1 - 6.

[29] Ayhan, Dernirbas. Biodiesel fuel from vegetable oils via catalytic and non - catalytic supercritical alcohol transesterifications and other methods: a survey [J]. Energy Conversion and Management, 2003, 44: 2093 - 2109.

[30] Gavin, G. Pour point depression of lubricating oils [J]. Ind Eng Chem, 1953, 10: 2327 - 2335.

[31] 闵恩泽，张利雄. 生物柴油产业链的开拓［M］. 北京：中国石化出版社，2006.

[32] 宋华民，徐桂转，张百良. 固体碱催化制备生物柴油的研究进展［J］. 安徽农业科学，2008，36（5）：2005 - 2007.

[33] 阎杰. 几种固体催化剂催化油脂与甲醇酯交换反应性能的比较［J］. 粮油加工，2005（8）：47 - 49.

[34] Handoo, J. Thermal properties of some petroleum waxes in relation to their composition [J]. Fuel, 1989, 68: 1346 - 1348.

[35] Hettiatachehy N S, Kalapathy U, Myers D J. Alkali - modified soy proteins with improved adhesive and hydrophobic properties [J]. Journal of the American Oil chemist's Society, 1995, 72 (12): 1461 - 1464.

[36] Sun X Z, Bian K. Shear strength and water resistance ofmodified soy protein adhesives [J]. Journal of the American Oil Chemist's Soeiety, 1999, 76 (8): 977 - 980.

[37] 徐广辉. 季铵碱催化剂在合成生物柴油中的应用［J］. 可再生能源，2007，25（2）：34 - 36.

[38] 李为民，郑晓林，徐春明，徐鸽. 固体碱法制备生物柴油及其性能［J］. 化工学报，2005，56（4）：711 - 716.

[39] 吴志鹏，周玉杰，张建安，程可可. 固体酸催化剂制备生物柴油研究进展. 现代化工［J］，2008，28卷（增刊2）：126 - 128.

[40] Lotero E, Liu Y J, Lopez D E, et al. Synthesis of biodiesel via acidcatalysis. Ind Eng Chem Res, 2005, 44: 5353 - 5363.

[41] 夏金兰，万民熙，王润民，刘鹏. 微藻生物柴油的现状与进展［J］. 中国生物工程. 2009，29（7）：118 - 126.

[42] DU PLESSIS L M, DE VILLIERS J B M, VAN DER WALT W H. Stability studies on methyl and ethyl fatty acid esters of sunflower seed oil [J]. J Am. Oil Chem. Soc., 1985, 62 (4): 748 - 752.

[43] Tsolakis A, Megaritis A, Wyszynski M L, et a1. Engine performance and emissions of a diesel engine operating on diesel—RME (rapeseed methyl ester) blends with EGR (exhaust gas recirculation) [J]. Energy, 2007, 32: 2072 - 2080.

[44] WILDES S. Methyl soyate: A new green alternative solvent [J]. Chemical Health and Safety, 2002, 9 (3): 24 - 26.

[45] HOWELL S. Promising industrial application for soybean in the US [R]. [S. I.]: American Soybean Association, 1998.

[46] Onyem A D, Jon H, Gerpen V. The effect of biodiesel oxidation on engine performance and emissions [J]. Biomass and Bioenergy, 2001, 20: 317 - 325.

[47] Liang Y C, May C Y, Foon C S, et a1. The effect of natural and synthetic antioxidants on the oxidative stability of palm diesel [J]. Fuel, 2006, 85: 867 - 870.

[48] 嵇磊，张利雄，姚志龙，闵恩泽．利用藻类生物质制备生物燃料研究进展［J］．石油学报，2007，23（6）：1－5.
[49] 赵晨，付玉杰，祖元刚，张乃静．研究开发燃料油植物生产生物柴油的几个策略［J］．植物学通报，2006，23（3）：312－319.
[50] 朱俊任，郑旭煦，李强，殷钟意．不同来源脂肪酶催化制备生物柴油的研究进展［J］．中国农学通报，2010，26（4）：318－322.
[51] 李宇扬，孙佩慧，胡基埂，郑建永．脂肪酶催化制备生物柴油的研究进展［J］．中国生物工程杂志，2008，28（10）：136－140.
[52] L. A. Laffend，V. Nagarajan and C. E. Nakamura，Processes for the bioconversion of a fermentable carbon source to 1,3－propanediol by a single micro organism［P］，USP：7135309，2006.
[53] 鞠庆华，曾昌凤，郭卫军，张利雄．酯交换法制备生物柴油的研究进展［J］．化工进展，2004，23（10）：1053－1056.
[54] 罗晓岚．生物柴油生产工艺简介［J］．中国油脂，2006，31（9）：46－47.
[55] 梁斌．生物柴油的生产技术［J］．化工进展，2005，24（6）：577－584.
[56] 孙传厚，宋宝安，杨松，尹诗涛．生物柴油制备新进展［J］．能源工程，2007，（3）：27－32.
[57] 徐常龙，陶春元，涂惠平，柳闽生．酯化反应的探讨［J］．化工中间体，2006，（1）：6－9.
[58] 宋永波，赵文军，苏建玲，高林．酯化反应技术进展［J］．化学推进剂与高分子材料，2006，4（2）：23－26.
[59] 薜云，刘伍权，崔宇峰．车用生物柴油的储运与使用［J］．内燃机，2010，（1）：50－53.
[60] 薄采颖，毕良武，王玉民，张秋格．多酚酸酯稳定剂对生物柴油室温稳定性的影响［J］．林产化学与工业，2009，29（2）：6－11.
[61] 王卫刚，朱莉伟，王芳．葡萄籽提取物对黄连木生物柴油抗氧化稳定性影响的研究［J］．林产化学与工业，2007，27（增刊）：55－59.
[62] 钟树先，韩秀坤．生物柴油、纯柴油与掺混油的微粒排放特性分析［J］．车辆与动力技术，2009，（4）：29－36.
[63] 秦建宾，赵令猛，黄锦成，李宜海．生物柴油的低温流动性研究［J］．装备制造技术，2009（12）：33－35.
[64] 钮劲涛，陶梅，金宝丹．生物柴油的合成技术［J］．辽宁工程技术大学学报（自然科学版），2009，28（增刊）：193－195.
[65] 谭艳来．生物柴油的抗氧化性研究［J］．广东化工，2008，35（2）：38－40.
[66] 刘建，冯贞，陈利涛，樊艳妮．生物柴油的生产实践［J］．中国油脂，2009，34（12）：62－64.
[67] 张静，唐恩凌．生物柴油的应用现状及技术进展［J］．化工技术与开发，2008，37（8）：23－30.
[68] 蔺建民，张永光，李率．生物柴油调合燃料氧化安定性标准测试方法的现状和趋势［J］．生物质化学工程，2008，42（2）：33－40.
[69] HU Jianbo，DU Zexue，TANG Zong，et al. Study on the solvent power of a new green solvent：biodiesel［J］. Ind Eng Chem Res，2004，43（24）：7928－7931.
[70] 石晓燕，贺克斌，谭吉华．生物柴油对柴油机排放和人类健康的影响［J］．化工环保，2009，29（3）：220－225.
[71] 莫桂娣，林培喜，黄克明．生物柴油对橡胶密封圈溶胀性能的影响研究［J］．化学与生物工程，2009，26（9）：63－65.
[72] 林培喜，揭永文，莫桂娣．生物柴油腐蚀性能及腐蚀原因分析［J］．石油与天然气化工，2009，38（5）：400－401.
[73] 赵光辉，杨忠华，齐泮仑，崔锡红．生物柴油副产甘油的综合利用［J］．化工中间体，2009，（4）：15－18.

[74] 刘群，肖国民，尚倩倩．生物柴油副产物甘油的开发与利用［J］．应用科技，2009，17（17）：16－18.

[75] 火双红，蒋炜，鲁厚芳，梁斌．生物柴油及其柴油混合物的溶解性和橡胶兼容性研究［J］．中国油脂，2009，34（6）：54－57.

[76] 刘金胜，蔺建民，张建荣．生物柴油抗氧剂的研究现状及趋势［J］．化学工程师，2010（2）：49－52.

[77] 李法社，包桂蓉，王华．生物柴油氧化稳定性的研究进展［J］．中国油脂，2009，34（2）：1－5.